이해하기 쉬운

고급영양학

ADVANCED NUTRITION

머리말

사람은 생명과 건강을 유지하기 위하여 음식에서 영양소를 얻어야 한다. 음식에 함유된 영양소의 특성과 대사, 체내 작용, 결핍과 과다증, 급원식품 등을 다루는 학문인 기초영양학에서 더 나아가, 고급영양학은 영양소 대사과정, 영양 결핍과 과다로 미치는 영향 등 생화학적·생리적 작용을 포함하고 있다. 또한 고급영양학은 건강과 영양증진을 위한 교과목인 생애주기영양학, 임상영양학, 식사요법, 영양교육과 지역사회영양학 등의 기초가 된다.

고급영양학의 학습목표는 건강을 유지하는 데 필요한 영양소의 종류와 생체 내 대사과정 및 체외작용 등을 이해하고 각종 영양소의 식품공급원을 파악하는 것이다. 이 책은 고급영양학의 학습목표를 달성하기 위하여 기존의 영양학 지식에 새로운 정보와 생화학과 생리학 등의 관련 연구 및 최신 자료들을 추가하여 구성하였다. 영양소는 탄수화물, 지질, 단백질, 비타민, 무기질과 수분으로 대별되는데, 이 책을 통하여 이러한 영양소의 특성과 체내 대사 및 작용, 결핍증과 급원식품 등에 대한 지식을 습득할 수 있으며, 영양소와 관련된 질병을 예방하고 건강을 유지하는 식생활에 대해 이해할 수 있다. 또한 영양과 건강 관련 정보를 올바로 판단하고, 합리적인 식품 선택을 할 수 있게 한다.

제1장 영양학의 기초와 식생활에서는 영양학의 정의, 영양소의 일반적 작용, 건강과 영양의 관계를 다루고 있다. 또한 식생활을 위한 기초 자료로서 한국인 영양소 섭취기준과 식품군, 식사계획 등을 포함한다.

제2, 3, 4, 5장은 열량을 제공하는 3대 영양소인 탄수화물, 지질, 단백질에 대해 다루며 이들의 소화와 흡수에 대해 다룬다. 이 3대 영양소는 생명을 유지하고 에너지를 제공하며 인체를 구성하는 영양소이기도 하다. 3대 영양소의 특성과 분류, 소화작용과 대사과정, 체내 작용, 관련 질병을 설명하며 섭취기준과 급원식품을 제시한다.

제6장은 에너지 대사와 관련된 에너지 평형, 체중조절에 관한 내용을 다룬다. 식품의 열량가의 에너지 소비, 신체조성, 비만 및 체중부족 등에 대하여 제시한다.

제7장은 인체의 가장 많은 수분과 전해질에 대해 다룬다. 체내 수분의 분포와 역할, 전해질의 체내 작용과 필요량, 건강과의 관계 등에 대하여 설명한다.

제8, 9장은 인체의 중요 구성요소이며 생명현상에도 중요 작용을 하는 다량 무기질과 미량 무기질에 대해 다룬다.

마지막으로 제10, 11장은 지용성 비타민과 수용성 비타민의 특성과 대사 과정, 작용, 급원식품, 결핍증 및 과잉증 등을 제시한다.

이 책이 식품영양학을 전공하는 학생뿐만 아니라 영양과 건강에 관련된 학문 분야에서 공부하는 학생들과 전문 분야에서 일하는 분들에게 유익한 지도서가 되기를 바라며, 본서가 출간되기까지 애써주신 파워북 관계자분들에게도 깊은 감사를 드린다.

2022년 8월

대표 저자

차례

CHAPTER 1
영양학의 기초와 식생활

CHAPTER 2
소화와 흡수

CHAPTER 3

탄수화물

CHAPTER 9
미량 무기질

CHAPTER 10

지용성 비타민

CHAPTER 11

수용성 비타민

CHAPTER

1

영양학의 기초와 식생활

1. 건강과 영양
2. 영양학의 정의와 발달
3. 영양소의 일반적 작용
4. 영양소 섭취기준과 식품군, 식생활지침

건강은 신체적 · 정신적 건강과 정상 활동을 할 수 있는 상태로서 삶의 질을 높이는 데 필수이다. 건강은 유전 · 환경 · 영양과 밀접한 관련이 있으며, 이 중 영양섭취는 아주 중요한 요소이다.

우리는 식품에서 영양소를 섭취하여 활동하고 생명을 유지한다. 영양소에는 탄수화물, 지질, 단백질, 무기질 등이 있다. 인체에 영양소를 공급하여 건강을 유지하기 위해 영양소의 특성과 대사, 작용, 필요량, 결핍 및 과잉증과 각 영양소의 함유식품 등에 대해 아는 것이 필요하다. 건강 증진을 위하여 영양소 섭취기준과 식사구성안, 식사지침 및 건강생활지침을 제정하였고, 식사계획에 활용하도록 하고 있다.

학 / 습 / 목 / 표

1. 건강에서 영양의 중요성을 이해한다.
2. 영양학의 발달사를 파악한다.
3. 영양, 영양소, 영양학의 개념을 설명할 수 있다.
4. 영양소의 체내 작용을 설명할 수 있다.
5. 영양소 섭취기준을 알고 식생활지침을 수행할 수 있다.
6. 영양적으로 균형 잡힌 식사를 계획하고 실천할 수 있다.

1. 건강과 영양

건강하다는 것은 신체적·정신적 건강뿐만 아니라 사회활동을 활발히 할 수 있는 상태를 이르며 삶의 질을 높이는 중요한 요소이다. 삶의 질이 향상되면 생활의 만족도가 높고 즐거우며 신체의 면역기능과 살균기능이 높아지며, 내분비계 기능도 활성화되고 건강이 더 좋아지게 된다.

세계보건기구WHO는 건강health을 "신체에 질병이 없고 몸이 허약하지 않은 상태일 뿐만 아니라 육체적·정신적으로 건전하고 나아가서는 사회적으로 잘 적응하고 봉사하여 사회복지에 기여할 수 있는 상태"라고 정의하였다. 기존의 건강에 대한 개념이 '질병이 없는 것'을 뜻하던 것에서 반건강인의 활동성 증가와 예방적 차원의 건강관리와 건강생활의 실천을 중시하게 되었다.

1) 건강에 영향을 주는 요소

건강은 다양한 요인에 의해서 영향을 받는다. 건강에 영향을 주는 요인은 생물학적 요인과 환경적 요인, 생활습관과 보건의료 등으로 나눌 수 있다. 생물학적 요인은 성별, 연령, 유전 등으로서 건강에 20% 정도 영향을 준다. 환경적 요인은 사회경제적 여건, 교육과 주거상태 등으로 20% 정도 영향을 미친다. 보건의료제와 진료시설은 10%의 영향을 준다.

건강에 가장 크게 영향을 끼치는 것은 생활습관으로 약 50% 정도이며, 생물학적요인 20%, 환경 20% 정도이다그림 1-1. 생활습관에는 개인의 건강과 관련된 식생활, 운동, 흡연, 음주, 스트레스, 휴식 등이 포함된다. 건강을 위해 생활습관을 바르게 실천하는 것이 중요하다. 건강한 생활은 흡연, 음주, 스트레스 등에 대한 적절한 관리와 함께 식생활, 휴식과 운동 등의 균형을 이루어야 한다. 균형 있고 적절한 영양섭취를 하더라도 과도한

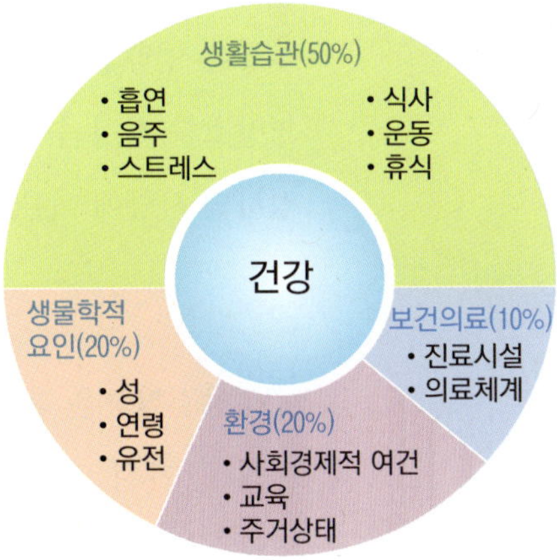

그림 1-1 건강에 영향을 미치는 요인

운동이나 일로 휴식이 부족하다면 건강을 해칠 수 있다. 그러므로 좋은 영양상태뿐만 아니라 적당한 휴식과 운동의 조화가 필요하다.

식생활은 신체적 건강을 위한 영양 공급뿐만 아니라 생활의 활력과 먹는 즐거움을 주며 스트레스를 해소하고, 식사 교제를 통하여 나눔의 기회를 갖는 사회문화적 의의를 가진 중요한 요소이기도 하다. 영양면에서 영양상태가 좋으면 건강해질 수 있고 질병에 걸릴 확률도 낮다. 즉, 영양상태가 좋으면 육체적으로 건강하고 정신력이나 활동력이 커진다. 뿐만 아니라 질병에 대한 저항력도 커지고 즐겁게 생활할 수 있다.

2) 영양·건강과 질병 예방

(1) 영양상태와 건강

영양상태가 좋으면 신체적·정신적으로 모두 건강하여 최적의 활동을 할 수 있다. 적절한 영양소의 공급은 최적의 건강상태를 유지시키고 영양결핍증을 예방하며 질병에 대한 저항력을 높여준다. 절대적인 식품 섭취 부족, 영양지식 부족, 편식, 잘못된 식습관으로 인하여 영양상태가 양호하지 않으면 체력이 약해지고 정신발달이 느려지며, 삶의 의욕이 약해지고 질병에 대한 저항력도 저하된다. 질병에 걸리면 체내의 영양소 대사나 생리기능이 크게 달라진다. 좋은 영양은 질병 예방을 위한 가장 중요한 요소이다.

좋은 영양상태를 유지하기 위해서는 영양소를 적정 수준으로 섭취하는 것이 필요하다. 영양소를 적정 수준보다 부족하게 또는 과다하게 섭취하면, 결핍증이나 독성이나타나고 심하면 사망에 이른다그림 1-2.

(2) 영양 결핍 및 영양 과다와 질병

영양결핍증은 특정 영양소가 부족해서 발생하는 임상증상과 신체적 병리현상으로서, 대개 한 가지 영양소의 결핍증도 있지만 여러 영양소가 복합적으로 부족하여 나타난다. 영양소의 종류에 따라 결핍되면 빈혈, 구각염, 괴혈병, 야맹증, 각기병, 악성빈혈 등 다양한 결핍증이 나타난다. 이러한 결핍증이 심해지면 일상생활을 하기 어려울 뿐만 아니라 생명을 잃을 수도 있다.

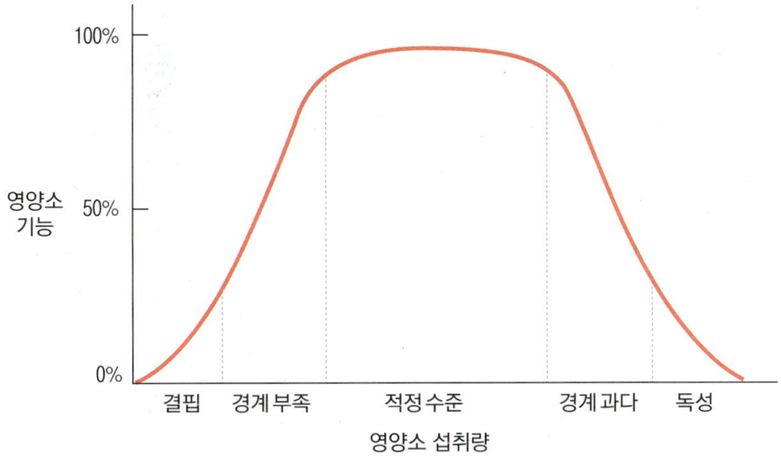

그림 1-2 영양소 섭취량과 건강상태

우리나라에서는 영양결핍증이 흔하지는 않으나, 빈혈이나 구각염은 아직도 발병하고 있다. 또한 영양과다, 잘못된 생활습관 및 식생활로 인하여 비만이나 심혈관질환, 당뇨병 등 퇴행성 질병이 발생하고 있다. 따라서 영양소 결핍이나 과다로 인한 질병을 예방하기 위해서는 어릴 때부터 좋은 식습관을 갖게 해주고 건강한 생활습관을 기르도록 하는 것이 필요하다.

식사를 적절하게 하지 않아서 나타나는 영양결핍은 눈에 띄지 않게 증세가 진행되다가 어느 시기에 이르러서야 영양불량이라는 것을 확인하게 된다. 이는 사고를 당했다든지, 전염성 질환에 감염되었다든지, 또는 화학약품으로 인한 중독에 걸렸을 때와 같이 즉각적으로 식별할 수 있는 증세가 나타나는 것이 아니다. 어떠한 경우이든 영양결핍증이 발견되면 그 원인을 빨리 파악하여 부족한 영양소를 속히 보충하고, 정상적이고 균형 잡힌 식사로 건강을 회복하도록 해야 한다.

일반적으로 영양결핍에서 임상증상이 나타나기까지의 순서를 표시하면 **그림 1-3**과 같다. 영양결핍의 진단은 영양결핍으로 나타나는 임상적 증상, 신체 계측, 생화학적 검사와 식사조사로 이루어진다. 생화학적 검사에는 혈액, 소변, 분비물 검사, 효소와 내분비계 검사 등으로 영양결핍 전 영양상태나 결핍 영양소 정도를 파악할 수 있다.

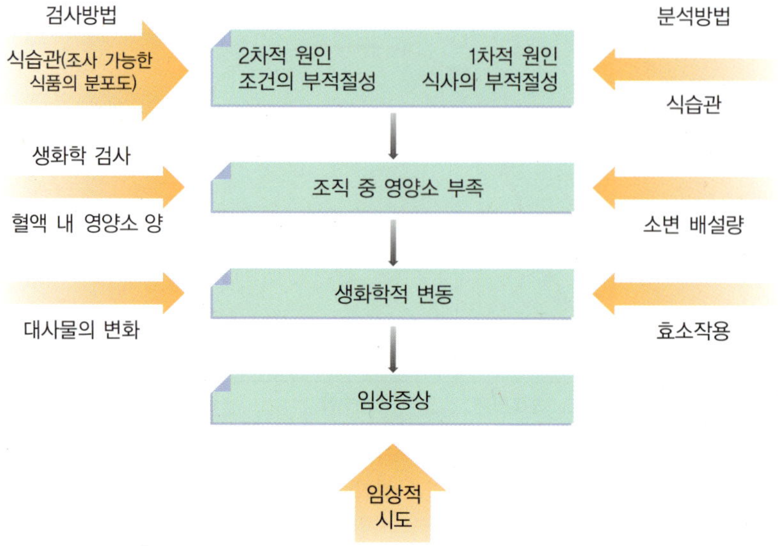

그림 1-3 영양결핍에 의한 임상증상이 나타나는 순서

3) 우리나라의 사망원인과 식생활

과거에는 영양소의 섭취 부족과 열악한 의료 및 주거환경으로 인해 폐결핵, 폐렴 등으로 대표되는 감염성 질환이 질병의 대부분을 차지하였다. 그러나 현대사회에서는 영양부족에 의한 문제는 감소한 반면 암, 순환기계질환, 당뇨병과 같은 퇴행성질환이 사망원인의 주를 이루고 있다. 2020년 한국인의 사망원인을 살펴보면 1위부터 5위에 해당되는 암, 심장 질환, 뇌혈관 질환, 폐렴, 고의적 자해(자살) 및 알츠하이머병에 의한 사망이 전체 사망원인의 약 57.2%를 차지하였다. 2010년에 비해 암, 심장질환, 자살에 의한 사망률이 크게 증가하였다그림 1-4.

2019년 조사 결과는 2015년과 비슷하였다. 남녀의 사망원인 순위를 보면 암, 뇌혈관질환, 심장질환까지는 동일하였으며, 남성은 자살과 간질환의 순위가 여성보다 높았고, 여성은 고혈압성 질환과 알츠하이머병의 순위가 남성보다 높았다그림 1-5.

한국인의 주요 사망원인으로 발병률이 높은 만성 퇴행성질환은 에너지의 과잉 섭취, 동물성 지방의 섭취 증가, 식이섬유의 섭취 부족 등 식생활의 영향을 크게 받고 있다. 그

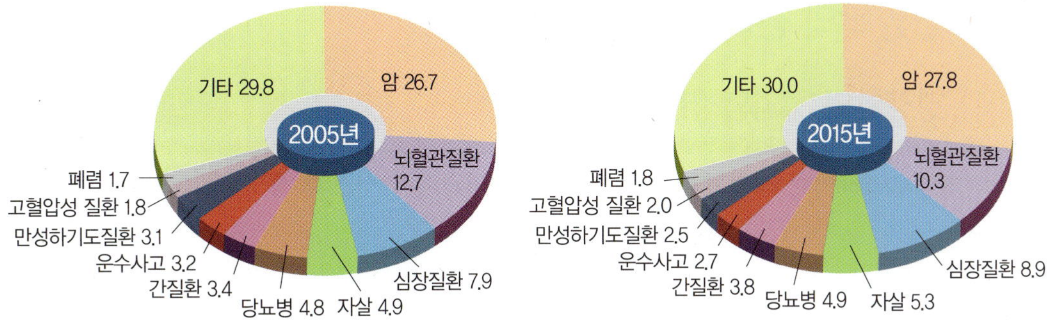

그림 1-4 한국인의 주요 사망원인(%)

자료 : 통계청, 2015

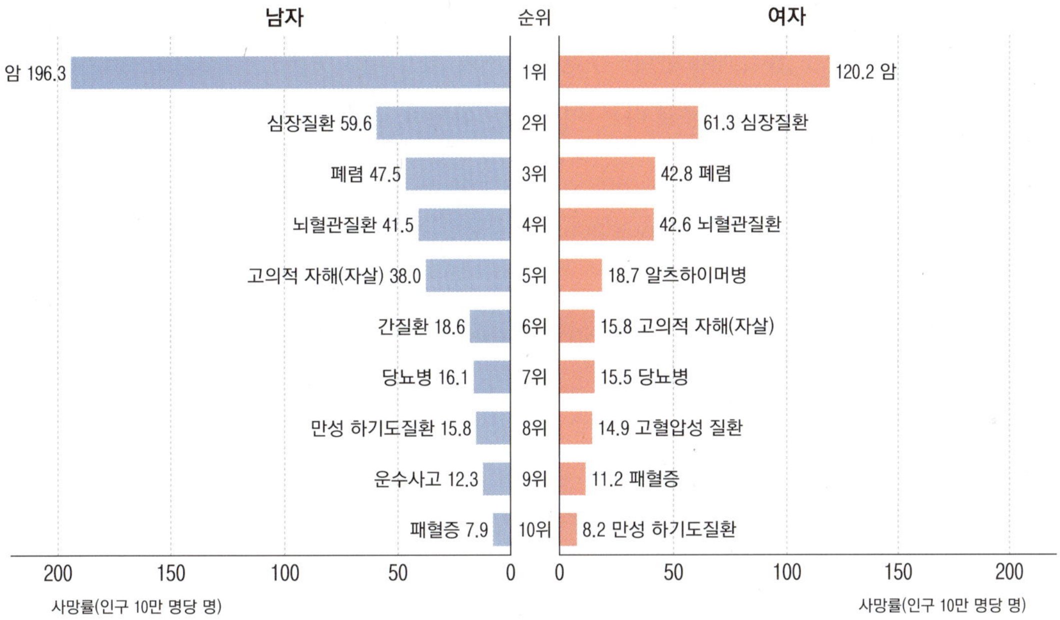

그림 1-5 한국인의 10대 사망원인

자료 : 통계청, 2020

리고 운동 부족, 음주, 흡연 및 스트레스 등도 건강 및 질병 발생과 밀접한 관련을 갖고 있다. 건강을 위해서는 다양한 식품을 적당하게 섭취하여 영양의 균형을 이루는 것이 무엇보다 중요하다. 또한 건강한 생활습관을 가지는 것이 필요하다.

2. 영양학의 정의와 발달

1) 영양학의 정의와 영양소

영양nutrition이란 생물체가 식품의 성분을 이용해서 성장과 생명 유지 및 활동을 계속하는 과정, 즉 외부에서 물질을 섭취하여 이것을 이용하고 배설하면서 성장하고 생명을 유지하는 현상을 의미한다.

영양소nutrient는 식품에서 이용되어 영양작용을 하는 물질로서, 성장을 돕고 신체를 유지시키며 생명과정을 조절하고 에너지를 공급하는 역할을 한다. 영양소 중 몇 가지는 체내에서 합성되지만 일부는 충분히 합성되지 않거나 체내에서 합성되지 못하기 때문에 식품을 통해 이들을 섭취해야 한다. 음식은 인체가 합성하지 못하는 영양소를 공급하는 급원인 동시에, 체내에서 합성된 다른 영양소를 이용하여 인체에 필요한 화학적 성분을 공급하는 급원이다.

영양학nutritional science(흔히 nutrition으로 사용함)은 식품 내에 함유된 영양소가 체내에서 일어나는 일련의 과정을 다루는 학문이며, 인체에 영양소를 공급하여 건강을 유지하기 위한 과정을 연구하는 응용과학이다. 영양학에서는 영양소의 특성, 작용, 필요량, 결핍증세, 급원식품과 그 음식의 소화·흡수에 관한 문제, 에너지 대사 등을 다루게 된다.

2) 에너지 대사와 3대 영양소의 발견

영양학의 발달은 생화학의 발달과 세포생리학이나 유전학의 발달과도 밀접한 관련이 있으며, 관련된 분야의 연구 성과에 따라 영양학의 연구도 그 속도를 더하게 됐다. 사람이 음식을 먹어야 성장하고 활동할 수 있다는 사실을 규명하려는 노력이 기록된 것은 서기 476년 이전부터였다. 그 후 연구가 계속되었고, 그리스의 철학자인 히포크라테스Hippocrates는 "자연적으로 비만한 사람은 마른 사람보다 빨리 죽는다"라고 말했는데, 이 사실은 과학적으로 규명되었다. 예술가이자 생물학자인 레오나르도 다 빈치Leonardo da Vinci(1452~1519)는 "만일 영양소가 배출된 만큼 공급받지 않으면 생명은 활기를 잃을 것이고, 영양소를 전혀 섭취하지 않으면 생명이 파괴될 것이다"라고 했다. 그 후 생크토리우스Sanctorious에 의해 음식이나 음료를 섭취하지 않았을 때는 체중이 감소했을 뿐 아니라 이렇다 할 배설물도 없었음을 알게 되었다.

1세기 이후 영국의 프리스틀리J. Priestley와 스웨덴의 셸레K. Scheele가 거의 동시에 각각 산소를 발견했다. 프랑스의 라부아지에K. Lavoisier(1743~1794)는 물질의 연소는 산소와의 결합으로 이루어진다는 것을 처음으로 밝혀냈고, 그가 고안한 천칭과 한란계로 실험을 행하여 에너지 대사의 기초를 만들어 영양학의 시조로 알려졌다.

19세기에 와서 실험연구를 통하여 영양학에 관한 여러 가지 사실이 밝혀지기 시작했다. 1811년 플리니Pliny와 디오소르디즈Diosordies는 자당을 정확히 분석하여 원소 조성을 규명했다. 1812년 키르히호프Kirchhoff는 전분과 황산을 함께 가열하여 포도에 있는 당분과 같은 당을 얻었고, 1856년 베르나르Claude Bernard는 글리코겐을 분리하였다. 이렇듯 식품을 분석하는 화학적 방법이 발달하기 시작하였다. 1860년에 이르러 베르텔로Berthelot가 지방산을 합성했다.

네덜란드의 멀더Mulder(1802~1880)는 동식물의 세포에서 질소 함유물을 발견하고 이 물질을 단백질protein이라고 명명하였다. 이어서 에밀 피셔Emil Fisher는 1899년 단백질의 구성성분에 관한 역사적 연구를 하였으며, 취텐덴Russel H. Chittenden(1856~1935)과 멘델Lafayette B. Mendel(1872~1935)은 영양학의 선구자로서 인체의 단백질 필요량, 단백질의 영양적 질 등 특히 영양학 방면에 주력하여 연구하였다.

한편 독일의 루브너M. Rubner는 동물에서 발생하는 열은 체내에서 연소되는 물질의 열의 총계와 일치한다는 것을 발견하였다. 루브너의 이 실험은 영양학에 일대 혁명을 가져왔다. 특히 루브너는 동물이 발생하는 열은 체표면적에 비례한다는 이론을 주장하였고, 체내에서 연소되는 탄수화물, 지질, 단백질이 몇 칼로리를 생성하는가를 명확히 제시하였다. 이러한 연구를 통하여 루브너는 근대 영양학 중 에너지 대사의 토대를 마련하였다.

3) 무기질 발견

무기질은 1840년 프랑스의 쇼싸chossat가 비둘기의 뼈가 완전히 발육하기 위해서 밀과 물만으로는 불충분하며 탄산칼슘을 첨가할 필요가 있다는 것을 보고함으로써 그 중요성이 인식되었다. 1843년에 역시 프랑스의 부생고Boussingault는 동물의 칼슘 배설과 섭취량을 검사하여 칼슘의 필요량에 관한 연구를 하였고, 남미 여행을 통해 요오드를 넣은 소금을 섭취하는 지역에서는 갑상샘종을 볼 수 없었으나 보통 소금을 섭취하는 지역에서는 이 병이 많다는 것을 발견하였다. 1895년에 보오만Bawman은 사람의 갑상샘에 상당량의 요오드가 함유되어 있다는 것을 발견하였다. 1906년 미국의 켄달E. Kendall이 갑상샘에서 생리적으로 활성이 있는 물질을 분리하여 티록신이라고 명명하였다. 1839년 스웨덴의 화학자 베르셀리우스B. Berzelius는 혈색소에 존재하는 철이 산소와 결합한다는 것을 증명하였다.

4) 비타민 발견

1870~1871년 독일의 프랑스 점령 시 프랑스에서 우유가 부족하자 뒤마Dumas(1800~1884)는 그때까지 알려진 탄수화물, 지질, 단백질, 무기질 등을 섞어 인공 우유를 만들었는데, 이 인공 우유를 먹은 어린아이들이 제대로 성장하지 못함에 따라 인공 우유에는 성장에 필요한 영양소가 없다는 것을 알게 되었다. 이후 이 미지의 영양소가 비타민임이 밝혀진 것은 20세기 초였다.

20세기에 이르러 영양학은 눈부신 발전을 이루었다. 그때까지는 알지 못했으나 오래 전부터 동서양에서 발생하고 있는 여러 가지 질병이나 유행병 또는 풍토병 등이 비타민 결핍에서 오는 것으로 밝혀졌다.

(1) 지용성 비타민

1906년 영국의 홉킨스Hopkins는 순수한 탄수화물, 지질, 단백질, 무기질만으로 만든 사료로 기른 쥐가 성장하지 못했으나 우유에 들어 있는 알코올 용해성 유기물질을 섞음으로써 쥐가 성장할 수 있었다는 실험을 통하여 비타민에 관한 연구가 시작되었다. 그 후 오스본T. Osborne과 멘델L. Mendel, 그리고 맥컬럼E. McCollum과 데이비스Davis에 의하여 비타민 A(지용성 비타민)와 비타민 B(수용성 비타민)가 발견되었으며 이후 여러 가지 비타민이 발견되었다.

오스본과 멘델은 탄수화물, 지질, 단백질의 질에 대한 연구를 하기 위하여 1911년 쥐의 성장실험을 하였고, 맥컬럼과 데이비스도 1913년에 동물실험을 통하여 각각 "동물의 성장을 위해서는 버터나 난황에만 존재하는 물질이 필요함"을 발표하였다. 1917년에는 맥컬럼과 그의 동료가 안구건조증의 원인인 지용성 물질을 발견하고 비타민 A라 명명하였다. 그 후 식물의 황색과 주황색 색소인 카로틴이 비타민 A로 작용함을 발견하였다.

헐드쉰스키Huldschinsky는 구루병을 햇빛의 자외선으로 치료하였고 피부에 항구루병 물질이 생긴다는 것을 밝혔으며, 골드블랫Goldblatt과 솜즈Soames는 자외선에 의하여 피부에 생긴 항구루성 물질이 몸의 다른 부분으로 운반되어 사용된다는 것을 증명했다. 1922년 맥컬럼과 그의 동료는 간유에 있는 비타민 A를 파괴시킨 후 동물에게 먹인 결과 구루병을 치료하는 항구루병 비타민 D를 발견하였다.

1922년에 에반스Evans와 비숍Bishop이 상추와 밀의 배아에 있는 지용성 물질이 쥐의 생식기능을 돕는다는 것을 발표하여 비타민 E라 하였다.

1929년 덴마크의 댐H. Dam이 순수한 인공사료로 사육한 닭의 피하에 내출혈이 생긴 것을 발견하고, 1939년에 항출혈 비타민 K의 화학구조와 화학적 성질 등을 규명하여 노벨상을 받았다.

(2) 수용성 비타민

5세기 전후 유목생활을 하던 유럽에서 괴혈병이 많았고 특히 선원들에게서 유행하였다. 15세기 말경부터 유럽에서 인도로 가기 위한 항해 중 선원의 2/3가 괴혈병에 걸려 죽기도 하였다. 그 후 쿡J. Cook 선장은 육지에서 신선한 채소와 과일을 보충하여 괴혈병을 예방하였다고 보고하였다. 항해 배의 의사인 린드J. Lind는 1757년 괴혈병에 걸린 환자에게 오렌지와 레몬을 먹여 괴혈병을 치료하였는데, 후에 이 물질이 비타민 C임이 밝혀지게 되었다.

동양에서는 곡류를 주식으로 하는 지역에서 각기병이 유행했다. 1878~1883년에, 일본 해군 중 20~40%가 이 병으로 사망하였다. 일본 의사 다카기는 각기병이 영양결핍에 의한 것임을 밝혀냈다. 동인도의 감옥 의사로 있던 아이작크만Eijkman은 백미에는 각기병을 방지 또는 치료하는 물질이 없고 쌀겨에는 있다는 것을 발견하였다. 그 후 오스본과 멘델, 맥컬럼과 데이비스의 두 팀이 각각 동물의 성장실험을 하여 우유 또는 유장에는 성장을 촉진하는 물질이 있음을 밝혔다. 그 후 1962년 미국의 윌리엄스Williams가 이 물질의 구조식을 확인하고 합성하는 데 성공하였다.

에미트Emmit와 세킴Cekim은 1917년 쌀겨에 2종의 비타민이 존재한다는 것을 발견했는데, 한 가지는 각기병을 치료하고 또 한 가지는 체중을 증가시켰다. 독일의 워버그Warburg는 1933년 난백에서 강한 녹황색 형광성 물질을 분리하여 오보플라빈이라 하고 쥐의 성장을 촉진한다는 것을 보고하였다.

펠라그라pellagra는 일종의 피부병으로 옥수수를 주식으로 하는 나라에서 풍토병 또는 유행병으로 발생하여 많은 사람이 죽었다. 1917~1918년에는 미국 남부에서 이 병의 환자가 급증하였다. 골드버거Goldberger는 미시시피주 감옥의 죄수를 대상으로 실험하여 펠라그라 예방인자가 열에 안정한 물질임을 발견하였다. 1937년에 엘비짐Elvehjem에 의하여 니코틴산이 사람의 펠라그라에도 효과가 있다는 것이 밝혀졌다.

윌스Lucy Wills와 그의 동료들은 1931년 인도의 임신부에게서 거대적아구성 빈혈증을 발견하고 이스트 농축물을 먹임으로써 치료하였다. 1926년에 이르러 미국 의사인 미노트Minot와 머피Murphy가 악성빈혈증 환자에게 간을 먹임으로써 적혈구의 수를 정상으로 회복시킬 수 있었으며, 이 발견으로 노벨상을 받았다. 1948년에 릭커Ricker와 그의 동료들은 간 농축물로부터 결정체의 적색 물질을 분리하여 '비타민 B_{12}'라 하였다. 그 후 판토텐산 등이 발견되었다.

이처럼 여러 비타민에 관한 성질, 체내 대사, 필요량, 공급원 등이 알려졌다. 그뿐 아니라 단백질에 관하여도 필수아미노산의 종류와 필요량, 단백질의 상호 보완, 대사문제 등 다양한 연구가 이루어졌다. 한편 인체에 필요한 새로운 무기질이 많이 발견되었고 모든 영양소의 필요량에 관한 연구와 식품의 영양소 함량에 관한 연구도 많이 이루어졌다.

20세기에 들어서면서 분석기기와 분석방법이 더욱 발달함에 따라 새로운 발견이 이루어졌다. 세포구조의 상세한 부분까지 밝혀준 전자현미경 덕분으로 모든 대사과정이 일어나고 있는 장소인 세포까지 연구할 수 있게 되었다. 또한 방사성 동위원소를 이용하여 체내에 있는 원소와 화합물들의 대사과정과 작용이 밝혀지게 되었다.

3. 영양소의 일반적 작용

식품은 탄수화물, 지질, 단백질, 무기질, 비타민, 수분 등 여섯 종의 영양소를 공급한다. 이 영양소들은 체내에서 여러 작용을 하는데, 크게 세포와 조직의 구성 및 유지, 에너지 공급, 체내 대사과정 조절 등 세 가지로 나눌 수 있다. 영양소의 작용은 서로 연관되어 있으며 상호 보완하여 작용하기 때문에 균형 있는 영양소의 섭취가 매우 중요하다.

1) 인체 구성

신체의 구성성분은 약 27종 원소들의 유기화합물이나 무기질로 존재한다**표 1-1**. 신체의 구성원소들의 화합물을 영양소별로 나누어 보면 수분, 단백질, 지질, 무기질, 소량의 탄수화물, 미량의 비타민 등이다**그림 1-6**.

표 1-1 인체의 구성원소

원소	%	원소	%	원소	%
산소(O)	65	인(P)	1.00	마그네슘(Mg)	0.05
탄소(C)	18	칼륨(K)	0.35	철(Fe)	0.004
수소(H)	10	황(S)	0.25	구리(Cu)	0.00015
질소(N)	3.0	나트륨(Na)	0.15	요오드(I)	0.00004
칼슘(Cu)	1.8	염소(Cl)	0.15	망간(Mn)	0.00003

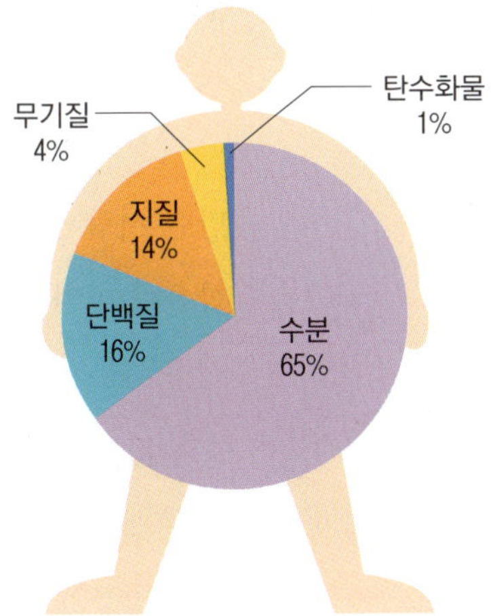

그림 1-6 인체의 구성성분

인체 구성원소

우리 몸은 약 27종의 원소로 구성되어 있으며, 자연계에는 약 105종의 원소가 존재한다. 우리 몸에 가장 많은 원소는 산소로서 인체의 약 65%를 차지하며, 탄소는 18%, 수소 10%, 질소 3% 정도, 나머지 약 4%는 무기질 원소들이다. 무기질 중 칼슘 · 인 · 나트륨 · 염소 · 칼륨 · 마그네슘 · 황은 체내에 비교적 많이 함유되어 있으며, 철 · 요오드 · 망간 · 아연 · 코발트 · 불소 등은 미량 존재한다. 무기질을 제외한 원소들은 모두 식품에 탄수화물, 단백질, 지질과 같은 화합물의 형태로 들어 있다. 무기질도 화합물의 형태로 들어 있는 경우가 많은데, 예를 들면 칼슘 · 인 · 유황이 있다. 따라서 몸을 구성하는 원소들은 모두 식품을 섭취함으로써 얻을 수 있다.

신체 구성 영양소들은 각기 중요한 성분으로 작용한다. 탄소·수소·산소·질소는 모두 탄수화물·단백질·지질과 같은 유기화합물의 형태로 있고, 전체 원소의 96% 정도를 차지한다. 유기화합물은 산소와 결합하여 타버리는 데 비해, 무기질은 타지 않고 재로 남는 성분이다.

(1) 단백질

단백질의 체내 함유비율은 약 16%이다. 체단백질의 대부분은 우리가 섭취한 단백질로부터 합성된 것이므로 단백질의 공급은 매우 중요하다.

(2) 지질

지질의 체내 함유비율은 약 14%이지만 체중이 많이 나갈수록 그 비율은 증가하여 비만한 사람의 지질 함유비율은 35~40% 정도이다. 각 조직과 장기를 건조시켰을 때 지질 함유량이 가장 높은 조직은 뇌로서 52% 정도를 차지하며, 다음은 간으로 약 23%, 근육·심장·폐·신장은 14~17% 정도이다.

우리가 섭취한 열량영양소는 주로 탄수화물과 지질로부터 합성되어 저장된 것이다. 그러나 섭취한 지질이 그대로 체내에 저장되는 것은 아니다. 지질은 소화되어 지방산과 글리세롤로 분해되고 흡수된 후, 간이나 조직 지방세포에서 다시 지질로 합성되어 저장된다.

(3) 수분

수분의 체내 함유비율은 약 65%이며, 마른 사람의 함유비율은 70% 정도로 높으며 비만한 사람은 55% 정도로 낮다. 수분은 각 기관 및 조직에 모두 함유되어 있어서 혈장의 수분 함유비율은 약 90%이고, 신장·신경조직·근육·간 속에는 70% 이상이며, 뼈와 지방조직 내에도 20% 정도 들어 있다.

인체를 구성하는 수분은 거의 우리가 마시는 수분과 음식물 속의 수분에서 공급된 것이다. 그러므로 충분한 수분을 공급하는 것은 건강상 매우 중요하다. 우리 신체는 수분 공급이 부족하거나 배설량이 많아지면 갈증을 느끼게 되어 체내 수분을 일정량 유지하게 한다. 설사나 구토를 심하게 오랫동안 하거나 과다출혈, 화상이 있는 경우에 수분 손실이 증가하여 생명을 잃을 수도 있다.

표 1-2 체내 조직의 수분과 지질 비율

(단위 : %)

체내기관	지질량	수분
뇌	52	25~30
간	23	70
신장	17	80
지방조직	80	20
혈장	–	90
근육	14	75

(4) 무기질

체내 무기질의 함량비율은 약 4~5%이다. 칼슘은 무기질 중 가장 많은 성분이고 약 1.8%를 차지한다. 다음은 인으로 체중의 1%를 차지하며, 그 외에 칼륨, 황, 나트륨, 염소, 마그네슘, 철 등의 순으로 존재한다.

우리 몸의 구성성분 중 주로 뼈와 치아를 튼튼하게 하는 구성성분이 무기질이며, 이 무기질은 근육, 체액 등의 각 세포간질액과 조직세포에도 함유되어 있다. 체내 무기질은 모두 식품이나 음료에서 섭취한 것들이므로 반드시 충분한 양이 공급되어야 한다.

(5) 탄수화물

우리가 섭취하는 탄수화물의 양은 아주 많지만 체내에는 소량 함유되어 있다. 대부분의 탄수화물은 열량으로 쓰여 없어지고, 여분의 탄수화물이 간과 근육 내 글리코겐과 혈액 내 포도당으로 존재한다.

2) 에너지 공급

체내에서 산화하여 에너지를 발생하는 영양소는 탄수화물, 지질, 단백질이며 이들 3대 영양소를 '열량영양소'라고 한다. 사람이 몸을 움직이려면 힘, 즉 에너지가 필요하다. 에너지는 음식을 통해 공급되고 음식을 먹지 않아 배가 고프면 힘이 없어지며 극단으로 가면 움직일 수 없게 된다. 의식적으로 어느 부분의 근육을 신축시키는 과정에 에너지가 필요할 뿐 아니라, 사람이 살아가려면 근육을 의식적으로 움직이지 않아도 에너지가 필요하다. 즉 호흡작용, 순환작용 등 체내에서 여러 가지 대사작용으로 생명이 유지되는데 이러한 기초대사과정을 유지하려면 에너지가 필요하다. 그뿐 아니라 음식을 먹으면 영양소가 소화되고 흡수되는 과정을 거치게 되는데 에너지는 이러한 열생산작용에 필요하다. 이 외에도 성장기에 성장을 지속하고 배설하기 위하여 에너지가 필요하다. 그러므로 식품을 통해 에너지 공급이 적절하게 이루어져야 한다.

3) 생리작용 조절

우리 몸의 모든 작용이 정상적으로 원활히 이루어지도록 생리작용은 조절된다.

(1) 수분

수분은 신체의 가장 중요한 구성성분인 동시에 생리작용을 조절하는 영양성분이다. 체내 각 조직세포에 존재하는 수분은 여러 가지 영양소를 용해시켜 필요할 때 이용되도록 하며, 여러 가지 효소반응인 화학작용이 일어날 수 있도록 도와준다.

우리 체내에서 일어나는 대부분의 작용은 수분 없이는 반응이 일어나지 않는다. 그런데 수분이 영양소가 아니라고 생각하는 사람이 많다. 물을 마음대로 먹지 못하는 극한 상황에 처해서야 생명 유지에 물이 얼마나 중요한지를 비로소 깨닫게 된다.

체내 수분 함량의 평형을 유지시키는 데 단백질과 무기질이 작용한다. 체내에 존재하는 수분은 세포 내와 세포 외의 두 구간 내에 존재하며, 세포막이 세포 내와 세포 외를 구분하고 있다. 무기질, 즉 전해질은 체내에 있는 수분에 용해되어 함유되어 있다. 조직의 수분 이동은 세포내액과 세포외액의 전해질 농도차에 의해서 이루어진다.

균형 잡힌 영양소 섭취의 중요성

영양소들은 신체를 구성하고, 생명을 유지하고 활동할 수 있는 에너지를 제공하며, 생체 내에 필수적인 물질을 합성하거나 기능을 조절하는 작용을 한다. 이러한 작용은 세포 내에서 이루어지며 세포의 구성물질이 정상일 때, 세포와 신체 기능이 원활하게 이루어진다. 영양소의 작용은 서로 연관되어 있어 상호 보완하여 작용하므로 균형 잡힌 영양소의 섭취가 중요하다.

균형 있는 영양소 섭취가 왜 이루어져야 하는지는 다음과 같다.

- 섭취한 식품들은 위와 장에서 소화 · 흡수되어야 각 조직세포 내에서 이용된다. 식품에 함유된 탄수화물, 단백질, 지질을 소화시키는 효소는 모두 단백질로 구성되어 있다. 그러므로 단백질이 장기간 결핍되면 탄수화물이나 지질을 소화시키는 효소의 양이 줄어들어 소화능력이 감소한다. 장기간 영양이 결핍된 환자에게 고기나 우유를 주면 금방 설사를 하는 것도 이러한 이유 때문이다.
- 세포 내에서 영양소의 대사에 작용하는 효소들은 단백질 효소와 조효소가 결합되어야만 작용할 수 있다. 조효소들은 비타민 B군인 티아민 · 니아신 · 리보플라빈의 복합물로 포도당이나 지방산이 에너지를 합성하는 과정에 반드시 필요하다.
- 효소 중에는 철Fe, 마그네슘Mg, 구리Cu, 망간Mn, 아연Zn 등과 같은 무기질이 있어야만 활성화되는 것이 있다. 무기질이 부족하면 효소가 제 기능을 못한다.
- 수분 섭취가 장기간 부족하면 혈액 내에 암모니아와 같은 유독 물질의 농도가 높아지면서 세포의 수분 함량이 급격히 감소하여 생명이 위험해진다. 이처럼 다른 음식물이 아무리 풍부하여도 수분을 섭취하지 못하면 생명에 큰 지장을 받으므로, 균형 있는 영양소의 섭취가 중요하다.
- 혈중 적혈구는 산소를 각 조직으로 운반하여 에너지를 발생시킨다. 적혈구 생성에 필수적인 영양소에는 철, 단백질, 비타민 B_6, 비타민 B_{12}, 엽산 등이 있다. 정상적인 적혈구 합성과 영양소의 체내 이용을 위해서는 필요한 양의 영양소를 골고루 섭취해야 한다.

(2) 무기질과 단백질

무기질과 단백질은 체액과 혈액의 산·알칼리 평형을 조절함으로써 체액과 혈액에 지나치게 많은 산이나 알칼리가 축적되지 않도록 보호한다. 따라서 체액과 혈액이 약알칼리성을 유지하도록 돕는다. 체내 모든 조직액은 pH 7.4로 약알칼리성이다. 식품에서 섭취한 성분 중 알칼리를 형성하는 주된 원소는 나트륨·칼륨·칼슘·마그네슘이고, 산을 형성하는 원소는 염소·인·황이지만, 이들은 생체 내에서 크게 영향을 미치지 못한다. 이는 체내 생성물과 단백질의 작용으로 산·알칼리 평형을 유지하기 때문이다.

(3) 비타민

비타민은 영양소의 흡수와 체내 대사를 조절하는 중요한 영양소이다. 비타민 B군은 영양소의 에너지 대사를 조절하는 필수적인 조효소로 작용하고, 비타민 D는 칼슘의 흡수를 도와 칼슘의 체내 조절작용이 정상적으로 이루어지도록 한다.

4. 영양소 섭취기준과 식품군, 식생활지침

건강한 식생활을 위해서는 적절한 영양소 섭취와 식생활이 중요하다. 이를 위해서 국가에서는 영양소 섭취기준과 식품군, 식생활지침 등을 제정하여 활용토록 하고 있다.

1) 영양소 섭취기준

적절한 건강을 유지하고 성장을 증진하기 위한 영양소 필요량에 소화흡수율과 개인차 등을 감안하여 섭취기준을 설정하였다. 영양권장량은 1962년 처음 제정된 이래 2000년 7차 개정판이 발표되었다. 이후 2005년에는 영양필요량의 충족과 함께 만성질환이나 영양소 과다 섭취의 예방 등도 함께 고려한 새로운 개념의 한국인 영양소 섭취기준dietary reference intakes for Koreans : KDRIs이 제정되었고 2010년에 1차 개정, 2015년에 2차 개정되었다. 영양소 섭취기준은 평균필요량estimated average requirements : EAR, 권장섭취량

recommended nutrient intake : RNI, 충분섭취량adequate intake : AI, 상한섭취량tolerable upper intake level : UL 등 4가지로 구성되었으며, 식사와 관련된 만성질환자의 위험 감소를 위해 에너지적정비율acceptable macronutrient distribution range : AMDR과 만성질환위험감소섭취량 chronic disease risk reduction intake : CDRR을 제시하였다그림 1-7 표 1-3.

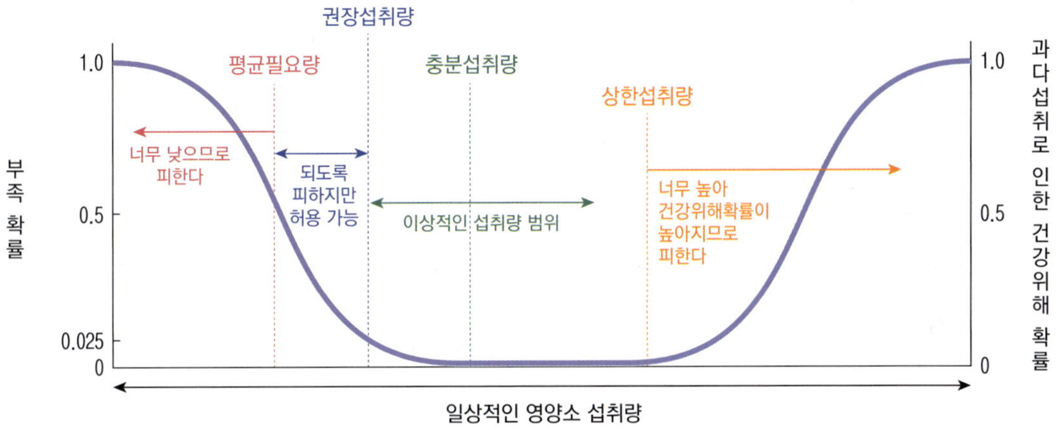

그림 1-7 영양소 섭취량의 범위

표 1-3 영양소 섭취기준의 구성과 개념

구성	개념
평균필요량(EAR)	• 건강한 사람들의 1일 영양필요량의 중앙값 • 인구집단 절반의 1일 영양필요량을 충족시키는 값
권장섭취량(RNI)	• 평균필요량에 표준편차의 2배를 더하여 정한 값(개인차 감안) • 인구집단의 97.5%의 영양필요량을 충족시키는 값
충분섭취량(AI)	• 평균필요량을 산정할 자료가 부족하여 권장섭취량을 정하기 어려운 경우에 제시하기 위한 값 • 건강한 인구집단의 영양섭취량을 추정 또는 관찰하여 정한 값
상한섭취량(UL)	• 과량 섭취 시 독성을 나타낼 위험이 있는 영양소를 대상으로 선정 • 인체 건강에 유해한 영향을 나타내지 않을 최대 영양소 섭취수준
에너지적정비율(AMDR)	• 탄수화물, 지질, 단백질로 섭취하는 에너지가 전체 에너지섭취량에서 차지하는 비율 • 에너지 영양소(탄수화물, 단백질, 지질) 공급에대한 에너지섭취비율과 건강 관련성에 대한 과학적 근거로 설정
만성질환위험감소섭취량(CDRR)	• 만성질환 위험을 감소시킬 수 있는 최저 수준의 영양소 섭취량 • 만성질환과 영양소 섭취 간 연관성과 만성질환의 위험을 감소시킬 수 있는 구체적 섭취 범위 설정

자료: 보건복지부·한국영양학회, 2020

표 1-4 성인(19~29세)의 영양소 섭취기준

영양소		남자				여자			
		평균 필요량	권장 섭취량	충분 섭취량	상한 섭취량	평균 필요량	권장 섭취량	충분 섭취량	상한 섭취량
에너지와 다량 영양소	에너지(kcal/일)	2,600				2,000			
	단백질(g/일)	50	65			45	55		
	탄수화물g/일	100	130			100	130		
	식이섬유(g/일)			30				20	
	수분(mL/일)			2,600				2,100	
	탄수화물 : 단백질 : 지질	55~65% : 7~20% : 15~30%				55~65% : 7~20% : 15~30%			
지용성 비타민	비타민 A(μg RAE/일)	570	800		3,000	460	650		3,000
	비타민 D(μg/일)			10	100			10	100
	비타민 E(mg α-TE/일)			12	540			12	540
	비타민 K(μg/일)			75				65	
수용성 비타민	비타민 C(mg/일)	75	100		2,000	75	100		2,000
	티아민(mg/일)	1.0	1.2			0.9	1.1		
	리보플라빈(mg/일)	1.3	1.5			1.0	1.2		
	니아신(mg NE/일)	12	16		35	11	14		35
	비타민 B_6(mg/일)	1.3	1.5		100	1.2	1.4		100
	엽산(μg DFE/일)	320	400		1,000	320	400		1,000
	비타민 B_{12}(μg/일)	2.0	2.4			2.0	2.4		
	판토텐산(mg/일)			5				5	
	비오틴(μg/일)			30				30	
다량 무기질	칼슘(mg/일)	650	800		2,500	550	700		2,500
	인(mg/일)	580	700		3,500	580	700		3,500
	나트륨(mg/일)			1,500	2,300[a]			1,500	2,300[a]
	염소(mg/일)			2,300				2,300	
	칼륨(mg/일)			3,500				3,500	
	마그네슘(mg/일)	300	360		350[b]	230	280		350[b]
미량 무기질	철(mg/일)	8	10		45	11	14		45
	아연(mg/일)	9	10		35	7	8		35
	구리(μg/일)	650	850		10,000	500	650		10,000
	불소(mg/일)			3.4	10			2.8	10
	망간(mg/일)			4.0	11			3.5	11
	요오드(μg/일)	95	150		2,400	95	150		2,400
	셀레늄(μg/일)	50	60		400	50	60		400
	몰리브덴(μg/일)	25	30		600	20	25		500
	크롬(μg/일)			30				20	

[a]만성질환위험감소섭취량, [b]식품 외 급원의 마그네슘에만 해당

자료: 보건복지부 · 한국영양학회, 2020

영양소의 특성에 따라 성, 연령별로 각 영양소에 대해 두세 가지의 영양소 섭취기준이 설정되었으며, 성인(19~29세)에 대한 영양소 섭취기준은 표 1-4와 같다.

영양소 섭취기준의 활용

- 영양소 섭취기준은 건강한 개인, 집단을 대상으로 식사 섭취상태를 평가하고 식사를 계획하는 데 활용된다.
- 지역사회 집단 또는 개인의 영양상태를 판정하고 식사계획을 수립하고자 할 때 활용된다.

2) 식품군과 식사구성안

(1) 식품군

영양소 섭취기준은 매우 전문적이어서 일반인이 가정에서 식단을 계획하거나 자신이 먹은 음식의 영양가를 평가하는 데 사용하기는 어렵다. 따라서 일반인이 영양적으로 균형 잡힌 식사를 실천하는 데 도움을 주기 위하여 식품군을 분류하였다.

식품군은 매일 식사에서 자주 섭취해야 하는 식품들을 영양소의 구성이 비슷한 것끼리 묶어 영양소의 함량에 따라 곡류, 고기·생선·달걀·콩류, 채소류, 과일류, 우유·유제품류, 유지·당류 등 여섯 가지로 분류하였다표 1-5. 이러한 여섯 가지 식품군을 매일 적절하고 균형 있게 골고루 섭취하면 필요한 영양소를 섭취할 수 있게 된다.

표 1-5 식품군의 분류

식품군	주요 영양소	식품의 종류
곡류	탄수화물, 식이섬유	쌀, 보리, 현미, 조, 팥, 옥수수, 국수, 당면, 떡류, 빵류, 시리얼, 감자, 고구마, 묵, 밤 등
고기·생선·달걀·콩류	단백질, 지질, 비타민, 무기질	쇠고기, 돼지고기, 닭고기, 어묵, 오징어, 달걀, 두부, 콩류, 두유, 견과류(땅콩, 아몬드, 호두, 잣, 해바라기씨, 호박씨) 등
채소류	비타민, 무기질, 식이섬유	배추김치, 당근, 시금치, 부추, 오이, 콩나물, 호박, 미역, 다시마, 김, 느타리버섯, 표고버섯, 양송이버섯, 팽이버섯 등
과일류	비타민, 무기질, 식이섬유	수박, 참외, 배, 바나나, 감, 오렌지, 귤, 딸기, 포도, 사과 등
우유·유제품류	칼슘, 단백질, 비타민	우유, 요구르트, 치즈, 아이스크림 등
유지·당류	지질, 당류	참기름, 들기름, 콩기름, 올리브유, 들깨, 버터, 마가린, 설탕, 꿀, 물엿 등

① **곡류**

상당량의 단백질을 섭취할 수 있다. 도정도가 낮은 쌀이나 각종 잡곡을 통하여 충분한 양의 비타민을 얻을 수 있으며, 그 외에 비타민 B군과 아연 등의 영양소를 얻는다. 현미, 전곡 등의 곡류로는 식이섬유를 섭취한다.

② **고기·생선·달걀·콩류**

단백질의 급원식품군은 주로 양질의 단백질과 지질을 공급한다. 견과류는 단백질은 적으나 지질을 얻을 수 있다.

③ **채소류**

채소류에는 비타민, 무기질과 식이섬유를 제공하는 각종 채소·버섯류, 해조류가 포함된다.

④ **과일류**

무기질 및 비타민과 식이섬유를 공급하며 각종 과일이 포함된다.

⑤ **우유·유제품류**

칼슘의 급원식품군은 칼슘뿐 아니라 양질의 단백질도 공급할 수 있다.

⑥ **유지·당류**

각종 유지류와 꿀, 탄산음료 등이 에너지만을 제공하는 당류에 포함된다.

(2) 식사구성안

식사구성안은 각 식품군에서 우리나라 사람이 많이 섭취하는 식품을 중심으로 한 번에 섭취하는 1인 1회 분량serving size을 설정하여 하루에 섭취해야 할 양과 횟수를 제시한 것이다.

식사구성안을 위한 식품의 1인 1회 분량 설정은 국민건강영양조사 자료를 기초로 하였다. 우선 식품군별로 섭취량이 상대적으로 높고, 영양소별로 기여도가 높으며, 연령별로 상용하는 식품을 고려하여 대표식품을 선정하였다. 그다음 건강한 일반 사람의 일상적인 1회 섭취량을 참고로 하여 1인 1회 분량을 산정하였다표 1-6.

표 1-6 식품군별 대표식품의 1인 1회 분량

식품군	1인 1회 분량					
곡류 (300kcal)						
	쌀밥 (210g)	백미 (90g)	국수(말린 것) (90g)	냉면국수(말린 것) (90g)	가래떡 (150g)	식빵 1쪽* (35g)
고기·생선·달걀·콩류 (100kcal)						
	쇠고기 (생 60g)	닭고기 (생 60g)	고등어 (생 70g)	대두 (20g)	두부 (80g)	달걀 (60g)
채소류 (15kcal)						
	콩나물 (생 70g)	시금치 (생 70g)	배추김치 (생 40g)	오이소박이 (생 40g)	느타리버섯 (생 30g)	미역(마른 것) (10g)
과일류 (50kcal)						
	사과 (100g)	귤 (100g)	참외 (150g)	포도 (100g)	수박 (150g)	대추(말린 것) (15g)
우유·유제품류 (125kcal)						
	우유 (200mL)	치즈 1장† (20g)	호상요구르트 (100g)	액상요구르트 (150g)	아이스크림/셔벗 (100g)	
유지·당류 (45kcal)						
	콩기름 1작은술 (5g)	버터 1작은술 (5g)	마요네즈 1작은술 (5g)	커피믹스 1회 (12g)	설탕 1큰술 (10g)	꿀 1큰술 (10g)

*표시는 0.3회, †표시는 0.5회

자료: 보건복지부·한국영양학회, 2021

동일한 식품군 내에서는 1인 1회 분량당 에너지 함량이 일정하며, 이를 살펴보면 곡류는 약 300kcal, 고기·생선·달걀·콩류는 100kcal, 채소류는 15kcal, 과일류는 50kcal, 우유·유제품류는 125kcal, 유지·당류는 45kcal이다. 다만 시리얼, 감자, 고구마, 옥수수, 묵, 밤, 견과류, 치즈 등의 경우에는 각각 속해 있는 식품군의 1회 분량당 에너지의 약 1/3을 함유하고 있으므로 식사계획 시 0.3회로 간주하도록 한다.

(3) 권장식사패턴

영양소 섭취기준을 만족하는 1일 식사구성, 즉 식품군별 1일 권장섭취횟수를 제시하기 위해 개발된 것이 권장식사패턴이다. 영양소 섭취기준을 잘 만족시킬 수 있다는 의미의 예로서 권장식사패턴을 제시한 것이다. 따라서 이를 토대로 각자의 기호도와 처한 상황에 따라 각 식품군의 섭취횟수를 조정하여 다양하게 식사를 계획할 수 있다.

권장식사패턴은 A타입과 B타입의 두 가지로 나누어 기준 에너지별로 제시하였다. 영유아와 어린이, 청소년의 경우는 우유·유제품류를 하루 2회 섭취하는 것을 기준으로 하였으며(A타입), 성인은 1회 섭취하는 것을 기준으로 하였다(B타입). 이는 소아와 성인의 음식 섭취 양상이 다르고, 우유·유제품류에 대한 기호도 차이가 크다는 것을 고려한 것이다. 성별·연령별 1일 권장식사패턴은 표 1-7에 제시하였으며, 성인 여자(19~64세, 1,900kcal, B타입)의 식단 구성 예는 표 1-8, 성인 남자(19~64세, 2,400kcal, B타입)의 식단 구성 예는 표 1-9와 같다.

표 1-7 권장식사패턴을 활용한 식단구성안

	A타입			B타입			
	1,900A	2,000A	2,600A	1,900B	1,600B	2,400B	2,000B
식품군 \ 적용대상	6~11세 남	12~18세 여	12~18세 남	19~64세 여	65~74세 여	19~64세 남	65~74세 남
곡류	3	3	3.5	3	3	4	3.5
고기·생선·달걀·콩류	3.5	3.5	5.5	4	2.5	5	4
채소류	7	7	8	8	6	8	8
과일류	1	2	4	2	1	3	2
우유·유제품류	2	2	2	1	1	1	1
유지·당류	5	6	8	4	4	6	4

자료: 보건복지부·한국영양학회, 2021

표 1-8 성인 여자(19~64세) 1일 식단구성의 예(1,900kcal, B타입)

[분량 (회)]

메뉴	분량	아침	점심	저녁	간식
		쌀밥 닭곰탕 돼지고기브로콜리볶음 미역줄기나물 깍두기	열무비빔국수 삶은달걀 채소튀김 동치미 오렌지	잡곡밥 대구탕 두부조림 숙주나물 배추김치	방울토마토 키위 우유

곡류	3회	쌀밥 210 g (1)	소면 90 g (1)	잡곡밥 210 g (1)	
고기·생선·달걀·콩류	4회	닭고기 60 g (1) 돼지고기 30 g (0.5)	달걀 60 g (1)	대구 70 g (1) 두부 40 g (0.5)	
채소류	8회	파 35 g (0.5) 브로콜리 35 g (0.5) 미역줄기 35 g (0.5) 깍두기 40 g (1)	열무김치 20 g (0.5) 당근 35 g (0.5) 양파 35 g (0.5) 동치미 40 g (1)	무 35 g (0.5) 숙주나물 35 g (0.5) 배추김치 40 g (1)	방울토마토 70 g (1)
과일류	2회		오렌지 100 g (1)		키위 100 g (1)
우유·유제품류	1회				우유 200 mL (1)
유지·당류	4회	유지 및 당류는 조리 시 가급적 적게 사용할 것을 권장함			

총 에너지(kcal): 1,882.3 kcal; 탄수화물, 단백질, 지방 섭취비율(%): 탄수화물(55.3%), 단백질(19.2%), 지방(25.5%)
자료: 보건복지부·한국영양학회, 2021

표 1-9 성인 남자(19~64세) 1일 식단구성의 예(2,400kcal, B타입)

[분량 (회)]

메뉴	분량	아침	점심	저녁	간식
		쌀밥 아욱된장국 조기구이 도토리묵&양념장 풋마늘무침 배추김치	바지락칼국수 미니주먹밥 감자채소전 깍두기 사과	잡곡밥 육개장 달걀말이 도라지나물 배추김치	파인애플 키위 두유 호상요구르트

곡류	4회	쌀밥 210 g (1) 도토리묵 70 g (0.1)	칼국수 200 g (1) 쌀밥 147 g (0.7) 감자 93 g (0.2)	잡곡밥 210 g (1)	
고기·생선·달걀·콩류	5회	조기 60 g (1)	바지락 80 g (1)	쇠고기 60 g (1) 달걀 60 g (1)	두유 200 mL (1)
채소류	8회	아욱 35 g (0.5) 풋마늘 35 g (0.5) 배추김치 40 g (1)	당근 28 g (0.4) 애호박 28 g (0.4) 부추 28 g (0.4) 김 2 g (1) 양파 35 g (0.5) 깍두기 40 g (1)	무 7 g (0.1) 고사리 7 g (0.1) 숙주나물 7 g (0.1) 도라지 70 g (1) 배추김치 40 g (1)	
과일류	3회		사과 100 g (1)	사과 100 g (1)	파인애플 100 g (1) 키위 100 g (1)
우유·유제품류	1회				요구르트(호상) 100 g (1)
유지·당류	6회	유지·당류는 조리 시 가급적 적게 사용할 것을 권장함			

총 에너지(kcal): 2,384.4 kcal; 탄수화물, 단백질, 지질 섭취비율(%): 탄수화물(60.5%), 단백질(14.6%), 지질(25.0%)

자료: 보건복지부, 한국영양학회, 2021

(4) 식품구성자전거

일반인의 균형 잡힌 식생활을 위해 섭취해야 할 식품군의 종류와 그 상대적 섭취량의 중요성을 쉽게 이해할 수 있도록 그림으로 제시한 것이다. 즉 식품구성자전거는 균형있는 식사, 충분한 섭취, 규칙적인 운동으로 건강을 지킬 수 있다는 것을 표현하고 있다그림 1-8.

다섯 가지 식품군에 대해 권장식사패턴의 섭취횟수와 분량에 비례하도록 하여 다섯 가지 식품군이 실제 식생활에서 차지하는 중요성과 양을 개념적으로 표현하고 있다.

- 앞바퀴 : 물을 충분히 섭취하자.
- 뒷바퀴 : 매일 신선한 채소, 과일과 함께 곡류, 고기·생선·달걀·콩류, 우유·유제품류 식품을 필요한 만큼 균형있게 섭취하자.
- 자전거 타는 사람 : 규칙적인 운동으로 활동량을 늘려서 건강체중을 유지하자.

그림 1-8 식품구성자전거

자료: 보건복지부·한국영양학회, 2021

미국의 식사구성안

미국은 2011년 마이플레이트(MyPlate)라는 모형을 이용한 식사구성안을 제시하였으며, 균형식을 위해 각 식품군을 어떻게 접시에 배분해야 하는지에 대한 정보를 제공하고 있다. 적절한 에너지 섭취와 함께 다양한 채소와 과일, 단백질식품(고기 · 생선 · 달걀 · 콩류) 및 우유(무지방 혹은 저지방)를 매일 충분히 섭취하며, 전곡류의 섭취를 늘리도록 하는 반면, 첨가당과 포화지방, 나트륨 및 알코올의 섭취는 제한할 것을 권장하고 있다.

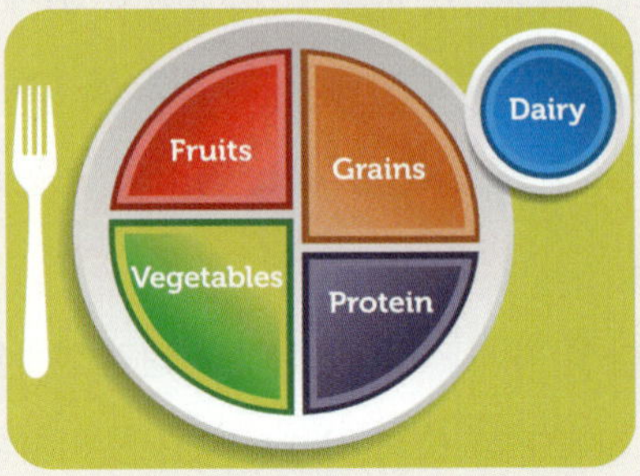

심화학습 : 자신의 식사가 균형 잡힌 식사를 하고 있는지 평가해 보자.

자신의 1일 식사내용을 끼니별로 기록하고 식품군을 분류해 본다.

끼니	식단명	식품명과 분량	식품군
아침	예 : 흰밥 …	쌀 130g …	1군 …
점심			
저녁			
간식			

평가 : 식품군의 횟수와 분량이 균형을 이루고 있는지 평가해 보고 부족한 식품군을 보완토록 한다.
http://www.dietnet.or.kr 사이트를 참고하여 평가해 보자.

3) 한국인의 식생활지침

건강은 하루아침에 얻어지는 것이 아니라 매일의 생활에서 꾸준히 노력해야 얻을 수 있다. 따라서 국민의 건강 증진과 만성질환의 예방을 위하여 보건복지부에서 식생활지침을 제정하게 되었다. 보건복지부는 만성질환의 주요 원인이 되는 부적절한 식생활 습관을 개선하기 위해 우리나라 국민의 질병 양상과 식생활 특성에 맞는 '한국인을 위한 식생활 목표'와 '한국인을 위한 식생활지침'을 제정하였다. 그리고 그 이후 건강문제, 영양상태, 신체활동, 식생활 습관 등의 변화를 반영하여 2009년에 개정하였으며, 2016년에는 농림축산식품부, 식품의약품안전처와 공동으로 국민의 주요 건강·영양문제와 식품안전, 식품소비행태 및 환경요인 등을 검토하여 국민의 건강하고 균형 잡힌 식생활 가이드라인을 제시하는 '국민공통 식생활지침'을 제정, 발표하였고**그림 1-9**, 2021년 '한국인을 위한 식생활지침'으로 개정하였다**그림 1-10**.

그림 1-9 국민공통 식생활지침

자료 : 보건복지부·농림축산식품부·식품의약품안전처, 2016

건강한 식생활을 위해 일반 대중들이 쉽게 이해할 수 있고 일상생활에서 실천할 수 있도록 제시하는 권장 수칙입니다.

그림 1-10 한국인을 위한 식생활지침

자료 : 보건복지부 · 농림축산식품부 · 식품의약품안전처, 2021; (사)대한영양사협회 홈페이지(https://www.dietitian.or.kr/)

CHAPTER

2

소화와 흡수

1. 소화기계의 구조와 기능
2. 소화관 벽의 구조
3. 부속 소화기관
4. 소화관기능의 조절
5. 흡수기전
6. 영양소의 소화와 흡수

식품에 들어 있는 다량 영양소는 탄수화물, 단백질, 지질 등 거대한 중합체 형태이다. 또한 미량영양소는 유리 상태로 존재하지 않고 복잡한 식품 구조 안에 갇혀 있다. 이들 영양소가 체세포에서 이용되려면 소화관의 점막세포로 들어갈 수 있는 단당류, 아미노산, 지방산 등의 단량체 형태로 바뀌어야 한다. 이를 소화라고 하며 구강, 식도, 위, 소장과 대장으로 구성된 소화기관과 간, 담낭, 췌장 등 부속 소화기관이 분비와 운동기능을 통해 소화작용을 수행한다.

소화된 영양물질이 점막세포에 들어가는 과정을 흡수라고 한다. 흡수된 영양소는 문맥순환 또는 림프순환을 통해 체순환에 들어가 말초조직 세포에 수송된다.

학 / 습 / 목 / 표

1. 소화관의 구성에 관해 기술할 수 있다.
2. 구강, 식도, 위, 소장 및 대장의 구조와 기능에 관해 서술할 수 있다.
3. 소화관 벽의 구조에 관해 설명할 수 있다.
4. 췌장, 간 및 담낭의 구조를 설명하고 분비기능에 관해 기술할 수 있다.
5. 신경계와 내분비계에 의한 소화관 기능의 조절에 관해 서술할 수 있다.
6. 각 영양소가 어떤 기전으로 흡수되는지 서술할 수 있다.
7. 소화관에서의 물의 유입과 유출에 관해 설명할 수 있다.

인체는 생명현상을 유지하기 위해 에너지원을 비롯한 영양소와 물을 외부에서 얻어야 하는데, 이 과정을 영양공급nourishing이라고 한다. 영양공급을 위한 첫 단계는 영양소를 함유하고 있는 식품을 섭취하는 일이다. 식품에 들어 있는 에너지원인 탄수화물, 단백질, 지질은 거대한 중합체polymer이고, 비타민과 무기질은 대부분 다른 물질과 복합체를 형성하고 있거나 복잡한 식품 구조 안에 갇혀 있다. 식품에 함유된 이들 영양소를 우리 몸을 구성하는 세포에 공급하려면 우선 소화관 내강에서 점막세포로 흡수될 수 있는 단당류나 아미노산, 지방산 등의 단량체monomer로 바뀌거나 복합체로부터 유리되어야 한다.

거대한 복합물질이 작은 분자로 분해되거나 유리되려면 물리적이고 화학적인 여러 단계를 거쳐야 하는데, 이 과정을 소화digestion라고 한다. 물리적 소화는 소화관운동에 의해 일어나고, 화학적 소화는 소화효소를 포함한 소화액에 의해 이루어진다. 소화로 생성된 단량체 또는 유리상태의 영양소들은 장 벽을 통과해 문맥순환 또는 림프순환을 통해 체순환에 들어가는데, 이를 흡수absorption라고 한다. 흡수된 영양소는 순환계를 통해 전신의 세포로 수송된다. 한편 소화·흡수되지 않은 찌꺼기 성분은 소화관의 내강을 계속 이동해 항문을 통해 분변의 형태로 체외로 배출되는데, 이를 배설excretion이라고 한다. 이와 같은 소화, 흡수 및 배설기능을 수행하는 소화기계는 유기체 내 영양물질의 항상성 유지에 기여한다.

1. 소화기계의 구조와 기능

소화기계는 생체 내에서 길이 약 4.6m의 관상구조를 이루고 있어 소화관gastrointestinal tract : GI이라고 한다그림 2-1. 소화관은 구강, 인두, 식도, 위, 소장 및 대장으로 구분된다. 이들 기관의 형태는 각각의 기능에 따라 다양하나 점막, 점막하조직, 근(육)층 및 장막으로 이루어진 소화관 벽의 기본구조는 동일하다. 이들 소화관 외에 부속 소화기관으로 치아, 혀, 타액선, 간, 담낭 및 췌장이 있다.

소화관은 소화와 흡수를 위해 분비기능과 운동기능을 수행한다. 즉 소화효소, 점액 또

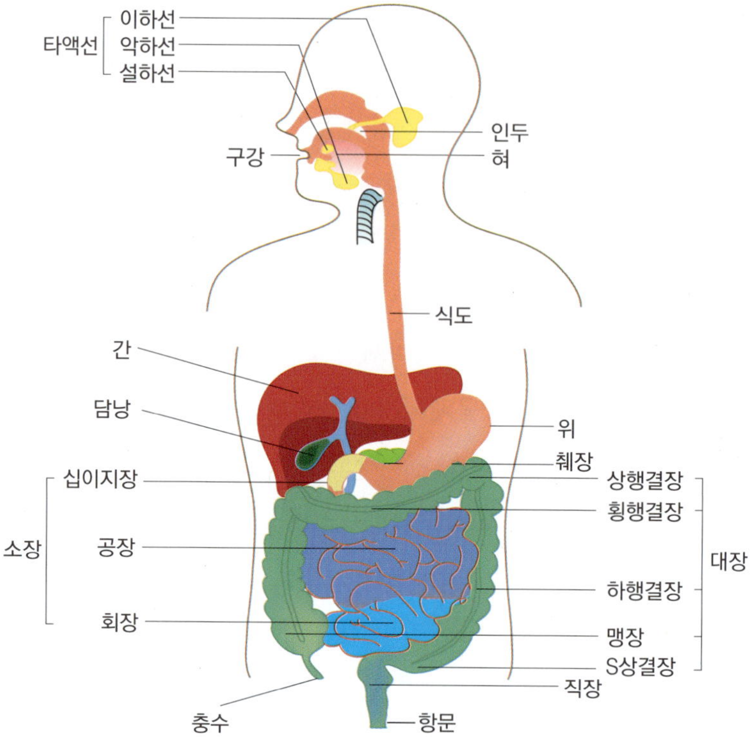

그림 2-1 소화관의 구조와 기능

는 소화기 호르몬 등을 분비하고, 음식물의 저작과 연하, 음식물과 소화액과의 혼합 및 음식물의 소화관 내 이동을 위해 다양한 운동을 수행한다.

1) 구강

구강에는 치아와 혀가 있어 음식물을 저작하며, 저작을 돕기 위해 세 쌍의 타액선, 즉 이하선, 악하선 및 설하선에서 타액을 분비한다. 타액은 섭취한 음식물에 대한 물리적 반응으로 분비된다. 그러나 타액은 음식을 섭취하지 않을 때에도 무의식적으로 분당 0.5mL 정도로 계속 분비되어 하루에 약 1~2L에 이른다. 하지만 어떤 자극에 의해 타액 분비가 촉진되면 5배까지도 증가한다.

타액은 묽은 점액성 용액으로 99.5%의 수분과 0.5%의 염류로 구성되어 있고, 점액과 아밀라아제amylase와 리소자임lysozyme을 함유한다. 점액은 음식물을 촉촉하고 매끄럽게 만들어 저작과 연하를 돕는다. 타액 아밀라아제의 소화작용은 음식물이 구강에 머무는 시간이 짧아 구강 내에서는 미미하다. 그러나 이 효소의 최적 pH가 6.7이므로, 음식물이 위에 도달한 이후 위 내용물의 산도가 낮아질 때까지 작용한다. 그러므로 구강에서는 소화작용이 거의 일어나지 않는다고 할 수 있으며, 흡수작용 또한 일어나지 않는다. 리소자임은 세균의 세포벽을 파괴함으로써 항균작용을 한다.

2) 인두와 식도

인두는 비강과 구강 바로 뒤, 식도와 후두 바로 위에 자리 잡고 있다. 인두와 연결된 식도는 약 25cm의 근육성 관으로 위에 닿아 있다. 식도 근육은 상부 1/3은 골격근이고 하부 2/3는 평활근이며, 식도 상부와 하부에 각각 괄약근이 발달해 있다.

(1) 식도괄약근

상부식도괄약근upper esophageal sphincter : UES은 인두 바로 아래에 위치하며, 골격근으로 이루어져 있다. 이 괄약근은 음식물이 연하될 때를 제외하고는 닫혀 있어 공기가 식도로 들어가지 않도록 한다. 이 괄약근의 기능이 약해지면 많은 양의 공기가 위로 들어가 과도한 트림이 생길 수 있다.

하부식도괄약근lower esophageal sphincter : LES은 식도의 끝부분에 위치하며, 평활근으로 구성되어 있다. 이 괄약근은 음식물이 연하될 때를 제외하고는 수축하고 있어 위에 들어온 음식물이 식도로 역류하는 것을 방지한다. 이 괄약근의 기능이 떨어지면 위 내용물이 식도로 역류해 식도 점막을 자극함으로써 식도염이나 식도궤양이 발생할 수 있다.

(2) 연하

저작에 의해 잘게 부서지고 타액과 섞여 부드러워진 음식 덩어리bolus는 혀에 의해 수의적으로 구강의 뒤쪽으로 넘어간다. 음식 덩어리 또는 음료가 인두에 있는 압력수용기를 자극하면 연수에 있는 연하중추swallowing center에 의해 반사적으로 연하swallowing가

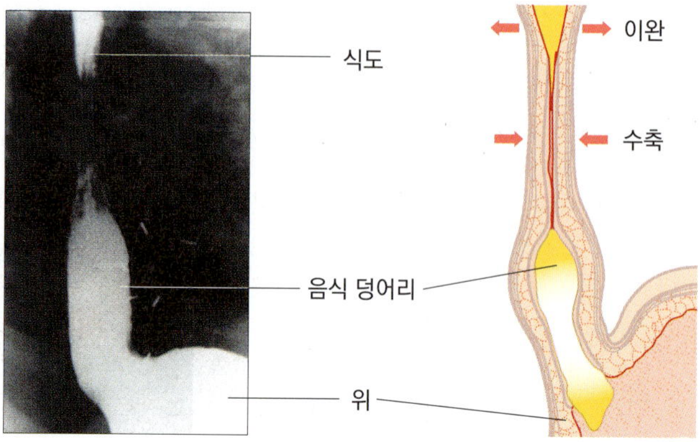

그림 2-2 식도의 연동운동
자료 : Fox SI, 2008

일어난다. 연하가 일어나면 식도에서는 연동운동peristalsis의 일종인 파상수축이 일어난다. 식도 환상근(윤주근)의 수축과 이완에 의해 발생하는 연동파는 초당 2~4cm의 속도로 음식물 덩어리를 위-식도 접합부까지 이동시킨다그림 2-2. 식도 점막은 점액을 분비해 음식물 덩어리가 부드럽게 이동하도록 돕는다.

구강과 인두 단계에서 연하가 일어날 때 음식물이 기도나 비강으로 들어가는 것을 막기 위해 목젖은 위로 상승해 비강으로 통하는 통로를 막으며, 후두근은 성문을 덮고, 후두개는 기도를 차단한다. 식도 단계에서의 연하는 상부식도괄약근의 이완으로 시작된다. 음식물 덩어리나 음료가 통과하면 이 괄약근은 즉시 수축해 닫히고, 성문이 열리면서 호흡이 재개된다.

(3) 점액 분비

식도 점막에서는 윤활작용을 하는 점액이 분비된다. 점액은 음식 덩어리의 이동을 쉽게 하며 음식물에 의한 식도 점막의 손상을 억제한다. 또한 점액은 위 내용물이 식도로 역류했을 때, 위 내용물에 함유된 산이나 효소로부터 점막을 보호한다.

3) 위

위는 식도와 십이지장 사이에 위치하며 J자 모양의 약 50mL 용량의 주머니 형태이다. 음식물의 섭취에 의해 위는 반사적으로 이완되는데 이를 수용성 이완receptive relaxation이라고 하며, 1L 정도까지 팽창할 수 있다.

(1) 구조

위는 조직학적, 해부학적 및 기능적 관점으로 보아 세 부분으로 구분된다. 식도의 입구보다 상부에 존재하는 부분을 기저부fundus(또는 분문부)라고 하고, 중간 부분을 위체부body라고 하며, 아랫부분을 위동부antrum(또는 유문동)라고 한다그림 2-3. 기저부와 위체부의 평활근 층은 비교적 얇은 반면에, 위동부는 두껍다. 식도와 위의 연결부에는 위식도괄약근 또는 분문괄약근cardiac sphincter이라고 불리는 하부식도괄약근이 있고, 위와 십이지장 사이에는 유문괄약근pyloric sphincter이 있다. 전자는 위-식도 역류를 막고, 후자는 위 내용물이 십이지장으로 서서히 배출되도록 조절하며 또한 소장 내용물이 위로 역류하는 것을 막는다.

위의 내강 표면에는 깊은 주름이 잡혀 있으며, 또한 위소와gastric pit가 표면에 자리 잡고 있다. 위의 수용성 이완이 가능한 것은 위주름이 있기 때문이며, 위소와에서는 위선에서 생산되는 점액, 소화효소, 위산, 소화기 호르몬 등이 분비된다.

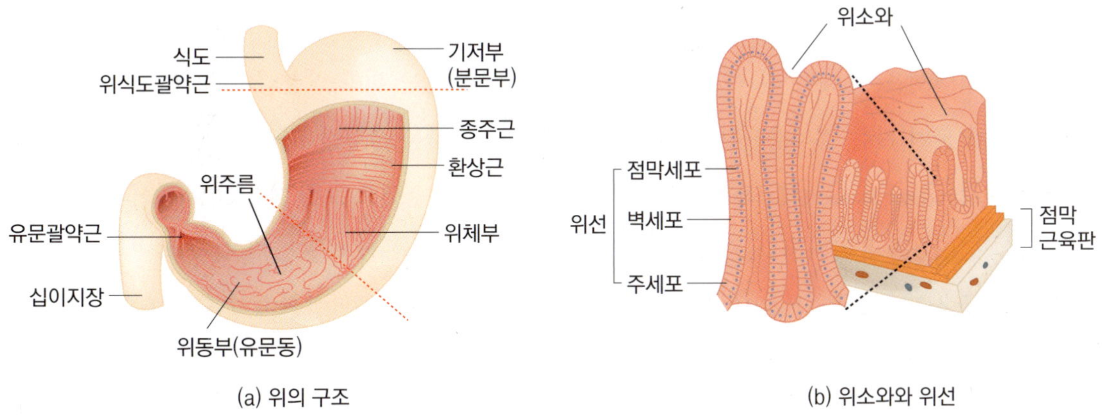

그림 2-3 위의 구조와 위소와 및 위선

(2) 운동기능

음식물이 위로 들어오면 위 근육이 수축한다. 위 운동은 분당 3회 정도의 빈도로 발생하며 연동운동의 일종이다. 기저부와 위체부는 근육층이 얇기 때문에 이 부위의 연동운동은 약하기 때문에 음식물은 비교적 혼합되지 않은 상태로 위체부에 머물게 된다. 기저부에는 보통 가스만 보관된다.

반면에 근육층이 두꺼운 위동부의 연동운동은 격렬하다. 위 내용물은 위산HCl이나 펩신과 섞이고 일부 소화가 진행되면서 액체상태가 되는데, 이를 미즙chyme이라고 한다. 미즙은 유문괄약근을 지나 십이지장으로 느리게 배출된다. 위 운동은 십이지장으로 넘어간 미즙의 지질이나 산 또는 삼투압이나 십이지장의 팽창에 의해 억제된다.

위 배출과 조절인자

위동부의 강력한 연동운동은 위 내용물을 혼합할 뿐만 아니라, 위 내용물을 소장으로 배출하는 구동력으로 작용한다. 따라서 위 배출은 위동부의 수축에 영향을 미치는 여러 인자에 의해 조절된다. 위와 관련된 요인은 미즙의 양과 유동성인데, 미즙의 양이 많을수록 그리고 미즙이 끈끈할수록 위 내용물은 빨리 배출된다. 십이지장 관련 요인으로는 십이지장으로 배출된 미즙의 지질이나 산 함량과 삼투압 또는 십이지장의 팽창이며, 이들 십이지장 요인은 모두 위 평활근의 흥분을 억제함으로써 위 배출속도를 감소시킨다.

(3) 분비기능

위소와에는 외분비선 세포와 내분비선 세포가 있다. 세 가지 종류의 외분비선 세포, 즉 점액세포, 주세포 및 벽세포에서는 매일 2L에 달하는 위액을 분비한다. 점액세포는 묽고 수분이 많은 점액을 분비하며, 주세포는 펩시노겐을 생산하고, 벽세포는 위산과 내적인자intrinsic factor : IF를 분비한다. 위산은 펩시노겐을 펩신으로 활성화하며, 펩신의 최적 pH인 2.0을 유지시키고, 식사 단백질을 변성시켜 펩신의 작용을 받기 쉽게 하며, 또한 미생물 사멸작용을 한다. 내적인자는 비타민 B_{12}와 결합해 이들 복합체의 수용체가 있는 회장까지 이동하므로 비타민 B_{12}의 흡수에 필수적인 역할을 한다.

한편 내분비선 세포 중에서 G세포는 가스트린을, D세포는 소마토스타틴을, 장 크롬친화성 세포enterochromaffin-like cells는 히스타민histamine과 세로토닌serotonin을 분비하며, 주로 위저부에 분포된 P/D1 세포에서는 그렐린ghrelin을 분비한다.

가스트린은 위산 분비를 촉진하며 위 운동을 보조하고 장크롬친화성 세포를 자극해 히스타민 분비를 자극한다. 소마토스타틴somatostatin은 성장 호르몬의 작용을 억제한다. 히스타민은 알레르기 반응이나 염증에 관여하는 화학물질로 모세혈관의 투과성을 항진시킨다. 세로토닌은 장 운동을 조절하며 행복감을 느끼게 하는 정서반응이나 기억, 학습 등 인지기능에 기여한다. 그렐린은 공복감을 일으킨다.

위액 분비와 위 운동의 조절

위의 기능, 즉 위액 분비와 위 운동은 뇌와 위 및 장에 의해 조절되는데 이를 각각 뇌상, 위상 및 장상으로 구분한다.

- 뇌상cephalic phase : 음식의 냄새를 맡거나 형태를 보거나 또는 음식에 대해 생각을 하거나 대화를 하게 되면 미주신경의 작용으로 G세포와 장크롬친화성 세포에서 가스트린과 히스타민이 방출되는 단계이다. 히스타민은 벽세포를 자극해 위산 분비를 촉진하고, 가스트린은 주세포로 하여금 펩시노겐을 분비하도록 한다. 식사를 하면 30분 정도 뇌상 단계가 지속된다.
- 위상gastric phase : 섭취한 음식물(단백질의 가수분해물)이 위에 도달하면 음식물의 자극과 위 확장에 의해 가스트린과 히스타민이 분비되어 위액 분비가 더욱 촉진되는 단계이다.
- 장상intestinal phase : 미즙이 소장으로 이동하면서 위 기능이 억제되는 단계이다. 장상의 초기에는 오히려 위 기능이 항진되나 곧바로 저지된다. pH 3~4의 미즙이 십이지장을 자극하면 위장반사enterogastric reflex가 일어나고 세크레틴과 콜레시스토키닌이 분비된다. 위장반사에 의해 가스트린 분비가 차단되고 위 운동이 억제되며, 세크레틴과 콜레시스토키닌 또한 위의 분비와 운동기능을 방해한다.

강산성 환경에서 위 점막이 자가소화되지 않는 이유?

위벽에서 분비되는 점액이 방어벽을 형성해 보호작용을 하기 때문이며 또한 점막층 자체가 수소이온H^+에 대해 비투과성을 갖기 때문이다.

(4) 소화기능

위 내용물이 위체부에 머무는 동안 타액 아밀라아제에 의한 탄수화물의 분해가 계속된다. 위동부에서는 위산과 펩신의 작용으로 일부 단백질이 소화된다. 위액에는 지질분해효소가 없어 지질은 위에서 거의 소화되지 않는다. 그러므로 미즙은 일부 탄수화물과 단백질의 분해산물을 포함한다.

(5) 흡수기능

위에서는 대부분의 영양소가 흡수되지 않는다. 다만 알코올과 아스피린 및 약산이 일부 흡수된다. 알코올은 소장에서 더 많이 신속하게 흡수되지만, 일부 알코올은 위의 상피세포를 통과해 혈액으로 흡수된다. 약산은 위 내 강산성 환경에서 이온화되므로 확산에 의한 흡수가 가능하다.

4) 소장

소장은 위와 대장 사이에 위치한 소화기관으로 십이지장duodenum과 공장jejunum 및 회장ileum으로 구성되어 있다. 소장은 직경 2.5~6.0cm, 길이 2.7~3.6m의 길고 좁은 관상 구조를 이루고 있다. 직경은 소장의 초입 부위는 넓고 말단으로 갈수록 좁아진다. 십이지장의 길이는 20~30cm 정도인데, 나머지 길이의 2/5 정도는 공장이고 3/5 정도는 회장이다. 위와 십이지장의 연결부에는 유문괄약근이 있어 위에서 소장으로 들어오는 미즙의 양을 조절하고, 대장과 연결되는 회장의 말단 부위에는 회맹판ileocecal valve이 있어 소장 내용물이 대장으로 넘어가는 것을 조절한다.

(1) 구조

소장은 영양소의 흡수에 적합한 구조로 되어 있다. 점막과 점막하층은 윤상주름을 형성하고 있으며, 융모villi가 발달해 있다. 융모는 가는 솜털 같은 미세융모microvilli로 덮여 있는데, 미세융모 집합체를 브러시보더brush border 또는 쇄자연이라고 한다그림 2-4. 소장의 흡수 표면적은 융모에 의해 10배 정도, 미세융모에 의해 20배 정도 증가한다. 미세융모 막에는 흡수 직전, 즉 마지막 소화단계에 작용하는 효소들이 존재한다. 융모 내부에는 모세혈관과 유미관이 있다.

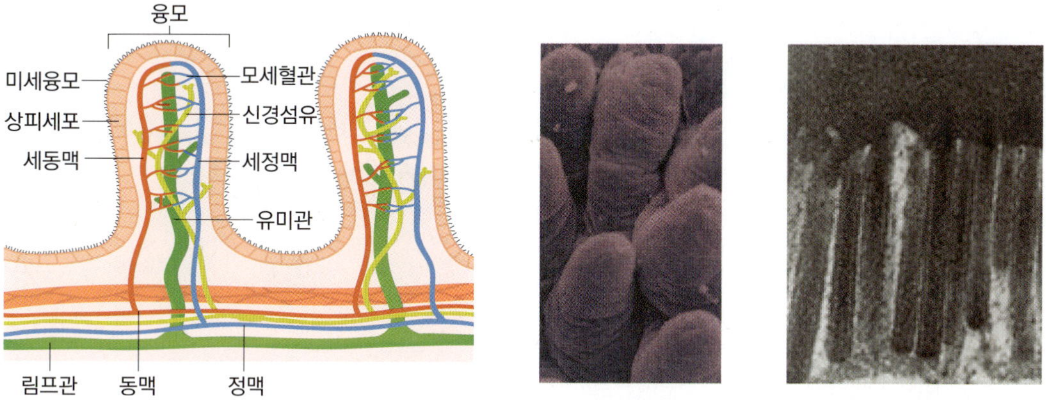

(a) 융모의 구조 (b) 융모 (c) 미세융모

그림 2-4 소장 융모의 구조와 미세융모

자료 : http://en.wikipedia.org, 2012

(2) 운동기능

소장에 미즙이 들어오면 두 가지 유형의 수축운동, 즉 분절운동segmentation과 연동운동peristalsis이 발생한다. 분절운동은 십이지장과 회장에서 동시에 시작되며 분당 9~12회의 빈도로 일어난다. 분절운동에 의해 소장 내 미즙은 소화효소나 점액과 혼합되며 소화작용이 일어난다. 소장의 연동운동은 비교적 약한데, 이는 소장 초입 부위의 압력이 말단부위보다 크기 때문이다. 따라서 소장에서의 미즙 이동은 느리다. 때문에 소화와 흡수에 필요한 충분한 시간이 확보된다그림 2-5.

(3) 분비기능

장음와intestinal crypt에는 외분비선 세포들이 있어 매일 1.5L 정도의 수용성 염과 점액을 분비한다. 장액의 pH는 8.3 정도의 약알칼리성이어서 위에서 넘어오는 미즙 내 위산을 중화시킨다. 장액에는 소화효소가 포함되어 있지 않으나, 다만 십이지장액에는 엔테로키나아제enterokinase와 아밀라아제amylase가 들어 있다. 엔테로키나아제는 췌장액에 함유되어 십이지장 내강으로 분비된 트립시노겐을 트립신으로 활성화한다. 소장에서 합성되는 소화효소인 말타아제maltase, 수크라아제sucrase, 락타아제lactase 등 이당류분해효소

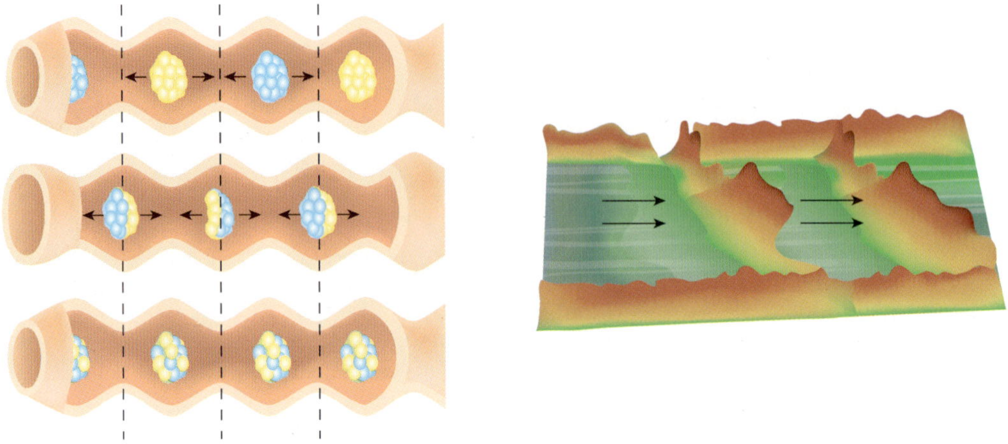

그림 2-5 소장의 분절운동과 연동운동(연동파)

자료 : 강신성·안태인 역, 2008

와 단백질분해효소인 아미노펩티다아제amino-peptidase는 내강으로 분비되지 않고 미세융모에 존재하며 세포 내적으로 작용한다.

한편 십이지장의 리버퀸와crypt of Lieberkühn에 존재하는 두 종류의 내분비선 세포에서는 미즙의 자극에 의해 소화기 호르몬이 분비된다. S세포에서 방출되는 세크레틴secretin은 위산 분비를 억제하는 한편, 췌장액의 중탄산염이온HCO_3^- 분비를 촉진해 십이지장의 pH를 조절한다. I세포에서 방출되는 콜레시스토키닌cholecystokinin : CCK은 담낭을 자극해 담즙의 분비를 유도하고 췌장을 자극해 효소의 합성을 촉진한다.

(4) 소화기능

소장으로 미즙이 들어오면 소장 내강으로 분비되는 장액과 췌장액 및 담즙에 함유된 다양한 효소와 세포 내적으로 작용하는 브러시보더에 존재하는 효소에 의해 탄수화물, 지질 및 단백질의 소화가 완결된다.

췌장액에는 전분을 분해하는 췌장 아밀라아제pancreatic amylase와 단백질을 분해하는 트립신trypsin, 키모트립신chymotrypsin 및 카르복시펩티다아제carboxypeptidase와 지질을 분해하는 췌장 리파아제pancreatic lipase가 함유되어 있다. 췌장액에는 또한 나트륨이온Na^+과 중탄산염이온이 함유되어 있어 미즙의 위산을 중화한다. 이 때문에 소장에서 작용하는 여러 효소의 최적 활성 pH가 조성된다. 담즙에는 담즙산염, 콜레스테롤, 레시틴 등이 함유되어 있으며, 지질의 소화를 보조한다.

(5) 흡수기능

단당류, 지방산 및 아미노산과 칼슘이나 철 등의 무기질 및 대부분의 비타민은 주로 십이지장과 공장에서 흡수되며 담즙산염, 비타민 B_{12}, 수분과 전해질은 대부분 회장에서 흡수된다.

소장은 충분한 흡수력을 가지고 있어 소장의 절반 정도를 제거해도 대부분의 영양소 흡수에 별다른 영향은 없다. 그러나 회장이 100cm 이상 절제되면 비타민 B_{12}의 흡수와 담즙산염의 재흡수에 문제가 발생한다.

5) 대장

대장은 회맹판에서 항문에 이르는 직경 6.5cm, 길이 1.2~3.0m 정도의 기관으로 결장, 맹장, 충수 및 직장으로 이루어져 있다그림 2-6. 결장은 다시 상행결장, 횡행결장, 하행

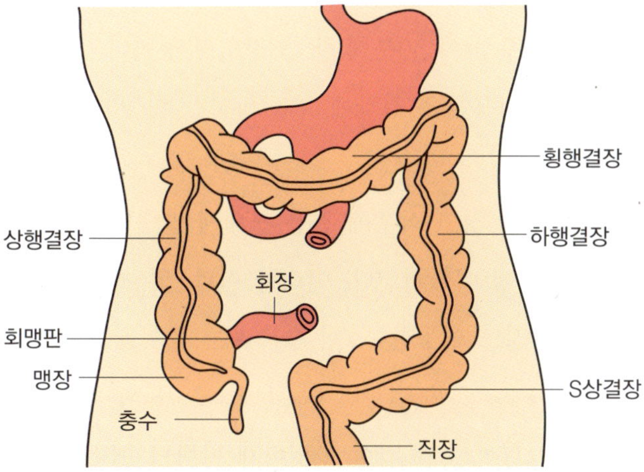

그림 2-6 대장의 구성

결장 및 S상결장으로 구분된다. 회맹판은 소장 내용물이 대장으로 유입되는 양을 조절하며 역류를 막아 결장 세균에 의해 소장이 오염되는 것을 막아준다.

소장으로부터 영양소의 흡수가 거의 완결되고 남은 500mL 정도의 내용물이 매일 대장으로 넘어온다. 대장 내용물에는 수분과 소화되지 않는 불용성 식이섬유와 결체조직 및 흡수되지 않은 담즙 성분 등 노폐물이 함유되어 있다. 이들 내용물은 맹장을 거쳐 결장과 직장을 통과하게 되는데, 대장은 이들 내용물로부터 수분을 흡수하며 분변을 형성해 저장했다가 항문을 통해 체외로 배설한다. 대장에는 수많은 박테리아가 서식하고 있다.

(1) 구조

대장의 대부분은 결장인데 결장 벽의 종주근은 여러 부분으로 나뉘어 있다. 이 때문에 결장의 점막층은, 마치 치마가 허리띠에 모여 있듯이, 작은 주머니 모양의 결장팽기 haustra를 형성하고 있다. 대장의 점막 표면에는 대장액을 분비하는 음와가 있는데 소장과 달리 융모는 없다.

(2) 운동기능

결장에서는 결장팽기수축haustral construction과 집단운동mass movement이 발생한다. 결장팽기수축은 결장 벽을 구성하는 환상근의 수축으로 일어나는데, 수축 시마다 결장팽기 주머니의 위치가 변하면서 결장 내용물이 앞뒤로 혼합된다. 결장팽기수축은 소장의 분절운동과 비슷하나 빈도가 매우 낮아 30분에 한 번 정도 발생한다. 그러므로 추진력은 거의 없다. 이러한 이유로 대장 내용물은 결장에 18~24시간 머물면서 박테리아가 성장하고 분열하는 시간을 제공한다.

집단운동은 하루에 3~4회 정도 식후에 결장 전체에 발생하는 강력한 수축파로, 대장 내용물을 항문 쪽으로 빠르게 이동시킨다. 이러한 결과, 몇 초 이내에 대장 내용물이 결장 전체 길이의 1/3~3/4 정도 이동한다. 이 수축파는 음식물이 위에 들어갈 때 발생하는 위-회장반사gastroileal reflex나 위-결장반사gastrocolic reflex와 일치한다. 위-회장반사와 위-결장반사는 하루의 첫 식사 후에 가장 뚜렷하게 나타나 배변감을 일으킨다. 즉 새로 섭취한 음식물에 대한 공간을 확보하기 위해 위-회장반사는 소장 내용물을 대장으로 이동시키고, 위-결장반사는 결장 내용물을 직장으로 밀어내는 셈이다.

(3) 소화·흡수기능

대장은 소화 또는 흡수기능이 거의 없다. 물과 일부 전해질(Na^+, HCO_3^- 등) 및 결장에 서식하는 박테리아에 의해 생산된 비타민 K와 B_2, B_6, B_{12} 및 짧은사슬지방산이 흡수된다. 수분이 흡수된 후 남은 대장 내용물은 분괴를 형성해 직장으로 이동된다.

(4) 배변

집단운동에 의해 분괴가 직장으로 유입되어 직장 내압이 30~40mmHg로 증가하면 직장 벽이 팽창하면서 배변반사가 일어난다. 배변반사는 직장근을 수축시키고, 내항문괄약근과 외항문괄약근을 이완시켜 분괴를 항문 밖으로 배출시킨다.

> **항문괄약근**
>
> 항문은 두 개의 괄약근으로 구성되어 있다. 평활근으로 이루어져 있는 내항문괄약근의 수축과 이완은 불수의적으로 조절되는 반면에, 골격근으로 이루어진 외항문괄약근의 수축은 수의적으로 조절된다.

2. 소화관 벽의 구조

식도에서 항문까지 소화관을 이루는 기관들은 각 부분마다 국소적인 특징이 있지만, 기본적으로는 4개의 조직층으로 이루어진 공통점을 갖는다. 즉 점막mucosa, 점막하조직submucosa, 근층muscularis 및 장막serosa으로 구성되어 있다그림 2-7.

각각의 막 또는 층에는 소화·흡수과정에서 중요한 기능을 하는 조직이 발달되어 있다.

1) 점막

점막은 소화관의 가장 안쪽 표면을 덮고 있으며 흡수와 분비기능을 수행한다. 점막은

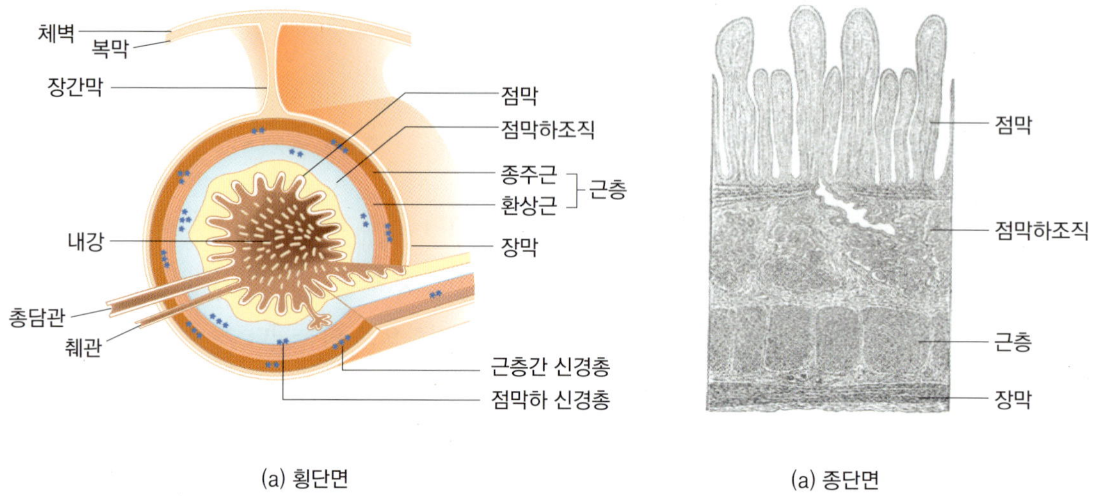

그림 2-7 소화관 벽의 구조

자료 : 강영숙 외 역, 2005; http://en.wikipedia.org, 2016

세 부분으로 구성되어 있는데, 즉 위장관의 가장 안쪽을 덮고 있는 단층의 상피세포인 내상피층과 이를 지지하는 결합조직층인 점막고유층lamina propria 및 고유판 밑에 있는 평활근 세포층인 점막근육판으로 구분된다.

내상피층

내상피층은 점액성 막으로 작은 주름 형태의 융모를 형성해 흡수 표면적을 넓힌다. 점막은 소화액을 분비하는 외분비세포와 소화기 호르몬을 분비하는 내분비세포 및 흡수를 위해 특화된 상피세포로 이루어져 있다. 또한 점막을 구성하는 세포 중에 배상세포goblet cell는 점액을 생산해 이를 소화관 내강으로 분비한다.

점막고유층

점막고유층은 얇은 결합조직층으로 장내 세균에 대해 방어하는 장 관련 림프조직gut-associated lymphoid tissue : GALT을 포함하고 있다.

점막근육판

점막근육판은 얇은 평활근층으로 점막의 가장 바깥층이며 점막하조직에 인접해 있다.

2) 점막하조직

점막 아래에 자리한 점막하조직은 결합조직으로 이루어져 있어 소화관에 신축성과 팽창성을 제공한다. 점막하조직에는 많은 선과 혈관, 림프관 및 신경총이 있다.

점막하신경총submucosal plexus은 마이스너신경총Meissner's plexus이라고도 하며, 국소적으로 장 활동을 조절하는 자율신경이다.

3) 근층

소화관의 근층은 평활근세포로 이루어져 있으며 이중층으로 되어 있다. 안쪽 층은 환상근으로 소화관을 원형으로 둘러싸며 연결되어 있어, 이 근육이 수축하면 내강이 좁아지면서 분절운동이 일어나므로 위장관 내강에 있는 음식물이 소화액과 잘 혼합된다. 바깥쪽 층은 소화관의 길이를 따라 연결된 종주근이다. 이 근육의 수축은 소화관의 길이를 짧게 하면서 연동운동을 일으켜 위장관의 내용물을 항문 쪽으로 이동시킨다.

두 근육층 사이에는 신경총이 자리 잡고 있는데 이를 근층간신경총myenteric plexus이라고 하며, 점막하신경총과 같이 국소적으로 장 활동을 조절하는 자율신경이다.

4) 장막

소화관의 가장 바깥층인 장막은 소화관을 완성한다. 단층의 상피세포로 덮여 있는 결합조직인 장막은 장벽을 보호하는 기능을 수행한다. 즉 수용성 장액을 분비해 소화관과 주변 내장 사이의 마찰을 억제하고 매끄럽게 한다. 장막은 장간막과 연결되어 있어 소화관이 복강 내벽의 적절한 위치에 매달려 있도록 지탱해 준다.

3. 부속 소화기관

1) 췌장

췌장은 십이지장의 굽은 부분에 머리가 있고 위의 아래쪽 뒤편에 위치한다. 12~15cm 길이의 해면 조직으로 된 분비기관이다그림 2-8. 췌장은 외분비조직과 내분비조직을 모두 가지고 있다. 매일 1~2L의 췌장액을 생산하는 외분비 기능은 포도송이 같은 분비세포의 군집(선방, acini)에서 수행되며, 내분비 기능은 랑게르한스섬islets of Langerhans을 구성하는 각종 내분비세포에서 이루어진다.

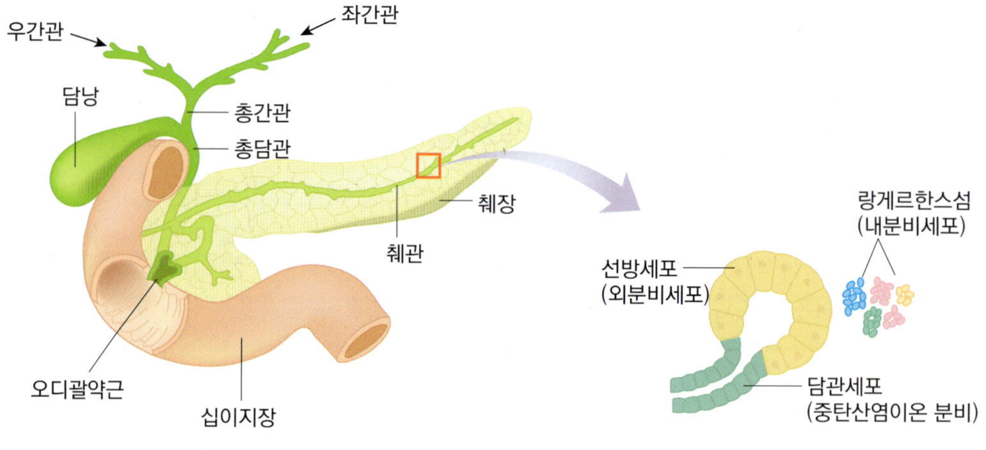

그림 2-8 췌장과 췌관, 간관, 담관 및 총담관

(1) 외분비기능

췌장의 외분비세포에서는 세 종류의 소화효소, 즉 단백질분해효소proteolytic enzymes, 췌장 아밀라아제pancreatic amylase 및 췌장 리파아제pancreatic lipase와 함께 중탄산나트륨 $NaHCO_3$이 풍부한 알칼리성의 췌장액을 췌관으로 분비한다.

단백질분해효소로는 트립시노겐trypsinogen, 키모트립시노겐chymotrypsinogen 및 프로카르복시펩티다아제procarboxypeptidase가 있다. 이들은 모두 위액의 펩시노겐처럼 불활성 상태로 분비되는데, 트립시노겐은 십이지장에서 엔테로키나아제enterokinase를 만나 트립신으로 활성화되며 이후 트립신에 의해 자가활성화가 일어난다. 키모트립시노겐과 프로카르복시펩티다아제도 트립신에 의해 각각 키모트립신과 카르복시펩티다아제로 활성화된다. 췌장 아밀라아제는 다당류를 단당류로 분해한다. 췌장 리파아제는 트리글리세리드를 모노글리세리드나 지방산으로 가수분해한다. 췌장 리파아제는 소화관에서 분비되는 유일한 지방분해효소이다.

췌장액에 함유된 중탄산염이온은 십이지장으로 넘어온 산성의 미즙을 즉각 알칼리성으로 중화시킨다. 그러므로 췌장액 효소의 최적 pH 조건이 만들어지며 아울러 산에 의한 십이지장 점막의 손상을 막게 된다.

(2) 내분비기능

한편 호르몬을 합성하는 내분비 기능은 췌장 전반에 널리 퍼져 있는 랑게르한스섬이라고 하는 작은 분비세포의 군집에 의해 이루어진다. α-세포에서는 글루카곤glucagon이 합성되고 β-세포에서는 인슐린insulin이 생성되는데, 이들 호르몬은 인접한 모세혈관으로 수송되어 바로 체순환에 들어간다.

2) 간

간은 횡격막 바로 아래에 위치한 1.3kg 정도의 상당히 큰 기관이다. 간은 우엽과 좌엽으로 크게 구분되며, 간의 실질세포들은 방사상으로 배열해 간소엽을 이루고 있다. 간은 동맥혈과 문맥혈을 모두 받으며, 담즙 생산과 혈장 단백질 합성을 비롯해 여러 영양소의 저장과 대사 기능을 수행한다.

(1) 구조

간세포hepatocyte는 두 줄로 배열해 간세포판hepatic plate을 형성하고, 간세포판은 중심정맥을 중심으로 방사상으로 뻗쳐 간소엽hepatic lobule이라 불리는 기능적 단위를 형성하고 있다그림 2-9. 각각의 간소엽 주위에는 간동맥hepatic artery과 간문맥hepatic portal vein의 가지들이 분포되어 있다. 이들을 통해 들어온 동맥혈과 문맥혈은 간판 사이 사이를 지나

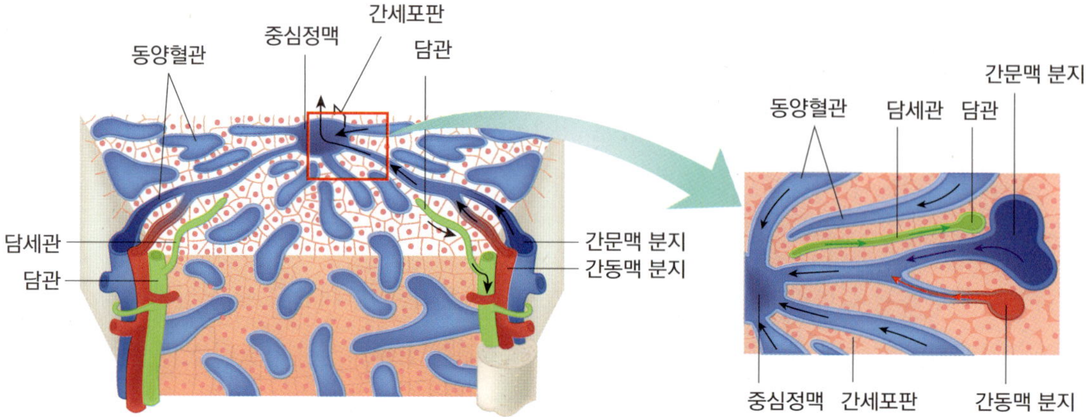

그림 2-9 간소엽의 구조

는 동양혈관sinusoids을 지나 간소엽의 중앙에 자리하고 있는 중심정맥으로 흐른다. 간세포판과 간세포판 사이에는 담세관bile canaliculi이 위치하고 있다.

(2) 담즙 생산

담즙에는 중탄산염이온, 담즙산염, 콜레스테롤, 인지질(레시틴 등), 빌리루빈, 무기이온 등이 함유되어 있으며, 이 외에 체외로 배설해야 할 약물의 대사산물 등 외인성 물질도 포함되어 있다. 담즙산염은 콜레스테롤의 유도체이며, 미셀을 형성하는 유화작용emulsification을 함으로써 지질의 소화와 흡수를 촉진한다**그림 2-10**.

빌리루빈은 노후한 적혈구가 파괴될 때 헴heme이 분해되면서 생성되는 노란색 물질로

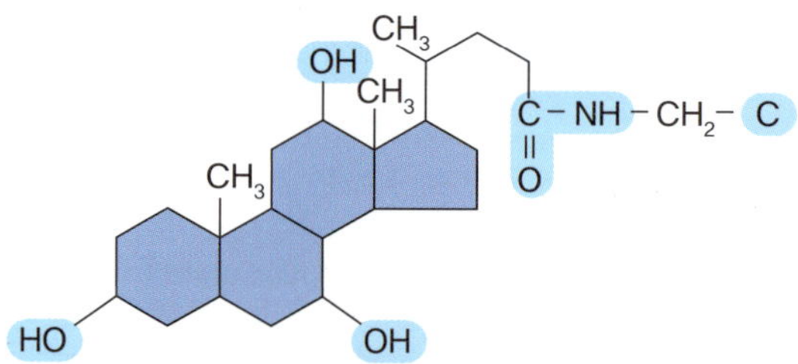

담즙산염(글리콜산)

그림 2-10 담즙산염(글리콜산)의 구조

담즙 색소라고도 불리는데, 소화와 관련해서는 아무런 역할도 하지 않는다.

간세포에 의해 생산된 담즙은 담세관으로 분비된다. 담세관은 점차 모여 굵어져 담관 bile duct을 이루고, 담관은 모두 모여 간관을 형성한다. 즉 담즙은 간관을 통해 간에서 나간다. 간은 하루에 250~1,000mL의 담즙을 생산한다.

(3) 기타 기능

간은 담즙 생산 이외에도 표 2-1과 같이 해독작용, 탄수화물 대사, 지질 대사, 혈장 단백질의 합성 등 다양한 기능을 수행한다. 이는 간이 독특한 구조를 이루고 있고, 여러 가지 다양한 효소가 작용하고 있으며, 또한 소화관으로부터 문맥혈을 받기 때문이다.

표 2-1 간의 주요 기능

작용	내용
담즙 생산	• 담즙산염 합성 • 빌리루빈 합성
해독과 면역	• 쿠퍼세포의 탐식작용 • 약물과 호르몬의 화학적 전변 • 요소와 요산 합성
탄수화물 대사	• 포도당을 이용한 글리코겐과 지방 합성 • 글리코겐의 분해와 포도당 신생 • 혈액으로 포도당 분비
지질 대사	• 중성지방과 콜레스테롤 합성 • 담즙으로 콜레스테롤을 합성하여 분비 • 지방산으로부터 케톤체 생성
단백질 대사	• 알부민 합성 • 혈장 운반단백질 합성 • 혈액응고인자 합성

3) 담낭

담낭은 간의 아래쪽에 붙어 있는 주름진 주머니 모양의 기관이다그림 2-8 참고. 담낭의 길이는 7~10cm이며, 35~150mL 정도의 담즙을 저장하고 농축한다.

(1) 담즙 저장

담즙은 간의 실질세포에서 생성된다. 담관과 간관을 거쳐 간으로부터 배출된 담즙은 소장 내에 음식물이 없어 오디괄약근sphincter of Oddi이 닫혀 있을 때에는 총간관을 통해 담낭으로 들어간다. 담낭에 저장되어 있는 동안 담즙의 염류와 물이 담낭 밖으로 흡수되면 담즙의 유기물질은 5~10배로 농축된다.

(2) 담즙 분비

십이지장으로 미즙이 넘어오면 미즙에 함유된 지질과 단백질의 부분 분해산물의 자극에 의해 십이지장에서 콜레시스토키닌이 분비된다. 이 소화기 호르몬은 담낭근을 수축시키는 한편 오디괄약근을 이완시켜 담즙이 분비되도록 한다.

소화관의 분비기능

소화관을 이루는 각 기관에서는 아래와 같이 다양한 성분과 여러 가지 가수분해효소가 함유된 소화액을 분비한다.

분비기관	분비성분	기능
구강과 인두	• 염과 수분 • 점액 • 효소 : 아밀라아제	• 음식물을 촉촉하게 함 • 음식물을 윤활하게 해 이동을 도움 • 일부 탄수화물을 분해함
식도	• 점액	• 음식물 덩어리를 윤활하게 함
위	• 위산 • 효소 : 펩신 • 점액	• 음식 성분을 용해시키고 미생물을 죽임 • 단백질을 분해함 • 미즙을 윤활하게 하고 점막을 보호함
소장	• 효소 : 아밀라아제, 펩티다아제, 리파아제 • 점액	• 탄수화물, 단백질 및 지질을 분해함 • 미즙을 윤활하게 하고 점막을 보호함
대장	• 점액	• 장 내용물을 윤활하게 해 이동과 배변을 도움
췌장	• 효소 : 아밀라아제, 트립신, 키모트립신, 카르복시펩티다아제, 리파아제 • 중탄산염이온	• 탄수화물, 단백질, 지질 및 핵산을 분해함 • 미즙의 위산을 중화함
간과 담낭	• 담즙산염 • 중탄산염이온	• 불용성 지질을 용해시킴 • 미즙의 위산을 중화함

4. 소화관기능의 조절

소화관의 기능은 주로 자율신경계와 소화기 호르몬에 의해 조절된다. 전자를 신경성 조절 또는 외인성 조절이라 하고, 후자를 내분비성 조절 또는 내인성 조절이라고 한다.

1) 신경성 조절

신경성 조절은 주로 자율신경계에 의해 이루어진다. 일반적으로 부교감신경은 소화관의 분비와 운동기능을 촉진하는 반면에 교감신경은 억제작용을한다. 또한 교감신경은 괄약근을 수축시킨다.

부교감신경으로는 제10 뇌신경인 미주신경vagus nerve이 식도에서 대장 상부까지 지배하고, 척수로부터 나오는 척수신경이 대장 하부를 지배한다. 한편 교감신경으로는 흉추에서 나오는 흉수신경이 식도에서 대장 상부까지 분포되어 있고, 요추에서 요수신경이 대장 하부에 분포되어 있다. 장벽 내에 세포체를 두고 있는 내인성의 장 신경계는 외인성 신경의 작용을 보조한다.

2) 내분비성 조절

내분비성 조절은 소화관에서 분비되는 호르몬, 즉 소화기 호르몬에 의해 이루어진다. 소화관의 점막에 있는 내분비선 세포는 적절한 자극에 의해 여러 가지 소화기 호르몬을 생산해 혈액으로 분비한다. 주요 소화기 호르몬으로 가스트린, 세크레틴, 콜레시스토키닌 및 위억제펩티드gastric inhibitory peptide : GIP가 있다. 이들 호르몬은 혈액을 통해 표적기관으로 이동하고 소화관의 운동 또는 분비기능에 대해 흥분 또는 억제작용을 한다. 소화기 호르몬의 대부분이 뇌신경에서도 분비된다는 점은 흥미롭다. 이는 소화관에 존재하는 내분비세포의 기원이 신경조직이었음을 의미한다.

가스트린은 위에서 분비되며 위액 분비와 위 운동을 촉진한다. 세크레틴은 췌장에서 분비되며, 췌장과 간에 작용해 췌장액과 담즙에 중탄산염이온의 함량을 높이고, 십이지장 점막의 S세포에 대한 콜레시스토키닌의 작용을 강화하며 또한 위 배출을 지연시키는 효과를 나타낸다. 콜레시스토키닌은 십이지장에서 분비되는데 식후에 담낭을 수축해 담즙이 분비되도록 하고, 췌장을 자극해 효소 분비를 촉진하며, 장 운동과 장액 분비를 촉진하는 반면에 위 운동과 위액 분비를 억제함으로써 위 배출 지연 효과를 발휘한다. 소장에서 분비되는 위억제펩티드는 위 운동과 위액 분비를 억제해서 위배출을 지연시키는 한편 췌장을 자극해 인슐린 분비를 촉진한다. 이들 소화기 호르몬의 작용은 **표 2-2**와 같다.

표 2-2 소화기 호르몬의 종류와 기능

종류	분비기관	분비 자극원	기능
가스트린	위	• 음식물 섭취로 인한 미주신경 자극 • 위 확장에 따른 물리적 자극 • 위 내용물 중 아미노산에 의한 자극	• 위액 분비 촉진: 벽세포 자극으로 위산 분비 촉진, 주세포 자극으로 펩시노겐 생성 촉진 • 위 운동 촉진
세크레틴	소장	• 위 내용물의 고장성 및 산성(pH<4.5) 자극	• 췌장세포와 간세포 자극으로 중탄산염이온 분비 촉진 • 췌장에 대한 콜레시스토키닌 작용 강화 • 위 배출 지연
콜레시스토키닌	소장	• 소장에 넘어온 미즙의 지질과 아미노산의 자극	• 담낭 수축으로 담즙 분비 촉진 • 췌장세포를 자극해 췌장액 효소 분비 자극 • 장 운동과 분비 촉진 • 위 운동과 분비 억제 및 위 배출 지연
위억제펩티드	소장	• 소장에 넘어온 미즙의 포도당과 고장성 자극 • 장 확장에 따른 물리적 자극	• 위 운동과 분비 억제 및 위 배출 지연 • 췌장의 β-세포를 자극해 인슐린 분비 촉진

감정 변화 및 통증과 소화관 운동

흥분이나 놀라움, 슬픔 또는 통증 등 소화와 무관해 보이는 인자들이 위 운동에 영향을 줄 수 있다. 다양한 감정 변화는 자율신경계에 영향을 끼쳐 위 평활근의 흥분, 즉 수축과 이완의 정도에 변화를 가져온다. 감정 변화에 따른 영향은 개인마다 다양해 일정한 예측이 어렵다. 그러나 두려움이나 슬픔은 위 운동을 억제하는 경향을 보이며, 화가 나는 등의 공격적인 감정은 반대로 촉진하는 경향을 나타낸다.

신체의 어떤 부위에 가해진 통증은 위를 비롯해 소화관의 운동성을 저해하는 경향이 있다. 이는 교감신경계의 활동 증가와 부교감신경계의 활동 감소에 따른 결과라고 생각된다.

5. 흡수기전

영양소의 흡수란 협의로는 소화관 강에서 상피세포로 유입되는 단계를 뜻하나, 광의로는 다시 상피세포에서 나와 이후 여러 생체막을 통과해 혈액에 들어오는 단계까지를 의미한다. 영양소의 흡수기전은 생체 내에서의 물질이동 기전과 동일하다. 그러나 소화관 강 쪽의 세포막luminal membrane과 융모 안쪽의 세포막baselateral membrane 간에 투과성이 다르고, 이온채널도 같지 않고, 운반체도 상이하다.

영양소가 장상피세포의 세포막을 비롯해 여러 생체막을 통과하는 주요 흡수기전으로는 수동확산passive diffusion, 촉진확산facilitated diffusion, 능동수송active transport 및 음세포작용endocytosis이 있다그림 2-11. 이 밖에 작은 이온이나 물 분자의 일부는 생체막 사이의 간격을 통해 수동확산으로 흡수된다.

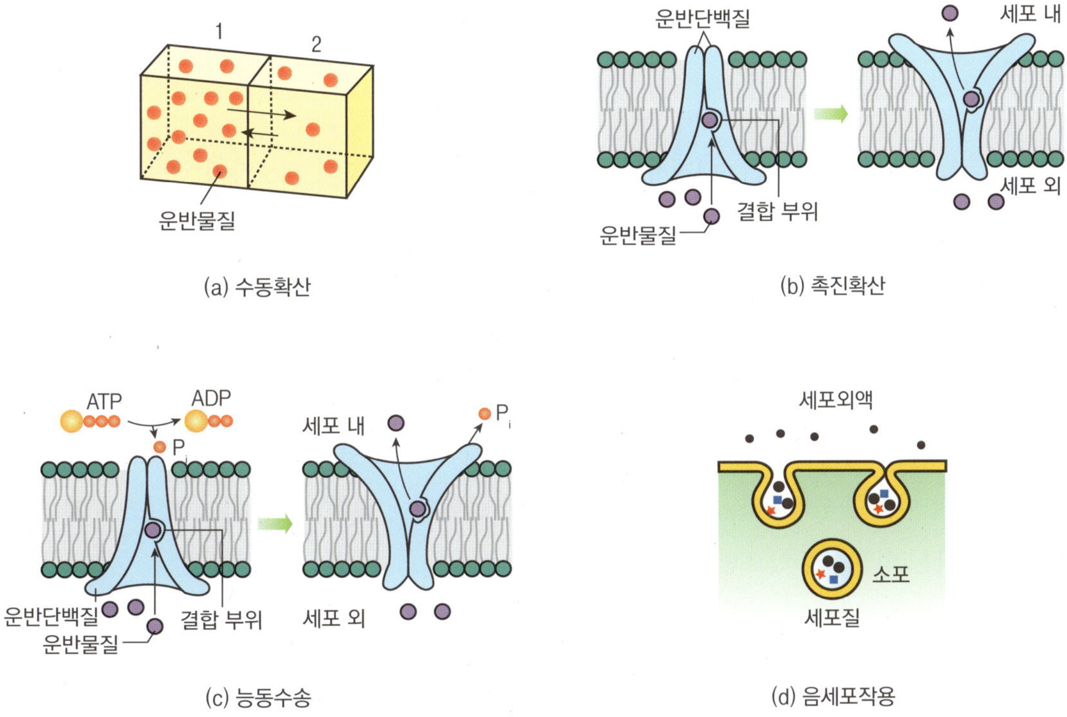

그림 2-11 주요 흡수기전

1) 수동확산과 삼투

수동확산은 물질 분자가 무작위운동random motion을 하며 생체막을 자유롭게 통과하는 기전을 말한다. 지질 용해도가 크거나 분자량이 작은 영양소의 경우 세포막에 대한 투과성이 높으므로 이들 물질의 농도나 전위가 소화관 내강이 흡수세포 내보다 높은 경우 수동확산으로 흡수된다. 수동확산은 지질 소화물이나 지용성 비타민과 일부 비타민의 흡수에 기여한다. 한편 나트륨이온, 칼륨이온, 염소이온이나 칼슘이온 등은 세포막 지질에 대한 용해도가 낮은데도 상당히 빠른 속도로 흡수되는데, 이는 이온채널을 통해 확산되기 때문이다.

삼투osmosis는 수동확산의 형태이다. 세포막에 투과성이 없는 영양소들의 농도가 소화관 내강이 흡수세포보다 낮은 경우, 물분자가 흡수세포로 수동확산된다. 삼투는 소화관에서의 물분자의 흡수에 주요 기전으로 작용한다.

2) 촉진확산

촉진확산은 운반체가 매개하는 흡수기전이다. 흡수세포의 세포막에 있는 특수한 운반단백질들이 영양소와 결합해 세포 안으로 이동시킨다. 촉진확산이 비록 운반체를 이용하나 원동력은 역시 농도나 전위 경사에 의한 것이다. 수동확산과의 차이점은 운반체에 의해 이동하므로 흡수속도가 빠르다는 점이다.

촉진확산은 영양소의 흡수에 특이성, 포화성 및 경쟁성을 나타낸다. 즉 각각의 운반체가 결합할 수 있는 영양소가 한 가지이거나 아주 좁은 범위로 제한되고, 운반체가 포화되면 더 이상 흡수속도가 증가하지 않으며, 한 운반체에 결합할 수 있는 유사한 분자 특성을 갖는 영양소가 있으면 서로 경쟁한다.

3) 능동수송

능동수송은 운반체가 매개하며 또한 에너지를 이용하는 흡수기전이다. 에너지를 이용하므로 수동확산이나 촉진확산과는 달리 영양소의 농도나 전위 경사에 의존하지 않는다. 즉 영양소의 농도가 소화관 내강이 흡수세포 내보다 낮아도 마치 펌프작용을 하듯 흡수한다.

이 기전은 아데노신삼인산염adenosine triphosphate : ATP이 아데노신이인산염adenosine Diphosphate : ADP과 무기인산염Pi으로 가수분해될 때 발생하는 에너지를 이용한다. 그런데 능동수송이 에너지를 직접 이용하는지 아니면 간접적으로 이용하는지에 따라 1차 능동수송과 2차 능동수송으로 구분한다. 1차 능동수송primary active transport은 운반단백질이 직접 ATPase와 결합하고 이를 가수분해 해서 이때 방출되는 에너지를 이용해 흡수하는 기전이다. 반면에 2차 능동수송은 에너지를 직접 소비하는 나트륨-칼륨 펌프Na^+-K^+ pump가 형성한 나트륨이온의 농도 경사를 이용해 나트륨이온과 함께 영양소를 흡수하는 방식이다. 능동수송도 촉진확산과 같이 특이성, 포화성 및 경쟁성을 나타낸다.

4) 음세포작용

일부 영양소는 조그만 '주머니sac'에 세포외액과 함께 들어 있는 형태로 세포 내로 흡수되기도 하는데, 이 기전을 음세포작용pinocytosis이라고 한다. 즉 흡수세포의 세포막 일부가 세포 안쪽으로 밀려들어 오면서 소화관 내강에 있는 영양소를 둘러싼 작은 주머니vesicle를 만들고, 이후 이 주머니가 세포 내에서 분리된다. 분리된 주머니는 세포질 내 리소좀lysosome과 융합되어, 리소좀의 소화효소에 노출되면서 가수분해된다.

이는 모유에 함유된 면역단백질 등이 소화되지 않은 상태로 흡수되는 기전이다. 또한 소화관에 감염된 미생물들을 상피세포 안으로 들여 이들을 무해하게 만들고 분해하여 영양소로 이용하는 기전이다. 음세포작용의 역수송으로 토세포작용exocytosis이 있다.

6. 영양소의 소화와 흡수

영양소의 흡수는 구강에서는 일어나지 않고, 식도에서도 특별한 약물 이외에 영양소의 흡수는 거의 없으며, 위에서는 물과 소량의 알코올 및 특정 약물이 흡수될 뿐이다. 탄수화물, 단백질 및 지질의 소화산물과 비타민과 무기질 및 알코올은 대부분 소장에서 흡수된다. 대장에서는 물과 전해질, 일부의 무기질 그리고 결장 박테리아가 생산한 짧은사슬 지방산과 엽산 및 비타민 K가 흡수된다.

1) 탄수화물의 소화와 흡수

음식물로 섭취한 탄수화물은 타액과 췌장 아밀라아제에 의해 소화되어 소장 내강에 주로 맥아당, 설탕(자당) 또는 유당 형태로 존재한다. 이들 이당류가 포도당, 갈락토오스 또는 과당의 단당류로 가수분해되는 단계는 소장 상피세포의 미세융모, 즉 브러시보더에 있는 디사카라이다아제disaccharidase에 의해 일어난다. 즉 마지막 단계의 소화와 흡수가 동시에 일어난다. 그중 포도당과 갈락토오스는 2차 능동수송, 즉 나트륨-칼륨 펌프를 통해 형성된 나트륨이온의 농도 차에 의해 소장 상피세포의 세포막을 통과한다. 한편 과당은 촉진확산으로 통과한다.

소장 상피세포에 들어온 단당류는 세포질을 가로질러 맞은편 세포막에서 운반체를 이용하는 촉진확산에 의해 점막세포를 떠나고 융모 안에 위치한 모세혈관으로 들어간다. 이후 간문맥을 통해 간으로 수송되고 체순환에 들어간다. 탄수화물의 소화와 흡수는 소장의 상부에서 거의 완결된다.

2) 단백질의 소화와 흡수

음식물로 섭취한 단백질은 펩신, 트립신, 키모트립신 및 카르복시펩시다아제에 의해 소화되어 주로 아미노산이나 디펩티드 또는 트리펩티드 등 작은 펩티드 형태로 소장 내강에 존재한다. 아미노산은, 포도당이나 갈락토오스 흡수와 유사하게, 2차 능동수송에 의해 흡수된다. 분자 구조가 각기 다른 아미노산이 20종이 있으므로 여러 종류의 운반체가 존재하는 것으로 보인다. 한편 펩티드도 2차 능동수송으로 흡수되는데, 단당류와는 달리 수소이온 농도 차를 이용한다. 펩티드는 아미노산 운반체와는 다른 운반체에 의해 수송되는데, 브러시보더에 존재하는 아미노펩티다아제에 의해 아미노산으로 분해되면서 흡수된다.

아미노산이 모세혈관으로 들어가기 위해 소장 상피세포를 떠나는 기전은, 단당류의 경우와 같이, 촉진확산이다. 이후 역시 단당류처럼 간문맥을 통해 간으로 수송된 후 체순환에 들어간다. 탄수화물과 마찬가지로 단백질의 소화와 흡수도 소장 상부에서 거의 완결된다.

그러나 미량의 단백질은 소화되지 않은 채 음세포작용에 의해 소장의 상피세포로 들어가고, 토세포작용에 의해 상피세포를 떠나는 것으로 추정된다. 이러한 현상은 성인기보다는 영아기에 활발한 편이다. 모유로 분비된 면역글로불린이 영아의 소장에서 흡수되는 것은 영아가 수동적으로 면역력을 획득하는 긍정적인 의미를 가진다. 그러나 알레르겐allergen이 흡수되어 알레르기가 발생하는 상황은 단백질 흡수의 부정적인 면이라고 볼 수 있다.

3) 지질의 소화와 흡수

음식물에 함유된 지질은 대체로 불용성이어서 지질의 흡수는 탄수화물이나 단백질과는 상이하다. 소장 내강에서 지질의 소화산물인 모노글리세리드, 글리세롤, 지방산 및 리소레시틴lysolecithin은 담즙산염과 레시틴 또는 콜레스테롤과 함께 혼합 미셀을 형성한다. 이 혼합 미셀은 소장 상피세포의 브러시보더로 이동해 수동확산으로 세포막을 통과한다.

소장의 상피세포에서는 이들 흡수된 모노글리세리드, 글리세롤, 지방산 등을 이용해 중성지방과 인지질이 재합성된다. 재합성된 중성지방, 인지질 및 콜레스테롤은 단백질과 결합하여 지단백질 종류인 킬로미크론chylomicron을 형성한다. 킬로미크론은 토세포작용에 의해 상피세포를 떠난 후, 단당류나 아미노산이 모세혈관으로 들어가는 것과는 다르게 유미관으로 들어가 림프계로 수송되어 흉관을 통해 체순환에 들어간다.

4) 비타민의 흡수

비타민의 흡수기전은 비타민의 종류에 따라 다양하다. 수용성 비타민은 주로 공장에서 물과 함께 흡수되는데 종류에 따라 흡수기전이 다르다. 티아민은 주로 수동확산으로 흡수되나, 장관 내의 농도가 낮을 때는 능동수송으로 운반된다. 리보플라빈과 판토텐산은 능동수송으로, 비타민 B_6는 수동확산으로, 니아신은 수동확산으로 주로 흡수되지만 농도가 낮은 경우는 촉진확산으로, 엽산은 주로 능동수송으로 흡수된다. 비타민 B_{12}의 흡수는 특이한데, 위에서 분비되는 내적인자와 결합한 상태로 회장 말단에 존재하는 특수 운반체에 의해 수송된다. 비타민 C는 주로 능동수송에 의해 흡수되며, 일부는 수동확산으로 흡수된다.

지용성 비타민은 소화관 내에서 지질의 소화산물과 함께 미셀 내부에 포함되어 운반되며, 지질처럼 수동확산에 의해 흡수된다.

5) 무기질의 흡수

대부분의 무기질은 수동확산에 의해 흡수되나 철과 칼슘을 비롯한 일부 무기질은 능동수송에 의해 소장 상피세포로 들어간다. 철과 칼슘 등 일부 무기질은 흡수단계에서 체내 필요량에 따라 흡수율이 조절된다.

(1) 철

철도 다른 영양소와 마찬가지로, 소장 내강으로부터 상피세포로 들어가는 단계와 상피세포를 떠나 융모 내에 있는 모세혈관으로 들어가는 단계를 거쳐 흡수가 완결된다. 첫 단계는 주로 능동수송으로 이루어진다. 여성은 남성보다 철 운반체가 많으며, 환원형의 2가철 Fe^{++}은 산화형의 3가철 Fe^{+++}보다 쉽게 흡수된다. 철의 첫 흡수 단계에는 여러 인자가 영향을 미친다. 예를 들면, 비타민 C는 3가철을 2가철로 환원시켜 철의 흡수를 촉진하나, 인산염이나 수산염은 철과 결합해 불용성 염을 형성함으로써 철의 흡수를 저해한다.

다음으로 흡수 단계에서는 체내 철 필요량에 의해 철의 흡수율이 조정된다. 적혈구 생

각 영양소의 흡수기전

각 영양소의 소화산물이 상피세포로 들어갈 때의 기전은 다음과 같다.

영양소		상피세포로 들어갈 때의 흡수기전
탄수화물	포도당, 갈락토오스	능동수송
	과당	촉진확산
단백질	아미노산, 디/트리펩티드	능동수송
지질	모노글리세리드, 지방산, 글리세롤, 리소레시틴	수동확산
비타민	티아민	주로 수동확산, 능동수송(농도 낮을 때)
	리보플라빈. 판토텐산, 엽산	능동수송
	니아신	주로 수동확산, 촉진확산(농도 낮을 때)
	비타민 B_6	수동확산
	비타민 B_{12}	능동수송, 수동확산
	비타민 C	주로 능동수송, 일부 수동확산
	비타민 A, D, E, K	수동확산
무기질	철, 칼슘	주로 능동수송, 일부 수동확산
	기타 대부분의 무기질	수동확산

성 등에 즉시 필요한 철은 바로 상피세포를 떠나 3가철이 되어 혈액에서 트랜스페린transferrin이라는 운반단백질과 결합해 수송된다. 즉시 필요하지 않은 철은 3가철이 되어 상피세포 내 단백질인 페리틴ferritin과 결합해 과립 형태로 저장된다.

철이 필요할 때면 철을 유리해 내고 그렇지 않으면 상피세포가 수명을 다해 소장 내강으로 탈락될 때 대변으로 소실된다. 페리틴은 상피세포에서 철 저장기능을 통해 철의 결핍과 과잉상태 사이에서 완충작용을 하는 셈이다.

(2) 칼슘

칼슘은 소화관 내에서 지방산과 결합하여 불용성 상태가 되지만 담즙산염의 작용으로 흡수가 가능하다. 칼슘은 수동확산으로도 흡수되나 대부분은 활성형 비타민 D_3에 의해 촉진되는 능동수송으로 흡수된다. 칼슘도 철과 마찬가지로 체내의 칼슘 필요량에 의해 흡수율이 조절된다.

6) 물과 전해질의 흡수

물과 전해질은 소장에서 가장 많이 흡수된다. 이는 소장 상피세포의 세포막이 물에 대해 높은 투과성을 가지고 있기 때문이다. 섭취한 음식물과 음용수를 통해 2.5L, 타액으로 1.5L, 위액과 소장액 및 췌장액으로 각각 2.0L, 1.5L 및 1.5L와 담즙으로 0.5L 등 매일 9.5L 정도의 물이 소장으로 유입된다표 2-3. 이들 대부분의 물은 소장에서 주로 수동확산에 의해 흡수되고 나머지 0.5L 정도가 대장으로 넘어간다. 대장에서는 대변으로 제거되는 수분 150mL를 제외한 나머지 물이 흡수되는 셈이다.

나트륨이온과 칼륨이온은 소화관 내에 가장 높은 농도로 존재하는 전해질이며 나트륨-칼륨 펌프에 의해 대부분은 소장에서 흡수되고 일부는 대장에서 능동수송에 의해 흡수된다.

표 2-3 소화관에서의 물의 유입과 흡수(mL)

<table>
<tr><td rowspan="8">소장으로 유입되는 수분</td><td rowspan="2">외부에서 섭취되는 수분</td><td>음식물에 함유된 수분</td><td>1,250</td></tr>
<tr><td>음용수</td><td>1,250</td></tr>
<tr><td rowspan="5">내부에서 분비되는 수분</td><td>타액</td><td>1,500</td></tr>
<tr><td>위액</td><td>2,000</td></tr>
<tr><td>소장액</td><td>1,500</td></tr>
<tr><td>췌장액</td><td>1,500</td></tr>
<tr><td>담즙</td><td>500</td></tr>
<tr><td colspan="2">합계</td><td>9,500</td></tr>
<tr><td colspan="3">소장에서 흡수되는 수분</td><td>9,000</td></tr>
<tr><td colspan="3">결장으로 유입되는 수분</td><td>500</td></tr>
<tr><td colspan="3">결장에서 흡수되는 수분</td><td>350</td></tr>
<tr><td colspan="3">대변으로 제거되는 수분</td><td>150</td></tr>
</table>

CHAPTER

3

탄수화물

1. 탄수화물의 특성과 분류
2. 탄수화물의 소화와 흡수
3. 탄수화물의 대사
4. 탄수화물의 체내 작용
5. 탄수화물 관련 질병
6. 탄수화물의 섭취기준과 급원식품

탄수화물은 생명을 유지하고 활동하는 데 필요한 열량의 대부분을 공급한다. 탄수화물은 곡류, 감자류의 주성분이며 식물계에 널리 분포되어 있다. 탄수화물은 근육조직, 신경조직, 두뇌조직 등의 신체조직에서 에너지 공급원으로 매우 중요한 위치를 차지한다. 일반적으로 $(CH_2O)_n$의 화학구조를 이루고 있으며 단당류, 이당류, 올리고당, 다당류로 분류된다.

탄수화물의 대사과정은 주로 포도당 대사를 중심으로 이루어지며, 체내 에너지 대사는 혈당 수준에 의하여 조절된다.

학/습/목/표

1. 탄수화물의 분류와 특성을 설명할 수 있다.
2. 탄수화물의 소화 · 흡수 및 운반을 설명할 수 있다.
3. 탄수화물의 대사과정을 기술할 수 있다.
4. 탄수화물 섭취와 관련된 건강문제를 설명할 수 있다.
5. 탄수화물 섭취기준과 급원식품을 설명할 수 있다.

1. 탄수화물의 특성과 분류

사람은 생명을 유지하고 활동하는 데 필요한 열량을 대부분 탄수화물을 섭취하여 얻고 있다. 탄수화물은 곡류와 감자류 등의 주성분인 전분이 주를 이루고 있으며, 가장 값싸고 쉽게 얻을 수 있는 열량원이다.

1) 탄수화물의 특성

탄수화물은 탄소·수소·산소의 세 가지 원소로 구성된 유기화합물이며, 대부분 수소와 산소의 비율이 물과 같다. 육탄당과 오탄당, 그리고 이들의 복합물은 영양적으로 중요한 역할을 한다.

탄수화물은 식물의 엽록소에서 전분을 구성하는 포도당을 광합성 작용에 의해서 합성하기 때문에 식물계에 널리 분포되어 있다. 사람은 식물이 합성해 놓은 포도당과 전분 등의 탄수화물을 주된 열량원으로 이용하고 있다. 탄수화물은 우리나라뿐만 아니라 세계 각국의 주된 열량 급원으로 열량의 50~90%를 공급한다. 대개의 동남아시아 국가들은 쌀을 주식으로 하고 있으며, 서구에서는 밀로 만든 빵류나 감자를 이용한다. 또한 아프리카나 남아메리카에서는 카사바, 얌 등을 주식으로 삼고 있다.

탄수화물은 많은 양을 섭취하더라도 인체 내의 함량은 소량에 불과하다. 인체의 탄수화물 성분은 혈액 중에 포도당으로 약 0.1% 함유되어 있으며, 간과 근육에는 글리코겐의 형태로 저장되어 있다. 그 외에 점성 다당류, 당단백질과 당지질 등으로 미량 존재한다. 이는 탄수화물을 다량 섭취해도 거의 모두 열량원으로 사용되며, 쓰고 남은 열량원은 지방으로 전환되어 주로 피하조직에 축적되기 때문이다.

2) 탄수화물의 분류

탄수화물은 실제로 식품에 여러 가지 형태로 존재한다. 이러한 탄수화물은 일반적으로 가수분해에 의하여 생성되는 가장 간단한 단당류의 수에 따라 분류되며, 대표적인 단당

광합성과 탄수화물

식물은 잎에 분포되어 있는 엽록소에서 공기 중의 이산화탄소와 뿌리에서 빨아올린 물과 태양광선에서 받은 에너지를 이용하여 포도당을 합성하고 산소를 내놓는 광합성 작용을 한다. 광합성이 일어나는 과정을 간단히 표시하면 아래 그림과 같다. 이렇게 합성된 포도당은 식물이 생명을 유지하고 성장하기 위한 에너지로 사용되며, 나머지는 다당류인 전분의 형태로 전환되어 식품의 열매, 잎, 줄기나 뿌리 등에 저장된다. 그러나 포도나 일부 과일에는 포도당이나 과당의 형태로 저장되는 경우도 있다. 또한 식물을 지탱하기 위하여 섬유소 등으로 전환되어 존재하기도 한다.

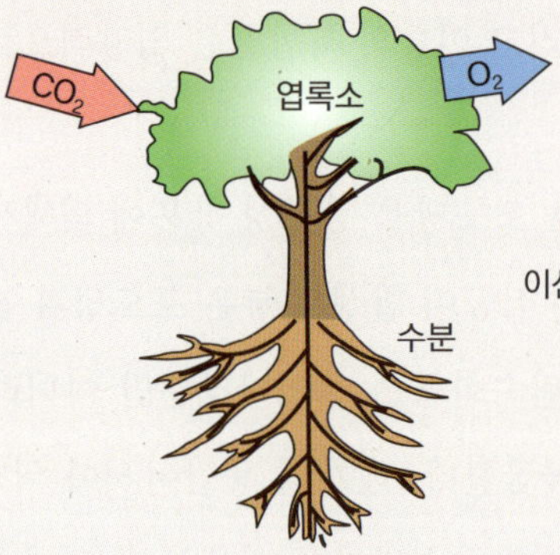

$$6CO_2 + 6H_2O + \text{햇빛} \longrightarrow C_2H_{12}O_6 + 6O_2$$

이산화탄소 　 물 　 에너지 　 포도당

식물의 탄수화물 합성

류가 포도당이다. 이러한 단당류가 두 개 결합된 것을 이당류, 3~10개 결합된 것을 올리고당이라고 한다. 다당류는 단당류가 수십에서 수천 개 결합된 것이 대부분이다.

(1) 단당류

단당류는 가수분해에 의해 더 이상 분해되지 않는 당이며, 우리가 먹는 식품에서 가장 흔히 볼 수 있는 단당류는 6탄당hexose으로 포도당glucose, 과당fructose, 갈락토오스galactose가 있다. 탄소 수가 5개인 5탄당에는 리보오스ribose, 디옥시리보오스deoxyribose가 있다. 자연계에 존재하는 단당류는 사슬모양과 고리모양의 두 가지 형태로 되어 있는데, 생체 내에서는 주로 고리모양의 형태로 존재한다그림 3-1.

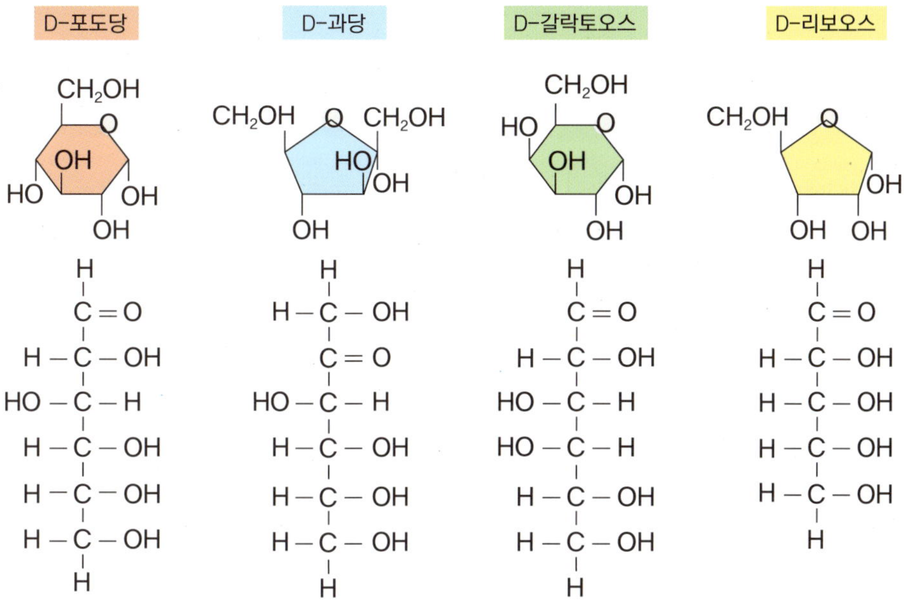

그림 3-1 단당류의 구조

① 포도당

포도당glucose은 영양상 가장 중요한 단당류로서 전분이나 글리코겐, 자당, 맥아당과 유당 등의 가수분해나 소화과정에서 생성된다. 포도당은 조직세포에서 주로 이용되는 탄수화물의 기본 형태로, 대부분의 탄수화물은 체내에서 포도당으로 전환되어 이용된다. 포도당은 신체 내에서 혈액 성분으로 존재하여 혈당 수준을 일정하게 유지하게 하며, 탄수화물 대사에서 중심적인 역할을 한다. 포도당은 과일, 채소, 꿀과 엿 등에 다량 함유되어 있다. 포도는 중량의 50% 이상 들어 있는 것도 있다. 혈액에는 포도당의 형태로 존재하며, 혈당blood glucose 농도는 약 0.1%이다.

포도당은 소화과정을 거치지 않고 그대로 소장에서 흡수되며 각 조직세포 내에서 산화되어 에너지의 급원이 된다. 섭취량이 과다하면 글리코겐과 지방으로 전환되어 체내에 저장된다. 정상상태에서 중추신경계는 포도당만을 열량의 주된 급원으로 이용하고 있다. 중환자나 기아생태, 극도로 피로한 사람에게 포도당 주사를 놓거나 포도당을 마시게 하면 쉽게 회복될 수 있다. 이처럼 포도당은 열량식품 중 가장 빠르고 효율적으로 이용되는 영양소이다.

② 과당

과당fructose은 포도당과 함께 과일과 꿀에 다량 함유되어 있으며, 자연에 존재하는 당 중에서 가장 달다. 그리하여 설탕과 함께 감미료로 사용되고 있으며 자당(설탕)의 가수분해로 생성된다. 과당의 다당류 형태인 이눌린inulin은 돼지감자의 뿌리나 달리아의 뿌리에 함유되어 있다. 과당은 포도당과 같이 그대로 흡수되어 각 조직에서 열량원으로 이용된다. 열량 섭취가 과다하면 글리코겐으로 전환되기도 한다.

③ 갈락토오스

갈락토오스galactose는 생물체 내에서 유리된 상태가 아니라 포도당과 결합된 유당의 형태로 존재하며 사람이나 젖소, 양 등 포유동물의 유즙에 함유된 단당류이다. 해조류에는 갈락토오스의 다당류 형태인 갈락탄galactan이 다량 함유되어 있다. 동물의 체내에는 당단백질과 당지질의 성분으로 존재한다. 이러한 성분은 특히 뇌에 함유되어 있는 물질로서 뇌 성장에 중요한 작용을 한다.

④ 만노오스

만노오스mannose는 유리된 상태로는 식품에 존재하지 않으며 생체 내에서는 단백질과 결합된 형태로 존재한다. 만노오스는 포도당과 결합하면 만난mannan이라는 다당류의 형태로 식물의 종자나 목부에 들어 있고, 특히 곤약에 다량 함유되어 있다.

⑤ 오탄당

오탄당pentose인 리보오스ribose는 핵산의 DNA, RNA의 구성물질이다. 아라비노오스arabinose, 자일로오스xylose, 람노오스rhamnose 등은 대부분 다당류 형태로 식물의 줄기, 잎과 과피 등의 세포막을 구성하고 있다. 초식동물은 이러한 5탄당을 효과적인 열량원으로 이용하며 비타민 B_2(리보플라빈)의 전구체로도 이용하나, 인체에서는 거의 이용되지 못하고 있다.

(2) 이당류

이당류는 두 개의 단당류가 글리코시드glycosidic 결합에 의해 연결된 탄수화물로서 자당sucrose, 맥아당maltose, 유당lactose이 있으며 모두 포도당을 함유하고 있다. 소화효소나 산에 의하여 가수분해되어 단당류가 된다.

① 자당

자당sucrose은 소장에서 분비되는 수크라아제sucrase에 의하여 쉽게 포도당과 과당으로 가수분해된다. 산이나 효소로 가수분해시키면 같은 양의 포도당과 과당을 생성하여 단맛이 더 강한 전화당invert sugar이 된다. 이 전화당은 물에 쉽게 용해된다. 자당 함유식품은 혈당이 떨어졌을 때 빨리 포도당을 공급해 준다. 심한 노동이나 활동 중간, 운동 후에도 혈당을 유지하기 위하여 설탕물을 마시면 회복이 빠르다.

② 맥아당

맥아당maltose은 곡식의 싹이나 당화된 곡류와 곡류제품, 우유와 맥주 등에 함유되어 있다. 옥수수시럽에는 약 26% 정도, 옥수수당에는 약 4% 들어 있다. 맥아당은 체내에서 전분을 소화하는 중간산물로 존재하는데, 산이나 효소에 의해서 쉽게 가수분해되고, 두 분자의 포도당이 생성된다. 엿기름을 넣어 흰밥을 당화시킨 식혜는 엿기름의 디아스타아제diastase가 작용하여 포도당이 생성되어 단맛이 난다.

③ 유당

유당lactose은 포유동물의 유즙에만 들어 있는 포도당과 갈락토오스가 결합된 이당류이다. 유당은 영유아의 뇌 발달에 필요한 갈락토오스를 제공한다. 유당은 단맛이 약하며 물에 잘 녹지 않는다. 위에서 잘 발효되지 않으므로 위 자극이 적으며 유용한 장내 세균이 유산균의 발육을 왕성하게 하여 다른 잡균의 번식을 억제한다.

모유에는 100mL당 약 6.8g의 유당이 들어 있으며, 우유에는 4.8g 정도 들어 있어서 조제분유 제조 시에도 유당을 첨가한다. 선천성 유당불내증lactose intolerence 환자는 체내에 유당을 분해하는 락타아제lactase가 없으므로 발효유나 유당 제거유를 먹어야 한다.

올리고당

올리고당은 3~10개의 단당류로 이루어져 있으며, 세포막의 당지질이나 당단백의 구성성분으로 작용한다. 일부 올리고당은 소화관에서 다당류가 분해되는 과정 중에 만들어지며 대두, 양파, 바나나 같은 식품에는 자연적으로 함유되어 있다. 영양학적으로 중요한 올리고당은 대두 속의 라피노오스raffinose와 스태키오스stachyose가 있으며, 이들은 소장에서 소화효소에 의해 거의 분해되지 않고 대장 내에서 비피더스균에 의해 대사되어 가스를 생성한다.

기능성 올리고당이란 프락토올리고당fructo-oligosaccharide, 갈락토올리고당galactooligosaccharide, 이소말토올리고당isomalto-oligosaccharide 등을 말하며, 이들은 대장 내의 비피더스균을 활성화해 장 건강에 도움을 준다. 또한 혈청콜레스테롤 저하, 혈당 수준 개선 등의 생리적 기능을 가지므로 기능성 식품의 개발에 이용된다.

(3) 다당류

다당류는 주로 수십 개에서 수천 개 이상의 단당류가 결합된 중합체로서 동물과 식물에서 에너지 저장형태로 존재한다그림 3-2. 자연계에 존재하는 다당류에는 전분과 글리코겐 및 식이섬유가 있다. 전분은 식물에 저장되는 형태의 다당류이고, 글리코겐은 동물의 간과 근육에 저장되는 형태인 동물성 다당류이다.

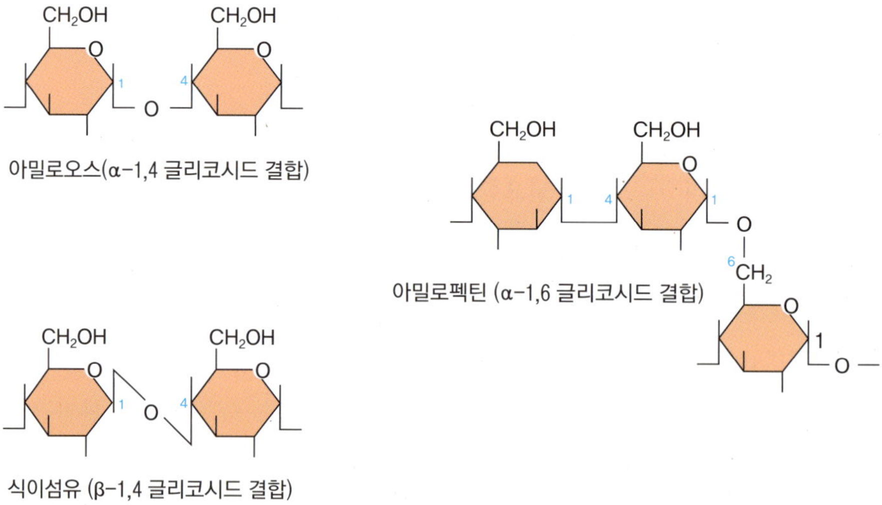

그림 3-2 다당류의 구조

① 전분

전분은 식물의 대표적인 저장 탄수화물 형태로 곡류와 감자류에 많이 들어 있다. 전분은 포도당이 수백 개에서 수천 개 이상 결합된 중합체로서 아밀로오스amylose와 아밀로펙틴amylopectin으로 구성되어 있다. 아밀로오스는 100~1,000개의 포도당이 α-1,4 글리코시드 결합으로 연결된 직선상의 긴 사슬 형태이며, 물에 잘 녹지 않지만 물에서 수화된 미셀micelle을 형성한다. 아밀로펙틴은 α-1,4 결합 사슬 중간에 α-1,6 결합으로 가지를 많이 가진 형태로, 가지가 많아서 전분 겔gel을 형성하므로 더 많은 수분을 보유한다그림 3-2.

전분입자는 물과 함께 가열하여 호화가 일어나면 소화효소의 작용을 더 쉽게 받아 소화가 잘된다. 찹쌀은 주로 아밀로펙틴으로 구성되어 있어 가열 시 투명해지면서 끈기가 생긴다. 멥쌀은 아밀로오스를 20~30% 정도 함유하여 찹쌀에 비해 아밀로펙틴 함량이 적다.

저항전분resistant starch

체내의 효소에 의해 분해되지 않는 탄수화물에는 폴리올, 대두올리고당, 분지올리고당 같은 저항 말토덱스트린과 저항전분이 포함된다. 저항전분은 건강한 개인의 소장에서 소화 흡수되지 않는 전분과 전분 분해물의 총합을 말한다. 저항전분은 물리적으로 효소와 접근하기 어려운 RS1physically inaccessible starch, 생전분으로 B형의 결정형을 갖는 입자형의 RS2resistant starch granules, 노화된 아밀로오스의 결정을 포함하는 노화전분에 해당하는 RS3retrograded starch, 결정을 포함하는 노화전분인 RS4chemically modified starch로 분류된다. 저항전분은 두류, 미숙성 바나나, 노화된 감자 등에 많다. 최근 들어 식이섬유의 생리적 기능이 강조되면서 식이섬유와 유사한 성질을 가지고 있는 저항전분을 기능성 식품 소재로 활용하기 위한 임상 연구가 활발하게 진행되고 있다.

② 덱스트린

덱스트린dextrin은 전분이 효소, 산 또는 열에 의하여 가수분해되는 과정에서 생성되는 다당류이다. 가수분해되는 정도에 따라 분자량이나 중합도가 다양한 덱스트린이 생성된다. 곡류에는 소량의 덱스트린이 존재하는데, 발아 중에는 그 함량이 증가한다.

③ 글리코겐

글리코겐은 주로 동물의 간과 근육에 저장된다. 글리코겐은 아밀로펙틴과 구조가 유사하지만 아밀로펙틴보다 가지를 더 많이 친 구조를 가진다. 간에 저장된 글리코겐은 혈당 저하 시에 글리코겐을 구성하고 있는 포도당을 혈액으로 방출하여 혈당 수준이 일정하게 유지되도록 하고, 말초세포에 포도당이 공급되도록 한다. 근육의 글리코겐은 신체활동에 필요한 에너지의 급원으로 근육에 필요한 포도당을 제공한다. 글리코겐은 육류, 조개류, 굴과 효모 등에 함유되어 있다. 사람의 체내에는 약 350g의 글리코겐이 저장되어 있으며, 이 중 1/3은 간에, 2/3는 근육에 저장되어 있다. 글리코겐은 우리 몸에 필요한 열량보다 열량원을 많이 섭취하였을 때 일시 저장되는 형태이다. 혈당이 낮아지면 간의 글리코겐은 분해되어 다시 혈당을 일정하게 유지한다. 이와는 달리 근육에 저장된 글리코겐은 근육이 운동할 때 포도당으로 분해되어 열량원으로 사용된다.

④ 식이섬유

식이섬유는 사람의 소화효소에 의해서는 분해되지 않는 식물성의 복합탄수화물로 셀룰로오스cellulose, 헤미셀룰로오스hemicellulose, 펙틴pectin, 검gums, 점질물mucilage과 그 밖에 식물세포의 목질부 성분으로 탄수화물로 분류되지는 않으나 식이섬유로 분류되는 리그닌lignin 등이 있다. 식이섬유는 화학구조와 조성에 따라 물리적 특성 및 생리작용이 다르다. 대표적인 식이섬유인 셀룰로오스는 포도당이 β-1,4 결합으로 연결된 구조를 이루고 있는데, 이를 분해하는 셀룰라아제cellulase가 인체 내에서는 생성되지 않아 에너지의 급원으로 사용되지 못한다.

표 3-1 식이섬유의 분류와 기능

분류	종류	주요 급원식품	기능
가용성 식이섬유	펙틴, 검	감귤류, 사과, 해조류	위장 통과 지연 당 흡수속도 지연 혈청콜레스테롤 농도 저하
	헤미셀룰로오스 일부	바나나	
	뮤실리지	보리, 귀리, 두류	
불용성 식이섬유	셀룰로오스 헤미셀룰로오스 리그닌	모든 식물, 밀겨 통밀 호밀, 쌀, 채소	분변량 증가 장 통과속도 증가 포도당 흡수 지연

셀룰로오스, 헤미셀룰로오스, 리그닌은 물에 녹지 않아서 불용성 식이섬유라 하고 펙틴, 검류, 점질물은 물속에서 용해되므로 가용성 식이섬유로 분류한다표 3-1.

불용성 식이섬유인 셀룰로오스와 헤미셀룰로오스는 수분 보유력은 낮으나 미생물에 의한 분해과정을 거치지 않은 채 배설되므로 대변의 부피를 증가시켜 대장 통과시간을 단축시키므로 변비를 예방한다. 이에 비해 가용성 식이섬유인 펙틴, 검이나 일부 헤미셀룰로오스는 수분 보유력이 높아 물과 겔을 형성하거나 점성이 높아 포만감을 유지시키고 포도당의 흡수속도를 지연시킨다. 또한 지질과 콜레스테롤의 흡수를 방해함으로써 혈청 콜레스테롤 농도를 저하시키는 생리작용이 있다.

2. 탄수화물의 소화와 흡수

1) 소화

탄수화물의 소화는 매우 효율적이어서 소화율이 98% 정도가 된다. 탄수화물의 소화과정은 구강에서 시작하여 소장에서 완성된다표 3-2.

표 3-2 탄수화물의 소화

위치	기질	효소	적용물	소화분해물
입	음식물 녹말	침 아밀라아제	치아	작은 덩어리의 음식물 짧은 길이의 덱스트린 맥아당
식도	녹말	침 아밀라아제		짧은 길이의 덱스트린 맥아당까지 가능
위	자당		염산	포도당과 과당
소장	녹말과 덱스트린 맥아당 자당	췌장액 아밀라아제 말타아제 수크라아제		맥아당 포도당 포도당, 과당
	유당	락타아제		포도당, 갈락토오스

침의 성분

침은 99.5%의 수분과 0.5%의 고형물로 이루어져 있으며, 이 고형물에는 효소, 뮤신(점성당단백질), 소량의 무기 · 유기물질이 포함된다. 침의 분비량은 심리적 요인이나 수분섭취량에 따라 약간 달라지지만 보통 1일 1~1.5L 정도이며 시각 · 후각 · 청각 · 미각의 영향을 받는다.

(1) 구강

소화의 첫 번째 단계는 치아에 의한 저작과정이며, 이때 저작에 의해 음식물 덩어리의 크기가 줄어들면서 표면적이 증가하여 맛을 느끼게 하고 소화효소의 작용을 쉽게 받을 수 있도록 한다. 그리고 음식을 부드럽게 해주어 식도로 내려가기 쉽게 한다. 입안에서 음식물은 타액 중에 포함된 아밀라아제amylase에 의해서 전분이 분해되기 시작한다. 타액 아밀라아제는 입안에서 분비되어 전분을 저분자로 분해하는데, α-1,4 결합만을 끊을 수 있다. 이 효소의 최적 pH는 6.6이고 pH 4 부근에서 불활성화되므로 위로 들어가면 염산에 의해 효소기능을 잃게 된다.

구강에서 저작과정을 거친 음식물 덩어리는 삼키는 과정을 통해 식도로 들어가게 되며, 식도는 25cm 정도의 길이로 음식물이 통과하는데 약 7초 걸린다. 음식물은 무의식적인 작용에 따라 계속 내려가 위로 이동한다.

(2) 위

위에는 탄수화물분해효소가 없으므로 탄수화물의 소화가 거의 이루어지지 않고, 다만 음식이 위의 위저부에 머물러 있는 동안 타액 아밀라아제의 작용으로 소량의 전분이 분해될 뿐이다. 위에서 연동작용이 일어나면 음식이 위산과 섞여 미즙chyme이 되면서 타액 아밀라아제의 활성이 저하된다. 위산은 위 안의 세균 번식을 방지하고, 소량의 자당을 포도당과 과당으로 가수분해시키며, 위 안을 산성으로 만들어 침 아밀라아제의 활성을 없애 전분의 분해를 중지시킨다. 따라서 고탄수화물 음식물은 위에서 비교적 짧게 머무르며 소장으로 이동한다.

(3) 소장

탄수화물의 소화는 대부분 소장에서 이루어진다. 일부 소화된 전분이 십이지장에 다다르면 췌장 아밀라아제pancreatic amylase에 의해 맥아당 또는 말토트리오스maltotriose로 분해된다. 췌장 아밀라아제는 췌장에서 분비되며 타액 아밀라아제와 같이 α-1,4 결합에 대해서만 특이성을 갖는다. 이 효소의 분비는 인슐린에 의해 조절되므로 당뇨병 환자에서는 방출이 저해된다.

맥아당, 말토오스, 덱스트린과 주요 이당류들은 소장에서 그 구성 단당류로 분해된다. 전분의 가수분해를 마무리하는 효소들은 브러시보더brush border 막에 결합되어 있어 막소화membrane digestion라는 특수한 기전에 의해 소화된다. 덱스트린, 말토오스와 자당은 이들 효소에 의해 빠르게 가수분해된다표 3-2. 말타아제maltase는 맥아당의 α-1,4 결합을 분해시켜서 포도당을 생성한다. 수크라아제는 자당의 α-1,4 결합을 분해시켜서 포도당과 과당을 생성하고, 락타아제lactase는 유당의 α-1,4 결합을 분해시켜서 포도당과 갈락토오스를 생성한다. 포도당, 과당, 갈락토오스는 소장 점막에서 흡수된다.

이소말타아제isomaltase

이소말타아제는 아밀라아제나 말타아제가 가수분해할 수 없는 α-1,6 결합을 가진 다당류를 분해할 수 있는 효소이다. 아밀로펙틴 소화과정에서 생성되는 α-1,6 결합을 가진 α-한계 덱스트린α-limited dextrin은 이소말타아제에 의해 분해되어 맥아당을 생성한다.

2) 흡수

탄수화물은 최종적으로 단당류로 분해되어 소장 점막에서 흡수되며, 흡수된 단당류는 모세혈관으로 이동되어 장간막에 퍼져 있는 정맥을 통하여 간문맥을 지나 간으로 간다. 간에서 갈락토오스와 과당은 포도당으로 전환된다. 단당류의 흡수속도는 당의 종류에 따라 다른데 갈락토오스, 포도당, 과당, 만노오스의 순이다. 이처럼 흡수속도가 다른 것은 포도당과 갈락토오스는 능동수송에 의해 흡수되고, 과당이나 자일로오스xylose는 촉진확산 등 수동적으로 흡수되기 때문이다. 포도당이나 갈락토오스도 혈액의 농도보다 소장 내의 농도가 높을 때에는 역시 확산에 의해 흡수된다.

흡수 부위는 포도당은 거의 모두 소장의 상부, 즉 십이지장에서 시작되는 소장 전체의 약 1/3 이내에서 흡수되고, 유당은 십이지장과 공장, 맥아당은 공장과 회장 상부, 자당은 주로 공장에서 흡수된다. 당류와 대부분의 전분은 1~4시간 내에 소화되어 흡수되지만, 식이섬유나 올리고당은 소장 내 소화효소가 없어서 분해되지 않는다. 이들은 결장으로 내려와서 장내 박테리아에 의해 발효되어 가스와 저급지방산을 생성한다.

단당류의 흡수속도

포도당 100, 갈락토오스 110, 과당 43, 만노오스 19, 자일로오스 15, 아라비노오스 9

3) 운반

당순당은 극성을 띠고 있기 때문에 비극성의 세포막을 통과하기 위해서는 운반체의 도움이 필요하다. 일반적으로 생체막을 통한 물질의 이동은 능동수송active transport, 촉진확산facilitated diffusion, 단순확산simple diffusion에 의해 이루어지며, 당질의 운반도 이러한 기전 중 하나 이상에 의해서 이루어진다.

능동수송의 기전은 포도당이 Na^+와 함께 운반체에 결합되어 소장 점막세포 내로 이동하며, ATP를 소모하는 Na^+-pump에 의하여 Na^+의 농도경사에 역행하여 Na^+를 세포 외로 내보낸다. 그러나 소장의 관강 내에 포도당이 농축되어 있는 경우에는 많은 양이 단순확산에 의하여 운반된다. 과당은 운반체는 필요하지만 Na^+는 필요로 하지 않는 형태인 촉진확산에 의하여 세포 내로 이동한다. 모세혈관으로 들어온 단당류는 간으로 가서 다른 조직세포로 운반되거나 글리코겐 혹은 지방으로 합성된다.

3. 탄수화물의 대사

1) 단당류의 대사

다당류의 대사과정은 주로 포도당 대사를 중심으로 이루어지며, 과당과 갈락토오스는 간에서 효소의 작용에 의하여 포도당으로 전환되어 대사된다그림 3-3.

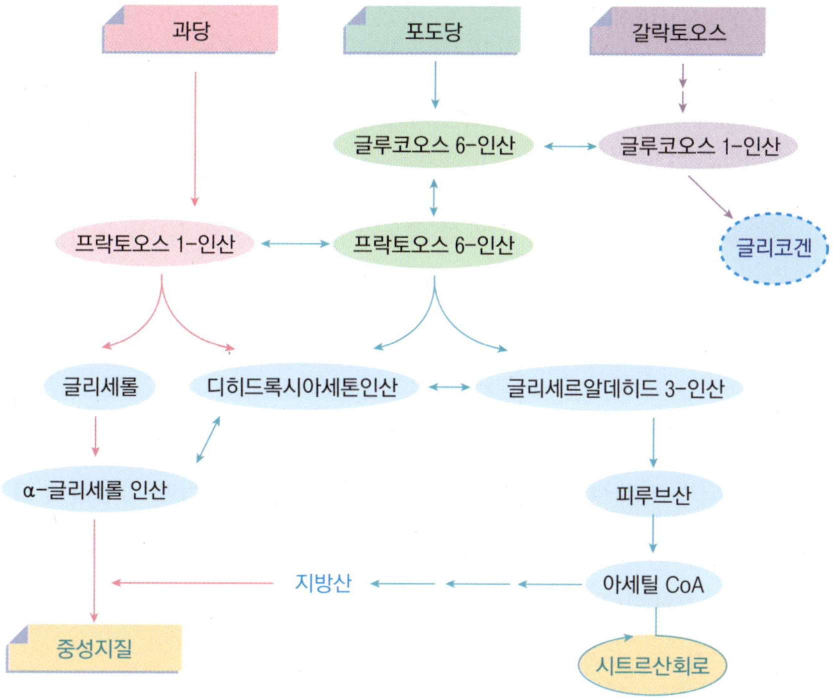

그림 3-3 단당류 대사

(1) 포도당

포도당이 세포 내로 들어가면 이화작용catabolism이 시작되는데, 포도당이 대사된 결과로 ATP 형태의 에너지를 생성하고 이산화탄소와 물로 완전 분해된다. 인체는 영양소를 산화시켜 생성되는 에너지를 바로 직접적으로 이용하지 않는다. 이 에너지를 세포에 존재하는 ATP 같은 고에너지화합물이나 NADH와 같은 물질에 중개하여 이를 가수분해하거나 산화시킴으로써 에너지가 필요한 반응에 이용한다.

포도당 대사과정은 해당과정glycolysis, 시트르산citric acid회로와 전자전달계로 나눌 수 있으며, 오탄당인산pentose phosphate 경로 등을 포함한다.

(2) 과당

과당은 간에서 포도당으로 전환되는 경로를 통한다. 과당이 세포막을 통과하여 세포 내로 이동하는 것은 인슐린 의존성 때문은 아니지만, 과당도 결국 포도당으로 전환되므로 과량을 섭취할 경우 혈당을 높일 수 있다. 과당은 해당과정에서 속도조절 단계인 초기 글루코키나아제glucokinase와 포스포프락토키나아제phosphofructokinase 단계를 거치지 않고 중간 단계인 디히드록시아세톤인산dihydroxyacetone phosphate의 형태로 들어가므로 아세틸 CoA 전환효소가 증가해 지방산 합성 속도가 증가한다. 과당이 포도당과 함께 간으로 들어오면, 이때 과당은 포도당으로 전환하기보다는 지방산이나 중성지방을 합성한다.

(3) 갈락토오스

혈액을 통해 이동한 갈락토오스는 인슐린에 의존하지 않고도 세포 내로 유입된다. 갈락토오스가 대사되기 위해서는 우선 인산화가 되어야 하는데 이때 작용하는 효소는 갈락토키나아제galactokinase이다. 갈락토오스는 간에서 우리딘디포스포글루코오스uridine diphosphoglucose로 전환되어 글리코겐으로 합성되거나, 글루코오스-1-인산으로 전환되어 포도당과 같은 경로를 통해 대사된다.

2) 포도당 대사과정

단당류가 혈액을 통해 세포내로 들어온 단당류는 포도당으로 전환되거나 중간대사과정으로 들어와 대사된다. 포도당 대사과정은 해당과정, 시트르산회로, 전자전달계 등으로 그림 3-4와 같다.

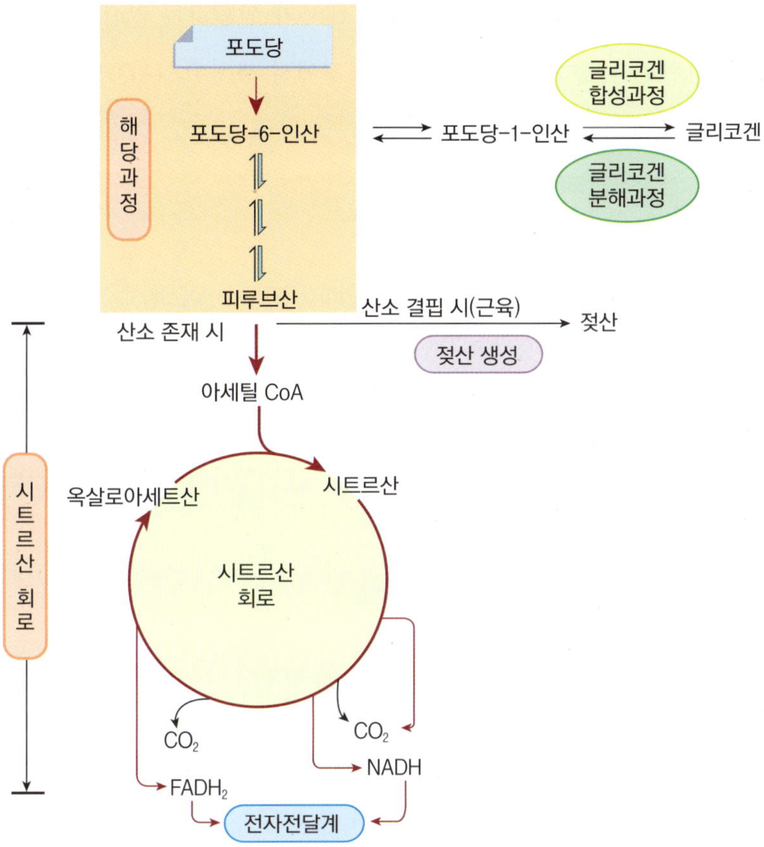

그림 3-4 포도당 대사경로

(1) 해당과정

해당과정glycolysis은 생물체에서 포도당 대사의 중심 경로로서 세포 내 세포질에서 일어나며, 10단계의 반응 경로를 통해 포도당은 피루브산이 된다. 포도당 1분자가 해당과정을 통해 피루브산으로 전환될 때 2분자의 ATP와 2분자의 NADH가 생성된다. 전반부에서 2분자의 ATP가 소비되고 후반부에서 4분자의 ATP가 생성되어, 결국 2분자의 ATP를 생성하게 되는 것이다.

이때 생성된 피루브산은 호기적 상태에서는 미토콘드리아 막을 거쳐 아세틸 CoA로 되어 시트르산회로에서 대사되지만, 적혈구세포나 심하게 운동을 하는 근육 등 산소가 부족한 혐기적 조건에서는 시트르산회로를 통한 대사가 원활하지 않아 젖산탈수소효소에 의해 젖산으로 환원된다. 호기적 상태의 해당과정에서 생성된 NADH 1분자는 미토콘드리아로 이동된 후 전자전달계에서 산화적 인산화를 통해 ATP를 추가로 생성한다.

피루브산의 대사경로

해당과정으로 생성된 피루브산은 세포질에서 미토콘드리아로 운반되어 아세틸 CoA로 되어 시트르산회로로 들어간다. 산소 부족 시에서는 피루브산이 젖산lactic acid으로 전환된다. 장기간 격심한 운동을 계속하는 경우 근육에 산소공급이 부족하면 포도당은 혐기성 과정으로 분해되어 젖산이 근육에 축적되면서 근육 피로와 통증을 유발하게 된다. 또한 포도당신생합성gluconeogenesis의 기질로 사용되거나 아미노산 합성에 이용되는 등 다양하게 작용한다. 특히 피루브산에서 옥살로아세트산 합성은 시트르산회로에 아세틸 CoA가 진입하는 데 필수적인 물질이다.

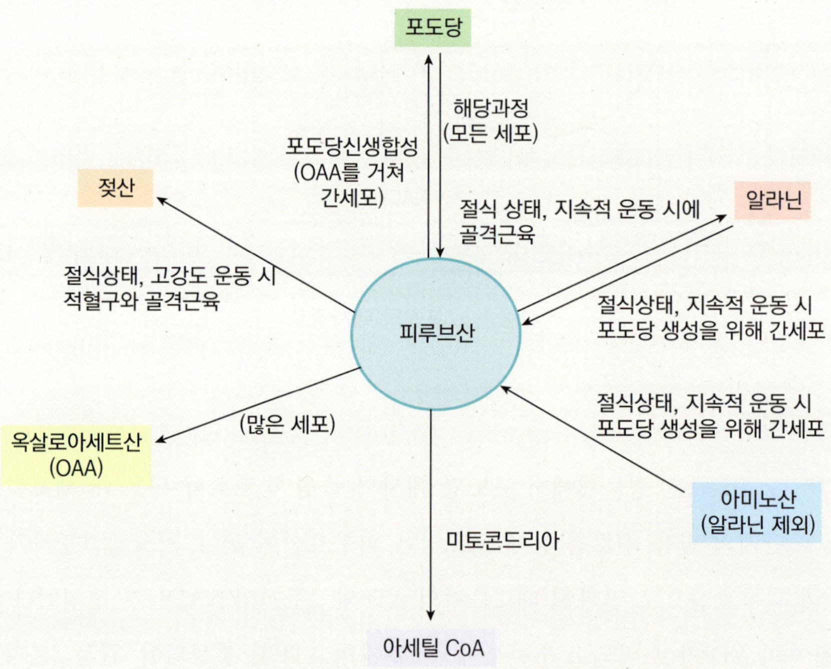

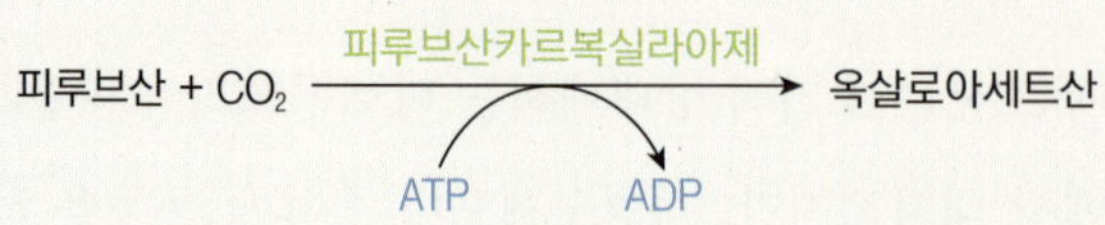

해당과정은 10단계의 반응경로를 통해 2분자의 ATP를 이용하여 4분자의 ATP를 생성하므로 전체적으로 보면 1분자의 포도당에서 2분자의 피루브산과 2분자의 ATP, 그리고 2분자의 NADH를 얻게 된다.

$$\text{포도당} + 2NAD^+ + 2ADP + 2P_i \longrightarrow 2\text{피루브산} + 2NADH + 2H^+ + 2ATP + 2H_2O$$

(2) 시트르산회로

해당과정의 결과로 생성된 세포질 내의 피루브산은 미토콘드리아로 이동되어 아세틸 CoA를 형성한다. 아세틸 CoA는 옥살로아세트산과 결합하여 시트르산을 생성하며, 시트르산회로를 통해 NADH 3분자, $FADH_2$ 1분자, GTP 1분자를 생성한다그림 3-5.

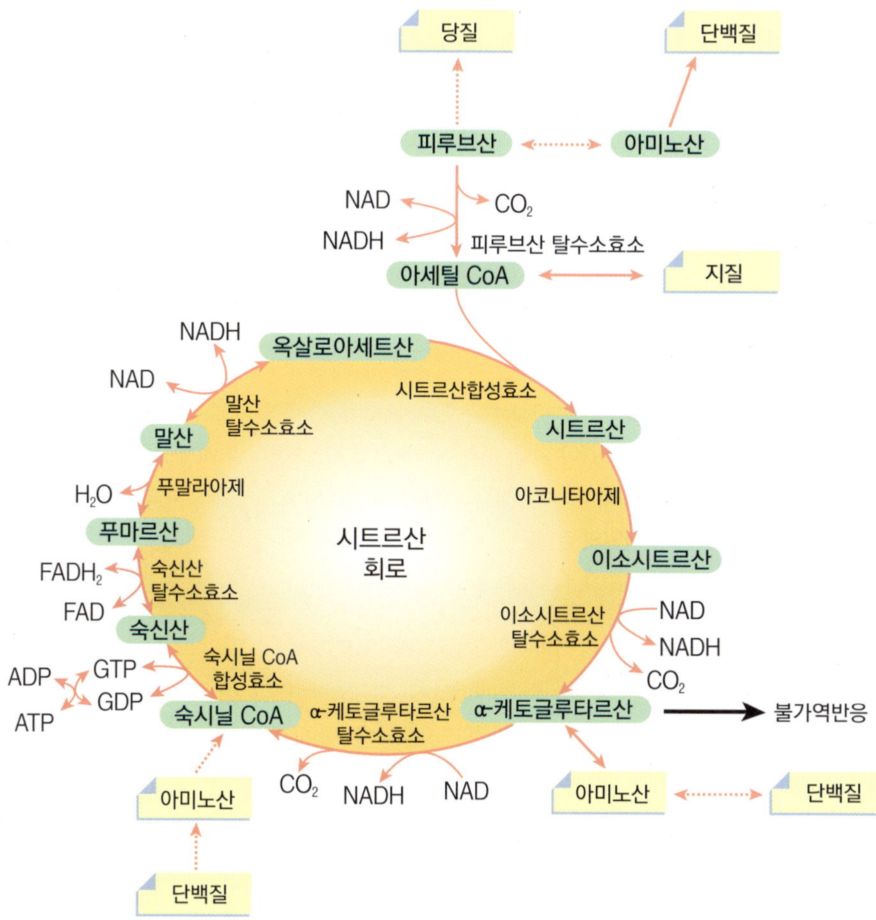

그림 3-5 시트르산회로Citric Acid Cylcle

1분자의 피루브산이 아세틸 CoA로 전환될 때 1분자의 NADH가 생성되며, 1분자의 아세틸 CoA는 시트르산회로를 거치면서 3분자의 NADH, 1분자의 $FADH_2$와 1분자의 GTP를 생성한다. 이들이 전자전달계를 거치는 동안 NADH, $FADH_2$, GTP로부터 각각 한 분자당 2.5개, 1.5개와 1개의 ATP가 생성된다.

(3) 전자전달계

1분자의 피루브산은 전자전달계를 거치면서 총 12.5분자의 ATP를 생성한다. 포도당 1분자가 세포질 내의 해당과정과 미토콘드리아의 시트르산회로 및 전자전달계를 거치면서 총 30 또는 32분자의 ATP를 생성한다. 세포질에서 생성된 NADH 1분자가 미토콘드리아로 운반될 때 글리세로포스페이트 셔틀glycerophosphate shuttle을 거치는 경우에는 1.5ATP를 생성한다. 따라서 이 경우에는 포도당 1분자가 총 30ATP를 생성하게 된다.

$$\text{아세틸 CoA} + 3NAD^+ + FAD + GDP + P_i + 2H_2O \longrightarrow 2CO_2 + CoA + 3NADH + 3H^+ + FADH_2 + GTP$$

탄수화물 대사와 비타민 B 복합체

비타민 B 복합체 대부분은 탄수화물 대사에 필수적인 조효소coenzyme의 구성성분이다. 탄수화물 대사에 관여하는 비타민과 그 조효소의 형태는 아래 표와 같다. 그런데 비타민 B 복합체는 체내에서 거의 합성되지 않아서 반드시 식이에서 섭취해야 한다. 따라서 비타민 B 복합체를 식이에서 얼마나 섭취하는지가 대사를 조절하는 중요한 요소이다. 이 비타민들이 부족하게 공급되면 대사작용 속도는 저하되며, 다른 대사작용에도 영향을 준다. 비타민의 결핍은 전체적으로 에너지 생성을 감소시킨다.

비타민	조효소명
티아민(비타민 B_1)	티아민 피로포스페이트(TPP)
리보플라빈(비타민 B_2)	플라빈 아데닌 디뉴클레오티드(FAD)
니아신(niacin)	니코틴아미드 아데닌 디뉴클레오티드(NAD)와 니코틴아미드 아데닌 디뉴클레오티드 포스페이트(NADP)
판토텐산(pantothenic acid)	코엔자임 A(CoA)
피리독신(비타민 B_6)	피리독살 포스페이트(PLP)

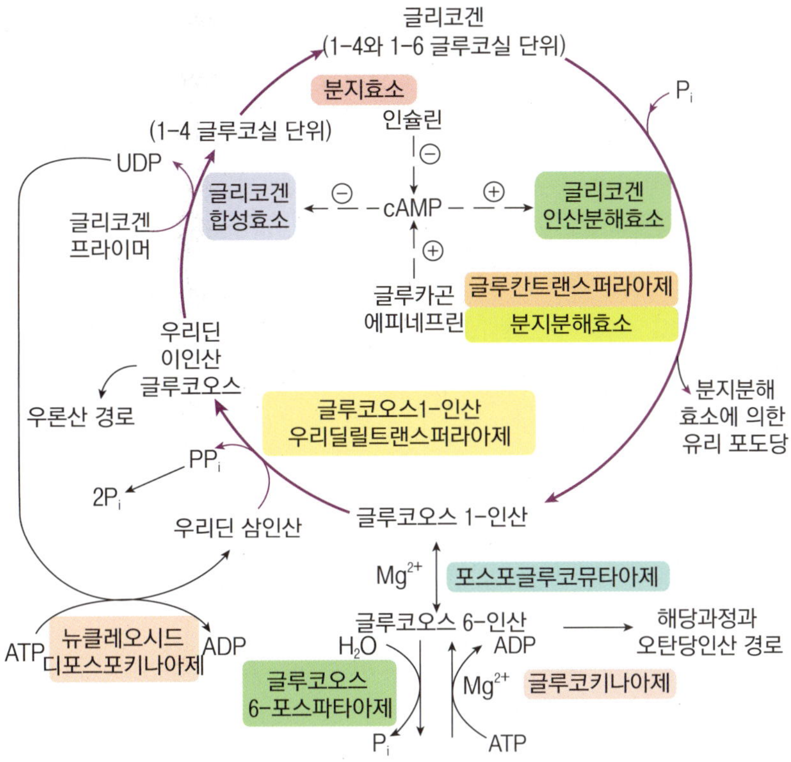

그림 3-7 간에서 글리코겐 합성과 글리코겐 분해 경로

성인의 경우 일반적으로 간에 100g 정도, 근육에 250g 정도를 저장할 수 있으며, 보통 근육(1~2%)이 간(4~6%)보다 글리코겐의 저장비율은 낮으나, 간보다 양이 더 많으므로 글리코겐을 훨씬 더 많이 저장하고 있다. 간에 저장된 글리코겐은 혈당 농도를 유지하는 기능을 할 수 있지만, 근육 글리코겐은 혈당에 영향을 미치지 못하고 근육 활동에 필요한 에너지원으로 이용된다.

(2) 글리코겐 분해

체내에 포도당이 부족하여 혈당이 저하되거나, 신체에 필요한 에너지를 공급하지 못할 때 간 또는 근육에 저장되어 있던 글리코겐이 포도당으로 전환되어 에너지원으로 이용된다. 혈당이 저하되면 간에 저장된 글리코겐이 분해되어 혈당을 높여 주는 작용을 한다.

근육에 저장된 글리코겐은 포도당 6-인산으로 분해되어 해당과정과 시트르산회로를 거쳐 에너지를 공급해 준다. 간과 근육에서 일어나는 글리코겐의 합성과 분해는 에피네프린epinephrine, 노르에피네프린norepinephrine, 글루카곤 등의 호르몬의 영향을 받는다. 이 호르몬들이 많이 분비되면 세포막에서 cAMP를 증가시켜 글리코겐을 분해하는 효소인 인산분해효소를 활성화함으로써 글리코겐 분해를 증가시킨다.

5) 혈당의 조절

(1) 혈당의 급원

체내에서 에너지 대사는 혈당 수준에 의하여 조절되므로 당질, 지방과 아미노산의 대사는 모두 혈당 수준에 의존적이다. 신체는 혈당의 항상성을 유지하기 위해 혈당 농도를 정상적인 수준으로 유지하기 위하여 대사를 조절한다.

탄수화물의 대사는 여러 관련 호르몬의 상호작용을 통해 조절된다. 인슐린은 췌장의

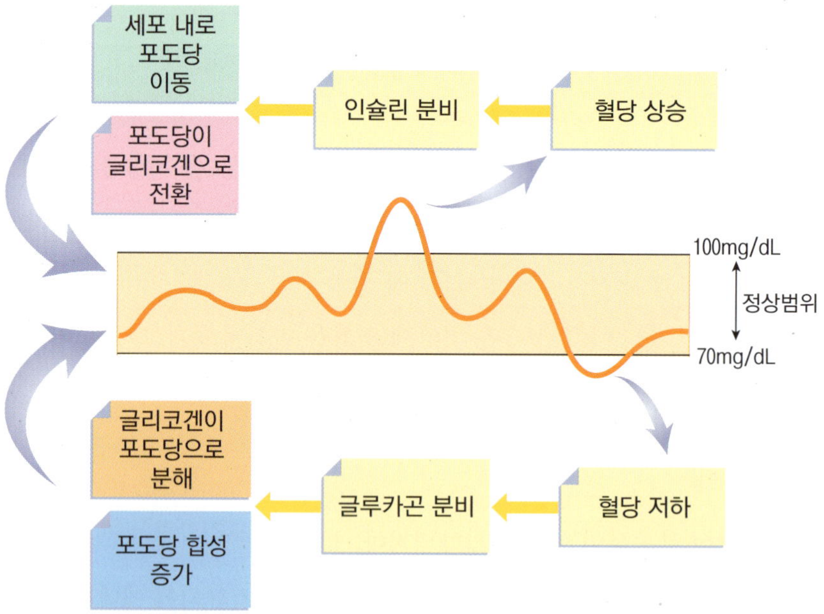

그림 3-8 혈당의 조절과정

β세포에서 합성되며, 간의 글리코겐 합성을 촉진하고 근육이나 피하조직의 세포로 혈당의 유입을 증가시킨다그림 3-8. 이에 따라 혈당을 감소시켜 식사 후 약 2시간 정도가 되면 공복 시의 혈당치로 저하시키며, 간에서는 포도당신생합성을 감소시킨다. 정상적인 공복 혈당 수준은 70~100mg/dL이다. 글루카곤은 췌장의 α-세포에서 분비되며, 혈당이 정상적인 공복 혈당치보다 낮아진 경우 간의 글리코겐을 분해하여 혈당을 보충시킨다. 또한 간의 포도당신생합성을 증가시켜 결국 혈당치를 정상으로 회복시켜 항상성을 유지하게 하는 역할을 한다. 식사 후 영양소가 흡수된 상태에서부터 장기간 굶은 상태에 이르기까지 혈당을 조절하기 위해 체내 조직에서 사용되는 혈당의 급원은 표 3-3과 같다.

표 3-3 혈당 조절을 위한 포도당 급원

단계	혈당 급원	포도당 사용 조직	뇌의 주된 에너지원
흡수 상태(0~4시간)	• 섭취한 포도당	• 모든 조직	• 포도당
흡수 후의 상태(4~16시간)	• 글리코겐 • 간에서 포도당신생	• 간을 제외한 모든 조직 • 근육과 지방조직에서 포도당 이용 감소	• 포도당
초기 절식 상태(16~32시간)	• 간에서 포도당신생 • 글리코겐	• 간을 제외한 모든 조직 • 근육과 지방조직에서 포도당 이용이 점차 감소	• 포도당
중기 절식 상태(32시간~24일)	• 간과 신장에서 포도당신생	• 뇌, 적혈구, 신장수질, 근육(약간)에서 포도당 이용	• 주로 포도당 • 케톤체
장기간 절식 상태(24~40일)	• 간과 신장에서 포도당신생	• 뇌에서 포도당 이용 속도 감소 • 적혈구, 신장수질, 근육에서 포도당 이용 감소	• 주로 포도당 • 케톤체

(2) 혈당과 호르몬작용

에피네프린, 노르에피네프린, 글루코코티코이드, 성장호르몬, 갑상선호르몬 등은 혈당이 많이 저하된 경우 분비가 촉진되어 간의 글리코겐 분해 및 포도당신생합성 과정을 증가시켜 혈당을 상승시킨다. 이때 글루카곤은 간과 지방조직에 주로 작용하고, 에피네프린은 근육, 간 및 지방조직에, 인슐린은 근육과 지방조직에 영향을 미친다. 만일 한 호르몬의 과잉 생성이나 부족 때문에 이러한 균형이 깨어지면 혈당 농도가 조절되지 않아 여러 가지 임상증상이 나타난다. 각 호르몬의 작용과 분비기관은 표 3-4와 같다.

① 인슐린

인슐린insulin은 세포 내로 포도당을 유입시키는 작용을 하여 혈당을 낮추며, 조직세포에서 포도당이 이동될 수 있게 간의 글리코겐 합성을 촉진한다. 인슐린 분비는 혈당량 증가 시 일어나며 다른 호르몬과 함께 작용한다.

② 에피네프린

에피네프린은 공포나 스트레스에 의하여 분비되어 글리코겐을 분해시켜 에너지를 공급하게 한다. 이 작용은 간과 근육에서 일어나며 간에서는 글루카곤glucagon과 같이 작용한다.

표 3-4 혈당과 호르몬작용

호르몬	분비기관	작용	혈당농도에 미치는 효과
인슐린	췌장의 랑게르한스섬의 β세포	• 세포 내 포도당 유입 증가 • 글리코겐 합성 증가, 당신생합성 억제	↓
에피네프린 노르에피네프린	부신수질	• 글리코겐을 포도당으로 전환(간과 근육) • 간의 당신생합성 증가	↑
글루카곤	췌장의 랑게르한스섬의 α-세포	• 글리코겐을 포도당으로 전환(간) • 간의 당신생합성 증가	↑
티록신 (갑상선호르몬)	갑상선	• 간의 당신생합성 증가 • 글리코겐을 분해하여 포도당으로 전환(간) • 소장에서 당 흡수 증가	↑
성장호르몬	뇌하수체	• 근육으로 당 유입 저하 • 간의 당 방출 증가 • 지방 이동과 이용 증가	↑
글루코코르티코이드	부신피질	• 간의 당신생합성 증가 • 근육의 당 이용 억제	↑

③ 글루카곤

글루카곤은 혈당량이 저하되면 분비되기 시작하고, 젖산과 몇몇의 아미노산이 포도당으로 전환되도록 한다. 운동을 하면 글루카곤의 생성이 증가하여 운동에 필요한 에너지가 공급되도록 한다.

④ 기타 호르몬

티록신, 성장호르몬, 글루코코르티코이드, 부신피질자극호르몬ACTH 등도 혈당농도를 증가시킨다.

4. 탄수화물의 체내 작용

1) 에너지 저장과 혈당 유지

탄수화물은 가장 경제적이고 일반적으로 이용되는 에너지원이다. 탄수화물 1g은 약 4kcal의 에너지를 제공하는데, 우리나라 사람의 에너지 섭취에 대한 탄수화물 의존도는 매우 높다. 근육 등의 세포는 탄수화물 이외에도 지방이나 케톤체에서 에너지를 얻을 수 있으나 적혈구, 뇌신경세포 등은 거의 혈당으로 존재하는 포도당만을 에너지원으로 이용한다. 그러므로 일정한 혈당 유지는 매우 중요하다. 에너지원으로 쓰고 남은 포도당은 간과 근육에 글리코겐으로 저장된다. 간과 근육에 존재하는 글리코겐은 에너지가 부족한 상태에서 효과적인 에너지원으로 이용된다. 혈액에 존재하는 포도당은 가장 신속하게 말초조직에서 이용할 수 있는 에너지원이므로 혈당을 일정하게 유지하는 것은 매우 중요하다.

2) 단백질 절약작용

식사를 통해 섭취하는 탄수화물 양이 부족한 경우 혈당이 저하된다. 포도당이 부족한 상태가 되면 신체는 근육의 단백질을 분해하여 포도당을 합성하는 포도당신생합성이 증가하게 된다. 따라서 신체 구성과 기능성 단백질 합성에 사용되어야 할 단백질이 에너지원으로 사용되는 것이다. 따라서 식사를 통해 적절한 양의 탄수화물을 섭취해야 체단백질이 에너지원으로 사용되는 것을 막아주어 단백질을 절약할 수 있다.

3) 케톤증 예방

식사로부터 필요한 양만큼 탄수화물을 섭취하지 못하게 되면 체지방조직이 분해되어 지방산을 에너지원으로 사용하려는 변화가 생긴다. 지방산은 시트르산회로를 통해 에너지를 생성하려 하지만 탄수화물 섭취 부족으로 옥살로아세트산 공급이 부족하게 된다. 따라서 지방산 산화의 중간산물로 다량 생성된 아세틸 CoA가 시트르산회로로 들어가지 못하고 다량 축적된다. 이처럼 지방산이 완전 산화분해 되지 못하고 불완전연소의 산물인 케톤체가 다량 생성된다.

케톤체는 아세틸 CoA가 축합된 아세토아세트산과 여기서 생성된 β-하이드록시부티르산과 아세톤이다**그림 3-9**. 그러나 축적된 케톤체가 말초조직에서 모두 사용될 수 있는 양 이상으로 생성되면 케톤체가 혈액 중에 증가하여 산성물질로 작용하는 케톤체에 의해 케톤증ketosis이 발생하게 된다**그림 3-10**. 케톤증 상태에서는 체내 산·염기 평형이 깨어져

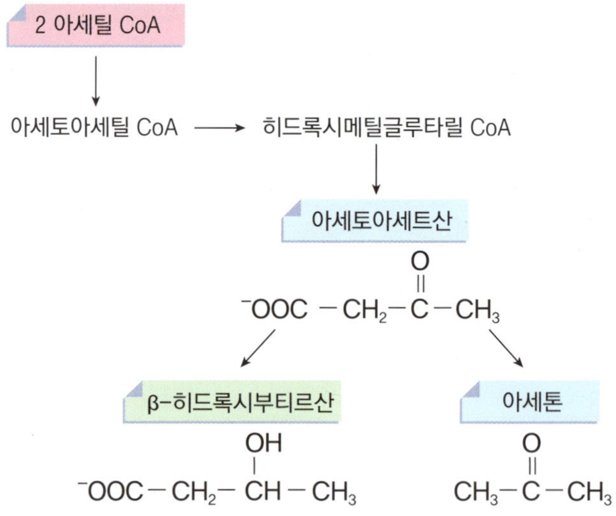

그림 3-9 케톤체 생성

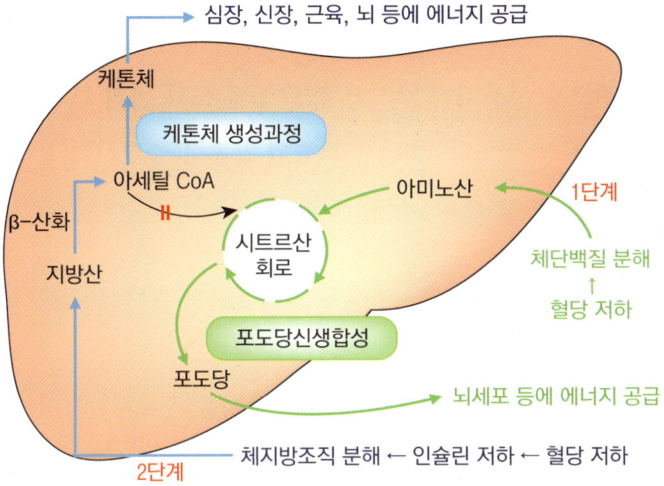

그림 3-10 케톤체 대사

서 산독증acidosis이 생길 수 있으므로 이를 예방하기 위해서는 하루에 적어도 100g 이상의 탄수화물을 섭취해야 한다.

4) 식품의 감미와 향미 제공

탄수화물은 포도당·과당·갈락토오스의 단당류와, 맥아당·자당·유당의 이당류가 정도의 차이는 있으나 모두 단맛을 내므로 음식의 맛을 좋게 하여 식품의 수용도를 높여주고 식욕을 증진시킨다. 시럽은 식품 제조 시 단맛 외에도 물성의 향상을 위해서 사용된다. 음료수, 사탕, 잼, 젤리 등의 제조에 널리 사용된다표 3-5.

표 3-5 탄수화물 종류별 상대감미도

분류	종류	상대감미도	분류	종류	상대감미도
당	자당	1.0	당알코올	솔비톨	60
	유당	0.2		만니톨	70
	맥아당	0.4		자일리톨	90
	포도당	0.7~0.8	대체 감미료	아스파탐aspatame	180
	과당	1.4		사카린saccharin	300

5) 장 운동 증진과 변비 예방

식이섬유는 열량원으로 사용되지 않지만 장 운동을 도와 변의 통과를 원활히 하여 변비를 예방하고 장기능을 촉진한다. 유당은 칼슘의 흡수를 증진시키고 장에 오래 머물러 장 운동을 촉진하는 유익한 장내 유산균의 성장을 돕는다.

6) 기타 작용

오탄당인 리보오스ribose는 유전정보와 단백질 합성을 주도하는 RNA와 DNA의 구성물질이기도 하다. 포도당의 대사산물인 글루쿠론산glucuronic acid은 간에서 화학물질이나 독성물질과 결합하여 배설된다.

5. 탄수화물 관련 질병

1) 당뇨병

정상적인 상태에서는 식사 후에 인슐린이 세포 내로 포도당의 유입을 증가시켜 혈당을 감소시키는 역할을 한다. 그러나 당뇨병 상태에서는 인슐린의 분비 및 작용에 결함이 생겨 정상인에 비해 고혈당 상태가 된다그림 3-11. 고혈당 상태에서는 비정상적인 대사경로가 형성되는데, 하나의 예로 포도당이나 다른 탄수화물 성분이 펩티드peptides와 결합하여 당단백을 만드는 것을 들 수 있다. 피브리노겐, 면역단백, 성선자극호르몬, 세포 기저막 등에는 정상적으로 당단백이 존재한다. 탄수화물이 펩티드와 결합하기 위하여 우선 우리딘디펩티드uridine dipeptides transferase: UDP와 결합한 다음 전이효소에 의하여 펩티드로 이전된다. 고혈당이 생기면 신체의 생물학적 기능에 중요한 단백에 과다한 당화가 일어나 기능장애로 인한 당뇨 합병증을 유발할 수 있다.

포도당이나 과당은 알도오스 또는 케토오스 환원효소에 의하여 폴리히드록시알코올인 솔비톨을 형성한다. 솔비톨경로는 혈관 내벽 또는 신경조직을 포함해 모든 세포에 널

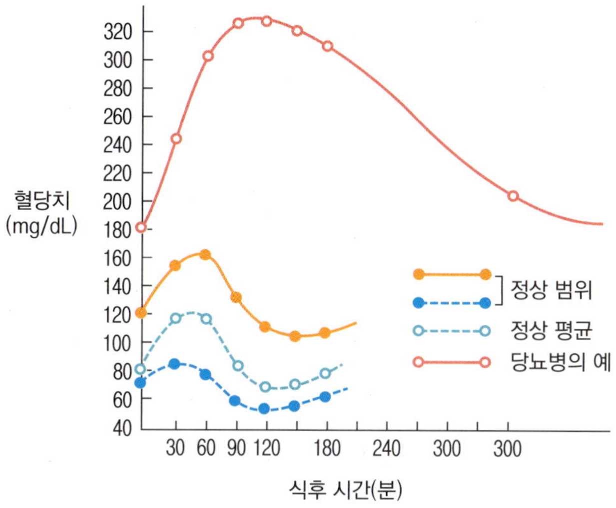

그림 3-11 혈당곡선

리 분포되어 있다. 이러한 경로는 정상적인 대사의 주된 경로가 아니고 포도당이 과잉일 때 일어나는 비정상적인 경로이다. 그러나 세포 내에 솔비톨이 많이 침착하면 세포의 기능에 장애가 와서 당뇨 합병증의 발생 등 심각한 영향을 미칠 수 있다.

당뇨병 식사요법의 기본 원칙은 적정체중을 유지하고, 혈당과 지질 수준을 정상에 가깝게 유지하도록 조절하며, 합병증을 예방하는 것이다. 이를 위해서는 적절한 영양상태를 유지하고 혈당 조절에 도움이 되는 식품을 선택해야 한다. 높은 당지수glycemic index의 식품은 낮은 당지수의 식품보다 혈당을 더 빨리 상승시키므로 당뇨병 환자는 당지수가 낮은 식품을 섭취하도록 권장한다. 당지수란 섭취한 식품의 혈당 상승 정도와 인슐린 반응을 유도하는 정도를 순수 포도당을 100이라고 하였을 때와 비교하여 수치로 표시한 지수이다.

포도당의 GI 100을 기준으로 흰밥은 86, 고구마 61, 사과 38, 우유 27로 GI는 식품에 따라 다르다. GI는 식품의 숙성 정도, 물리적 형태(고체, 액체), 가공과정, 조리과정, 식품의 단백질과 지질의 함량에 영향을 받는다. 식품마다 섭취하는 1회 분량이 다르고 1회 분량에 함유된 탄수화물의 양이 다르므로 식품의 일상적인 1회 분량을 섭취하였을 때의 혈당 반응을 계산한 당부하glycemic load, GL의 개념도 사용되고 있다. 당뇨병 환자에게는 GI 나 GL이 낮은 식사를 권장한다표 3-6.

표 3-6 주요 식품별 당지수GI와 당부하GL

식품	당지수(GI) (포도당=100)	1회 분량(g)	탄수화물 함량 (g/1회 분량)	1회 분량당 당부하(GL)
대두콩	18	150	6	1
우유	27	250	12	3
사과	38	120	15	6
배	38	120	11	4
밀크초콜릿	43	50	28	12
포도	46	120	18	8
쥐눈이콩	42	150	30	13
호밀빵	50	30	12	6
현미밥	55	150	33	18
파인애플	59	120	13	7
페스트리	59	57	26	15
고구마	61	150	28	17
아이스크림	61	50	13	8
환타	68	250	34	23
수박	72	120	6	4
늙은 호박	75	80	4	3
게토레이	78	250	15	12
콘플레이크	81	30	26	21
구운감자	85	150	30	26
흰밥	86	150	43	37
떡	91	30	25	23
찹쌀밥	92	150	48	44

자료 : 보건복지부 · 한국영양학회, 2020

당부하glycemic load

당부하는 당지수에 식품의 1회 섭취량을 반영하는 것인데, 계산법은 당지수에 식품의 1회 섭취량에 들어 있는 탄수화물 양을 곱한 다음 100으로 나눈 값이다. 그러므로 당부하는 식사에서 섭취한 탄수화물의 실제적인 양을 고려하여 그 식품을 실제로 섭취하였을 때 혈당이 어느 정도 올라가는지를 나타내기에 적합하다.

2) 저혈당증

혈당 수준이 계속적으로 혈액 중 60mg/dL 이하가 되는 것을 저혈당증hypoglycemia이라고 하며 혈당 농도가 40mg/dL 이하이면 위험해진다. 혈당이 저하되면 세포 내의 에너지 대사가 감소한다. 그러므로 신경조직은 에너지의 결핍으로 작용이 둔화되고 뇌의 작용도 감소된다. 저혈당증의 증상으로 두통·쇠약함·어지러움증·근육경련 등을 들 수 있다. 아침 공복 시 약간 어지러움을 느끼는 것도 이 때문이다. 식이 조절로 어느 정도 일정한 혈당량을 얻을 수 있다. 탄수화물을 많이 먹으면 인슐린 분비가 촉진되므로 탄수화물이 적은 소량의 식사를 자주 해야 한다. 단백질 식이를 권장하는 이유는 대부분의 아미노산이 해당과정 또는 시트르산회로로 들어가며 혈당으로 전환되기 때문이다.

3) 유당불내증과 갈락토오스혈증

(1) 유당불내증

유당불내증lactose intolerance은 유당분해효소인 락타아제lactase의 부족으로 인해 생기는 증상이다. 소장에서 유당이 단당류인 포도당과 갈락토오스로 분해되지 못하면, 체내로 흡수되지 못하고 대장에서 박테리아에 의해 발효되어 산과 함께 가스를 생성한다. 따라서 헛배가 부르고 복부에 가스가 차며 복통, 설사 등의 증상이 나타난다.

선천적으로 유당분해효소가 합성되지 않는 경우나 우유를 오랫동안 먹지 않아 유당분해효소의 체내 합성이 이루어지지 않는 경우에 발생한다. 성인이나 노인층에 유당불내증이 많으며 또한 인종에 따라서도 아프리카, 아시아와 중동 지역의 사람에게 많다.

(2) 갈락토오스혈증

갈락토오스혈증galactosemia은 갈락토오스를 포도당으로 전환시키는 효소인 갈락토오스 1-인산 우리딜트랜스퍼라아제galactose-1-phosphate-uridyltransferase가 없거나, 있어도 그 기능을 다하지 못할 때 나타나는 유전적인 질환이다. 갈락토오스가 장에서 흡수되어 포도당으로 전환되지 않은 채로 혈액으로 들어가면 혈액 중의 갈락토오스 농도가 급격히 높아져서 간 손상, 비장 비대, 백내장, 지적 장애 등의 임상증상이 나타나기 쉽다.

4) 탄수화물 과잉 섭취

(1) 충치

충치는 치아에 붙은 당이나 전분이 입안의 세균에 의해 대사되면서 생긴 산으로 치아가 용해되는 치아 부식현상이다. 충치균은 치아 표면에 덱스트린을 만들어 서식하면서 산을 생성하여 치아의 산 접촉시간을 늘린다. 보통 치아의 에나멜층은 pH 5.5에서부터 용해되기 시작하는데 치아 주위는 pH 4까지 내려갈 수 있다.

치아의 충치 유발 정도는 식품의 섭취 횟수와 속도, 식품의 점성도, 함께 섭취하는 식품의 종류, 섭취 후 양치질 여부, 침 분비량 등에 따라 달라진다. 충치는 치료보다 예방이 중요하며, 충치를 예방하기 위해서는 구강 내 청결과 균형 잡힌 식사가 중요하다. 자일리톨 같은 당알코올은 미생물이 열량원으로 사용할 수 없으므로 충치 예방에 도움이 된다.

(2) 비만

탄수화물을 과다 섭취하면 열량 과다 섭취로 이어지고 잉여 에너지는 체지방으로 전환되어 체내에 축적된다. 특히 활동량이 적고 탄수화물을 과다하게 섭취하면 비만뿐 아니라 고지질혈증이 생길 수 있다.

5) 식이섬유 관련 질병

식이섬유 섭취와 관련된 질병은 당뇨병·비만·관상심장병·대장암·변비·게실증 등이 있다. 이들 질병에 관여하는 식이섬유의 작용을 보면 표 3-7과 같다.

표 3-7 식이섬유 관련 질병 및 체내 작용

질병	역할	체내 작용
당뇨병	공복 혈당을 낮춤, 요당 감소, 인슐린 필요량 감소, 인슐린 예민도 증가, 식후 고혈당증 예방	• 위장 비우는 속도 완만, 소장에서 펙틴·검 등은 탄수화물을 감싸 겔 상태로 만듦 • 탄수화물 흡수속도를 느리게 함 • 글루카곤 등의 호르몬 대사 변경
비만	포만감 증가, 영양소 체내 이용률 저하, 영양밀도 감소	• 음식물 씹고 삼키는 데 시간 필요 • 지방 배설량 증가, 고섬유 식사로 탄수화물 흡수 방해 • 대장 통과시간 단축 • 인슐린·글루카곤 등의 호르몬 작용 변경
관상심장질환	담즙산의 재순환 방해, 혈중 중성지방과 콜레스테롤의 감소	• 담즙산에 대한 대장균의 작용 변경 • 대장의 균총 변화 • 췌장·소장의 소화효소 작용 변화 • 인슐린 감소 • 콜레스테롤과 결합하여 재흡수 방해 • 소장에서 겔을 형성하여 지방 흡수 방해
대장암	발생률 저하	• 담즙산염이 대장세포의 구조와 기능 변경
게실증, 변비	장벽의 내압이 높아져 통과속도가 빨라짐	• 대장의 통과시간 단축 • 보습력이 높아져 변이 부드러워짐

식이섬유 과다 섭취의 부작용

식이섬유는 생리적으로 중요한 기능을 하며 당뇨 · 변비 · 관상심장병 · 암 등을 예방하고 치료에 유용하지만 과다 섭취 시 여러 가지 부작용이 발생할 수 있다.

최근 가능성 식이섬유 제품의 이용이 확대되고 있어서 식이섬유의 과다복용이 문제가 되고 있다. 하루 60g 이상의 식이섬유를 섭취할 때 위장에 섬유소 덩어리가 생겨 소장의 흐름을 방해한다. 고식이섬유 섭취 후 물을 지나치게 섭취하면 설사나 탈수증상이 올 수 있고, 영양불량이나 체중감소를 초래할 수 있다. 또한 많은 양의 식이섬유는 칼슘, 아연, 철 같은 중요한 무기질과 결합하여 무기질의 흡수를 저하시킨다. 따라서 저영양 섭취를 하거나 다이어트 시 다량의 식이섬유를 장기간에 걸쳐 과잉 섭취하면 심각한 건강장애를 가져올 수 있으므로 주의가 필요하다.

이러한 질병들은 식이섬유 섭취 부족과 관련되므로 이러한 질병을 예방하고 치료하기 위해서도 적절한 식이섬유 식품을 매일 적정량 섭취해야 한다.

6. 탄수화물의 섭취기준과 급원식품

1) 섭취기준

2020년 한국인 영양소 섭취기준에는 에너지적정비율, 평균필요량, 권장섭취량, 충분섭취량이 설정되어 있다. 에너지적정비율acceptable macronutrient distribution ranges: AMDR은 총 에너지섭취량 중 탄수화물로부터 에너지 섭취비율을 의미하며, 1세 이후 모든 대상자에서 55~65%로 정하고 있다표 3-8.

표 3-8 탄수화물 에너지적정비율

성별	연령(세)	에너지적정비율(%)
유아	1~2	55~65
	3~5	55~65
남자	6~8	55~65
	9~11	55~65
	12~14	55~65
	15~18	55~65
	19~29	55~65
	30~49	55~65
	50~64	55~65
	65~74	55~65
	75세 이상	55~65
여자	6~8	55~65
	9~11	55~65
	12~14	55~65
	15~18	55~65
	19~29	55~65
	30~49	55~65
	50~64	55~65
	65~74	55~65
	75세 이상	55~65
임신기		55~65
수유기		55~65

자료 : 보건복지부 · 한국영양학회, 2020

한국인 영양소 섭취기준에는 탄수화물의 평균섭취량, 권장섭취량, 충분섭취량이 새로 설정되었다. 탄수화물 섭취량이 부족하면 체내 에너지원을 공급하기 위해 당신생합성이나 케톤체를 생성하게 되므로 케토시스와 근육 손실 방지를 위해서는 탄수화물을 적정량 섭취해야 한다. 미국에서는 1세 이후에는 탄수화물 평균필요량을 100g으로 설정하였는데, 이는 1일 뇌에서 사용되는 포도당의 양이 100g이라는 것에 근거하고 있다.

한국인 영양소 섭취기준에는 1세 미만 영아에게는 충분섭취량으로 0~5개월까지는 60g, 6~11개월까지는 90g으로 정하였으며, 1세 이상부터 전 연령층에서는 평균필요량은 100g과 변이계를 15%로 하여 변이계수 두 배를 더한 권장섭취량은 130g/일로 설정하였다. 탄수화물의 섭취량이 많으면 여러 만성질환의 발생 위험이 증가하지만, 근거가 충분하지 않아서 상한섭취량은 설정하지 않았다표 3-9.

첨가당이나 가당음료의 섭취가 많을수록 비만, 당뇨병, 심혈관질환의 위험도가 증가한다. 세계보건기구WHO에서는 첨가당을

표 3-9 한국인의 1일 탄수화물 섭취기준

성별	연령	탄수화물(g/일)			
		평균필요량	권장섭취량	충분섭취량	상한섭취량
영아	0~5(개월)			60	
	6~11			90	
유아	1~2(세)	100	130		
	3~5	100	130		
남자	6~8(세)	100	130		
	9~11	100	130		
	12~14	100	130		
	15~18	100	130		
	19~29	100	130		
	30~49	100	130		
	50~64	100	130		
	65~74	100	130		
	75 이상	100	130		
여자	6~8(세)	100	130		
	9~11	100	130		
	12~14	100	130		
	15~18	100	130		
	19~29	100	130		
	30~49	100	130		
	50~64	100	130		
	65~74	100	130		
	75 이상	100	130		
임신부		+35	+45		
수유부		+60	+80		

자료 : 보건복지부 · 한국영양학회, 2020

총 에너지섭취량의 10% 이내로 섭취하도록 권고하였다. 한국인 영양소 섭취기준에서 당류 섭취기준은 총 에너지섭취량의 10~20%로 제한하고, 식품의 조리 및 가공 시 첨가하는 첨가당은 총 에너지섭취량의 10% 이내로 섭취하도록 정하였다. 첨가당의 주요 급원은 설탕, 액상과당, 물엿, 꿀, 시럽, 농축과일주스 등이다.

식이섬유를 과량 섭취하면 철, 칼슘, 아연 등과 같은 무기질의 흡수율과 비타민의 생체 이용율이 감소되고 위장관 부작용이 있으나, 심각한 만성적인 부작용은 보고되지 않았다. 식이섬유에 대한 섭취기준은 상한섭취량은 설정하지 않았으며, 충분섭취량은 19~29세 성인 기준으로 남자는 1일 30g, 여자는 20g으로 정하였다표 3-10.

표 3-10 한국인의 1일 식이섬유 섭취기준

성별	연령	식이섬유(g/일)			
		평균필요량	권장섭취량	충분섭취량	상한섭취량
영아	0~5(개월)				
	6~11				
유아	1~2(세)			15	
	3~5			20	
남자	6~8(세)			25	
	9~11			25	
	12~14			30	
	15~18			30	
	19~29			30	
	30~49			30	
	50~64			30	
	65~74			25	
	75 이상			25	
여자	6~8(세)			20	
	9~11			25	
	12~14			25	
	15~18			25	
	19~29			20	
	30~49			20	
	50~64			20	
	65~74			20	
	75 이상			20	
임신부				+5	
수유부				+5	

자료 : 보건복지부 · 한국영양학회, 2020

2) 급원식품

탄수화물은 에너지 공급원으로 매우 중요하며 소화가 쉽고 체내 대사과정 중 독성물질을 만드는 일도 드물다. 탄수화물의 급원식품은 대부분 식물성 식품이며 단당류는 과일과 채소에 함유되어 있다. 이당류 중 자당은 사탕수수와 사탕무, 꿀 등에 함유되어 있고 유당은 우유 및 유제품에 존재하며 맥아당은 전분의 가수분해 산물로 생성되며 맥아(엿기름)에 포함되어 있다. 올리고당은 주로 두류에 함유되어 있다. 탄수화물은 전분 형태로 섭취하는데 곡류 및 곡류제품, 감자와 같은 서류, 호박 등에 함유되어 있다.

국민건강통계(2018년) 자료에 따르면, 우리 국민의 탄수화물 섭취에 기여하는 대표적 급원식품으로는 백미, 라면, 국수, 빵, 떡, 사과, 현미, 과자, 밀가루, 고구마 순이었으며, 탄수화물의 주요 급원식품과 함량은 **표 3-11**과 같다.

표 3-11 탄수화물 주요 급원식품과 함량[1)]

순위	급원식품	함량(g/100g)	순위	급원식품	함량(g/100g)
1	백미	75	16	메밀국수	61
2	라면(건면, 스프 포함)	69	17	고추장	52
3	국수	60	18	감자	16
4	빵	50	19	바나나	22
5	떡	49	20	콜라	9
6	사과	14	21	과일음료	9
7	현미	74	22	맥주	3
8	과자	66	23	감	14
9	밀가루	77	24	양파	7
10	고구마	34	25	복숭아	13
11	보리	75	26	당면	89
12	찹쌀	82	27	만두	28
13	배추김치	6	28	물엿	83
14	설탕	100	29	포도	15
15	우유	6	30	배	12

[1)] 2017년 국민건강영양조사의 식품별 섭취량과 식품별 탄수화물 함량(국가표준식품성분표 DB 9.1) 자료를 활용하여 탄수화물 주요 급원식품 상위 30위 산출

자료 : 보건복지부 · 한국영양학회, 2020

2018년 국민건강통계 자료에 의하면, 우리 국민(1세 이상)의 1일 당류 평균 섭취량은 60.2g이고,최근 3년 동안의 1일 섭취량은 2016년 67.9g, 2017년 64.8g에서 다소 감소하는 추세이다. 당류 주요 급원식품은 사과, 설탕, 우유, 콜라 순이었으며, 당류의 급원식품과 당 함량은 표 3-12와 같다.

표 3-12 당류 주요 급원식품과 함량[1)]

순위	급원식품	함량(g/100g)	순위	급원식품	함량(g/100g)
1	사과	11.1	16	아이스크림	17.3
2	설탕	93.5	17	참외	9.1
3	우유	4.1	18	포도	10.4
4	콜라	9.0	19	케이크	22.9
5	배추김치	3.1	20	가당 오렌지주스	6.5
6	과일음료	7.1	21	빵	4.1
7	바나나	14.6	22	요구르트(호상)	4.6
8	양파	5.7	23	초콜릿	43.9
9	감	10.5	24	귤	5.1
10	고추장	22.8	25	수박	5.1
11	고구마	9.8	26	불고기양념	28.2
12	복숭아	9.3	27	쌈장	25.7
13	국수	7.4	28	커피(믹스)	5.9
14	사이다	8.8	29	배	4.7
15	기타 탄산음료	10.7	30	양배추	4.8

[1)] 2017년 국민건강영양조사의 식품별 섭취량과 식품별 당류 함량(국가표준식품성분표 DB 9.1) 자료를 활용하여 당류 주요 급원식품 상위 30위 산출

자료 : 보건복지부 · 한국영양학회, 2020

식이섬유는 과일류, 채소류, 곡류에 존재하며, 우리나라 사람이 즐겨먹는 해조류나 콩류, 버섯류는 좋은 급원이다. 반면에 가공식품인 어묵, 햄, 소시지, 돼지고기 가공품, 과일채소음료, 탄산음료에는 식이섬유 함량이 매우 낮다. 2017년 국민건강영양조사 결과,

우리 국민에서 식이섬유 섭취의 주요 급원식품은 배추김치 > 사과 > 감 > 고춧가루 > 백미 순이었으며, 이는 식이섬유 함량이 높은 식품보다는 1일 섭취량이 높은 식품이 주요 급원식품인 것으로 나타났다**표 3-13**.

표 3-13 식이섬유 주요 급원식품과 함량

순위	급원식품	함량(g/100g)	순위	급원식품	함량(g/100g)
1	배추김치	4.6	16	깍두기	4.3
2	사과	2.7	17	고추장	5.2
3	감	6.4	18	라면(건면, 스프 포함)	2.2
4	고춧가루	37.7	19	감자	1.7
5	백미	0.5	20	현미	3.5
6	빵	3.7	21	고구마	2.0
7	보리	11.0	22	국수	1.8
8	대두	20.8	23	만두	5.8
9	두부	2.9	24	건미역	35.6
10	복숭아	4.3	25	양배추	2.7
11	샌드위치/햄버거/피자	7.2	26	상추	3.7
12	양파	1.7	27	열무김치	3.2
13	귤	3.3	28	바나나	1.9
14	된장	10.3	29	가당음료(오렌지주스)	1.8
15	토마토	2.6	30	당근	3.1

[1)] 2017년 국민건강영양조사의 식품별 섭취량과 식품별 식이섬유 함량(국가표준식품성분표 DB 9.1) 자료를 활용하여 식이섬유 주요 급원식품 상위 30위 산출

자료 : 보건복지부·한국영양학회, 2020

CHAPTER

4

지질

1. 지질의 특성과 분류
2. 지질의 소화와 흡수
3. 지질의 대사
4. 지질의 체내 작용
5. 지질의 섭취기준과 급원식품
6. 지질 관련 질병

지질lipids이란 물에 녹지 않는 다양한 종류의 화학물질을 총칭한다. 식품 내 혹은 체내에 존재하는 지질은 체내에서 여러 가지 중요한 기능을 수행한다.

여러 가지 지질 중에서 영양적으로 중요한 의미가 있는 것은 중성지방과 지방산, 지단백질 및 콜레스테롤이다. 중성지방은 농축된 주요 에너지원이며 필수지방산을 공급한다. 지단백질은 지질의 운반과 대사에 중요한 역할을 수행한다. 콜레스테롤은 세포막의 필수 구성성분이다.

그러나 지질이 체내에 과다하게 존재하게 되면 동맥경화성 질환을 발생시키는 위험인자로 작용한다. 그러므로 건강을 유지하고 심혈관계질환을 예방하는 데에는 특히 적정량의 지질 섭취가 중요하다. 최근에는 한국인의 지질 섭취량이 점차 늘고 있으며 이와 관련된 질병의 발생률도 증가하고 있어 지질 영양에 대한 관심이 높아지고 있다.

학 / 습 / 목 / 표

1. 체내에서 지질이 수행하는 작용을 서술할 수 있다.
2. 지질의 종류와 기능적 특성을 설명할 수 있다.
3. 필수지방산과 콜레스테롤의 체내 기능을 서술할 수 있다.
4. 지질의 소화와 흡수 및 운반과정을 설명할 수 있다.
5. 지질의 적정 섭취량과 급원식품을 안다.
6. 지질과 관상동맥질환과의 관계를 파악한다.

1. 지질의 특성과 분류

지질lipids이란 식품이나 체내에 들어 있는 물에 녹지 않는 다양한 종류의 유기화학물질로 중성지방triglyceride, 인지질phospholipid, 콜레스테롤cholesterol 등이 있다. 일반적으로 지질과 지방을 구별하지 않고 사용하는 것은 중성지방이 지질의 대부분을 차지하기 때문이다.

1) 지질의 특성

지질은 종류가 다양하여 물에 녹지 않고 유기용매에 녹는다는 성질을 갖는다. 그리고 탄소C와 수소H 및 산소O로 구성된 유기화합물이고 농축 에너지원이며, 다양한 분자의 구조와 형태를 보인다.

(1) 지방산으로 구성된 유기화합물

지질은 탄수화물과 같이 탄소·수소·산소로 이루어지지만 그 비율과 구조적 형태는 탄수화물과 다르다. 지질은 중요한 열량원이며, 몇가지 지방산은 성장·발육에 필수적이다. 지질은 동물의 피하조직과 식물의 종자에 함유되어 있으며 일반적으로 물에 녹지 않고 유기용매에 녹는 성질을 가진다.

지질은 형태에 따라 상온에서 고체상태로 있는 지방과 액체상태로 있는 기름으로 나뉜다.

천연식품 내 지질은 중성지방이 98~99%이다. 중성지방은 글리세롤과 지방산으로 구성되며, 지방산은 탄소사슬이 직선으로 연결되어 있다. 지방산은 사슬의 길이와 불포화도에 따라 구분하는데 종류가 많으며 체내에서 수행하는 기능도 다양하다. 흔히 섭취하는 지질식품 속에 함유되어 있는 지질의 조성을 살펴보면 식물성기름은 대부분 단순지질로 되어 있으며, 동물성 지방은 단순지질 외에도 인지질·당지질 등이 함유되어 있다.

(2) 에너지 저장원

체내에서 에너지를 발생하는 영양소는 지질과 탄수화물 및 단백질이다. 탄수화물과 단백질이 1g당 4kcal의 에너지를 내는 데 비해, 지질은 9kcal의 에너지를 생성한다. 이는 지질이 탄수화물이나 단백질에 비해 탄소와 수소의 함량이 많고 산소 함량은 적기 때문이다. 이러한 이유로 체내의 잉여 에너지는 에너지 밀도가 높은 중성지방 형태로 저장된다. 쓰고 남은 에너지를 지방조직에 중성지방의 형태로 저장함으로써 체온유지나 내부 장기 보호 등의 기능을 수행하는 의미도 있다. 만약에 탄수화물이나 단백질 형태로 잉여 에너지를 저장한다면 체중 증가량이 상당히 많아진다.

2) 지질의 분류

지질을 분류하는 가장 일반적인 방법은 지질을 구성하는 성분에 따라 단순지질, 복합지질 및 유도지질로 나눈다표 4-1.

표 4-1 지질의 분류

분류	구성성분	종류
단순지질	글리세롤과 지방산의 결합체	중성지방, 밀랍
복합지질	단순지질과 다른 성분의 결합체	인지질, 당지질, 지단백질
유도지질	지질 분해산물	콜레스테롤, 피토스테롤, 글리세롤, 지방산, 비타민 D

(1) 단순지질

단순지질은 상온에서의 형태에 따라 기름oils과 지방fats으로 구분하기도 하는데, 참기름이나 올리브유처럼 액상을 기름이라고 하며, 쇠기름이나 버터처럼 고체상을 지방이라고 한다. 본 장에서는 지방이라 할 때는 단순지질인 중성지방을 의미한다.

식품이나 체내에 함유된 지질의 98~99%는 단순지질이며, 중성지방이 대부분이다. 나머지 1~2%가 인지질과 당지질 및 지단백질과 같은 복합지질이나, 콜레스테롤과 같은 스테롤, 또는 비타민 D 등의 유도지질이다.

① 중성지방

중성지방은 글리세롤glycerol 1분자에 지방산fatty acid 3분자가 에스테르 결합하고 있어 트리아실글리세롤triacylglycerol, triglyceride: TG이라고 부른다그림 4-1. 한편 글리세롤에 지방산이 2분자만 결합한 물질을 디아실글리세롤diacylglycerol, diglyceride: DG이라고 하고, 지방산이 1분자만 결합한 물질을 모노아실글리세롤monoacylglycerol, monoglyceride: MG이라고 부른다. 대부분의 식용유지나 기타 식품에 함유된 지질은 중성지방이다. 중성지방은 맛이나 냄새가 없다. 그럼에도 각각의 식용유지가 독특한 향미를 갖는 것은 중성지방의 분해산물이나 지방산 또는 기타 혼합물에 의한 것이다. 우리 몸의 체지방도 대부분 중성지방으로 구성되어 있다. 중성지방은 산이나 알코올 또는 소화효소에 의해 글리세롤과 지방산으로 분해된다.

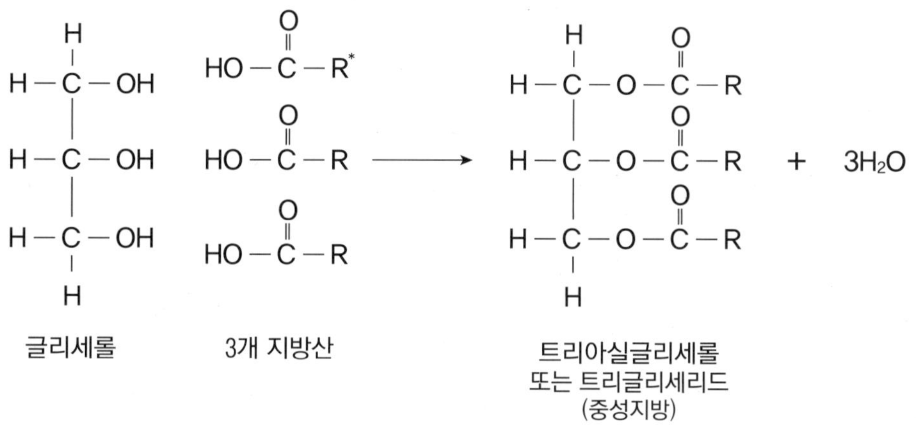

그림 4-1 중성지방의 구조

R* : 탄소 사슬임

② 밀랍

밀랍bees wax은 지방산과 알코올이 결합된 물질이다. 피부나 모발에 함유되어 있으며 벌집, 식물 잎이나 사과껍질에 들어 있다.

(2) 복합지질

복합지질compound lipid은 글리세롤과 지방산 외에 질소, 인, 당, 황 등 비지방 분자단이 결합된 지질이다. 복합지질은 영양상 중요하며 주로 간에서 합성된다. 복합지질에는 인지질, 당지질, 지단백질과 황지질 등이 있다.

① 인지질

인지질phospholipids은 글리세롤에 결합한 3분자의 지방산 중 하나가 인산염기로 대치되어 있는데, 이 인산염기에 극성을 지닌 분자그림 4-2가 결합하고 있다. 지방산 대신에 결합해 있는 분자들은 물에 대한 용해성이 크다. 그러므로 인지질은 물 분자와 지방 분자를 서로 혼합시켜 유화상태를 만든다.

$-CH_2-CH_2-N(CH_3^+)_3$	포스파티딜콜린
$-CH_2-CH_2-NH_3$	포스파티딜에탄올아민
$-CH_2-CH(COO^-)-NH_3$	포스파티딜세린

그림 4-2 극성기

인지질 중에 가장 널리 알려진 물질로는 레시틴lecithin(포스파티딜콜린)과 세팔린cephalin(포스파티딜에탄올아민)이 있다. 이들은 세포막의 주요 구성성분이며, 특히 뇌와 신경조직에 다량 함유되어 있다.

- 레시틴lecithin은 신체세포의 중요한 성분이고 신경, 심장, 간, 골수 등에 많이 들어 있으며 콜린이 결합되어 있다. 레시틴은 달걀노른자에 다량 함유되어 있고 유화제로도 쓰이며 동맥 벽에 지방이 축적되는 것을 예방하기 위한 건강기능식품으로 사용하고 있다.
- 세팔린cephalin은 레시틴과 비슷하나 콜린 대신 에탄올아민이 결합된 것이다. 세팔린은 뇌세포에 다량 함유되어 있으며 간과 부신에서도 발견된다. 식품으로서는 동물의 장기와 달걀노른자에 함유되어 있다.
- 스핑고미엘린sphingomyelin은 뇌와 신경조직 속에 들어 있다.

② 당지질

당지질glycolipid은 지방산, 갈락토오스, 스핑고신이 결합된 물질이며, 대표적인 것으로 세레브로시드와 강글리오시드가 있다. 이 물질들은 세포의 구성성분이다.

③ 지단백질

지단백질lipoproteins은 체내에서 지질의 운반과 대사에 중요한 역할을 하는 물질이다. 지단백질은 비극성의 중성지방과 콜레스테롤을 극성인 인지질과 단백질이 둘러싼 형태를 하고 있다그림 4-3. 혈액 등 체내의 수용성 환경에서 지질이 이동하려면 물에 용해되어야 하기 때문이다.

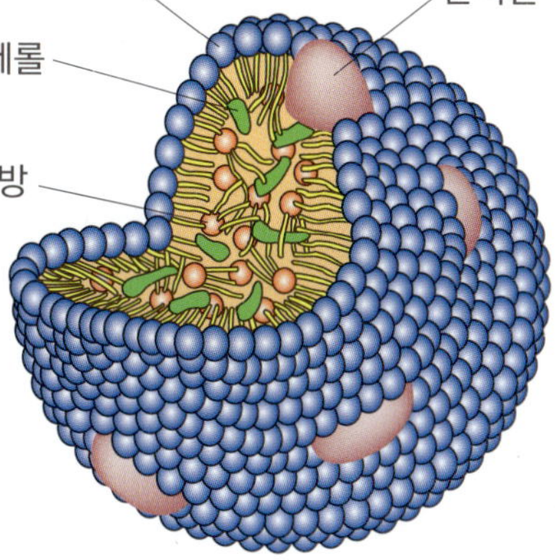

그림 4-3 지단백질의 기본 구조

지단백질은 밀도에 따라 크게 킬로미크론chylomicron, 초저밀도지단백very low density lipoprotein: VLDL, 저밀도지단백low density lipoprotein : LDL, 고밀도지단백high density lipoprotein : HDL으로 나뉜다. 단백질에 대한 지질의 함량비율이 낮을수록 밀도가 높다. 지단백질은 한 가지 이상의 아포지단백질apolipoprotein을 구성인자로 갖고 있다. 킬로미크론은 apo A, B-48, C 및 E를, VLDL은 apo B-100, C 및 E를, LDL은 apo B-100을, HDL은 apo A와 C를 갖고 있다. 아포지단백질은 지단백질 입자의 비수용성 지질을 수용화하고 안정화시킨다. 또한 종류에 따라 지질 대사에서 다양한 역할을 담당한다. apo B-100은 LDL 세포 표면 수용체의 리간드ligand 역할을 하며, apo C-II는 지단백질지방분해효소lipoprotein lipase를 활성화하고, apo A는 레시틴콜레스테롤 아실전이효소lecithin cholesterol acyltransferase : LCAT를 활성화한다.

(3) 유도지질

유도지질은 단순지질에서 유도되어 생성된 것으로, 스테로이드와 카로틴색소 등이 있다.

① 콜레스테롤

콜레스테롤은 스테롤의 기본 구조인 탄소로 이루어진 4개의 고리를 갖고 있다그림 4-4. 콜레스테롤은 인지질과 함께 세포막을 구성하는 주요 성분이다. 특히 신경세포의 절연막인 수초myelin에 콜레스테롤이 많이 함유되어 있어서 뇌를 비롯한 신경조직에 콜레스테

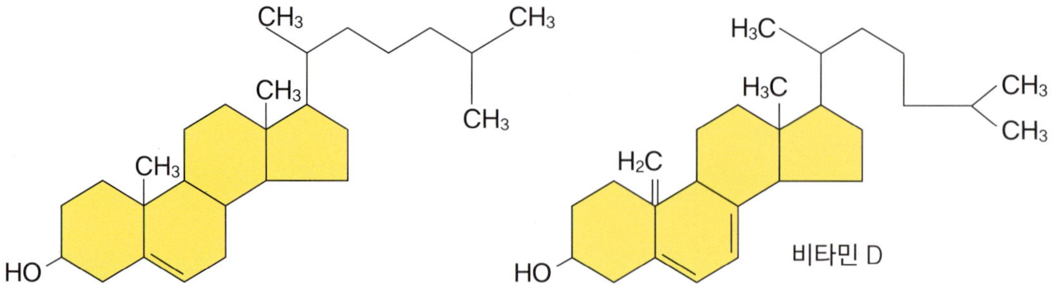

그림 4-4 콜레스테롤의 구조

롤 함량이 높다.

콜레스테롤은 세포막의 구성성분으로 쓰이는 이외에도 에스트로겐, 프로게스테론 및 테스토스테론 등의 성호르몬을 비롯한 여러 스테로이드 호르몬과 비타민 D와 담즙산을 합성하는 전구체로 쓰인다. 그러므로 우리 몸은 일정 수준의 콜레스테롤 함량을 유지해야 한다그림 4-5.

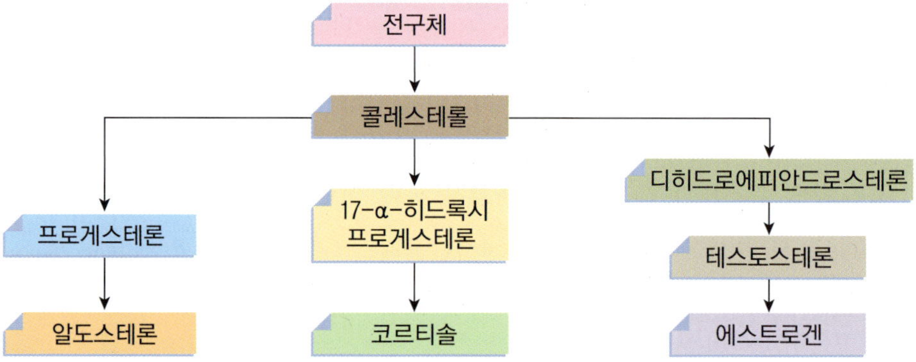

그림 4-5 성 호르몬과 스테로이드 호르몬 합성

② **에르고스테롤**

식물성에 들어 있는 스테롤을 피토스테롤이라 하며 에르고스테롤ergosterol은 효모나 곰팡이 버섯류 등에 함유되어 있다. 에르고스테롤은 생체 내에서 콜레스테롤로 전환되어 작용하며, 피토스테롤은 흡수 시 콜레스테롤과 경쟁하므로 콜레스테롤 흡수를 저해한다.

3) 지방산의 분류

중성지방을 구성하는 지방산은 각기 탄화수소 사슬의 길이가 다양하고 탄소와 탄소 간 이중결합의 수가 다르다.

식품에 함유된 지질에는 4개에서 22개까지 짝수 개의 탄소로 이루어진 지방산이 들어 있다. 첫 탄소원자는 카르복실기carboxyl group: -COOH에 들어 있고, 마지막 탄소원자는 메틸기methyl group: CH_3 안에 들어 있다. 지방산을 이루는 탄화수소 사슬은 물에 녹지 않는 비극성의 성질을 지니나, 카르복실기는 물과 잘 섞이는 극성을 띠고 있다.

지방산을 분류하는 한 방법으로 탄화수소 사슬의 길이에 따라 구분하는 방법이 있고, 또한 탄화수소 사슬 내 탄소와 탄소 간 이중결합의 수, 즉 불포화도에 따라서 분류하는 방법이 있다. 이 외에 체내에서의 합성 여부에 따라서도 분류한다표 4-2.

표 4-2 지방산의 분류

탄화수소 사슬의 길이에 따른 분류		탄화수소 사슬 내 이중결합의 수에 따른 분류		체내 합성 여부에 따른 분류	
지방산	탄소 수	지방산	불포화도	지방산	체내 합성 여부
짧은사슬지방산	<10	포화지방산	0	비필수지방산	합성 가능
중간사슬지방산	10~14	단일불포화지방산	1	조건적 필수지방산	합성 가능하나 불충분할 수 있음
긴사슬지방산	≥16	다가불포화지방산	≥2	필수지방산	합성 불가능

(1) 탄소수에 의한 분류

탄소 수가 10개 미만인 경우를 짧은사슬지방산short-chain fatty acid: SCFA이라 하고, 10~14개를 중간사슬지방산medium-chain fatty acid: MCFA이라 하며, 그 이상, 즉 16개 이상을 긴사슬지방산long-chain fatty acid: LCFA이라 한다. 짧은사슬지방산은 비교적 흔하지 않다. 중간사슬지방산은 식품에 함유된 지방산의 4~10%를 차지하는데, 이들 지방산은 긴사슬지방산에 비해 수용성이 크고 쉽게 흡수된다. 긴사슬지방산은 식품 지방산의 대부분을 차지한다.

(2) 이중결합 유무

이중결합은 탄소에 결합할 수 있는 수소가 부족한 상태임을 의미하므로 불포화 정도를 나타낸다. 이중결합이 전혀 없는 지방산을 포화지방산saturated fatty acid: SFA이라 한다. 이들 지방산의 탄화수소 사슬은 거의 직선과 비슷하다. 이중결합이 하나인 경우를 단일불포화지방산monounsaturated fatty acid: MUFA이라 하며, 2개 또는 그 이상의 이중결합이 있는 지방산을 다가불포화지방산polyunsaturated fatty acid: PUFA이라 한다. 탄소 수가 20~22개인 지방산은 5개 또는 6개의 이중결합을 갖기도 한다. 이러한 지방산은 생선이나 어유에 주로 함유되어 있다.

불포화지방산의 탄화수소 사슬은 구부러진 형태를 보이는데, 이는 이중결합이 있는 부분에서 결합각이 감소하기 때문이다. 따라서 이중결합이 많을수록 점점 더 굽은 형태를 갖게 된다그림 4-6. 지방산에 존재하는 이중결합의 위치에 따라 지방산의 분류가 달라진다. 지방산의 말단에 있는 메틸기로부터 이중결합이 처음 나타나는 위치에 따라 ω-3, ω-6 또는 ω-9계 지방산으로 분류한다.

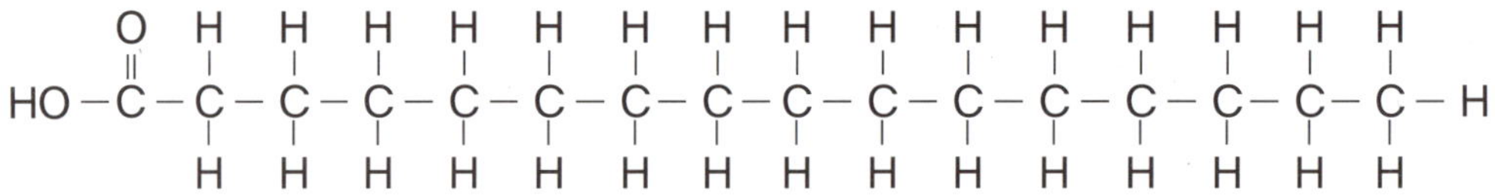

팔미트산(16:0)

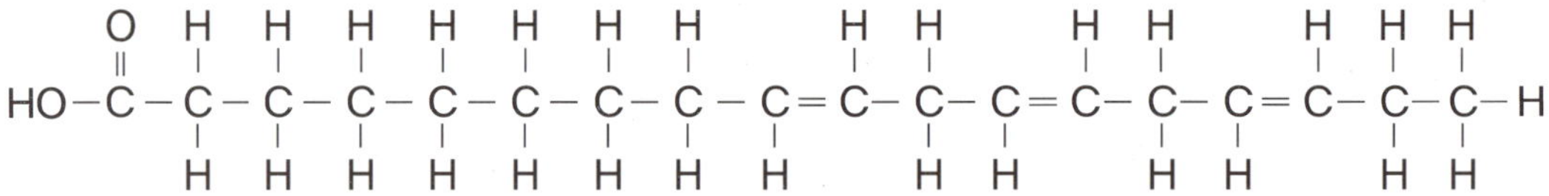

리놀렌산(18:3)

그림 4-6 포화지방산과 불포화지방산의 구조

우리가 흔히 섭취하는 식용유지의 포화지방산, 단일불포화지방산, 다가불포화지방산의 함량 및 주요 불포화지방산의 조성은 그림 4-7과 같다. 지방산마다 체내 기능이 다르므

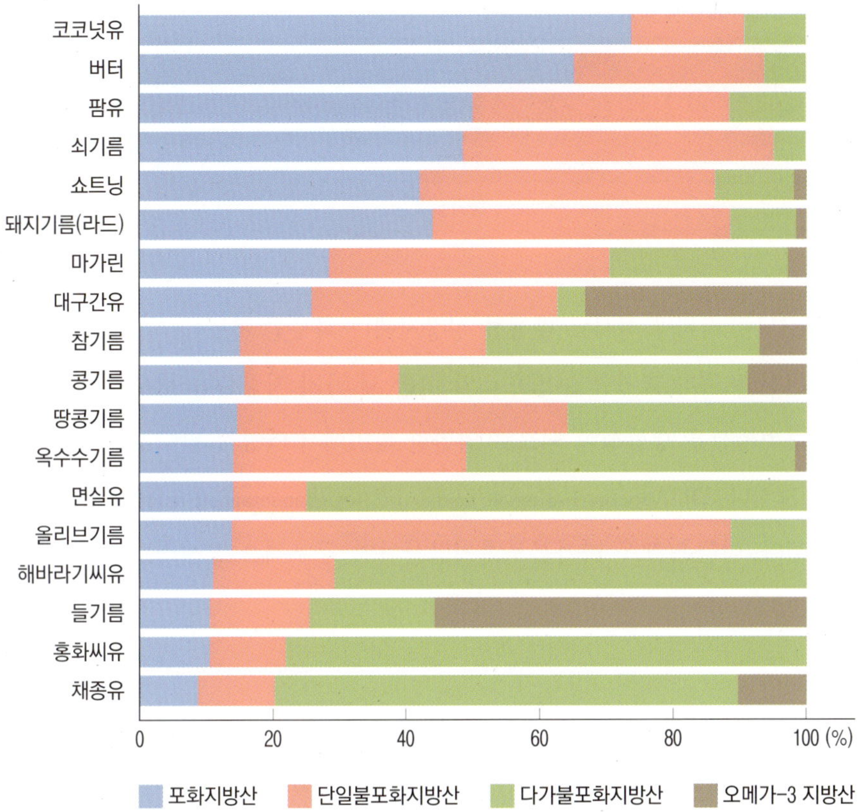

그림 4-7 식용유지의 지방산 조성

로 지방산 조성의 차이는 만성 퇴행성질환의 발생과 관련해 영양적으로 중요한 의미를 갖는다.

(3) 생체 합성 : 필수지방산 및 비필수지방산

비필수지방산non-essential fatty acid은 체내에서 필요한 양이 충분히 합성되는 지방산으로 팔미트산, 스테아르산과 올레산 등이 있다. 체내에서 합성되지 않거나 합성되더라고 그 양이 충분하지 않은 필수지방산essential fatty acid: EFA에는 리놀레산(18:2), 리놀렌산(18:3) 및 아라키돈산(20:4)이 있다표 4-3. 리놀레산과 리놀렌산은 전혀 합성되지 않으며, 아라키돈산은 리놀레산으로부터 일부 합성되나 그 양이 충분하지 않을 수도 있다.

표 4-3 필수지방산의 종류와 특징

필수지방산	구조	기능	급원
리놀레산	$C_{18:2}$	성장인자, 항피부병인자	채소, 종자류
리놀렌산	$C_{18:3}$	성장인자	콩기름, 들기름
아라키돈산	$C_{20:4}$	항피부병인자	동물의 지방

전통적으로는, 저지방 식사로 발생한 성장저해나 피부염 치료에 리놀레산과 리놀렌산 및 아라키돈산 모두가 효과를 보임으로써 이들 세 가지 지방산을 필수지방산이라 한다. 그러나 아라키돈산은 생합성이 되므로 엄밀한 의미에서 영양적 필수성은 리놀레산과 리놀렌산 두 가지다. DHAdocosa hexaenoic acid와 EPAeicosapentaenoic acid는 리놀렌산으로부터 생합성된다. 이들은 모두 다가불포화지방산이며, 구조적으로 시스*cis*형인 것이 생물학적 활성이 있다.

오메가(ω)-3 지방산

지방산의 첫 메틸 그룹 탄소에서 시작하여 첫 이중결합 위치를 표시하는 것이 오메가(ω)이다. 오메가-3 지방산이 영양적으로 중요한 것은 필수지방산인 리놀렌산(C18:3, ω-3)과 그 유도체인 EPAeicosapentaenoic acid(C20:5, ω-3) 및 DHAdocosahexaenoic acid(C22:6, ω-3)가 속하기 때문이다.

특히 깊은 바다에서 사는 등푸른 생선에 EPA와 DHA가 많다. 플랑크톤에도 ω-3 지방산이 많으며, 생선은 리놀렌산을 EPA나 DHA로 전환시키는 능력을 갖고 있다.

표 4-4 지방산의 특성과 지질 급원

지방산 이름	탄소 수	이중결합 위치와 수	지질 급원
리놀렌산	18	9, 12, 15(3)	식물성기름
EPA	20	5, 8, 11, 14, 17(5)	생선기름
DHA	22	4, 7, 10, 13, 16, 19(6)	생선기름

지질 대체물질

올레스트라Olestra는 구조적으로 지방과 유사하며 조직, 향, 입안 촉감도 지방과 비슷한 특성을 가지고 있다. 식물성 혹은 동물성 유지 속의 트리아실글리세롤triacylglycerol은 하나의 글리세롤 분자에 3개의 지방산fatty acid이 에스테르결합을 한 구조를 가지고 있으나 올레스트라는 글리세롤 대신에 수크로오스sucrose가 위치하며 수크로오스의 하이드록시기hydroxyl group에 탄소사슬의 길이가 C8~C22인 지방산이 6개 혹은 8개가 결합되어 있는 구조를 가지고 있다. 올레스트라는 지방 대체물질로서 스낵식품의 제조에 이용되고 있으나 지방과는 달리 소화효소에 의해 가수분해 반응이 일어나지 않기 때문에 섭취 시에 칼로리를 제공하지 않는다. 미국의 경우 FDA(식품의약국)는 1996년부터 올레스트라를 포테이토칩, 크래커 등과 같은 스낵식품의 제조 시에 지방 대체물질로서의 사용을 허가하고 있다.

(4) 화학적 결합 형태 : 트랜스지방산과 시스지방산

탄소와 탄소 간 이중결합은 탄소에 결합한 2개의 수소 원자가 각기 다른 방향에 위치할 수 있기 때문에 입체적으로 두 가지 형태를 취할 수 있다. 즉 두 수소 원자가 동일한 방향에 놓인 경우를 시스cis형이라 하고, 다른 방향으로 놓인 경우를 트랜스*trans*형이라 한다그림 4-8.

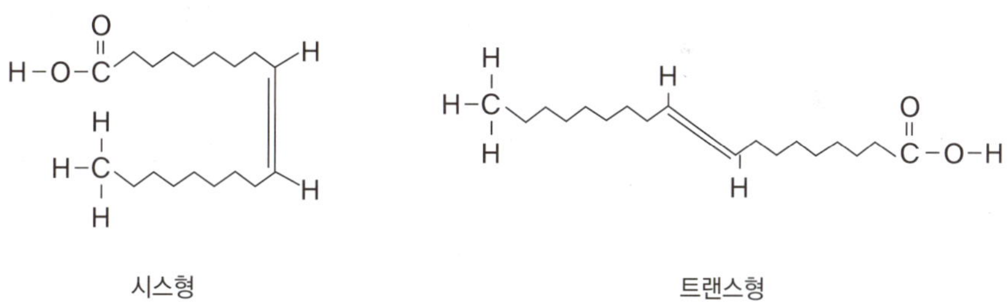

그림 4-8 시스형과 트랜스형 지방산의 구조

시스형의 이중결합은 탄화수소 사슬에 비틀림kink을 형성하므로 결합한 원소나 기group들이 회전할 수 없게 고정된다. 이중결합이 여러 개 있으면 여러 개의 비틀림이 만들어진다. 자연에 존재하는 대부분의 불포화지방산은 시스형이며, 마가린이나 쇼트닝을 만들 때에 상당한 양의 트랜스형이 만들어진다.

마가린이나 쇼트닝은 고체상의 질감을 갖고 퍼짐성이 좋으며 융점이 낮고 훌륭한 맛을 갖는다. 이러한 이유로 버터나 라드 같은 동물성 지방의 대체품으로 널리 이용되어 왔다. 그런데 최근에 트랜스지방산이 특정 암세포의 성장을 촉진하고 심혈관계질환에 대한 위험성을 높인다는 연구 결과들이 발표됨에 따라 가공식품의 트랜스지방산 함량을 줄이고 있으며, 이에 따른 영양표시를 실시하고 있다.

2. 지질의 소화와 흡수

식품에 함유된 지질은 주로 중성지방이며 약간의 인지질과 콜레스테롤이 함께 들어 있다. 이들 지질은 소화관을 거치면서 가수분해되고, 점막세포에서 흡수된 후 지단백질 형태로 림프순환을 통해 체순환에 들어간다. 분자량이 작은 지방산은 문맥순환을 이용

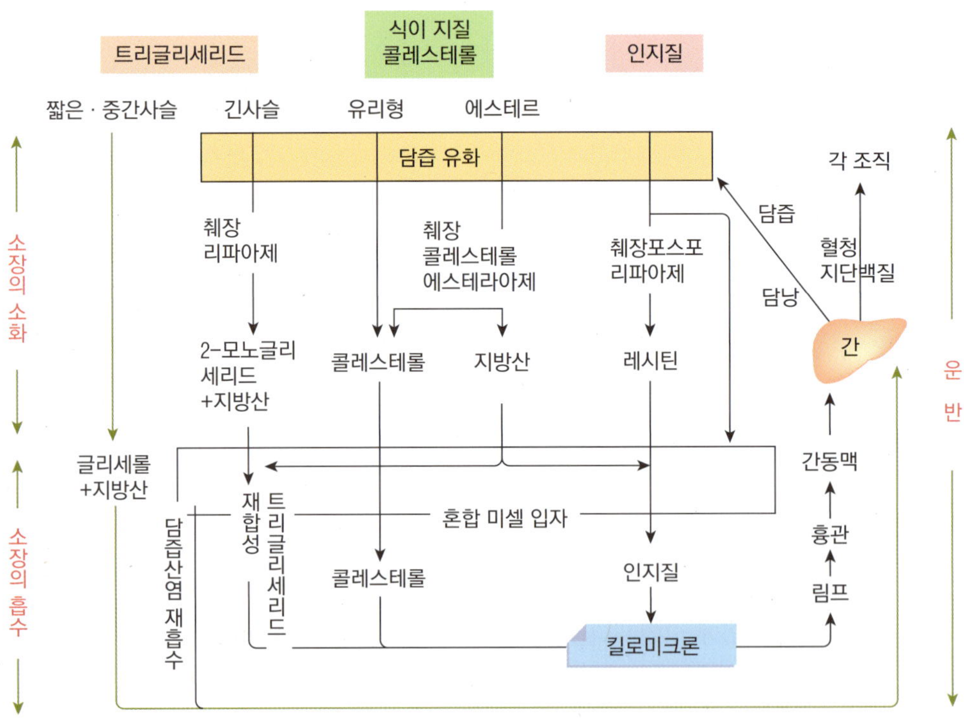

그림 4-9 지질의 소화와 흡수

한다 그림 4-9.

지질의 합성과 산화 등 지질대사는 주로 간과 지방조직에서 이루어진다. 말초조직의 세포는 필요한 지질을 혈액의 지단백질로부터 공급받아 사용한다.

1) 소화

지질의 소화는 구강과 위에서 시작되나 매우 미약한 편이고, 주로 소장에서 이루어진다.

(1) 구강과 위

타액에 함유되어 분비된 구강 리파아제lingual lipase는 음식물이 식도를 통과하는 중에 일부 중성지방을 지방산과 디글리세리드diglyceride로 분해한다. 이 효소는 위에 도달한 후에도 계속 작용하는데, 주로 짧은사슬지방산이나 중간사슬지방산을 분해한다.

음식물이 위에 도달하면 위에서 위 리파아제gastric lipase가 분비된다. 이 효소도 역시 긴사슬지방산보다는 짧은사슬지방산 또는 중간사슬지방산을 주로 분해한다.

그러나 위에서 가수분해되는 지방의 양은 아주 적다. 이는 구강 리파아제 및 위 리파아제가 수용성 환경에서 지질에 작용하기가 쉽지 않기 때문이다.

(2) 소장

지질의 소화는 대부분 소장에서 이루어진다. 위에 머물던 미즙이 십이지장으로 내려오면 소장 상부에서 소화기 호르몬인 세크레틴secretin과 콜레시스토키닌cholecystokinin 및 엔테로가스트론enterogastrone이 분비된다. 세크레틴은 췌장액에 중탄산염이온HCO_3^-의 분비를 촉진하고, 콜레시스토키닌은 담낭을 수축시켜 담즙을 배출하게 하며 췌장액의 소화효소 분비도 자극한다. 엔테로가스트론은 위액 분비를 감소시키고 위 운동을 억제해 미즙이 소장으로 들어오는 속도를 늦춘다.

미즙이 담즙과 혼합되면 지방구가 담즙산염에 둘러싸여 유화상태가 된다. 이로 인해 지방구의 표면적이 넓어지고 수용성인 효소들이 지질과 쉽게 접촉할 수 있게 된다.

췌장액에는 췌장 리파아제pancreatic lipase, 포스포리파아제phospholipase 및 콜레스테롤

담즙bile juice

담즙은 간의 실질세포에서 합성되며 담낭에 저장 · 농축된다. 담즙에는 약 83%의 수분과 유화작용을 하는 주성분인 담즙산염 10% 정도와 기타 성분으로 뮤신, 색소, 지방산, 콜레스테롤, 레시틴 등이 들어 있다. 식사로 지질을 섭취하면 담즙이 십이지장으로 분비되는데, 하루 분비량은 지질 섭취량에 따라 100~400mL 정도다. 담즙은 황갈색으로 쓴맛을 띠며, pH는 7.8~8.6으로 염기성이다.

표 4-5 담즙의 성분

성분	분량(g/1,000mL)	성분	분량(g/1,000mL)
수분	829.7	지방산	11.2
담즙산염	97.0	지방	1.9
뮤신 및 색소	41.9	레시틴	2.2
콜레스테롤	9.9	무기염류	5.1

에스테라아제cholesterol esterase가 함유되어 있다. 담즙과 췌장액에 중탄산염이온은 장 내용물의 pH를 6.5로 높여 췌장 리파아제의 활성을 증가시킨다.

췌장에서는 비활성화 형태의 지방분해조효소colipase도 분비된다. 이 단백질은 약 100개의 아미노산으로 구성되어 있으며, 소장에서 췌장 트립신에 의해 활성화된다. 활성화된 지방분해조효소는 지질분해효소와 복합체를 이루어 지방구로 접근하여 지방을 가수분해한다.

췌장 리파아제는 중성지방의 1번과 3번의 에스테르결합을 가수분해하여 2-모노글리세리드2-MG를 생산한다. 소장에서 주로 흡수되는 중성지방의 70% 정도는 2-MG로 흡수되고, 약 20%는 유리지방산과 글리세롤로 완전히 가수분해되어 흡수된다. 인지질은 일부 소화되지 않은 채 흡수되기도 하지만 대부분 포스포리파아제 A2에 의해 가수분해된다. 췌장 인지질분해효소는 인지질의 2번 위치에 있는 지방산을 가수분해시켜 리소인지질lysophospholipid과 유리지방산을 생성하며, 소장 인지질분해효소는 인지질을 글리세롤, 지방산, 인산 및 콜린 등으로 분해한다. 식품으로 섭취되는 콜레스테롤은 대부분 유리형이라 그대로 흡수되지만, 콜레스테롤에스테르는 콜레스테롤에스테라아제에 의해 콜레스테롤과 지방산으로 가수분해되어 흡수된다. 지질의 소화가 일어나는 부위와 소화효소의 작용은 표 4-6과 같다.

표 4-6 지질의 소화 부위와 작용 효소

소화 부위	작용 효소	소화작용
구강, 식도 및 위	• 구강 리파아제 • 위 리파아제	• 중성지방 → 디글리세리드 + 모노글리세리드 + 지방산* (*주로 짧은사슬지방산과 중간사슬지방산)
소장	• 췌장 리파아제	• 중성지방 → 디글리세리드 + 모노글리세리드 + 지방산* (*모든 지방산)
	• 췌장 포스포리파아제	• 인지질 → 글리세리드 + 지방산 + 염기 + 인산
	• 췌장 콜레스테롤에스테라아제	• 콜레스테롤에스테르 → 콜레스테롤 + 지방산

오리스타트Orlistat

장관 내 지방분해효소 저해제로서 위장과 소장의 관강 내에서 위와 췌장의 지방분해효소의 활성 부위인 세린serine과의 공유결합을 형성하여 지방분해효소를 불활성화한다. 지방분해효소가 불활성화되면 중성지방 형태의 식이성 지방을 흡수 가능한 모노글리세리드monoglyceride와 유리지방산으로 가수분해할 수 없으므로 분해되지 않는 중성지방은 체내로 흡수되지 않아 칼로리 감소를 초래하게 된다. 오리스타트는 비만치료에 사용되며 저칼로리 식이와 함께 체중의 감량 및 유지에 쓰일 수 있다. 부작용은 주로 지방변과 같은 소화기계 증상이 나타난다. 오리스타트는 지용성 비타민의 흡수에 영향을 미쳐 특히 비타민 E의 경우 보충이 필요하다. 오리스타트는 위장관에서 거의 흡수되지 않고 대부분 대변으로 배설된다. 일반적으로 지방을 함유하는 식사와 함께 복용해야 하며 식사 중간이나 식사 후 1시간 이내에 120mg씩 1일 3회 복용한다. 오리스타트는 제니칼Xenical(R)이라는 상품명으로 미국 FDA에서 비만치료제로 1999년 4월에 허가를 받았고, 한국에서는 2000년 11월 식품의약품안전청KFDA에서 허가를 받아 2001년부터 발매 중이다.

2) 흡수와 운반

(1) 흡수

지질은 주로 소장의 중간 부위와 하부에서 흡수된다. 지질의 소화산물은 여전히 물과의 친화력이 낮다. 그러므로 흡수과정에서도 담즙산염의 작용이 요구된다.

① 모노글리세리드와 지방산

모노글리세리드, 디글리세리드, 지방산, 콜레스테롤 등이 담즙산염과 음전하를 띤 미셀micelle을 형성한다.

담즙은 극성과 비극성인 부분을 함께 가지고 있어서 지질이 지방 부분과 결합하여 수용성 용액에 분산될 수 있게 하여 흡수를 돕는다. 혼합 미셀의 지방산과 모노글리세리드는 소장의 점막세포로 흡수되며, 담즙산은 흡수된 후 간으로 가서 담즙이 되어 소장으로 다시 배출된다.

② 짧은사슬지방산과 중간사슬지방산

글리세롤과 짧은사슬지방산과 중간사슬지방산은 소장 혈관으로 직접 흡수된다.

짧은사슬지방산과 중간사슬지방산은 혈액 알부민과 결합하여 혈액을 통해서 운반된다.

소장의 점막세포에 미셀이 접근하면 지질의 소화산물은 수동확산으로 흡수된다. 지질의 소화·흡수는 매우 효율적이어서 섭취한 지질의 약 95%가 흡수된다. 지질의 흡수가 저해되면 지방변이 배출된다.

지방변이 발생하는 경우

- 설사 : 담낭관이 폐쇄되거나 담낭을 제거하면 담즙의 분비가 적어지므로 지질을 충분히 분해하지 못하여 흡수되지 않은 채 배설된다.
- 췌장질환이나 췌장관의 폐쇄 : 췌장효소 수준이 감소하여 중성지방과 콜레스테롤에스테르가 분해되지 못해서 흡수되지 못하고 대변으로 배설된다.
- 광물성 기름의 섭취 : 광물성 기름mineral oil은 완화제나 체중감소 식이로 사용되며 소화 · 흡수되지 않으므로 설사제로 사용된다.

(2) 운반

① 긴사슬지방산 - 림프순환

소장의 상피세포로 유입된 긴사슬지방산은 상피세포 안에서 중성지방으로 재합성된다.

흡수된 지방산은 아실 CoA 합성효소synthetase에 의해 지방산 아실 CoA로 활성화된 후, 2-MG 또는 해당과정을 통해 포도당으로부터 만들어진 글리세롤 3-인산glycerol-3-phosphate에 결합하여 중성지질이나 인지질을 형성한다. 재합성된 중성지방은 콜레스테롤과 함께 인지질과 단백질에 싸여 지단백질인 킬로미크론을 형성한다. 킬로미크론은 림프관으로 들어가 흉관을 통과해 간동맥으로 들어가서 간으로 운반된다. 지질이 많은 식사를 한 후 몇 시간 뒤 혈액을 뽑으면 크림층이 떠오르는데, 이 층의 주된 성분은 킬로미크론이다.

체순환을 거치는 도중에 킬로미크론 내 일부의 중성지방은 근육이나 지방조직 등 말초조직의 모세혈관에 존재하는 지단백질분해효소lipoprotein lipase: LPL에 의해 분해되어 일부 지방산을 말초조직세포에 공급한다.

② 짧은사슬지방산 및 중간사슬지방산 – 문맥순환

탄소 원자의 수가 12 미만인 흡수된 짧은사슬지방산 및 중간사슬지방산과 글리세롤은 킬로미크론을 형성하지 않고 혈장 단백질인 알부민과 결합한 상태로 간문맥을 통해 직접 간으로 운반된다그림 4-9 참고.

3. 지질의 대사

1) 지단백질

혈액에는 킬로미크론을 비롯해 VLDL과 HDL 및 VLDL의 대사과정에서 생성되는 LDL 등 각기 다른 밀도와 조성을 갖는 지단백질들이 순환한다. 각 지단백질의 조성과 체내작용은 표 4-7, 표 4-8과 같다.

표 4-7 지단백질의 종류와 조성

지단백질	지질	인지질	콜레스테롤	단백질	급원	운반지
킬로미크론	83	7	8	2	장 점막(식이 지질)	저축지방조직과 간세포
VLDL (pre-β-지단백질)	50	19	22	9	간과 장 점막(체내 합성지질)	대부분 세포
LDL (β-지단백질)	11	22	46	21	대부분 세포	간 제외한 세포
HDL (α-지단백질)	8	22	20	50	말초조직세포	간세포

표 4-8 지단백질의 작용

지단백질	작용
킬로미크론	장 점막에서 식이 지질을 각 조직, 특히 간·저축지방조직으로 운반, 지단백 리파아제가 지질을 가수분해하여 혈액의 킬로미크론을 깨끗하게 함
VLDL	간과 장 점막에서 합성한 지질을 각 세포로 운반 각 조직세포에서 지단백 리파아제에 의해 깨끗하게 됨
LDL	VLDL에서 많은 양의 지질이 제거되고 콜레스테롤과 단백질이 첨가되어 말단조직으로 운반함
HDL	말단조직의 콜레스테롤을 간으로 운반 HDL은 콜레스테롤을 담즙산으로 하여 배설을 촉진함

(1) 킬로미크론

소장의 흡수세포에서는 중성지방, 콜레스테롤, 지용성 비타민을 운반하는 지단백질인 킬로미크론chylomicron이 만들어진다. 킬로미크론은 림프관과 흉관을 통해 흡수된 후 혈액 내로 이동한다. 킬로미크론 내의 중성지방은 근육과 지방조직의 모세혈관 내피세포에 있는 지단백질지방분해효소lipoprotein lipase: LPL의 작용에 의해 가수분해되어 유리지방산으로 방출되어 세포 안으로 들어간다. 중성지방을 내놓은 킬로미크론은 상대적으로 콜레스테롤과 콜레스테롤에스테르의 함량비율이 높은 킬로미크론 잔유물chylomicron remnant이 되어 간으로 이동한다. 킬로미크론에는 식사로 섭취한 외인성 중성지방 함량이 가장 높아서 밀도가 가장 낮다.

(2) VLDL

VLDL은 간에서 생성되며, 체내에서 합성된 중성지방을 운반하는 지단백질이다. 간으로부터 혈중으로 방출된 VLDL은 모세혈관 내피세포의 지단백질지방분해효소의 작용을 받아 중성지방을 가수분해하여 근육과 지방조직에 유리지방산을 공급한다. VLDL은 중성지방이 제거되면서 콜레스테롤과 단백질 함량이 상대적으로 많아지고, 다른 지단백질로부터 콜레스테롤과 단백질을 받아들이면서 밀도가 점차 높아져 IDL(중밀도지단백)을 거쳐 LDL로 전환된다.

(3) LDL

VLDL에서 중성지방이 분해되어 조직으로 유입된 후 형성된 LDL은 콜레스테롤이 차지하는 비율이 높은 지단백질이다. LDL의 2/3는 LDL 아포 B에 대한 수용체를 갖고 있는 간이나 다른 조직으로 들어가서 수용체 매개 경로로 처리된다. 세포 내로 운반된 콜레스테롤에스테르는 가수분해되어 콜레스테롤을 방출하고 세포에서 이용된다.

혈액 내 LDL의 농도가 너무 높거나 산화된 LDL은 LDL 수용체 비의존성 경로에 의해 처리된다. 즉 합성 조절능력이 결여된 대식세포의 수용체에 결합되어 세포 내에 이입된 콜레스테롤에스테르는 과잉 축적되어 거품세포를 형성하여 동맥경화증의 플라크성분이 된다. 그러므로 혈액 중에 LDL 농도가 증가하면 동맥경화증이나 관상동맥 심장질환의 발생 위험이 높아지게 되는데, LDL-콜레스테롤을 '나쁜콜레스테롤'이라고 부르는 것은 이러한 이유 때문이다.

(4) HDL

HDL은 간이나 소장에서 만들어지는데 단백질 함량이 높으며 말초조직에서 간으로 콜레스테롤을 운반하는 작용을 한다. HDL은 간과 소장에서 콜레스테롤이 거의 없고 단백질이 풍부한 인지질의 이중층으로 구성된 형태로 되어 혈중으로 방출된다. HDL의 아포지단백질인 apo A는 레시틴콜레스테롤 아실전이효소를 활성화해 조직에 있는 수용성 콜레스테롤을 받아들여 에스테르화함으로써 콜레스테롤에스테르로 전환시켜 HDL의 중

심부로 이동한 형태로 간으로 이동된다.

간의 간 지방분해효소는 HDL의 중성지방과 인지질을 분리시켜 HDL3로 전환시켜, 간의 HDL 수용체에 결합하여 콜레스테롤을 간으로 이동시킨다. HDL에 의해 간으로 돌아온 콜레스테롤은 담즙산을 합성하는 전구물질로 쓰인다. 담즙에 포함되어 분비된 콜레스테롤은 대변을 통해 체외로 배설되는 과정에 들어가게 된다. 이렇게 HDL은 말초조직으로부터 간으로 콜레스테롤을 전송하는 콜레스테롤 운반체계 역할을 하므로 HDL-콜레스테롤을 '좋은 콜레스테롤'이라고 부른다. 따라서 혈액 중에 HDL 농도가 낮으면 동맥경화성 질환의 위험이 높아진다.

지질의 이동과 아포프로테인 E(Apo E)

Apo E는 299개의 아미노산으로 구성된 단백질로 LDL 수용체와 특이적으로 반응하며, 지단백 대사와 지질 이동에 중요한 역할을 한다. Apo E는 E2, E3, E4 등 3개의 대립 유전자를 가지고 있고 E2/E2, E2/E3, E2/E4, E3/E3, E3/E4, E4/E4 등 6개의 유전자형을 가지고 있다. Apo E 유전자의 다형성에 대한 여러 연구에 따르면 E3에 비해 E2는 콜레스테롤과 LDL-콜레스테롤의 혈청 수치를 낮추고 E4는 혈청 수치를 높이는 것으로 알려졌다. E4/E4 homozygote의 경우 관상동맥 질환Coronary heart disease과 알츠하이머 질환Alzheimer's disease의 주요 위험인자로 보고되었다. 또한 역학 연구 결과에서도 Apo E의 대립 형질에 따라 관상동맥질환이나 동맥경화증을 동반한 뇌혈관질환의 발생 빈도를 어느 정도 예측할 수 있다고 보고되었다.

2) 지질 대사

소화와 흡수 및 수송을 통해 체세포에 들어온 지방산, 글리세롤, 인지질, 콜레스테롤 등 지질은 여러 경로로 대사된다. 세포막을 구성하는 데 쓰이기도 하고, 생리활성물질을 합성하는 데 사용되기도 하며, 에너지를 발생하는 데 이용되기도 하고, 에너지의 저장에 활용되기도 한다.

이러한 지질 대사 중에서 중요한 내용은 체내 에너지의 균형 유지와 관련된 중성지방 대사와, 콜레스테롤 평형 유지와 연관된 콜레스테롤 대사이다.

(1) 중성지방 대사

우리 몸은 지방세포에 중성지방의 형태로 잉여 에너지를 무제한 저장할 수 있으며, 필요할 때는 이를 분해해 에너지로 사용한다.

지방세포뿐만 아니라 간세포도 잉여의 탄수화물과 단백질을 지질로 전환시킨다.

① 지방산의 산화와 에너지 발생

휴식상태에서 우리 몸이 사용하는 에너지의 60% 정도는 지질에서 제공된다. 에너지 발생에 쓰이는 지질은 식후에는 주로 킬로미크론이 공급하고, 공복 시에는 글루카곤과 에피네프린과 같은 호르몬이 지방세포의 호르몬민감성 지방분해효소hormone sensitive lipase를 자극하여 중성지방을 분해하여 지방산과 글리세롤을 공급한다. 이때 분해되어 생성된 지방산과 글리세롤은 혈액으로 방출되어 알부민에 의해 운반되고, 뇌와 적혈구를 제외한 에너지를 필요로 하는 대부분의 조직세포는 혈액으로부터 지방산과 글리세롤을 받아들이며, 이들을 여러 단계의 지방산의 β-산화과정을 통해 탄소 2개로 이루어진 아세틸 CoA로 분해하고, 구연산회로를 통해 ATP를 생성한다.

세포질에 있는 지방산은 탄소 10개 이상인 아실 CoA로 활성화된 후 카르니틴과 결합하여 미토콘드리아 내로 이동한 후 다시 아실 CoA로 전환된 후 β-산화과정을 거친다. 지방산 아실 CoA가 탄소수 10개 미만일 때는 확산되어 미토콘드리아 내막을 통과한다. β-산화과정을 통해 미토콘드리아 내에서 지방산은 β-위치에 있는 탄소 즉 지방산 아실 CoA의 끝으로부터 2번째 탄소에서 탈수소반응, 수화반

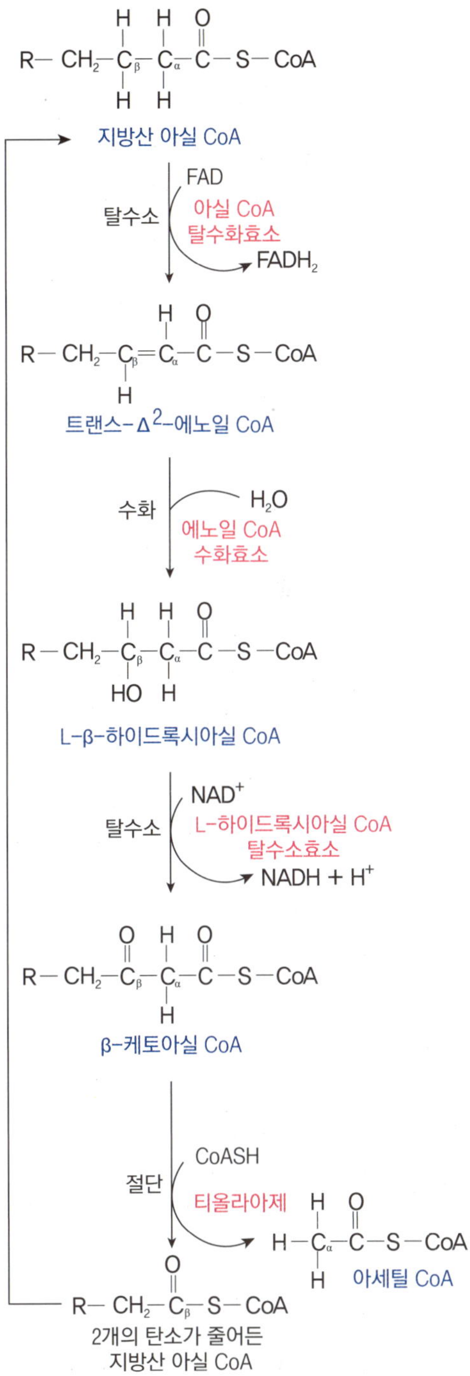

그림 4-10 β-산화과정

응, 탈수소반응, 티올분해반응 등에 의해 탄소 수 2개의 아세틸 CoA와 $FADH_2$와 NADH, H^+가 생성되며, 이들은 전자전달계로 가서 5 ATP를 생산한다그림 4-10. 따라서 탄소 16개의 팔미트산이 산화되면 8개의 아세틸 CoA, 7개의 $FADH_2$와 7개의 NADH, H^+가 생성된다. 불포화지방산의 산화는 이중결합의 위치 때문에 β-산화과정에 작용하는 효소가 작용하지 못하므로 이중결합의 2개 앞쪽 탄소에 이성질화 효소가 작용하여 이중결합을 이동해서 에노일 CoA를 형성한 후 β-산화과정이 진행된다.

산화의 마지막 단계, 즉 아세틸 CoA가 이산화탄소와 물로 산화되는 과정에 포도당의 분해로 생기는 옥살로아세트산과 결합하는 반응이 필요하다. 그러므로 지방산의 완전 산화는 지방산이 포도당과 동시에 존재하면서 대사되어야 가능하다. 포도당이 부족하면 지방산이 완전하게 산화되지 못하고 중간 분해산물인 케톤체ketone body로 남게 되어 케톤증ketosis이 나타난다.

② 지방산의 합성과 에너지 저장

지방산 합성을 위해 사용되는 아세틸 CoA는 포도당의 산화, 지방산의 산화 및 아미노산의 대사 등을 통하여 미토콘드리아에서 생성된다. 그러나 지방산 합성은 주로 세포질에서 이루어지므로 아세틸 CoA는 아실카르니틴으로 되어 막을 통과하거나 옥살로아세트산과 결합하여 구연산의 형태로 미토콘드리아 내막을 통과한 후 다시 아세틸 CoA로 전환된다. 지방산의 합성은 탄소 2개인 아세틸 CoA를 결합시켜 사슬의 길이를 늘려 지방산이 형성되는 과정이며, 아세틸 CoA는 비오틴을 조효소로 하는 아세틸 CoA 카르복실화효소에 의해 말로닐 CoA를 형성한 후 지방산 합성효소에 의해 긴사슬 포화지방산을 합성한다그림 4-11.

에너지 섭취가 과다한 경우, 여분의 에너지는 중성지방으로 전환되어 지방조직이나 간에 저장된다. 흡수된 과량의 식이지방은 킬로미크론 형태로 바로 지방조직으로 이동하며, 간에서 합성된 지방산은 중성지방으로 전환되어 VLDL 형태로 혈액에 방출되어 지방조직으로 유입되어 글리세롤을 결합시켜 중성지방으로 합성된 후 저장된다. 중성지방은 탄수화물이나 단백질에 비해 단위무게당 두 배 이상의 에너지를 함유하므로 에너지를 저장하는 효율적인 형태다. 우리 몸은 지방조직을 구성하고 있는 지방세포 덕분에 에너지

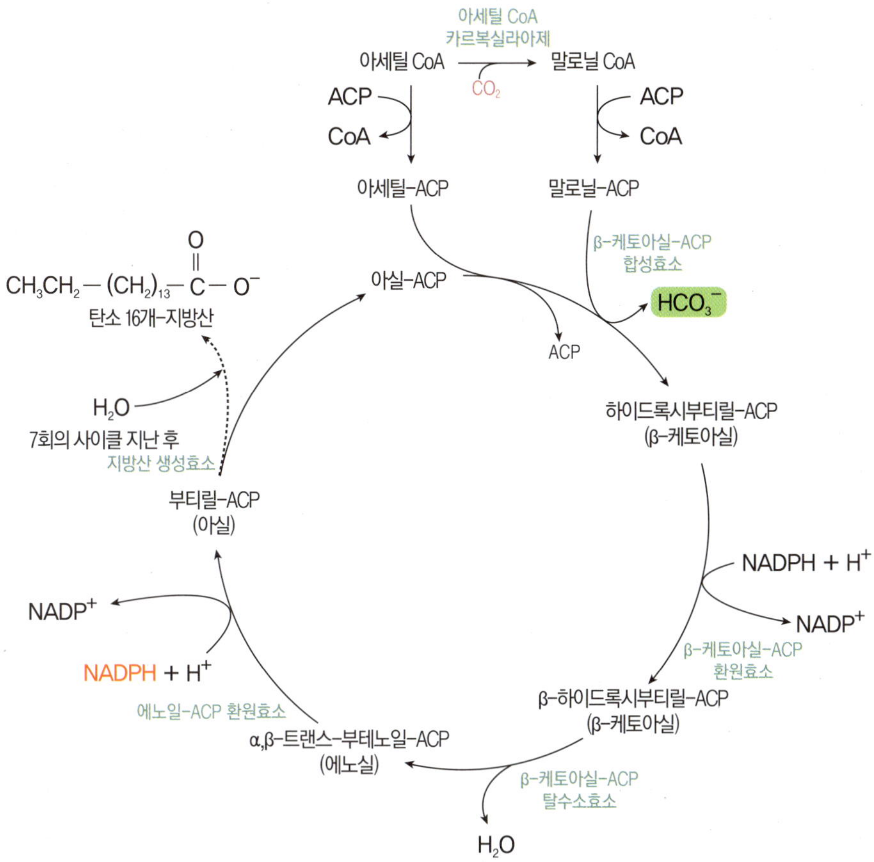

그림 4-11 지방산의 합성과정

ACP(acyl carrier protein) : 아실 운반단백질

를 저장하는 공간을 거의 무제한 가지고 있다.

지방조직은 피하와 복강 내 장기 주변에 주로 발달되어 있다. 또한 지방산으로부터 중성지방 합성에 쓰이는 에너지 비용이 아주 적은 데 비해, 아미노산으로부터 지방산을 합성하는 에너지 비용은 상당하다. 이러한 이유로 동일한 에너지를 섭취해도 지질 섭취량이 높을수록 체지방으로 축적되는 양이 많아진다. 한편 중성지방 합성에 쓰이는 글리세롤은 포도당의 분해과정에서 생성되거나 또는 혈액에서 얻는다.

(2) 콜레스테롤 대사

체내에서 콜레스테롤은 세포막을 구성하고, 스테로이드 호르몬과 비타민 D의 합성에 사용되며, 담즙산의 전구물질로 쓰이고, 일부는 유리형태로 담즙에 분비되는 경로로 대사된다.

체내 콜레스테롤은 식이에서 온 것과 체내에서 합성한다. 콜레스테롤 대사는 섭취, 합성, 대사 및 배설이 균형을 이루어 혈액 중에 정상 수준을 유지하도록 한다.

① 콜레스테롤 합성

콜레스테롤은 아세틸 CoA로부터 합성되는데, 주로 간세포에서 50%, 소장의 상피세포에서 25% 정도 생성된다. 따라서 콜레스테롤을 식사를 통해 섭취해야 할 필요는 없다. 음식으로부터 흡수된 콜레스테롤 양에 따라 간에서의 콜레스테롤 합성이 조절된다. 콜레스테롤은 아세틸 CoA와 NADPH로부터 합성되며, 3개의 아세틸 CoA로부터 생성된 HMG CoA를 메발론산으로 전환시키며 스쿠알렌을 거쳐서 콜레스테롤이 합성된다. HMG CoA 환원효소는 콜레스테롤의 합성 속도를 조절해 주는 효소이다. 따라서 식사를 통해 콜레스테롤을 다량 섭취하면, 항상성을 유지하기 위해 HMG CoA 환원효소의 활성과 합성이 저하되고, 음성되먹이 기전이 작동해 체내 합성이 줄어든다. 인슐린이나 갑상선호르몬은 콜레스테롤 합성을 증가시키고 글루카곤이나 글루코코르티코이드는 콜레스테롤 합성을 저지시킨다.

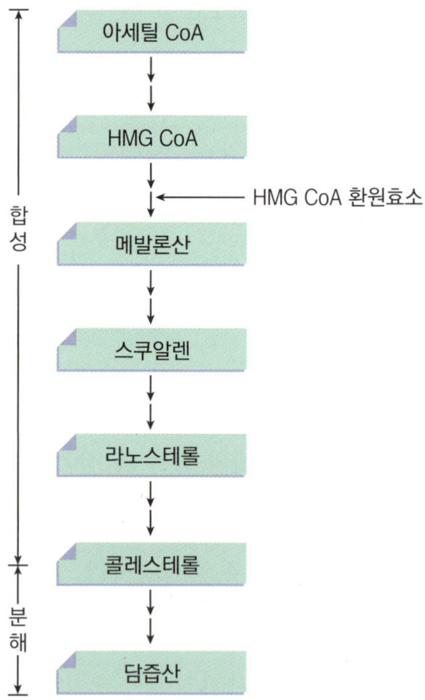

그림 4-12 체내 콜레스테롤의 합성과정과 분해

② 콜레스테롤 분해

생체 내 콜레스테롤은 분해되어 담즙산이 되며, 장으로 배출된 담즙의 5% 정도는

케톤체 대사와 케톤증

포도당이 부족하면 지방산이 완전하게 산화되지 못하고 중간 분해산물인 케톤체를 합성하게 된다. 케톤체는 아세토아세테이트, 아세톤 및 β-히드록시부티르산 등으로 간에서 생성되는 정상적인 대사산물이다. 케톤체는 간을 제외한 대부분의 세포에서 에너지원으로 이용하며, 뇌는 장기간의 기아상태에서 포도당을 에너지원으로 사용한다. 장기간의 공복 또는 기아상태는 축적지방이 산화되어 에너지를 공급하므로 케톤체가 정상적인 대사속도 이상으로 되어 혈액 내에 높아지게 되며 심하면 케톤증이 발생한다.

케톤체는 이상 대사산물로 체액의 배출을 낮춘다. 주로 소변을 통해 배설되며, 기아상태나 당뇨병일 때 급격히 증가한다. 케톤증의 증상은 소변량이 증가하고 식욕감퇴와 구토가 나타나며 심하면 혼수상태가 될 수 있다. 케톤증으로 인하여 산독증이 심해져 혈압이 떨어지고 순환기계 작용이 급강하하면 사망할 수도 있다.

대변을 통해 배설되기 때문에 담즙을 통한 담즙산과 유리 콜레스테롤의 분비는 체내 콜레스테롤을 체외로 배설하는 주요 경로이다. 그러나 담즙의 약 95%는 문맥으로 재흡수되어 간으로 들어가고, 필요시 다시 담즙으로 재배출되는데, 이러한 과정을 장간순환이라고 한다.

4. 지질의 체내 작용

체내에서 지질은 신체의 중요한 구성성분이며 세포막을 구성하는 필수 성분이다. 지질은 세포의 구조적 성분뿐만 아니라 영양과 관련된 여러 기능도 수행한다. 즉 에너지 저장, 신체기능의 조절, 열손실 방어(체온 유지) 또는 물리적 충격에 의한 내장기관의 보호 등의 작용을 한다.

1) 신체의 구성성분

지질은 신체를 구성하는 중요 성분으로 성인 남자의 경우 15~18%이며 여자의 경우 18~24%이다. 주로 피하지방에 중성지방 형태로 존재하며 그 외 모든 체조직에 함유되어 있다. 인지질은 뇌에 다량 함유되어 있으며, 모든 체조직에도 함유되어 있다.

체내의 지질과 필수지방산의 분포를 보면, 뇌 건조중량의 52%는 지질로 이루어져 있으며, 이 지질 중 필수지방산이 49%를 차지하고 있다. 간은 건조중량의 23%, 신장·심장·폐 등은 14~17%가 지질이며, 이 지질 중 필수지방산이 12~17%를 차지한다표 4-9.

표 4-9 지질과 필수지방산의 체내 분포

(단위 : %)

체내 기관	총지질의 비율(건조중량)	필수지방산의 비율(건조중량)
뇌	52	49
간	23	17
신장	17	13
심장	16	12
폐	15	12
근육	14	4

2) 에너지 공급과 저장

지방 1g은 9kcal의 열량을 공급한다. 체지방은 체내에 에너지를 저장하는 일차적 형태이며, 에너지 섭취 부족 시 체지방은 분해되어 에너지를 제공한다. 지방조직 1kg당 약 7,500kcal의 에너지를 함유한다. 우리 몸을 구성하는 모든 세포는 약간의 지방을 저장할 수 있으나 지방세포adipocytes는 지방을 저장하기 위해 특별히 분화된 세포로 지방조직을 구성한다. 그림 4-13에서 볼 수 있는 것처럼 지방세포의 약 90%는 지방구로 채워져 있다.

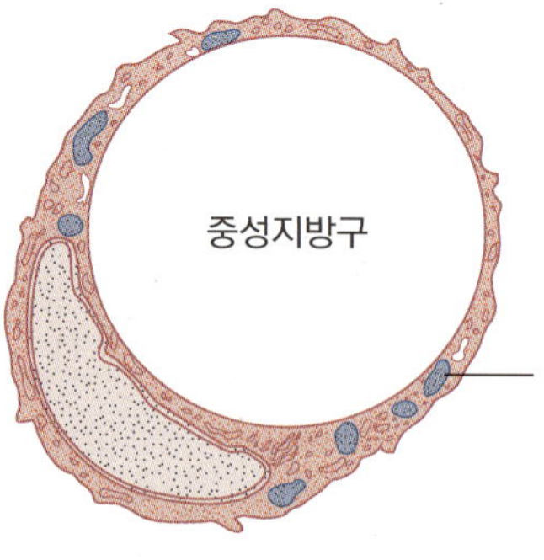

그림 4-13 지방세포

성장기에 에너지 섭취량이 과다하면 지방조직의 세포 수가 많아지며, 성인기에 에너지의 양(+) 평형이 나타나면 지방세포의 크기가 커진다. 즉, 지방세포의 크기는 에너지 대사의 평형 정도에 의해 결정된다. 지방세포는 신체의 모든 부위에 존재하나 피하와 내장기관 주변에 특별히 많이 분포되어 있다.

3) 세포막 구성

지질은 세포막 및 세포 내 구조물들의 막을 구성하는 성분이다. 이들 생체막은 인지질의 이중층으로 되어 있으며, 콜레스테롤과 단백질 분자들이 인지질 사이에 자리 잡고 있다. 세포를 구성하는 막조직은 외벽의 역할을 하고 더불어 세포막의 안팎에서 모든 물질의 동적 평형상태를 이루게 하여 세포가 정상적인 기능을 수행할 수 있게 한다그림 4-14.

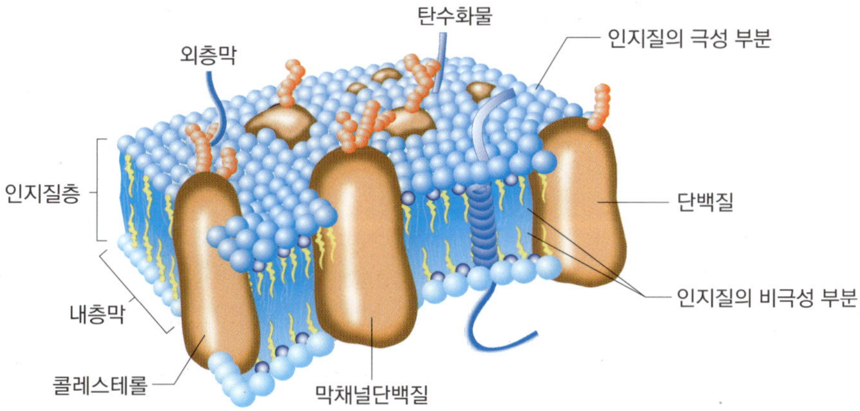

그림 4-14 세포막의 구조

세포막은 인지질 내에 포화지방산과 불포화지방산을 일정 비율로 조정하면서 세포막의 적당한 유동성을 유지한다. 세포막의 지방산 조성은 섭취한 지방산에 따라 변화하며, 환경적 요인에 의해서도 결정된다. 심해 저온에서 서식하는 물고기의 세포막 조성은 융점이 낮은 불포화지방산, 특히 오메가-3 지방산의 함유량이 높아 낮은 온도에서도 세포막의 유동성을 유지한다. 특히 신경세포의 세포막은 지질 함량이 높다.

특히 대뇌피질 세포의 지질 이중막을 구성하는 포스파티딜에탄올아민, 포스파티딜세린에 결합된 지방산 중 1/3이 DHA이다.

4) 신체기능 조절

지질은 생리적 기능을 담당하는 아이코사노이드eicosanoids라 불리는 국소호르몬과 스테로이드 호르몬 합성의 전구체로 사용된다. 아이코사노이드의 기질로 쓰이는 지방산들은 대개 세포막 인지질의 β-위치에 결합된 것으로 인지질분해효소 A2phospolipase A2에 의해 분해된다. 이것들은 고리산소화효소cyclooxygenase에 의해 프로스타글란딘·트롬복산·프로스타사이클린으로 전환되며, 지질산소화효소lipoxygenase에 의해 류코트리엔으로 전환된다그림 4-15. 아이코사노이드는 인체 내에서 통증과 발열반응, 염증반응, 혈소판 응집 및 혈압조절 등 다양한 생리적 기능을 담당한다.

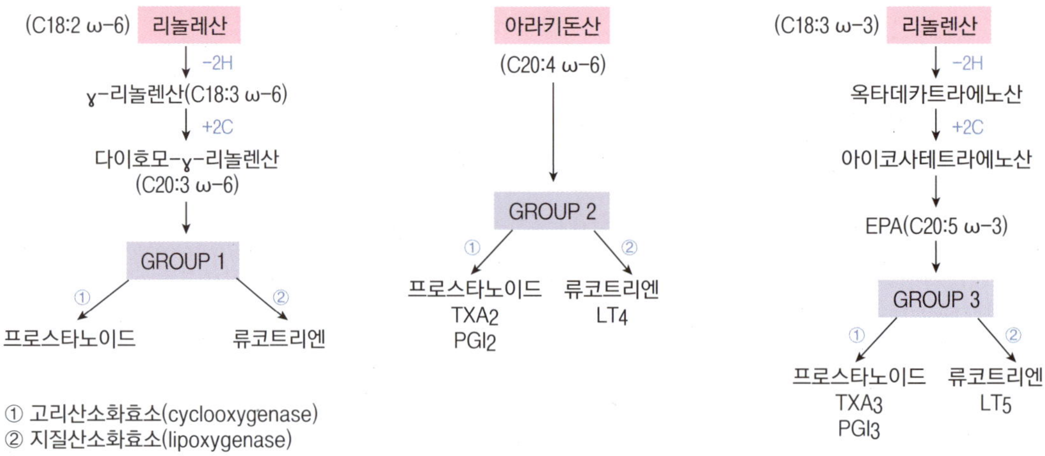

그림 4-15 ω-3계 및 ω-6계 지방산에서 아이코사노이드 합성경로

- 프로스타글란딘(PG) : 생물학적 활성이 강한 물질로서 동물에서 1ng/mL 정도의 매우 낮은 농도에서도 평활근을 수축 또는 이완시킴
- 트롬복산(TXA) : 혈소판에서 합성되며 혈관 수축과 혈소판 응고에 관여함. TXA3는 TXA2보다 효과가 약함
- 프로스타사이클린(PGI) : 혈관 벽에서 합성되고 혈소판 응고를 억제하며, 혈관을 확장시켜 혈액의 흐름을 원활하게 함. PGI3는 PGI2와 비슷한 효과를 가짐
- 류코트리엔(LTA) : 평활근을 수축시키고 염증을 촉진함. LT4의 활성이 LT5보다 효과가 강함

오메가-3 지방산과 심혈관질환

EPA가 많이 함유된 생선을 다량 섭취하게 되면, 오메가-3/오메가-6의 비율이 상승하여, 2계열의 PGI와 TXA의 생성을 억제하고 PGI3와 TXA3의 합성을 증가시키므로, 전체적으로 혈액응고 억제 및 혈관확장 효과를 나타낸다. 따라서 오메가-3 지방산인 EPA를 많이 섭취하면 PGI3 쪽으로 활성이 기울어 심혈관질환의 발생억제 효과를 보인다.

5) 체온 유지

체내 지질의 약 절반은 피부 밑에 존재하는데, 이를 피하지방이라고 한다. 피하지방으로 지방종은 체온 유지를 위해서 보호벽 구실을 한다. 체내에서 발생한 열이 외부로 방출되지 않도록 열전달을 억제하며 급격한 온도변화로부터 일정한 체온을 유지할 수 있게 해준다. 그러므로 체온을 유지하기 위해서는 적정량의 피하지방을 함유할 필요가 있다. 피하지방이 너무 적으면 열손실이 많아 추운 환경에 적응하기 어렵고, 너무 많으면 열을 방출하기 어려워 더운 환경에서 쾌적한 체온을 유지하기 힘들다.

6) 주요 장기의 보호

주요 장기, 즉 신장이나 심장 주변에 지방조직이 발달해 있는데, 이를 내장지방 또는 심부지방이라 한다. 내장지방은 이들 장기가 제 위치에 자리하고 있도록 지지하는 역할을 하며, 또한 외부로부터 가해지는 물리적 충격을 받지 않도록 보호하는 역할을 한다.

7) 필수영양소 작용과 지용성 비타민 흡수 도움

지질은 필수영양소로 작용한다. 필수지방산은 지질의 운반과 대사, 면역작용, 세포막의 작용에 중요한 역할을 한다. 성장기 아동에게 필수지방산이 결핍되면 성장이 불량해지며, 피부염과 습진이 발생한다. 그리고 지용성 비타민의 흡수를 돕는데, 지용성 비타민은 지방에 같이 함유된 경우가 많다.

5. 지질의 섭취기준과 급원식품

식사에 지질이 함유되면 음식의 향미가 향상되고 에너지 밀도가 높아지며, 필수지방산이 제공되고, 또한 지용성 비타민의 흡수를 촉진하게 된다. 지질을 지나치게 많이 섭취하면 비만을 비롯해 만성 퇴행성질환에 걸릴 위험이 높아진다.

1) 섭취기준

(1) 총지질

지질은 주요한 에너지 공급원이다. 그러나 지질 섭취량이 얼마가 적정한지, 또한 가장 적합한 지질 에너지 비율이 얼마인지에 대한 기준은 분명하지 않다. 인구집단마다 식생활의 양상이 다르므로 일률적으로 말하기 어렵다. 다만 식사를 통해 다량의 지질을 섭취하게 되면 에너지 섭취가 과다해질 수 있어 비만이 되기 쉽고 심혈관계질환이나 암 발생 위험이 높아질 수 있다. 따라서 적정량의 지질을 섭취하는 것이 바람직하다.

한국인 영양소 섭취기준에서는 지질의 적정 섭취비율을 설정하였는바, 총에너지 섭취 대비 1~2세는 20~35%로, 3~18세와 19세 이상 성인은 모두 15~30%로 정하였는데 **표 4-10**, 이는 일본, 미국 또는 FAO/WHO의 기준과 크게 다르지 않다.

표 4-10 지질의 섭취기준(에너지비율, %)

지질	한국(2020)			
	1~2세	3~18세	19세 이상	비고
총지질	20~35%	15~30%	15~30%	
n-6계 지방산	4~10%	4~10%	4~10%	
n-3계 지방산	1% 내외	1% 내외	1% 내외	
포화지방산	-	8% 미만	7% 미만	
트랜스지방산	-	1% 미만	1% 미만	
콜레스테롤	-	-	300mg/일 미만	목표섭취량

자료 : 보건복지부 · 한국영양학회, 2020

(2) 필수지방산

인체의 경우 반드시 식사를 통해 섭취해야 할 지질은 필수지방산인 리놀레산과 리놀렌산뿐이다. 하루에 총섭취 에너지의 1~2% 정도인 3~6g의 리놀레산을 섭취하면 오메가-6 지방산의 요구량이 충족되며, 오메가3 지방산인 리놀렌산의 요구량은 0.5% 미만인 1~2g 정도로도 충족된다.

한국인 영양소 섭취기준에는 1세 이상부터 성인의 오메가-6 지방산과 오메가-3 지방산 섭취를 에너지의 4~10%와 1.0% 내외로 각각 권장하고 있다**표 4-10**. 오메가-6 지방산 대 오메가-3 지방산의 비율은 4:1 내지는 10:1이 적정하다고 알려졌다.

(3) 포화지방산, 트랜스지방산과 콜레스테롤

포화지방산, 트랜스지방산 및 콜레스테롤의 기준은 2020년 영양소 섭취기준에서, 19세 이상 성인의 포화지방산은 7% 미만, 트랜스지방산은 1% 미만을, 그리고 콜레스테롤은 300mg 미만을 목표섭취량으로 하였다.

트랜스지방산 섭취

- 최근 우리나라에서 가공식품에 트랜스지방산의 함량 표시를 의무화하고 있다.
- 한국인 영양소 섭취기준에서 트랜스지방 섭취량을 열량의 1% 미만으로 유지할 것을 제안하였다.
- 트랜스지방산이 청소년이나 어린이들이 즐겨 먹는 간식에 주로 함유되어 있기 때문에 섭취를 줄이는 정책을 펴고 있다. 식품 100g당 트랜스지방산 함량은 튀김이나 도넛, 팝콘 등에 0.1~0.5g 수준이었다. 식품 산업체에서는 트랜스지방산 함량을 감소시키려는 노력하고 있다.
- 트랜스지방산은 불포화지방산에 수소를 첨가하여 포화지방산화한 것으로 필수지방산의 기능도 없고 오히려 필수지방산의 대사를 방해한다.
- 일상적으로 트랜스지방산을 과다하게 섭취할 경우 HDL-콜레스테롤을 감소시키고 LDL-콜레스테롤을 증가시키며 심장마비에 의한 사망, 심장질환 발생이 증가하였다.

2) 급원식품

지질의 급원식품은 식물성 기름과 동물성 지방을 들 수 있다. 각 지질식품의 지방산 함량은 **표 4-11**에서와 같이 동물성 지방이 식물성 기름보다 포화지방산 비율이 3~5배 더 높으며, 필수지방산인 리놀렌산 함량이 현저히 낮다. 식물성 기름은 불포화지방산 비율이 아주 높고, 필수지방산인 리놀레산과 리놀렌산의 양이 동물성 지방보다 높다. 옥수수기름, 면실유와 콩기름 등에는 동물성 지방보다 리놀레산이 특히 많이 함유되어 있다.

콜레스테롤의 급원식품은 대체로 동물성 식품으로 이 식품들은 지방과 단백질을 함유하고 있다**표 4-12**.

표 4-11 유지 중 포화지방산과 불포화지방산의 분포

(단위 : %)

기름 종류		포화지방산	불포화지방산	리놀레산
동물성 지방	쇠기름	48	47	9
	버터	55	39	3
	염소기름	56	40	3
	돼지기름	38	57	10
식물성 기름	옥수수기름	10	84	53
	목화씨기름	25	71	50
	마가린	17~22	56~72	7~15
	땅콩기름	18	76	29
	쇼트닝	23	72	7
	콩기름	15	80	52

표 4-12 식품 중 지질, 콜레스테롤, 단백질 함량(100g)

식품	지질(g)	콜레스테롤(mg)	단백질(g)
달걀	7.4	329	12.4
우유	3.3	10	3.1
고등어	13.3	67	21.1
요구르트(호상)	3.8	14	5.2
쇠고기(살코기)	17.0	65	17.1
돼지고기(살코기)	11.3	63	19.8

3) 섭취현황

우리나라 국민의 지질 에너지 섭취비율은 2019년 국민건강영양조사 결과 22.5%이며, 2005년까지는 계속 증가해 20.3%를 기록한 이후 감소하는 추세를 보이다가 다시 증가하였다그림 4-16. 2017년 우리나라 사람의 지방섭취분율을 분석한 자료에 의하면 지질 섭취의 식품군별 기여도는 육류 15.1%, 곡류 8.9%, 유지류 7%이었다.

지방 급원식품으로는 돼지고기, 쇠고기, 우유, 달걀, 고등어, 오리고기, 장어와 같은 동물성식품이고, 식물성식품으로는 콩기름, 참기름, 백미, 두부, 유채씨기름, 땅콩, 아몬드, 들기름 등이 있다. 1회 분량을 섭취하는 지방 함량이 높은 식품은 샌드위치·햄

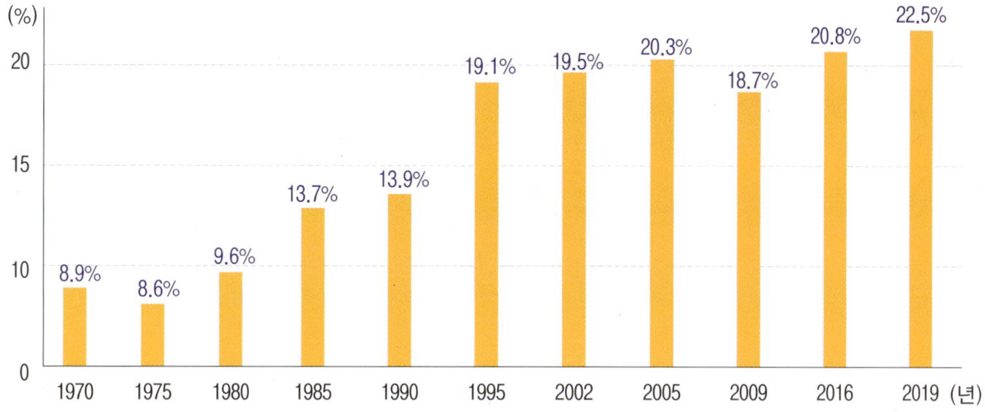

그림 4-16 한국인의 지질 에너지 비율의 변화
자료: 국민건강조사, 2019

버거·피자 등의 패스트푸드, 케이크, 라면, 오리고기, 장어, 쇠고기 순이었다. 이러한 현상은 지질 섭취량의 증가가 육류 소비의 증가에 의한 것을 나타낸다. 물론 지질 함량이 높은 서구의 패스트푸드 섭취량 증가나 식물성 식용유의 공급량 증가 등도 일부 영향을 끼쳤다.

이러한 추세에 대한 반응으로 최근에는 동물성 지방 섭취를 줄이고 식물성 기름 섭취를 늘리려는 인식이 증가하고 있다. 올레산 함량이 높은 올리브유에 대한 선호가 유행하는 것도 이러한 추세를 반영한다.

6. 지질 관련 질병

지질은 과다 섭취 시 몇몇 암 발생과도 관련되나 심·뇌혈관계질환 요인과 관련해 가장 중요한 영양소라고 할 수 있다. 고지방 섭취는 비만과 고중성지방혈증, 고콜레스테롤혈증 등 이상지질혈증을 일으키고, 이들은 동맥경화증의 주요 원인으로 작용한다. 동맥경화증은 허혈성 심장병이나 뇌졸중의 발생 위험을 높인다.

1) 고콜레스테롤혈증과 동맥경화증

동맥경화증arteriosclerosis은 혈관 벽에 콜레스테롤이나 지질물질에 침착되어 혈관의 정상적인 기능을 방해하는 질병으로 관상심장병coronary heart disease: CHD과 뇌혈관계질환의 주원인이다. 이러한 질병은 성인에게 발병률이 높으며, 전 세계 총사망자 중 1/3 이상이 이로 인해 사망하고 있다. 동맥경화증에 걸리면 혈관이 좁아지고 혈관의 유연성이 떨어지고 경화한다그림 4-17.

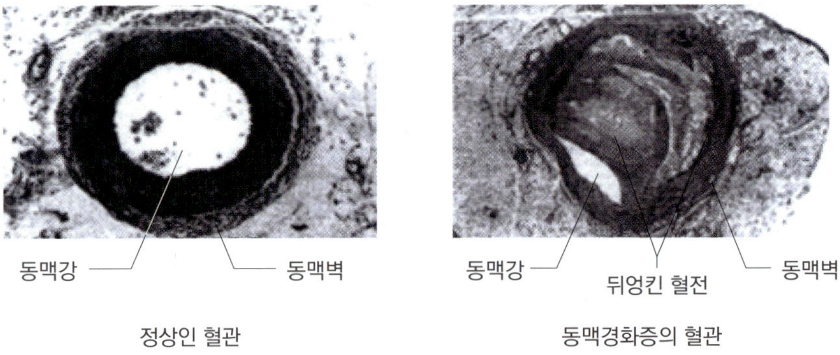

그림 4-17 정상인과 동맥경화 환자의 혈관

(1) 체내 콜레스테롤의 급원과 합성

콜레스테롤은 인체의 필수적인 성분으로 세포막, 호르몬, 신경세포의 미엘린myelin을 구성하는 기본 물질이며, 뇌와 담즙산의 성분이기도 하다. 즉 성장기 아동에게 꼭 필요한 영양성분이다.

혈중 콜레스테롤은 식이에서 온 것과 체내에서 합성된 것의 두 가지가 있으며 혈중 콜레스테롤은 체내 합성에 의한 것이 더 많이 존재한다. 간에서는 1일 1~2g 정도의 콜레스테롤을 합성한다. 콜레스테롤을 식품으로 다량 섭취하면 체내에서 합성되는 양은 줄어든다. 반대로 식품 섭취가 감소하면 합성량은 증가하게 되어 체내 일정한 콜레스테롤 수준(200mg/dL 정도)으로 유지되도록 조절된다.

(2) 콜레스테롤과 동맥경화증의 관계

동맥경화증의 대표적인 증상은 혈액 중의 지단백질, 그중에서도 LDL의 농도가 정상보다 현저히 높고 HDL은 낮다. 그런데 LDL은 혈중 콜레스테롤의 2/3를 함유하고 있어서 LDL의 증가는 콜레스테롤 농도의 증가를 의미한다. 콜레스테롤 농도가 증가함에 따라 동맥경화증의 발병률도 높아진다는 사실은 역학적인 연구뿐만 아니라 동물과 인간을 대상으로 한 실험에서도 밝혀졌다.

유전적으로 콜레스테롤이 높은 가계에서 동맥경화증이 발생하는 것을 볼 수 있다. 유전적 취약성을 가진 사람은 LDL의 대사장애를 일으켜서 혈중 콜레스테롤이 증가한다. 즉 조직세포에서 콜레스테롤을 이용할 수 없게 되고, 합성량은 더욱 증가하여 혈중 농도가 이중으로 높아지게 된다.

동맥경화증의 위험요소로 중년의 남성, 스트레스, 고지질혈증, 비만증, 고혈압, 흡연, 당뇨병 등을 들 수 있다. 유전적 요인이나 위험요소를 가진 사람이 콜레스테롤 식이를 계속 다량 섭취하면 문제가 되며 동맥경화증이 발생할 위험률이 높아진다.

한국인의 고콜레스테롤혈증의 기준은 240mg/dL이며 고중성지방혈증은 200mg/dL이다**표 4-13**.

표 4-13 한국인의 이상지질혈증(mg/dL) 진단 기준(2020년 개정)

총콜레스테롤		LDL-콜레스테롤		HDL-콜레스테롤		중성지방	
높음	≥240	매우 높음	≥190	높음	≥60	매우 높음	≥500
경계치	200~239	높음	160~189	낮음	≤40	높음	200~499
정상	<200	경계치	130~159			경계치	150~199
		정상	100~129			정상	<150
		적정	<100				

(3) 지방산의 포화 정도와 콜레스테롤의 관계

혈액 중의 콜레스테롤 농도는 식이 중 콜레스테롤 함량뿐만 아니라 지방산의 불포화도에도 영향을 받는다표 4-14.

표 4-14 혈중 콜레스테롤 농도에 미치는 지방산의 영향

지방산		영향
포화지방산	C_{12}~C_{16}	LDL-콜레스테롤 농도 증가
	C_{18}	콜레스테롤 농도에 무영향, 혈전 생성 촉진
단일불포화지방산		LDL-콜레스테롤 농도 감소
다가불포화지방산	ω-6계 지방산	총콜레스테롤 농도 감소
	ω-3계 지방산	콜레스테롤 농도 감소, 중성지방 농도 감소, 혈전 생성 억제

① 포화지방산

포화지방산은 LDL-콜레스테롤의 농도를 높인다. 이들 포화지방산은 육류와 전지유제품, 그리고 코코넛, 팜과 같은 열대식물 기름에 많이 들어 있다.

② 다가불포화지방산

식물성 기름에서 주로 발견되는 ω-6계 지방산은 LDL과 HDL의 농도를 모두 낮춤으로써 혈중 콜레스테롤의 농도를 낮춘다. 한편 생선기름 등에 주로 함유되어 있는 ω-3계 지방산은 혈전 생성을 억제하여 동맥경화증의 예방과 치료에 기여하는 효과가 크다.

③ 단일불포화지방산

단일불포화지방산은 LDL의 농도는 낮추면서 HDL의 농도는 증가시키거나 동맥경화를 예방할 수 있는 것으로 보고되었다. 지중해 연안지역의 주민들은 지질 섭취가 총열량 섭취량의 40%나 되지만 관상심장질환의 발병률은 낮게 나타나는데, 그 이유는 그들이 주로 섭취하는 올리브유에 단일불포화지방산인 올레산이 많이 함유되어 있기 때문이다.

(4) 예방과 치료

혈중 지질 양상을 개선하면 동맥경화증을 예방하거나 진행을 억제할 수 있고 심·뇌혈관계질환 예방에 도움이 된다. 식사요법을 포함해 생활습관을 수정하는 비약물적 방법을 수행하거나 지질 강하제를 복용해야 한다. 식사 섭취나 운동 등 생활습관과 관련성이 크므로 약물을 처방하기 전에 적어도 3~6개월간 생활습관의 수정을 시도하도록 권장한다.

식사요법 원칙은 에너지와 총 지방 및 포화지방산의 섭취를 줄이고, 콜레스테롤과 알코올의 섭취를 제한하며, 다가불포화지방산을 충분히 섭취하고 식이섬유 섭취를 늘리는 것이다. 육류 섭취를 줄이고 생선과 채소 및 과일류의 섭취를 늘리는 것이 바람직하다. 이렇게 하면 육류에 함유된 포화지방산과 콜레스테롤 섭취가 줄어들고 어유에 들어 있는 다가불포화지방산의 섭취가 증가하며, 채소와 과일에서 상당량의 식이섬유가 제공되기 때문이다.

생활습관 수정으로는 금연과 규칙적인 운동수행이 반드시 필요하다. 금연은 혈중 콜레스테롤 농도를 낮추면서 HDL-콜레스테롤 농도를 높이므로 상당히 바람직한 결과를 가져온다. 한편 규칙적인 운동은 체중감량에 효과적이고 HDL-콜레스테롤 농도를 높인다.

2) 암

건강한 사람의 정상적인 세포는 신체의 치밀한 조절하에 성장과 분열을 하게 된다. 그러나 이들 세포가 어떤 요인에 의해 유전적인 돌연변이를 일으키면, 세포는 신체의 여러 신호로 조절되지 않는 비정상적인 성장과 분열을 일으키게 된다. 이러한 질병의 상태를 암이라고 한다. 우리나라 사람 사망원인 중 암에 의한 사망률은 제1위이며 계속 증가하고 있다.

암에 대한 식이성 요인 중 유방암·대장암이 지질과의 상관관계가 높다. 지질은 동맥경화증·관상심장병 등의 위험요소이므로 지질 섭취를 낮추는 동시에 포화지방산 대신 불포화지방산을 되도록 많이 섭취하려는 경향이 나타나고 있다. 암의 발생에는 지질의 양과 더불어 지질의 불포화도(특히 ω-6계 지방산)가 촉진요인으로 지적되고 있다. 식이지질 그 자체가 암을 유발하는 것이 아니라, 발암물질에 노출되었을 때 암의 발생이 촉진되는 것으로 보아 간접적인 촉진요인으로 생각된다. 그러므로 암 예방을 위해서 불포화지방산과 포화지방산을 골고루 먹는 것이 바람직하다.

3) 알코올과 지방간

간세포 내 중성지방은 아포지단백과 함께 지단백으로 전환된 후 혈액 내로 분비된다. 그러나 계속적으로 지방이 쌓이게 되면 지방간이 생성된다. 알코올을 과다하게 지속적으로 섭취할 때에는 지방산의 증가, 간에서의 지방산 합성 증가, 지방산 산화 감소, 혹은 간손상에 의한 아포지단백 합성 감소 및 지단백 분비장애 등에 의해 간세포 내 중성지방의 축적을 유발하여 지방간이 발생한다. 지방간은 비만자에게서도 발생하며 장기간 치료하지 않으면 간세포가 정상 기능을 하지 못하게 되고 경화되어 간경화로 이어질 수 있다. 따라서 초기에는 열량 조절로 체중을 감소시키고 금주함으로써 치료할 수 있으나, 이미 진행된 후에는 완치가 어렵다.

CHAPTER

5

단백질

1. 단백질의 일반적 특성
2. 아미노산의 특성과 분류
3. 단백질의 구조와 분류
4. 단백질의 소화와 흡수
5. 단백질과 아미노산의 대사
6. 단백질의 체내 작용
7. 단백질의 영양가평가법
8. 단백질 관련 질병
9. 단백질의 섭취기준과 급원식품

단백질은 생명의 기본이며 신체 내 세포의 기본성분으로서 체조직을 구성한다. 따라서 단백질은 식사를 통해 필요한 만큼 반드시 공급해 주어야 한다. 단백질은 식품 속에 여러 가지 종류의 단백질이 함유되어 있어서 충분히 섭취할 수 있으며, 식품을 혼합해서 먹으면 단백질의 영양가를 높일 수 있다.

신체를 구성하는 단백질은 우리가 섭취한 단백질로부터 많이 합성되어 이용되므로 장기간 기아상태나 섭취 및 흡수 불량이 아니면 결핍증이 나타나지 않는다. 단백질의 영양가와 필요량, 급원식품 등을 잘 이해하고 매일 충분한 단백질을 섭취하도록 한다.

학/습/목/표

1. 아미노산의 종류를 비교 · 설명할 수 있다.
2. 단백질의 소화 및 흡수 과정을 설명할 수 있다.
3. 체내 아미노산의 대사과정을 설명할 수 있다.
4. 단백질의 상호 보조효과를 이해하고, 단백질의 영양가평가법을 설명할 수 있다.
5. 단백질의 생리작용과 필요량 및 결핍증을 설명할 수 있다.

1. 단백질의 일반적 특성

단백질은 신체의 기본적 구성성분이며 생명의 기본 물질이고 중요한 열량영양소이기도 하다. Protein(단백질)이란 말은 '으뜸가는 것to take the first place'이라는 뜻의 그리스어에서 유래되었다. 우리나라 사람이 정력 증진에 좋다고 여기는 보양식품은 거의 대부분 동물성 단백질 식품이다.

1) 단백질과 질소동화작용

단백질은 여러 가지 아미노산이 결합하여 합성된다. 사람은 20여 가지 아미노산이 필요하다. 이러한 아미노산이 함유된 단백질은 반드시 식품을 통해 섭취해야 한다. 단백질 식품을 섭취함으로써 체내 단백질의 필요에 따라 단백질을 합성한다. 이러한 식품단백질은 포도당이 광합성에 의해서 합성되듯이 식물의 질소동화작용에 의해서 합성된다.

실제 식물은 공기 중 이산화탄소, 물, 암모니아, 질산염 및 황산염 등을 이용하여 단백질을 합성하는데, 이를 질소동화작용nitrogen assimilation이라 한다. 이러한 작용이 효과적으로 일어나는 식물이 콩과식물이다. 동물이나 사람은 식물을 섭취함으로써 질소를 섭취하고 필요한 단백질을 체내에서 합성한다그림 5-1.

질소 순환

콩과식물의 뿌리혹에는 공기 중 질소를 질산염nitrate으로 전환하는 뿌리혹박테리아가 있다. 뿌리혹박테리아에서 생성된 질산염은 식물에 의해서 대사되고 단백질 합성에 사용된다. 유기 배설물의 분해물이나 질소비료는 공기 중 질소를 고정시킨 형태이다. 유기물질이 체외로 배설되어 분해되면 다시 토양의 질소로 돌아간다. 뿌리혹박테리아는 분비물이나 분해물을 식물이 이용할 수 있는 질산염으로 전환시킨다. 이렇게 하여 효과적으로 질소 순환nitrogen cycle이 일어난다그림 5-1. 사람은 공기 중 질소를 직접 이용할 수 없다. 공기 중에는 많은 양의 질소가 함유되어 있지만, 동물도 사람과 같이 공기 중 질소를 고정시킬 수 있는 능력이 없다.

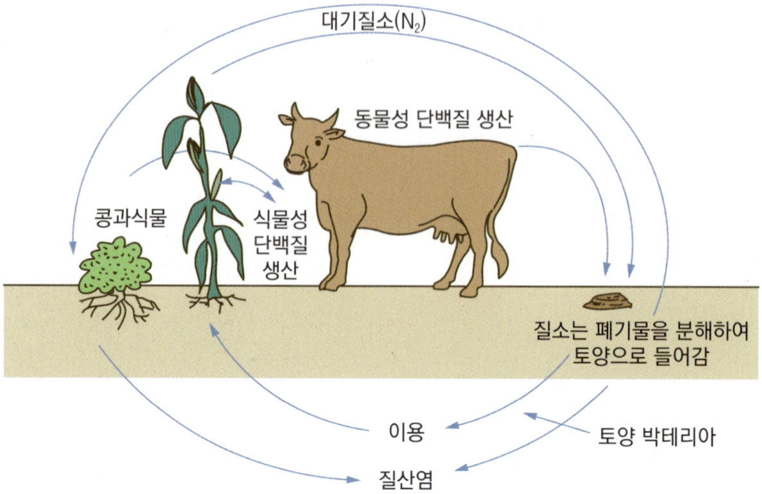

그림 5-1 질소 순환 모형도

2) 단백질의 원소 조성

단백질은 탄소·산소·수소·질소로 되어 있으며, 그 외에 유황·철·인을 함유한 것도 있다. 이 중에서 질소는 반드시 식품으로 섭취해야 한다.

식품에 들어 있는 단백질 함량은 식품의 종류에 따라 다양하며, 단백질의 종류에 따라서도 질소 함량이 다르다. 단백질의 원소 조성비는 탄소 51~55%이며, 수소 약 7%, 질소 15.5~18.7%이고, 산소 20~23.4%, 황 0.4~1.73%이다표 5-1.

질소계수

단백질에 들어 있는 질소 함량은 평균 16% 정도이다. 단백질을 분해하여 얻는 질소량에 6.25의 질소계수를 곱하면 단백질 양을 산정할 수 있으며, 이를 조단백질crude protein이라 한다. 조단백질은 비단백성 질소물질도 포함하는데 동물성 식품보다 식물성 식품에 많다. 동물성 식품에 함유된 비단백성 질소물질에는 크레아티닌, 요소 등이 있다.

단백질의 질소계수는 식품마다 다르다. 우유 및 유제품의 질소계수는 6.38로 큰 편이며, 밀과 콩 및 콩제품은 5.7로 작은 편이다. 대체로 동물성 식품의 질소계수가 큰 편이며, 식물성 식품의 질소계수는 작은 편이다.

표 5-1 단백질의 원소 조성

(단위 : %)

단백질 종류	탄소	산소	수소	질소	황	철	인
카세인(우유)	53.15	22.37	7.06	15.78	0.80	-	0.86
레스틴(곡류)	51.50	21.91	7.02	18.69	0.88	-	-
알부민(달걀)	52.75	23.02	7.10	15.51	1.62	-	-
글리아딘(곡류)	52.72	21.73	6.86	17.66	1.03	-	-
락트알부민(우유)	52.19	23.13	7.18	15.77	1.73	-	-
레구민(콩류)	51.72	22.91	6.95	18.04	0.39	-	-
류코신(콩류)	53.03	22.06	6.84	16.80	1.28	-	-
미오신(고기)	52.82	22.03	7.11	16.67	1.27	-	-
오보비텔린(달걀)	51.56	23.24	7.12	16.23	1.30	-	0.82
옥시헤모글로빈(혈액)	54.64	20.17	7.09	17.38	0.39	0.24	-
글로불린(혈액)	52.71	23.32	7.01	15.58	1.11	-	-
제인(옥수수)	53.23	20.78	7.26	16.13	0.60	-	-

3) 단백질의 화학적 특성

단백질은 아미노산이 결합된 분자량이 큰 물질이다. 일상 식품에는 22가지의 아미노산으로 구성되며, 수십, 수백 개의 아미노산이 결합되어 단백질이 합성된다. 단백질을 구성하는 기본단위인 아미노산은 아미노기-NH_2와 카르복실기-COOH를 가지고 있는 화합물이다.

단백질은 아미노산과 아미노산이 펩티드 결합peptide bond에 의해서 계속 연결되어 합성된다. 그 예를 **그림 5-2**에서 살펴보면 알라닌과 세린이 결합할 때 펩티드 결합을 이루며, 디펩티드dipetide를 형성하면서 물 한 분자를 잃게 된다. 그리고 계속 아미노산이 결합되어 폴리펩티드polypetide를 형성한다.

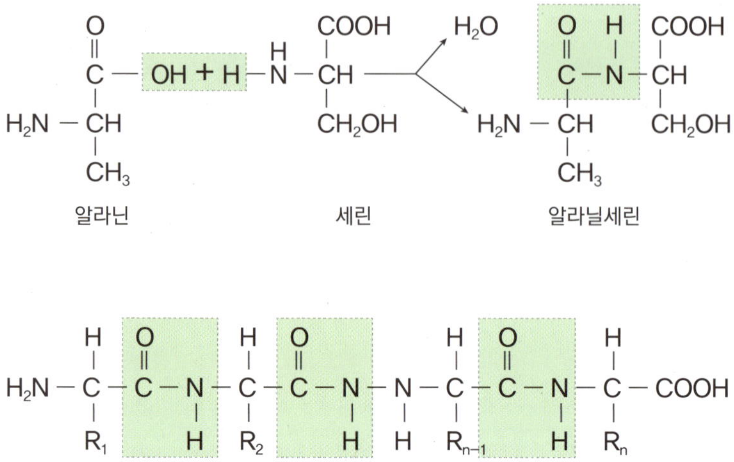

그림 5-2 폴리펩티드 구조

2. 아미노산의 특성과 분류

1) 아미노산의 특성

아미노산은 단백질의 구성단위로서 아미노산이 결합되어 단백질을 합성한다. 아미노산은 화학적 구조 내에 아미노기-NH_2와 카르복실기-COOH를 가진다. 가장 간단한 아미노산은 글리신glycine이다. 일반적인 아미노산의 구조식은 글리신의 α-탄소에 R로 표시하여 탄소를 비롯한 성분이 합해진다. R은 탄소 수를 나타내며 아미노산의 종류에 따라 R의 탄소 길이가 다르게 나타난다. 예를 들어 R이 수소이면 글리신이고, R이 메틸기-CH_3이면 알라닌이다.

아미노산의 아미노기는 염기성이고 카르복실기는 산성이므로, 아미노산은 양성물질이다. 따라서 아미노산은 산성 용액에서는 아미노기가 작용하며, 염기성 용액에서는 카르복실기가 작용하여 체액을 약염기성으로 중화하는 데 중요한 역할을 한다.

대부분의 아미노산은 물에 잘 녹는다. 예외로서 티로신이나 시스틴은 물에 잘 녹지 않으며, 프롤린은 물에 녹지 않고 알코올에 용해된다.

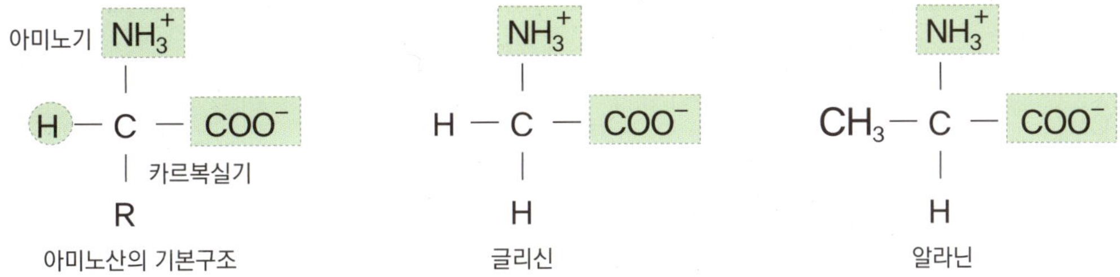

그림 5-3 아미노산의 구조

2) 아미노산의 화학적 분류

아미노산은 R기의 화학적 조성에 따라 산성 아미노산, 중성 아미노산, 염기성 아미노산의 세 가지로 분류된다.

> **R기의 화학적 조성에 따른 분류**
>
> - 중성 아미노산 : 그 구조 내에 1개의 아미노기와 1개의 카르복실기를 가진 것
> - 산성 아미노산 : R기에 카르복실기가 더 첨가된 것
> - 염기성 아미노산 : R기에 아미노기가 더 첨가된 것

중성 아미노산은 화학적 특성에 따라 지방족아미노산, 분지(곁가지)아미노산, 함황아미노산, 방향족아미노산으로 나뉜다표 5-2. 그 화학구조는 그림 5-4와 같다.

표 5-2 아미노산의 분류

분류		아미노산
산성 아미노산		아스파르트산, 글루타민산
염기성 아미노산		라이신, 아르기닌
중성 아미노산	지방족아미노산	글리신, 세린, 트레오닌, 아스파라긴, 글루타민, 알라닌, 프롤린
	분지아미노산	발린, 류신, 이소류신
	함황아미노산	시스테인, 메티오닌
	방향족아미노산	페닐알라닌, 티로신, 트립토판

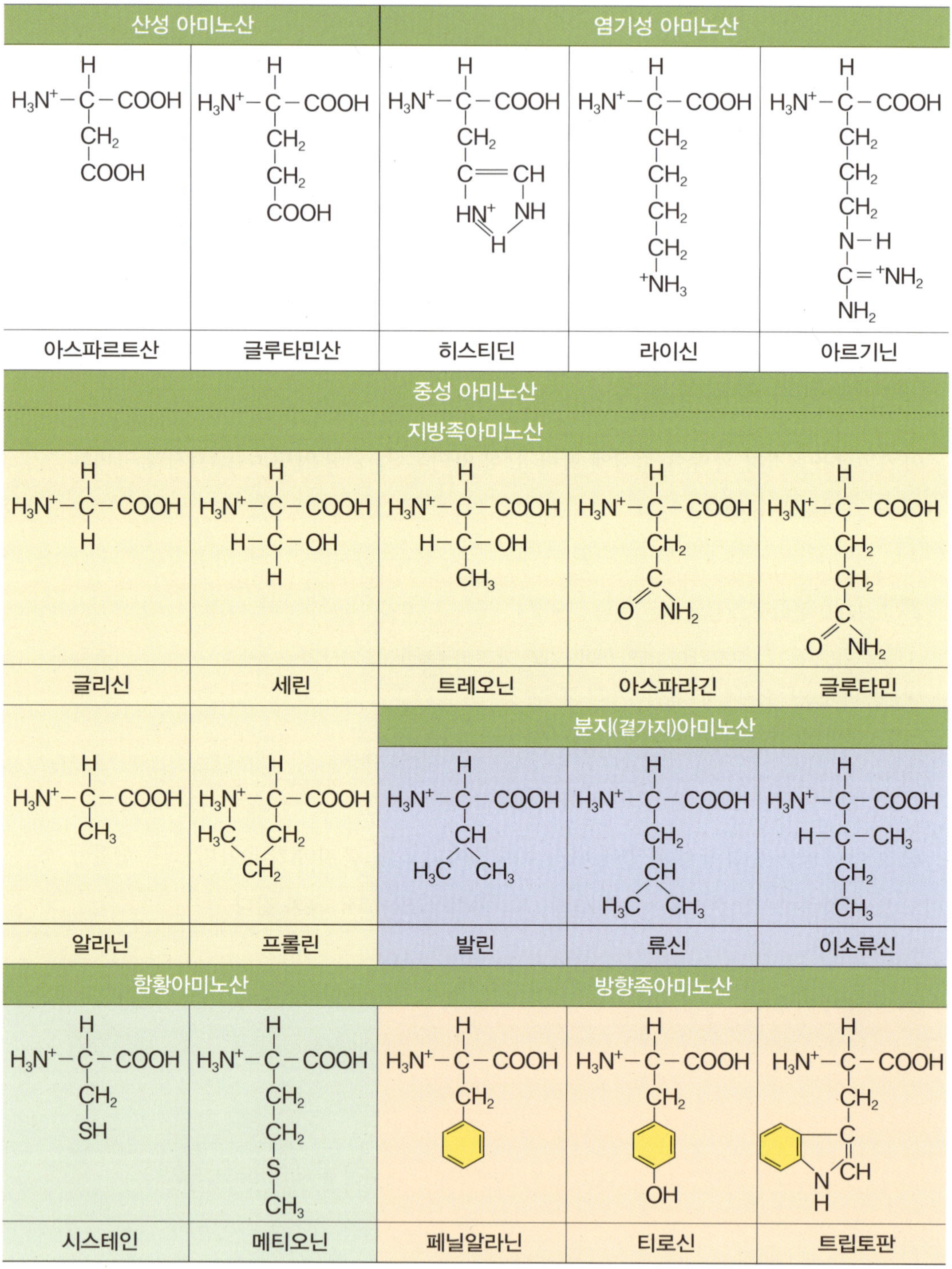

그림 5-4 아미노산의 화학구조

3) 필수아미노산과 비필수아미노산

체내에서는 흡수된 아미노산을 이용하여 필요한 단백질을 합성한다. 단백질의 합성에 필요한 아미노산은 20여 개로 체내에서 합성하는 것과 합성하지 못하는 것이 있다. 체내에서 합성하지 못하여 외부로부터 섭취해야 하는 아미노산은 필수아미노산이고, 체내에서 충분한 양이 합성하는 아미노산은 비필수아미노산이다. 또한 정상적인 상황에서 합성이 충족되더라도 특정 생리상태에서 합성이 제한되는 조건적 필수아미노산이 있다.

(1) 필수아미노산

필수아미노산essential amino acid은 체내에서 필요한 만큼 충분한 양이 합성되지 못하므로 반드시 식품을 통해 공급받아야 한다. 이러한 아미노산에는 이소류신isoleucine, 류신leucine, 라이신lysine, 메티오닌methionine, 페닐알라닌phenylalanine, 트레오닌threonin, 트립토판tryptophan, 발린valine 등이 있다. 한편 아르기닌arginine과 히스티딘histidine은 아동기에는 필수아미노산이지만, 성인기에는 비필수아미노산이다표 5-3.

표 5-3 필수아미노산, 비필수아미노산 및 조건적 필수아미노산

필수아미노산	비필수아미노산	조건적 필수아미노산[1)]
메티오닌	알라닌	아르기닌
류신	아스파르트산	시스테인
이소류신	아스파라긴	티로신
발린	글루탐산	글루타민
라이신	세린	글리신
페닐알라닌		프롤린
히스티딘		타우린
트레오닌		
트립토판		

[1)]조건적 필수아미노산: 합성이 그 대사적 요구를 충족시키지 못할 경우 식이를 통한 공급이 필요한 아미노산

(2) 비필수아미노산

충분한 질소가 공급되면 비필수아미노산nonessential amino acid은 체내에서 합성된다.

아미노산의 탄소골격은 아미노산, 탄수화물 및 지질에서 생성되며, 여기에 아미노기-NH_2가 다른 아미노산에서 분리된 것이 합해져서 만들어진다. 이러한 과정은 특정 효소와 조효소에 의해서 이루어진다. 필수아미노산은 이 합성에 필요한 효소가 없거나 불충분하여 합성되지 못하는 아미노산이다.

3. 단백질의 구조와 분류

단백질은 아미노산이 수십, 수백 개 결합하여 합성된다. 아미노산이 연결되어 폴리펩티드polypeptides를 이루면서 여러 형태를 가지며 고유의 작용을 하게 된다.

1) 단백질의 구조

단백질 분자들은 둥글거나 긴 형태 또는 꼬이거나 접힌 형태로 고유 기능을 수행하게 된다. 이러한 단백질의 구조는 네 가지로 분류한다.

(1) 1차 구조

1차 구조는 아미노산의 종류와 배합순서가 결정되어 폴리펩티드 결합으로 이어진 구조를 이룬다. 인슐린의 아미노산 결합순서의 예를 보면 그림 5-5와 같다.

이러한 아미노산의 결합순서는 단백질마다 다르다. 헤모글로빈, 인슐린, 콜라겐 등 대부분의 단백질 분자는 15~20가지의 아미노산으로 구성한다. 인슐린은 한 가닥의 폴

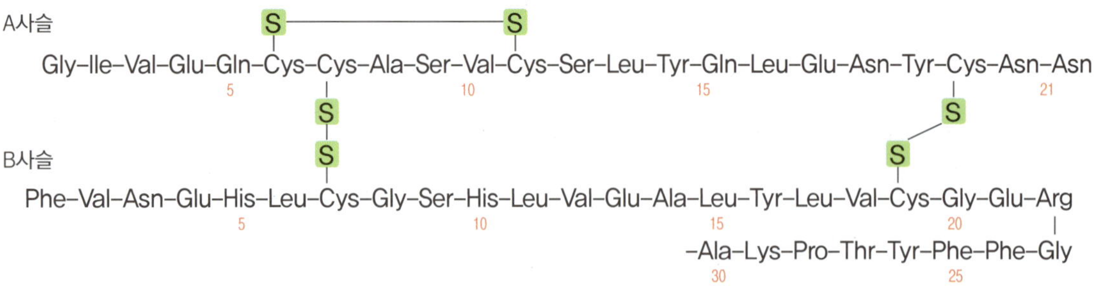

그림 5-5 1차 구조 : 인슐린의 아미노산 결합순서

리펩티드 사슬이 2개의 이황화결합disulfide bond, S-S bond으로 연결된 구조를 이루고 있다.

수십 개 이상의 아미노산이 결합하여 폴리펩티드가 형성되면, 이 폴리펩티드 사슬 간에 이황화 결합으로 이루어진 폴리펩티드가 형성되어 이 폴리펩티드를 안정화한다.

(2) 2차 구조

2차 구조는 1차 구조로 생긴 폴리펩티드 사슬이 2차 구조인 나선구조α나 병풍구조β를 이룬다. 나선구조는 코일 형태이며, 병풍구조는 주름 스커트처럼 주름이 잡혀 있는 형태이다. 이러한 결합은 폴리펩티드 사슬 내에서 또는 폴리펩티드 사슬 간의 수소결합에 의해서 안정화된다.

(3) 3차 구조

3차 구조는 폴리펩티드 사슬이 떨어져 있는 아미노산 잔기들과 여러 가지 상호작용 결과 구조가 서로 접히고 꼬임으로써 생리적 작용을 완수할 수 있는 특수한 단백질 구조를 이룬다. 2차와 3차 구조에 의해서 단백질 분자 모양은 두 가지 형태, 즉 섬유형 단백질과 구형 단백질로 나타난다.

(4) 4차 구조

4차 구조는 두 개 이상의 폴리펩티드나 단백질이 수소결합과 같은 상호작용으로 연결되어 한 분자의 구조적 기능단위를 형성한다. 그 예로서 헤모글로빈을 들 수 있다. 헤모글로빈은 두 쌍의 소단위로 구성되며 네 개의 폴리펩티드로 이루어진다.

이상에서 살펴본 것처럼 단백질은 1, 2, 3차 구조를 가지며, 일부 단백질만이 4차 구조를 이루고 있다. 단백질의 구조는 그들 기능을 각각 반영한다.

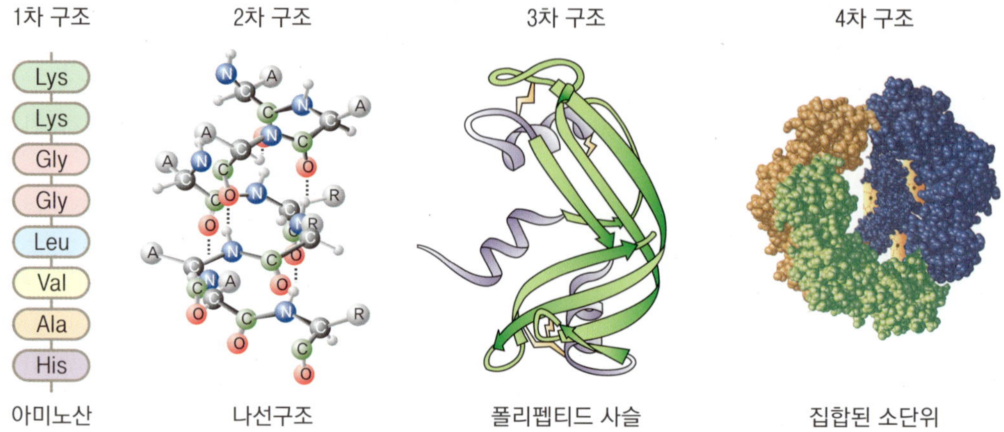

그림 5-6 단백질의 구조

2) 단백질의 화학적 분류

일반적으로 단백질의 분류는 단백질 부분에 비단백요소가 결합되어 있는지에 따라 단순단백질, 복합단백질 및 유도단백질로 분류된다.

(1) 단순단백질

단순단백질simple protein은 가수분해에 의하여 단순 아미노산과 그 유도체를 생성한다. 용해도에 따라 단백질을 구분한다.

- 알부민 : 달걀 알부민, 혈청 알부민, 밀의 류코신, 완두콩의 레구멜린
- 글로불린 : 근육과 혈청의 글로불린, 콩의 글리신, 완두콩의 레구민, 감자의 튜버린, 땅콩의 아라킨
- 글루텔린 : 밀의 글루테닌, 쌀의 오리제닌
- 프롤라민 : 밀의 글리아딘, 옥수수의 제인, 보리의 호르데인
- 알부미노이드 : 뼈의 콜라겐, 모발의 케라틴
- 히스톤 : 혈액의 글로빈, 흉선의 히스톤
- 프로타민 : 연어 정액 중 실민, 정어리 정액 중 클루페인

(2) 복합단백질

복합단백질conjugated protein은 단순단백질과 단백질 이외의 물질이 결합된 것으로서 가수분해에 의해서 아미노산과 그 외의 물질을 생성한다.

- 핵단백질 : 핵산과 단백질이 결합된 것으로 세포핵의 주성분이며, 흉선의 뉴클레오히스톤, 어류 정액의 뉴클레오프로타민, 핵산 RNAribonucleic acid와 DNAdeoxyribonucleic acid 등
- 당단백 : 당질 또는 그 유도체와 단백질이 결합된 것으로 점액의 뮤신, 달걀흰자의 오보뮤코이드 등
- 인단백 : 핵산 및 레시틴 이외의 인을 함유하는 물질과 단백질이 결합된 것으로 우유의 카세인과 달걀노른자의 오보비텔린 등
- 지단백질 : 킬로미크론, LDL, VLDL, HDL, 달걀노른자의 리포비텔린과 리포비텔리닌 등
- 색소단백질 : 색소와 단백질이 결합된 것으로 체내의 산화-환원에 중요한 역할을 함. 헤모글로빈, 미오글로빈 등
- 미오글로빈 : 체조직 내 카탈라아제나 퍼옥시다아제 등의 산화효소, 플라보프로테인, FADflavin adenine dinucleotide(플라빈아데닌 디뉴클레오티드), NADnicotinamide adenine dinucleotide(니코틴아미드아데닌 디뉴클레오티드) 등
- 금속단백질 : 철·구리·아연 등과 단백질이 결합된 것으로 철단백질의 페리틴, 구리단백질의 헤모시아닌, 연체동물의 혈액 내 아연단백질인 인슐린(췌장 호르몬), 마그네슘 함유의 클로로필프로테인 등

(3) 유도단백질

유도단백질derived protein은 단순단백질 또는 복합단백질이 산, 알칼리, 효소의 작용이나 가열에 의하여 변성된 것을 말하며, 변화 정도에 따라 제1차 유도단백질과 제2차 유도단백질로 나뉜다.

- 제1차 유도단백질 : 파라카세인, 젤라틴, 응고단백질

- 제2차 유도단백질 : 제1차 유도단백질이 가수분해되어 생성된 것으로 프로테오스 proteose, 펩톤peptone, 펩티드peptide

3) 단백질의 영양적·형태적 분류

(1) 영양적 분류

영양적 분류는 오스본osborne과 멘델Mendel의 동물 성장실험을 통하여 밝혀진 것으로 단백질의 질, 즉 영양적 분류에 쓰이고 있다. 이 실험 결과에 의하여 완전단백질, 부분적 불완전단백질, 불완전단백질로 분류한다.

① 완전단백질

정상적 성장을 돕고 체중을 증가시키며 생리적 기능을 돕는다. 이는 완전단백질이 모든 필수아미노산을 충분히 함유하고 있기 때문이다. 완전단백질에 속하는 단백질은 우유의 카세인과 락트알부민, 달걀의 오브알부민, 콩의 글리시닌, 보리의 에데스틴, 밀의 글루테닌과 글루텔린이다.

② 부분적 불완전단백질

성장을 돕지는 못하지만 체중을 유지시키는 작용을 한다. 이 단백질에는 밀의 글리아딘, 보리의 호르데인, 귀리의 프롤라민이 있다.

③ 불완전단백질

단백질 급원으로 이것만을 섭취하였을 때 성장이 지연되고 체중이 감소하며 이 상태가 장기간 지속되면 사망한다. 이것에 속하는 단백질은 젤라틴, 옥수수의 제인이 있다. 그러나 불완전단백질에 다른 단백질을 보충해 줌으로써 단백질의 이용 효과를 높일 수 있다.

(2) 형태적 분류

단백질의 형태에 따라서 분류하면 구상단백질과 섬유상단백질로 분류할 수 있다.

① 구상단백질

단백질의 폴리펩티드 사슬 모양의 구조가 분자 내 수소결합과 곁사슬들 사이의 소수성 및 친수성 상호작용에 의해서 전체적으로 구형의 입체구조를 갖는다.

구상단백질은 수용성으로서 대부분의 효소, 단백호르몬과 혈장 단백질 등이 그 예이다. 구상단백질 중 영양적으로 중요한 것은 카세인, 달걀알부민, 혈청알부민과 글로불린, 헤모글로빈, 생리활성물질 등이다.

② 섬유상단백질

섬유상단백질은 사슬 모양의 단백질이 일정한 방향으로 배열된 구조를 가진다. 섬유상단백질은 대체로 물에 용해되지 않으며 세포조직의 유지나 구조를 이루는 물질이다. 섬유상단백질에는 콜라겐, 엘라스틴, 명주실의 피브로인 등이 있다.

4. 단백질의 소화와 흡수

단백질의 소화는 위와 소장에서 이루어진다. 단백질의 소화는 변성이 일어나서 단백질 2, 3, 4차 구조가 깨지고 폴리펩티드 사슬 구조로 된 후 시작된다. 변성된 단백질에 소화효소가 작용하여 펩티드 결합이 분해되고 마지막 단계에는 아미노산으로 완전 소화된다.

단백질 변성

변성denaturation은 굳게 결합되어 있던 단백질의 모양이 직선의 폴리펩티드 사슬로 펼쳐지는 과정이다. 열을 가하거나 물을 넣고 조리할 때 식품의 단백질 변성이 일어난다. 조리된 단백질을 섭취하였을 때 위에서 염산의 작용으로 더욱 변성된다. 일단 변성된 단백질은 더 이상 단백질 고유의 기능을 하지 못한다. 식품 속에 함유된 효소나 호르몬은 조리나 섭취 후에는 효소나 호르몬의 작용을 할 수 없게 된다.

1) 소화

음식에 들어 있는 단백질은 주로 위와 소장에서 소화가 이루어지며, 분해된 아미노산은 소장에서 흡수되어 간으로 운반된다.

(1) 구강 및 위

단백질은 구강 내에서는 분해되지 않으나 저작작용과 침과의 혼합으로 기계적으로 해체된 후, 위에서 소화가 시작된다. 위에서는 단백질 소화효소인 펩신pepsin이 존재한다. 펩신은 유문 점막에서 불활성 형태인 펩시노겐pepsinogen으로 분비된다. 불활성의 펩시노겐은 가스트린에 의해서 위의 주세포에서 분비가 촉진되며, 위액 속 염산HCl의 작용으로 펩시노겐은 펩신으로 전환되어 활성을 갖게 된다. 이미 형성된 펩신은 자가촉매작용으로 다른 펩시노겐의 활성화를 돕는다그림 5-7.

그림 5-7 위 펩신의 활성화 과정

펩신은 단백질 중 특정한 펩티드 결합 부분을 가수분해한다. 즉, 글루탐산, 아스파르트산, 시스테인 등 산성 아미노산의 카르복실기-COOH와, 페닐알라닌 또는 티로신 등 벤젠핵을 가지고 있는 아미노산의 아미노기-NH_2와의 펩티드 결합을 분해한다. 펩신의 최적 pH는 1.5~2.0으로 위 내에서만 작용할 수 있다.

단백질은 위에서 일부만 소화되며, 유미즙chyme의 형태로 유문을 지나 십이지장으로 내려간다. 소장 내는 알칼리성인 췌장액과 담즙이 분비되어서 유미즙의 pH가 6.5~7.5로 상승하며 펩신의 작용이 억제된다.

(2) 소장

위에서 내려온 유미즙, 즉 단백질은 소장에서 췌장액과 소장액에 있는 단백질분해효소에 의해서 아미노산으로 완전히 가수분해된다.

유미즙이 소장으로 내려오면 소장 벽에서 세크레틴secretin이 분비되어 췌장액 분비를

단백질의 소화효소가 위와 장을 소화시키지 않는 이유

모든 체내 조직은 그 자체가 단백질로 되어 있으므로, 이 조직을 소화 · 분해시키지 않고 식사로 섭취한 단백질만을 분해해야 한다. 이를 위해서 체내 조직에서는 단백질의 분해를 방지하기 위한 오묘한 자연적 보호 메커니즘이 존재한다.

- 대부분의 단백질분해효소는 음식이 없을 때에는 활성을 갖지 않은 상태의 불활성 효소로 존재한다. 즉, 단백질 식품이 섭취되면 그 식품의 자극으로 활성화되어 분해할 수 있는 능력을 갖게 된다.
- 위벽세포와 장벽세포가 분비하는 점성 물질인 점액 다당류가 장벽을 둘러싸고 있어서 단백질분해효소의 작용을 받지 못하도록 보호하고 있다. 만약 위의 염증이나 위장질환으로 점액물질이 부족하면, 위벽이 그대로 노출되어 강한 염산과 단백질분해효소의 작용을 받게 될 위험성이 높다.

촉진한다. 소장(십이지장)에서 콜레시스토키닌cholesystokinin이 분비되어 이 자극으로 췌장에서는 트립시노겐과 키모트립시노겐이 불활성 형태로 분비된다.

소장에서는 엔테로키나아제가 분비되며 트립시노겐은 엔테로키나아제에 의해 트립신으로 활성화된다. 이 반응도 또한 자가촉매작용으로 일어난다.

키모트립신

벤젠핵을 가진 아미노산(페닐알라닌, 티로신 등)의 카르복실기가 관여하고 있는 펩티드 결합에 작용한다.

트립신

염기성 아미노산의 카르복실기에 작용한다. 이러한 효소들의 작용을 받아 단백질은 점차 분해되어 디펩티드dipeptide로부터 저분자의 펩티드까지 다양한 종류의 펩티드로 분해된다.

카르복시펩티다아제

카르복실기가 말단을 이루는 끝부분에 작용하여 펩티드 결합을 끊어낸다. 아미노펩티다아제는 카르복실기 대신에 아미노기가 말단을 이루는 끝부분에 작용한다. 이러한 효소들에 의해 연쇄의 끝부분으로부터 끊어내어 디펩티드만 남는다.

디펩티다아제

디펩티드를 아미노산으로 분해한다. 일부의 펩티드는 흡수되어 소장 벽 내에서 아미노산으로 분해되기도 한다.

단백질의 소화에 관한 전체적인 개요는 표 5-4와 같다. 이러한 과정을 거쳐 단백질은 아미노산으로 분해되며 단백질 소화율은 92% 정도이다. 유아의 위 점막 중에는 카세인casein을 응고시키는 레닌rennin이 있다. 이 효소는 젖 중 카세인을 파라카세인paracasein으로 변화시키고 여기에 칼슘이 결합하여 덩어리를 만든다. 레닌은 유즙이 펩신의 작용을 받지 않고 그대로 위를 통과하는 것을 막아주는 역할을 한다.

표 5-4 단백질의 소화

기관	효소			소화작용
	비활성 전구체	활성 촉진물질	활성 효소	
위	펩시노겐	위산(HCl)	펩신 레닌(유아에서)	단백질 → 펩톤 카세인 → 응유
췌장	트립시노겐	엔테로키나아제	트립신	펩톤 내부의 알라닌, Lys → 폴리펩티드, 디펩티드
	키모트립시노겐	활성 트립신	키모트립신	펩톤 내부의 Tyr, Phe, Trp → 폴리펩티드, 디펩티드
	프로카르복시펩티다아제	활성 트립신	카르복시펩티다아제	카르복시 말단 → 디펩티드, 아미노산
소장			아미노펩티다아제	아미노 말단 → 펩티드, 디펩티드, 아미노산
			디펩티다아제	디펩티드 → 아미노산

2) 흡수 및 운반

단백질의 소화산물인 아미노산과 디펩티드는 소장 상부에서 흡수된다. 소장 점막세포는 융모를 형성하고 있으며, 아미노산은 확산이나 에너지를 필요로 하는 능동수송을 통

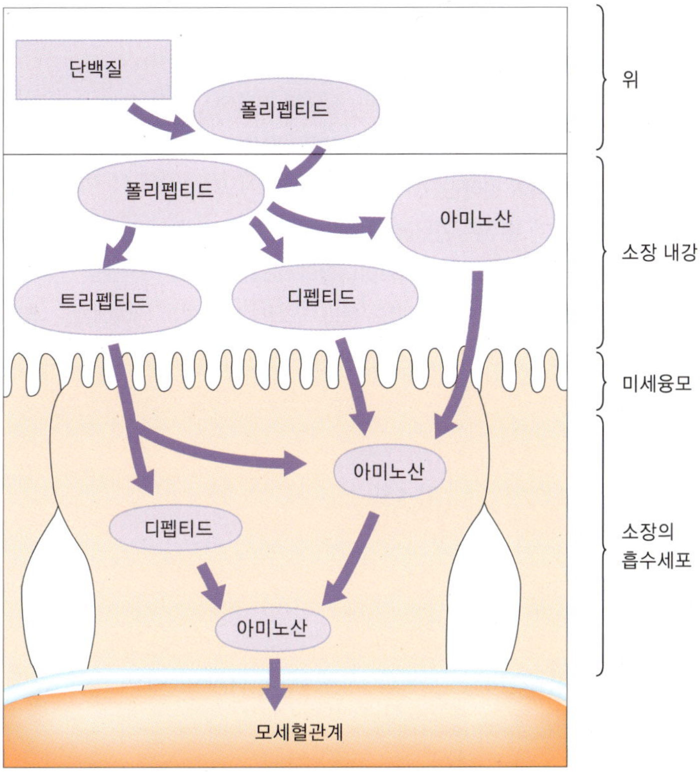

그림 5-8 단백질의 소화와 아미노산의 흡수

해 이 융모벽을 통과한다그림 5-8. 아미노산들이 능동수송 체계를 이용할 때 유사 구조를 가진 아미노산들이 같은 체계를 공유하게 되므로 특정 아미노산이 과다하게 많은 경우 다른 아미노산이 적게 흡수될 수 있다. 일반적으로 자연 음식물은 문제가 되지 않으나 인위적으로 보충할 때 문제가 된다. 예를 들어, 다량의 아르기닌을 보충제로 복용하면 라이신의 흡수가 저해될 수 있다.

흡수된 아미노산은 모세혈관으로 운반되고, 간문맥을 통해 간으로 이동되어 다른 조직으로 운반된다.

특이체질과 알레르기

특이체질을 가진 사람의 경우 특정 단백질이 아미노산으로 분해되지 않은 채로 소화관을 통과할 수 있다. 이 특정 단백질이 장벽을 통과하면 체내에서는 항체를 생성한다. 후에 같은 단백질이 또 흡수되면 방어기능으로 알레르기allergy 현상이 일어난다.

분해되지 않은 단백질 분자가 흡수된 경우에 구토나 설사, 발진, 호흡곤란 등의 증상이나 혈압강하가 나타나기도 한다. 심각한 급성 알레르기 반응은 아나필라시스anaphilasis 증상으로 호흡기관이 마비되거나 혈압이 위험할 정도로 떨어져 사망에 이르기도 한다. 알레르기는 어린 유아에게도 흔하다. 이는 유아의 위장관은 아직 발육이 미숙한 상태이므로 큰 분자인 폴리펩티드를 그대로 흡수하기 때문이다.

5. 단백질과 아미노산의 대사

1) 단백질 대사

단백질 대사는 체내에서 고유의 작용을 수행하기 위하여 아미노산 총량amino acid pool을 유지하며, 이를 위해서 단백질 합성과 분해가 계속적으로 일어난다.

체내 단백질 대사를 요약하면 그림 5-9와 같다. 단백질 대사가 활발하게 이루어지는 조직은 혈장, 췌장, 간, 신장, 근육 등이다. 체내의 아미노산은 식품 단백질이 소화·흡수되어 생성된 아미노산과 그리고 체조직의 분해로 생성되거나, 체내에서 합성된 아미노산들이다. 이러한 아미노산들로 간과 각 조직 내 아미노산 총량을 이룬다. 아미노산은 필요에 따라 체조직 단백질, 효소와 호르몬, 생리활성물질, 체지방을 합성하거나 에너지를 공급하는 등 다양하게 이용된다. 아미노산 분해로 생성된 탄소 골격은 시트르산회로로 들어가 에너지를 발생시킨다. 이때 질소성분인 암모니아는 또 다른 아미노산 합성에 쓰이거나 간에서 요소로 전환되어 신장을 거쳐 소변으로 배설된다.

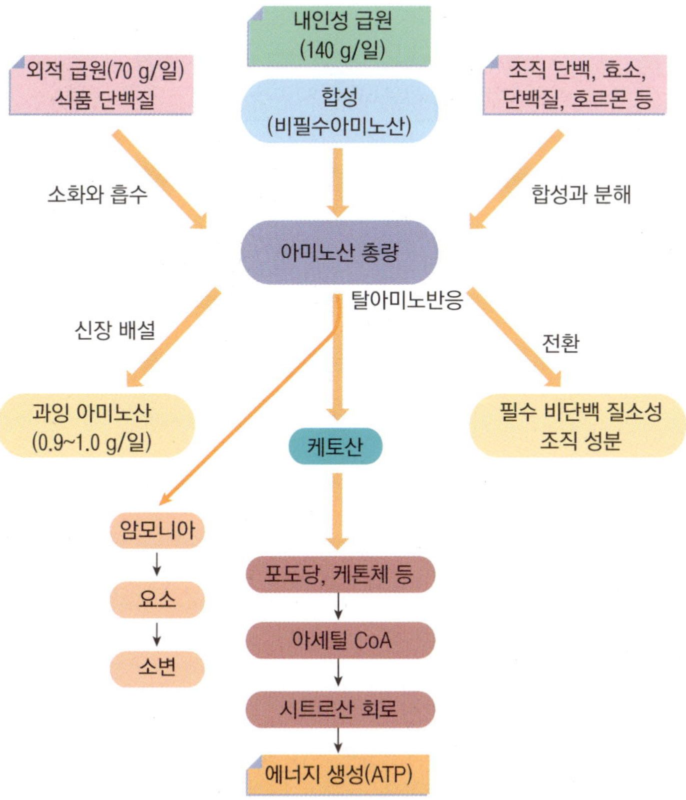

그림 5-9 단백질의 대사 요약

2) 아미노산 분해

(1) 탈아미노반응deamination

단백질이 에너지를 발생하기 위해서는 먼저 아미노산에서 아미노기가 떨어져 나가는 탈아미노반응이 일어나야 한다. 그 결과 생성된 아미노기는 다른 물질로 이전되며, 이를 아미노기 전이반응transamination이라고 한다. 글루탐산 탈수소효소에 의해서 탈아미노반응이 일어나 α-케토글루타르산이 된다. 이때 NAD^+ 조효소가 작용해야 한다그림 5-10.

탈아미노반응으로 생성된 아미노산의 탄소 골격은 탄수화물이나 지질이 분해되는 대사경로에 합류하여 시트르산회로로 들어가 산화과정을 거쳐 에너지를 발생한다그림 5-11. 아미노산 분해로 생성된 암모니아는 다른 아미노산 합성에 이용되거나 요소 생성 회로로

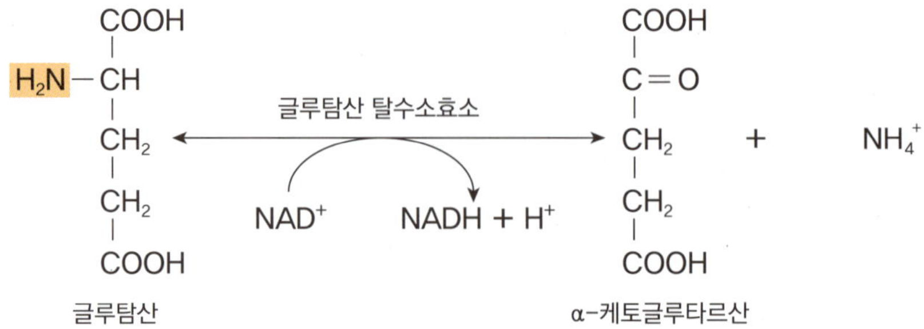

그림 5-10 아미노산의 탈아미노반응

들어가 요소로 배설된다.

(2) 아미노기 전이반응

아미노기 전이반응transamination은 비타민 B_6가 조효소로 필요한 효소에 의해 아미노기가 케토산에 전이되는 반응이다.

대부분 천연에 존재하는 아미노산의 아미노기들은 전이반응과정을 거쳐 새로운 아미노산을 형성한다. 예로서 아스파르트산(아미노산)에서 α-케토글루타르산으로 아미노기가 전이되어 옥살로아세트산과 글루탐산(아미노산)을 합성한다. 이때 아미노기 전이효소가 아미노기를 전달하는 작용을 한다그림 5-11.

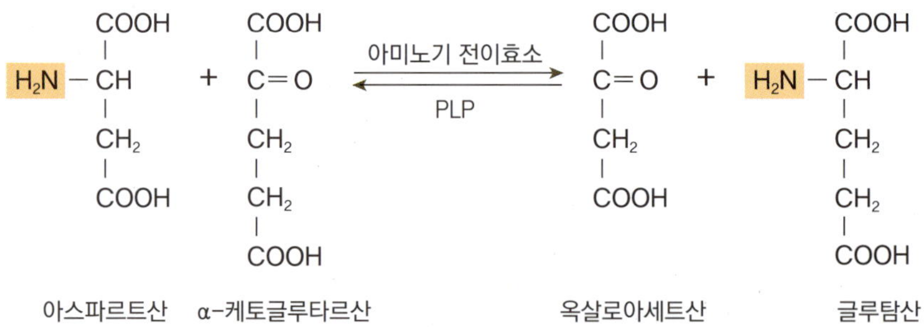

그림 5-11 아미노산의 아미노기 전이반응

(3) 탈탄산반응

탈탄산반응decarboxylation은 아미노산이 비타민 B_6를 조효소로 하는 탈탄산효소에 의해 탄산가스를 분리하여 아민이 생성되는 과정이다그림 5-12. 생성된 아민은 도파민, 세로토닌, 카다베린, γ-아미노부티르산 등으로 체내에서 유용하게 이용되며, 일부 아민은 알레르기반응을 일으키기도 한다표 5-5.

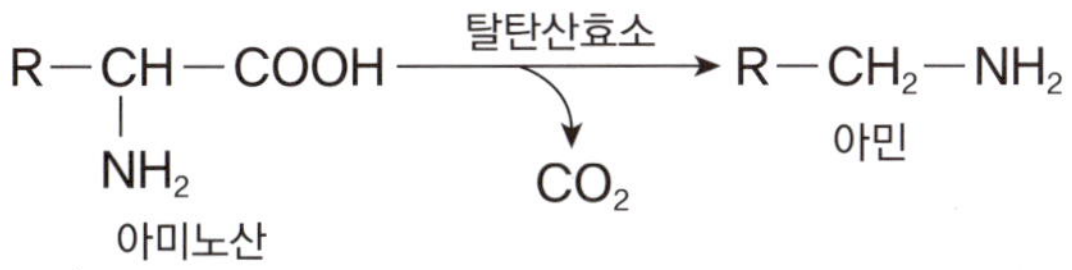

그림 5-12 아미노산의 탈탄산반응

표 5-5 생체 아민류

아미노산		아민
3,4-비스히드록시페닐알라닌	⟶	도파민
히스티딘	⟶	히스타민
5-히드록시트립토판	⟶	세로토닌
라이신	⟶	카다베린
글루탐산	⟶	γ-아미노부티르산

아미노산이 탈아미노반응 후 탄소 골격이 시트르산회로로 들어가는 경로는 포도당을 생성하거나 케톤을 생성하여 들어간다. 각 아미노산의 에너지 대사경로는 그림 5-13과 같다. 대사경로를 따라 케톤체를 만드는 아미노산(케톤성 아미노산)과 포도당을 생성하는 당원성 아미노산, 두 가지를 모두 생성하는 아미노산으로 분류된다표 5-6. 이들 모두 아세틸 CoA를 생성하지만 당원성 아미노산은 시트르산회로의 중간 물질이 되어 당합성(포도당, 글리코겐의 합성)반응의 원료가 된다. 케톤성 아미노산은 류신과 라이신이며, 그 외는 탄소 골격이 대사 도중에 일부가 당원성이 된다. 최종적으로는 이들 모두는 탄산가스와 물로 산화·분해되며, 이 과정에서 에너지화합물인 ATP 생성에 관여한다.

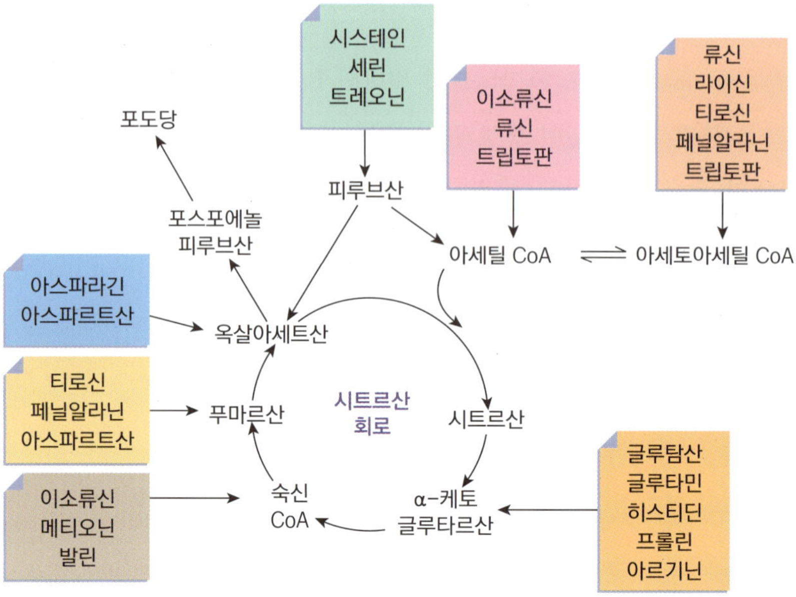

그림 5-13 아미노산의 에너지 대사경로

표 5-6 포도당 및 케톤 생성 아미노산

분류	아미노산
포도당 생성	알라닌, 세린, 글리신, 시스테인, 아스파르트산, 아스파라긴, 글루탐산, 글루타민, 아르기닌, 히스티딘, 발린, 트레오닌, 메티오닌, 프롤린
케톤 생성	류신, 라이신
포도당 및 케톤 생성	이소류신, 페닐알라닌, 티로신, 트립토판

3) 요소회로와 질소 배설물

아미노산의 분해, 즉 탈아미노반응 결과 떨어져 나온 질소는 암모니아를 형성한다. 암모니아는 상당히 독성이 강하므로 독성이 없는 화합물인 요소로 전환·배설하는 과정을 거치게 된다. 즉, 각 조직세포에서 생성된 유독한 암모니아는 알라닌 형태로 되어 혈액을 통해 간으로 운반된 후 이산화탄소와 결합하여 무해한 요소urea로 전환되는데, 이 과정을 요소회로urea cycle라고 한다.

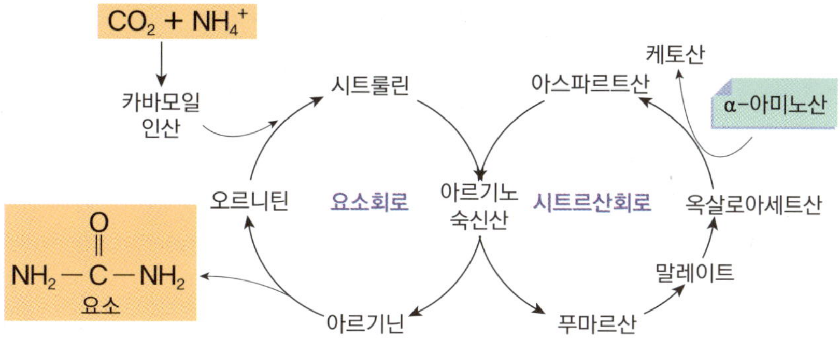

그림 5-14 요소회로

사람과 같은 척추동물의 경우 요소는 요소회로에 의해 합성된다그림 5-14. 이 회로에 의해 합성되는 요소의 질소 원자와 탄소 원자는 아스파르트산과 NH_4^+와 CO_2에서 생성한다. 이 회로에서 탄소 원자와 질소 원자의 운반체 역할을 하는 화합물은 오르니틴이다. 요소를 직접 생산하는 전구체는 아르기닌이며, 이것은 아르기닌 가수분해효소arginase의 작용에 의해 요소와 오르니틴으로 가수분해된다.

다음 반응은 시트룰린과 아스파르트산이 축합하여 아르기노숙신산arginosuccinate이 합성되는 반응이다. 마지막으로 아르기노숙신산 분해효소argininosuccinase가 아르기노숙신산을 아르기닌과 푸마르산fumarate으로 분해한다. 요소회로에서 푸마르산이 생성되어 시트르산회로와 연결된다. 생성된 요소는 신장으로 가서 소변으로 배설된다.

소변 중 질소 성분 배설량은 단백질 섭취량에 따라 다르다. 고단백 식이 섭취 시에는 대부분 요소 질소로 배설된다. 저단백 식이 때보다 소변 중 총질소와 요소 배설량은 현저히 높다. 반면에 단백질 섭취량이 달라도 상대적으로 암모니아, 크레아티닌 질소량은 변화되지 않는다표 5-7. 기아 시에도 질소량이 현저히 감소한다.

간기능 이상으로 간에서 암모니아가 요소로 전환하지 못하면 혈중에 암모니아 농도가 높아지게 되어 중추신경계에 장애를 일으키는 간성혼수를 유발할 수 있다.

표 5-7 고단백·저단백 식이 시 소변 중 질소 배설물

요중 질소원	고단백 식이		저단백 식이	
	g	%	g	%
총질소	16.80	100	3.6	100
요소 질소	14.70	87.5	2.2	61.7
암모니아 질소	0.49	3.0	0.42	11.3
요산 질소	0.18	1.1	0.09	2.5
크레아티닌 질소	0.58	3.6	0.60	17.2
기타 질소	0.85	4.8	0.29	7.3

4) 조직 내 아미노산 대사

(1) 주요 조직의 아미노산 대사

식품 단백질이 아미노산으로 완전히 소화된 후에, 이 아미노산은 간문맥을 거쳐 간으로 운반되어 대사되고, 일부는 다시 혈액으로 나와 각 조직에 운반되어 단백질 합성을 위해 사용된다.

주요 조직의 단백질 대사량은 그림 5-15와 같다. 단백질 섭취량을 100g으로 볼 때 장으로 분비되는 단백질을 합해서 흡수량은 160g이다. 체내 단백질 양을 보면 체단백질 합성량 250g, 근육 50g과 유리아미노산 100g, 간 25g, 적혈구 20g, 백혈구 20g, 헤모글로빈 8g 순으로 이용된다. 흡수된 단백질 중 소변으로 88g 정도 배설되며 피부로도 일부 배설된다.

① 간

간에서 혈장으로 유출되는 트립토판은 뇌로 가서 세로토닌 합성의 전구체로 사용된다. 분지(곁가지)아미노산은 말초조직, 특히 근육에서 분해된다. 육류를 섭취한 후에 간에서 방출되는 아미노산의 70%가 분지아미노산이다. 이는 육류 단백질의 분지아미노산은 간에서는 분해가 잘 대사되지 않고 다른 아미노산들은 잘 분해되기 때문이다. 이 분지아미노산들은 근육에서 주로 분해된다.

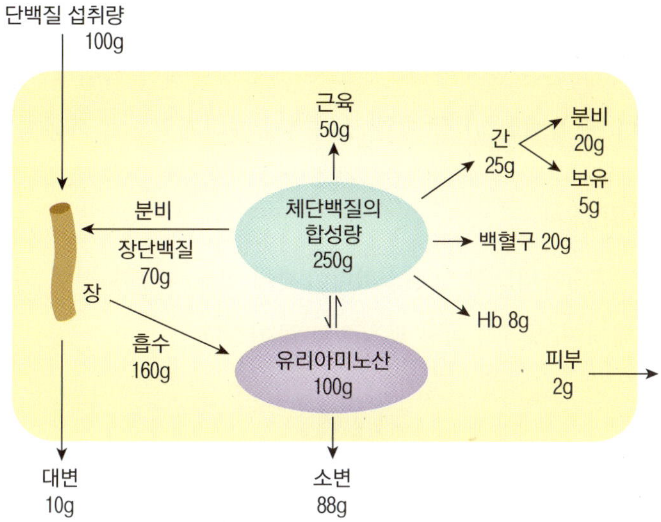

그림 5-15 주요 조직의 단백질 대사량

② **근육**

근육에서는 중성 아미노산인 알라닌과 글루타민이 주로 유출된다. 알라닌은 간으로 이동하여 포도당신생과정을 거쳐 혈당으로 재방출되어 근육으로 유입된다(포도당-알라닌 회로). 글루타민은 장으로 이동하여 알라닌이 된 후 다시 간으로 이동한다그림 5-16.

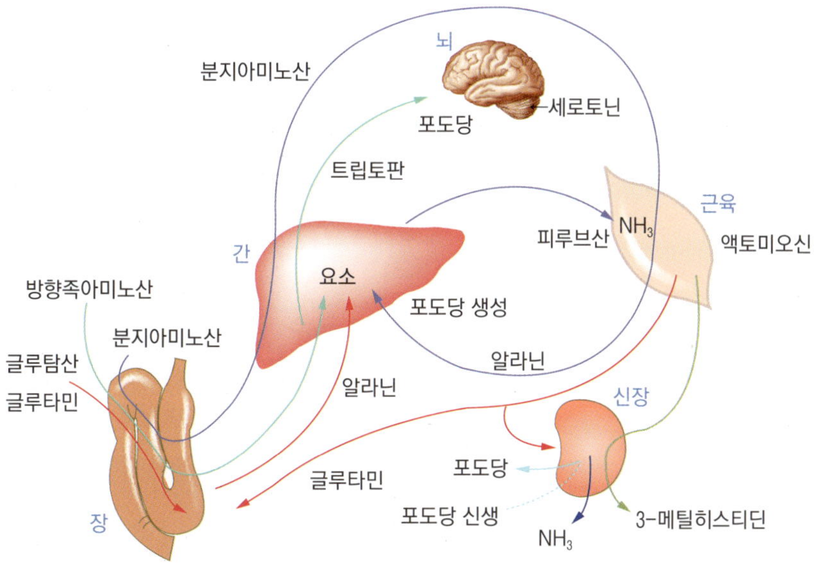

그림 5-16 주요 조직에서의 아미노산 대사

③ 일반 조직

발린, 류신과 이소류신은 분지아미노산으로 일상생활에서 섭취하는 필수아미노산의 약 50%를 차지한다. 근육이나 뇌 등 일반 조직에서 에너지원으로 이용되고 있다.

(2) 분지아미노산의 대사

분지아미노산은 분지아미노산 트랜스퍼라아제에 의해 α-케토산이 되고, 산화적 탈탄산효소에 의해 분해되어 에너지 대사 과정으로 들어간다.

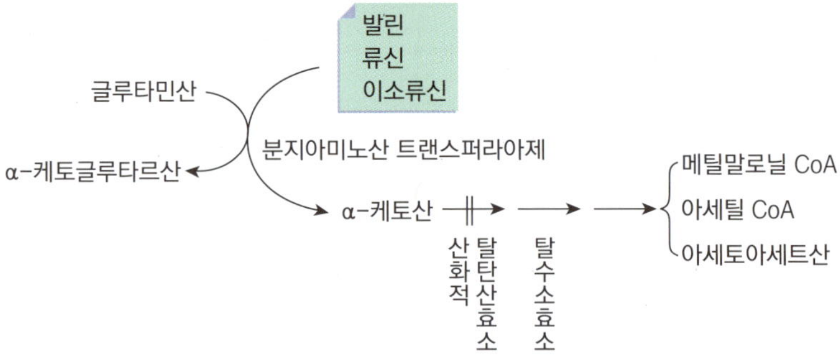

그림 5-17 분지아미노산의 대사

(3) 함황아미노산의 대사

황을 함유한 시스테인은 탈아미노반응 후 피루브산과 황산이 되며 글루타티온이나 타우린 합성의 전구체로서 중요하다. 메티오닌은 필수아미노산이며 지방간 예방인자이다. 간에서 5-아데노실메티오닌(활성 메티오닌)이 되며, 콜린 합성에 관여한다. 크레아틴은 크레아틴인산으로서 근육의 에너지 대사에 관여한다. 소변으로 배설되는 크레아티닌은 근육량에 비례해서 일정량을 배출한다.

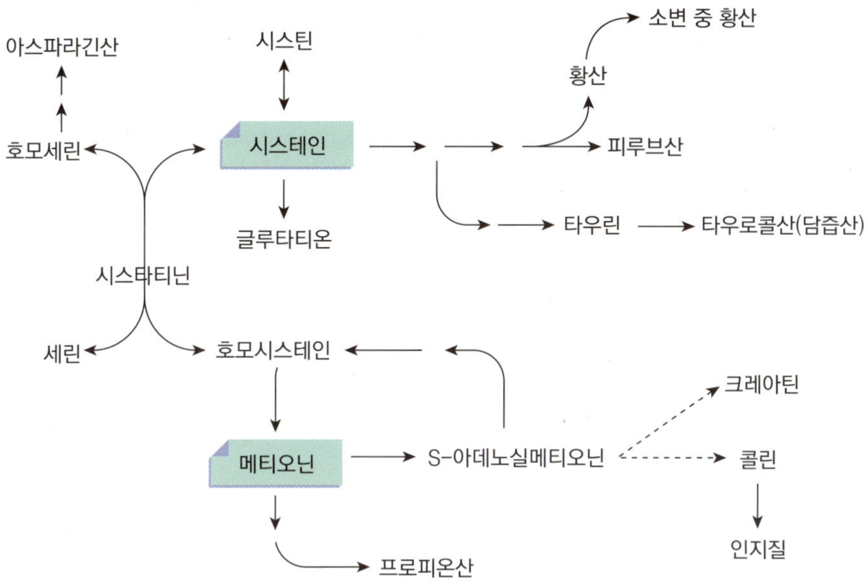

그림 5-18 함황아미노산의 대사

(4) 지방족아미노산의 대사

세린과 트레오닌은 당단백질 중 당의 사슬과 단백질과의 결합을 하고 있는 아미노산으로 작용한다. 세린은 피루브산의 모양으로, 트레오닌은 프로피온산 또는 아세틸 CoA의 형태로 시트르산회로에 들어간다. 이 두 아미노산은 글리신의 생합성 재료로서도 중요하다.

(5) 방향족아미노산의 대사

페닐알라닌은 푸마르산, 아세트산으로 분해되며 티로신, 멜라닌, 에피네프린(부신수질 호르몬) 등의 전구체로서 중요하다. 페닐알라닌은 산화되어 티로신이 된다. 이 과정에 관여하는 효소가 결핍되면 페닐케톤뇨증이 된다. 페닐알라닌은 페닐피루브산이 되고 다시 분해되어 푸마르산이 되어 시트르산회로로 들어간다그림 5-19.

백피증은 페닐알라닌 대사이상으로 멜라닌 합성 대사경로의 효소 결핍에 의한 질병이며 사람과 포유동물에서 나타난다.

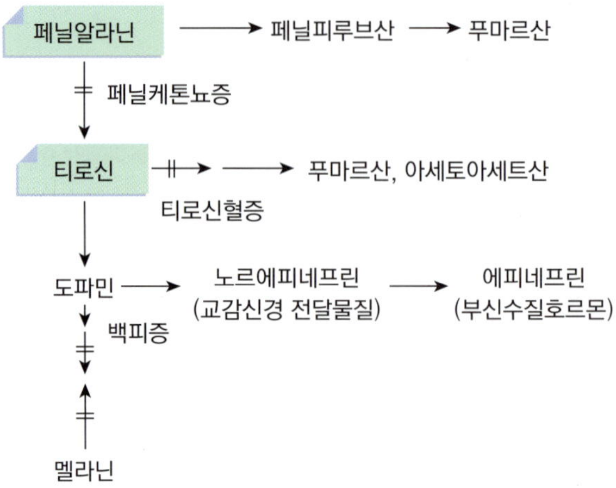

그림 5-19 방향족아미노산의 대사

트립토판은 필수아미노산이며 트립토판에서 세로토닌, 멜라토닌과 니코틴산 등을 합성한다.

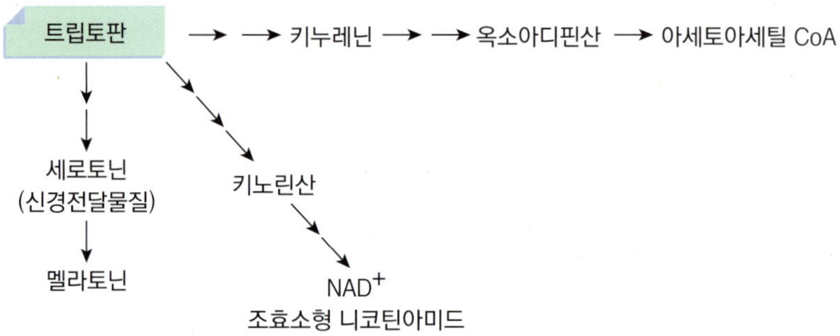

그림 5-20 트립토판 대사

5) 단백질 합성

단백질 합성은 매우 효율적이고 연령에 따라 다르다. 단백질 섭취량 g당 합성량은 영아 5.3g, 젊은이 5.2g, 노인 4.5g 순이다표 5-8.

표 5-8 단백질 합성

연령	체중(kg)	단백질 합성량		
		g/체중 kg	g	g/단백질 섭취량(g)
영아(10~20개월)	9	6.9±1.1	62.1	5.3
젊은 성인(20~23세)	71	3.0±0.2	213.0	5.2
노인(69~91세)	56	1.9±0.2	106.4	4.5

(1) 단백질 합성과 아미노산

아미노산은 세포와 조직에서 필요한 특정 단백질을 간에서 합성하기 위해 인체의 각 부분으로 이동한다. 필수아미노산뿐만 아니라 비필수아미노산도 단백질을 합성하기 위해 반드시 필요하다. 단백질 합성에 필요한 모든 종류의 필수아미노산은 반드시 각 조직에 공급되어야 한다.

만약 필수아미노산이 부족하면 단백질 합성은 일어나지 않는다. 또한 특정 단백질 합성에 필요한 비필수아미노산은 혈액에서 세포로 직접 공급되기도 하고, 또는 혈액에서 즉시 이용하지 못한다 하더라도 세포에서 합성이 가능하다. 이러한 비필수아미노산의 형성은 아미노기 전이반응과 더불어 발생한다. 가장 간단한 형태는 한 아미노산의 아미노기를 적당한 비질소 화합물에 이동시켜 아미노산을 합성하는 것이다. 피리독신비타민 B_6은 아미노기 전이반응을 돕는 중요한 비타민이다.

(2) 단백질의 합성과정

단백질은 복잡한 메커니즘에 의해 합성된다. 단백질 합성에서 아미노산의 종류와 배합순서를 나타내는 유전정보는 DNA의 코드에 따라 전달된다. 실제 단백질 합성장소는 세포 내 리보솜이며 정보전달물질인 DNA에서 명시된 단백질을 합성하도록 한다.

단백질 합성을 단순화하면 다음 세 과정으로 구분할 수 있다.

- 1단계 : DNA에서 세 개의 염기로 된 코드 그룹들이 각 아미노산을 합성하는 신호이다.
- 2단계 : mRNAmessenger RNA는 핵 속 DNA에서 이 아미노산 코드가 전사되는 세포

질로 운반된다.

- 3단계 : mRNA는 리보솜에 부착하여 tRNAtransfer RNA가 가지고 온 아미노산을 일렬로 연결해 주므로 단백질이 합성된다.

단백질 합성과정을 알기 쉽게 컴퓨터 자판으로 연상해 그림으로 나타내면 그림 5-21과 같다. 자판 세 개가 한 아미노산이며 자판 세 개를 치는 것은 여러 가지 아미노산을 지칭한다. 세 개의 일정한 자판을 두드리면 아미노산의 순서가 정해지는데 그것은 mRNA 때문이다. 그러면 부호를 전달하여 움직여 주며 이 아미노산을 가져오는 것이 롤러이다. 그것이 복사되어 연결된 것이 글을 만들듯이, 아미노산이 연결되어 단백질이 합성된다. 만약 페닐알라닌을 자판(코드)으로 부를 때 롤러의 끝에 이 아미노산이 없으면 합성은 중지된다. 즉, 필수아미노산과 비필수아미노산 모두가 충분히 공급되어야만 체내에 필요한 단백질 합성이 가능하다. 그러므로 영양소로서 아미노산과 단백질의 섭취가 중요하다.

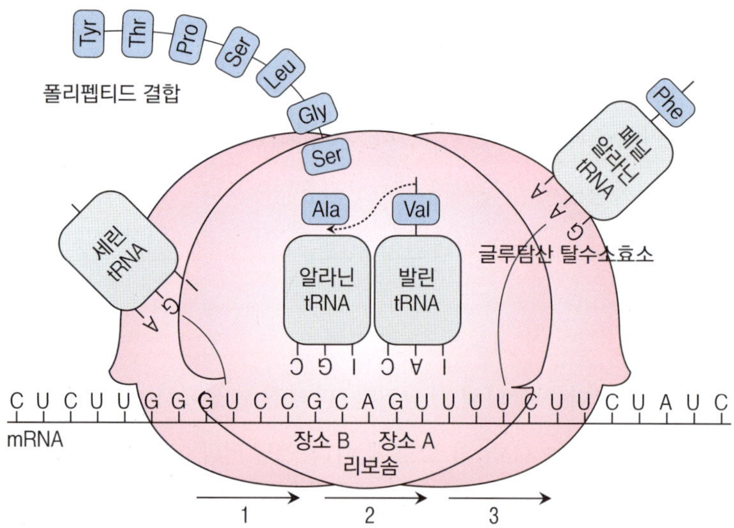

그림 5-21 단백질 합성과정

6. 단백질의 체내 작용

단백질은 중요한 신체 구성성분이며 정상적인 성장과 조직세포의 생성과 보수, 혈청 단백질 형성, 에너지원 등의 작용을 한다. 또한 체액의 조절과 생리활성물질의 합성 등에 작용한다.

1) 체내 단백질 구성

(1) 조직의 구성·생성·보수

단백질은 인체를 구성하는 체조직세포의 주요 성분으로 근육, 뼈, 피부, 결체조직을 형성하며 신체 조직 성분 중 약 16%를 차지한다. 음식에서 소화·흡수된 아미노산은 각 조직으로 운반되어 새로운 조직을 구성하고 성장·유지시키는 데 사용된다. 일단 만들어진 세포는 수명을 다하고 나면 분해되어 제거되므로 새로운 세포가 다시 합성되어 보충되어야 한다. 성인의 경우 노쇠하여 분해된 조직을 보수하는 것과 머리카락, 손톱 등의 소실되는 조직에 단백질이 사용된다. 성인의 경우 단백질이 체내 저장되지 않는다. 성장기 아동은 조직의 유지뿐만 아니라 성장이 계속되어야 하므로 단백질 필요량이 많다. 임신부와 수유부, 폐결핵 같은 소모성 질환자, 고열을 동반하는 감염성 질환자, 화상환자, 수술환자, 심한 출혈이 있을 경우에는 단백질 필요량이 증가할 뿐만 아니라 에너지 필요량도 증가한다.

(2) 혈액단백질의 생성

혈액에는 많은 양의 단백질이 함유되어 있다. 혈액단백질은 주로 알부민, 글로불린, 피브리노겐으로서 그중 알부민과 피브리노겐 전부와 글로불린의 80%는 간에서 합성, 혈액으로 방출되어 중요한 생리적 기능을 한다.

① 알부민

알부민은 새로운 조직의 형성과 보수를 위하여 단백질이 필요할 때 가장 먼저 단백질을 공급해 준다. 그 외에는 다른 영양소를 한 조직에서 다른 조직으로 운반하는 역할을 한다.

② 글로불린

글로불린은 조직에서 알부민 부족 시 필요한 아미노산을 공급해 주는 제2의 단백질 급원이며 무기질 운반에 관여한다.

③ 피브리노겐

피브리노겐은 혈액이 체외로 나왔을 때 응고되는 것을 돕는다. 피브리노겐은 혈액이 체외로 나오면 피브린으로 변하여 응고되게 한다.

2) 효소와 호르몬 합성 및 영양소 운반

(1) 효소와 호르몬 합성

단백질은 효소, 호르몬, 글루타티온과 그 외 분비물의 합성을 위해서 사용된다. 효소는 아포엔자임 부분에 조효소 또는 보결분자단이 결합되어 형성된다. 이 중 아포엔자임 부분은 모두 단백질이다. 글루타티온은 산화·환원작용을 조절해 주는 물질로 알려졌으며, 글루탐산과 시스테인, 글리신 등의 트리펩티드로 구성되어 있다.

호르몬 중에는 단백질과 아미노산의 유도체인 것이 많다. 갑상샘호르몬인 티록신 thyroxine은 요오드를 함유하고 있는 아미노산의 유도체이고, 부신수질에서 합성되는 에피네프린이나 췌장에서 합성되는 인슐린도 아미노산의 유도체이다. 또한 장 점막세포 및 상피세포를 보호하고 원활한 장기능을 수행할 수 있도록 하는 점액 분비물도 당단백질로 이루어져 있다.

(2) 영양소 운반과 방어작용

단백질은 지단백질을 합성하여 중성지방, 콜레스테롤, 인지질을 각 조직으로 운반하며 지용성 비타민의 운반에 관여한다. 무기질은 특정 운반단백질과 결합하여 운반된다.

글로불린은 제각기 독특한 작용을 한다. α-글로불린은 지단백질, 지질, 호르몬을 β-

글로불린은 혈액 내에서 철과 구리를 운반한다. γ-글로불린은 항체로서 병원균에 대한 방어작용을 한다.

3) 에너지 발생

열량 섭취량이 부족하거나 과다한 운동 시에 에너지원이 부족해지면 단백질이 에너지원으로 사용된다. 아미노산으로 분해된 다음 탈아미노반응 후 에너지 대사경로로 들어가 에너지를 합성한다. 단백질 1g은 약 4kcal의 열량을 낸다.

4) 체내 수분과 산·염기 평형 유지

(1) 수분 조절

수분의 이동은 혈관과 주변 세포간질액 사이에서는 확산에 의해 이루어지며, 모세혈관에서는 혈압과 삼투압에 의해서 일어난다. 혈압이 삼투압보다 높으면 수분은 모세혈관에서 세포간질액으로 투과되어 들어간다.

장기간 기아상태인 사람의 혈청단백질 함량은 적고 세포 내 단백질 함량은 많으므로 그 농도를 같게 하기 위하여 수분이 세포 내로 확산되어 부종이 나타난다. 이때 단백질과 열량을 다시 보충해 주면 조직세포에서 탈수현상이 생기면서 부기는 줄어든다. 단백질은 체내 수분 함량을 조절하는 중요한 요소이다. 이 외에도 전해질과 호르몬이 중요한 역할을 한다.

(2) 산·염기 평형

체액은 항상 약알칼리성인 pH 7.4 정도를 유지한다. 여기에서 pH 0.2만 벗어나도 체내 대사에 이상 증상이 나타난다. 체내에서 탄수화물, 지질, 단백질의 산화작용으로 인하여 다량의 산성 물질과 탄산이 생성된다. 이 같은 체내에서 생성된 산성 물질을 아미노산이나 단백질이 중화시키는 작용을 하게 된다. 즉, 단백질과 아미노산의 아미노기-NH_2가 산에 작용하여 중화시킨다. 특히 장기간의 기아상태나 당뇨병이 있을 때에 산을 많이 생성한다.

5) 생리활성물질의 합성

단백질의 구성물질인 아미노산은 인체 내 중요한 생리활성물질을 합성하는 전구체이다. 생리활성물질은 인체의 건강 유지와 질병에 대한 면역력 증강 등의 기능을 가진 물질이다. 트립토판에서 생성된 세로토닌은 신경전달물질이며, 뇌조직의 구성성분이다. 글리신, 시스틴과 글루탐산에서 합성된 글루타티온과 시스틴에서 합성된 타우린은 혈구 내 항산화작용을 하고 산화환원작용을 조절하는 물질이다.

일부 아미노산은 비단백 생리활성물질을 합성하는 데 쓰인다. 글리신은 크레아틴, 헴, 글루타티온 등의 전구체이다.

표 5-9 아미노산의 생리활성물질 합성

관련 아미노산	아미노산 생리활성물질
트립토판	세로토닌
티로신	멜라닌, 카테콜라민, 갑상샘호르몬(티록신)
라이신	카르니틴
글리신	헴기
글리신, 타우린	담즙산
글리신, 시스틴, 글루탐산	글루타티온
글리신, 아스파르트산, 글루탐산	핵산
시스틴	타우린

7. 단백질의 영양가평가법

단백질의 영양가는 단백질을 구성하고 있는 아미노산의 종류나 양에 의해서 결정되며, 필수아미노산의 양과 총질소 함량이 많은 것은 단백질의 영양가가 높다. 일반적으로 이 영양가는 단백질이나 아미노산 혼합물의 영양가와 같지 않은데, 식품 단백질을 섭취할 때 단백질의 소화흡수율, 아미노산의 이용률 등은 같이 섭취하는 식품에 따라 많이 달라지기 때문이다. 단백질의 평가방법은 생물학적 평가와 화학적 평가로 나눌 수 있다.

1) 생물학적 평가

생물학적 평가는 동물 또는 인체에 대한 실험을 근거로 하는 단백질의 영양평가법으로 단백질효율, 생물가와 단백질 실이용률 등이 있다.

(1) 단백질효율

단백질효율protein efficiency ratio : PER은 단백질의 질을 평가하는 방법으로 가장 많이 이용되며, 체중증가량을 단백질 섭취량으로 나눈 수치이다. 미국식품의약국FDA은 조제분유용 식품표시기준을 정하는 데 이 방법을 사용하고 있다.

일반적으로 동물실험 시 단백질을 사료의 10% 정도 주고 약 4주 동안 사육하여 단백질효율을 계산한다. 단백질효율은 식물성 단백질은 낮고, 동물성 단백질은 높은 값을 나타낸다.

$$\text{단백질효율(PER)} = \frac{\text{일정한 사육기간 동안 체중증가량(g)}}{\text{일정한 사육기간 동안 섭취한 단백질의 양(g)}}$$

(2) 생물가

생물가biological value : BV는 질소평형 실험을 통하여 체내에 보유된 질소량을 구하고 흡수된 질소량으로 나누어 100을 곱한 수치이며, 소화흡수율은 고려하지 않은 것이다.

$$\text{생물가(BV)} = \frac{\text{체내에 보유된 질소량}}{\text{식품에서 흡수된 질소량}} \times 100$$

각종 식품의 생물가는 표 5-10과 같다. 생물가가 높을수록 양질의 단백질로 평가되는데, 달걀이 생물가가 가장 높으며 그다음은 우유, 육류의 순이다.

표 5-10 식품의 생물가와 진정단백가

식품명	단백질 함유량(%)	소화율(%)	생물가
달걀	13.2	100	97
우유	3.3	100	85
돼지고기	25.0	100	74
쇠고기	21.3	96	69
감자	2.3	78	67
밀가루	10.8	100	52

(3) 단백질 실이용률

단백질 실이용률net protein utilization : NPU은 섭취된 단백질이 체내에서 이용된 비율을 나타낸 것으로 생물가에 소화율을 곱한 수치이다.

$$\text{단백질 실이용률(NPU)} = \text{생물가} \times \text{소화흡수율}$$

(4) 소변 중 질소 성분에 의한 평가

소변 중 질소 성분은 단백질 섭취량의 변화에 따라 증감된다. 특히 단백질 섭취량에 따라 소변 중 질소량은 변화가 심하나 크레아티닌 양은 변화하지 않고 일정하게 유지된다. 가장 많이 사용되는 것은 소변 중 전체 질소량을 소변 중 크레아티닌 양으로 나누어 100을 곱한 수치이다.

$$\text{N/CR비} = \frac{\text{소변 중 전체 질소량}}{\text{소변 중 크레아티닌 양}} \times 100$$

2) 화학적 평가

단백질 영양가의 화학적 평가는 식품 단백질의 아미노산 성분을 분석하고 그 수치를 단백질 영양평가기준과 비교·계산하여 구하는 방법이다. 현재 널리 쓰이는 것은 FAO(유엔식량농업기구)가 제창한 단백가이다. 단백가protein score : PS는 FAO의 표준 단백질의 필수아미노산 패턴을 기준으로 하여 그 수치에 얼마나 달하고 있는지를 나타낸 것이다.

필수아미노산 표준구성reference amino acid pattern은 가장 이상적인 아미노산 구성을 정한 것이다. 각 식품 단백질의 필수아미노산 함량을 아미노산 표준구성과 비교하여, 그중에서 가장 많이 미달하는 아미노산을 제1제한 아미노산limiting amino acid이라 하며 그 비율에 100을 곱한 수치가 단백가이다.

아미노산의 표준구성과 각 식품 단백질의 단백가는 **표 5-11**과 같다. 이 표에서 달걀의 단백질인 알부민이 100으로 가장 완전한 단백질이며, 쌀은 단백가가 72이며 제1제한 아미노산은 트립토판이다. 밀가루는 단백가가 47이고 제1제한 아미노산은 함황아미노산이며, 감자의 단백가는 56이고, 카사바는 22이다. 쌀이 비교적 양질의 단백질을 함유하고 있다는 것을 알 수 있다.

$$\text{단백가(PS)} = \frac{\text{식품 중 가장 부족한 아미노산 양}}{\text{표준구성의 그 아미노산 양}} \times 100$$

표 5-11 FAO의 표준구성 아미노산과 식품 단백질의 단백가

식품	이소류신	류신	라이신	페닐알라닌	티로신	함황아미노산		트레오닌	트립토판	발린	단백가
						합계	메티오닌				
아미노산 표준구성	270	306	207	180	180	270	144	180	90	270	100
우유	407	630	496	311	323	211*	154	292	90	440	78
달걀	428	565	396	368	274	342	196	310	106	460	100
카세인	402	628	497	334	367	215*	190	272	85	448	80
난(卵)알부민	403	556	372	372	271	397	245	275	90	486	100
쇠고기	332	515	540	256	212	237*	154	225	75	345	83
쇠간	327	577	468	315	234	226*	147	302	94	393	84
돼지고기	320	462	515	240	225	233*	156	252	80	302	86
생선	317	474	549	231	159	262	178	283	60	327	70
콩가루	333	484	395	409	201	197*	86	247	86	328	73
밀가루	262	442	126	322	174	129*	78	174	69	272	47
쌀	322	535	236	307	269	222	142	241	65*	415	72
옥수수가루	293	827	179	284	385	197	117	249	38*	327	42
고구마	283	345	293	355	281	219*	119	324	115	484	81
감자	260	304	326	285	99*	159	87	237	72	339	56
카사바	118	184	310	133	98	60*	22	136	131	144	22

*제1제한 아미노산

3) 단백질의 상호 보조효과

음식을 먹을 때는 한 가지 단백질만을 섭취하는 것이 아니며, 한 식품 내에도 여러 가지 단백질이 함유되어 있다. 단백질의 구성 아미노산의 종류와 양이 서로 다르므로 부족한 아미노산과 다른 단백질을 같이 섭취함으로써 필수아미노산의 상호 보완이 일어나는 것을 단백질의 상호 보조효과라고 한다.

일반적으로 양질의 단백질이 부족한 곡류의 아미노산 보조효과에 관해서는 많은 연구가 실시되었다. 식물성 식품에 부족한 아미노산과 단백질의 상호 보조효과에 대한 예를 표 5-12에 나타냈다.

표 5-12 식물성 식품에 부족한 아미노산과 단백질의 상호 보조효과

식품	부족한 아미노산	상호 보조효과 증진법
콩류	메티오닌	두부와 쌀밥
곡류	라이신, 트레오닌	콩밥, 팥밥
견과류 및 종자류	라이신	콩과 참깻가루를 섞어 만든 미소된장, 땅콩과 완두 등의 콩을 섞은 샐러드
채소류	라이신	나물과 쌀밥, 채소와 견과류를 섞은 샐러드
옥수수	트립토판, 라이신	옥수수와 달걀을 섞은 볶음밥

단백질 상호 보조효과 실험

오스본과 멘델은 옥수수 단백질인 제인의 영양가를 알기 위하여, 쥐의 사료에 다른 영양소는 필요량을 첨가하고 단백질 급원으로는 제인만을 전체 사료의 18% 섞어서 넣었다. 그 결과 쥐의 체중이 감소하였다. 제인에는 라이신과 트립토판의 함량이 적으므로 우선 트립토판을 보충해 주었을 때 체중이 유지되었고, 다시 라이신을 보충해 주었더니 성장이 계속되었다.

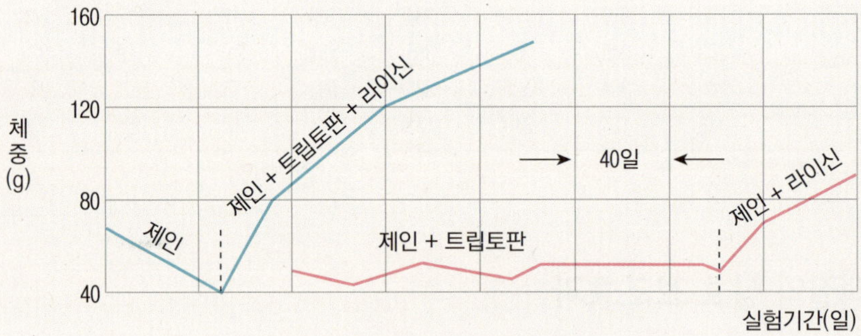

그림 5-22 제인 단백질에 아미노산의 첨가 효과

8. 단백질 관련 질병

단백질 결핍증은 단시간에 나타나지 않으며, 단백질 결핍 식이를 장기간 하였을 때 발생하는데, 면역력 저하, 근감소증, 체중 감소와 피로, 초조감 등의 증세가 나타난다. 성장기 아동들에서는 성장이 지연되며, 단백질 섭취량이 극도로 적고 장기간 계속되면 콰시오커 증세가 나타난다. 열량과 함께 단백질이 결핍되면 마라스무스 증세가 나타난다표 5-13.

표 5-13 콰시오커와 마라스무스의 비교

특징	콰시오커	마라스무스
최고 발생시기	12~48개월(이유 후의 어린이나 급성장 어린이)	6~18개월 어린이
키	거의 정상	나이에 비해 적음
외모	약간 마름	피골이 상접하게 마름
부종	큼	없음
지방간	많음	별로 없음
체지방	정상으로 존재	모두 이용
근육	근육 위축	근육 쇠퇴
피부	부스럼	건조 주름
머리카락	건조 탈색	드물고 가늚
혈청 알부민	감소	정상
비타민 A 결합단백질	감소	정상
포도당 내성	감소	정상

자료 : 최혜미 외, 2021

1) 콰시오커

(1) 원인과 증상

콰시오커kwashiorkor는 아프리카, 남아메리카, 아시아, 서인도제도 등지에서 흔히 볼 수 있다. 이유기 또는 그 직후의 아이들에게서 가장 많이 발생하며, 이 병에서 살아남은 아이들만이 성장을 계속하여 성인이 된다.

콰시오커의 증세는 다음과 같다.

- 성장 지연 : 머리와 배만 크고, 팔과 다리가 무섭게 말라 심지어는 앉지도 걷지도 못하게 된다.
- 간장애 : 간에 지방이 끼고 간세포는 사멸하며 섬유조직이 증식하여 간이 제대로 기능을 발휘하지 못하게 된다.
- 머리카락 변색 : 대개 동양 사람의 머리는 검은데 이 증세가 나타나면 오렌지색으로 변한다. 그러나 단백질을 충분히 섭취하기 시작하면 다시 검은색으로 되돌아온다.
- 피부염 : 피부가 약해져 조금이라도 세균과 접촉되면 염증을 일으키고 잘 아물지 않는다.
- 소화기장애 : 소화·흡수가 제대로 이루어지지 않는다.
- 신경계장애 : 신경질적이 되고 후에는 무감각해진다.
- 부종 : 일단 말랐던 조직에 수분이 고여 붓고 결국에는 죽게 된다.

(2) 식사요법

콰시오커는 다른 영양결핍증과 마찬가지로 원인을 확인하여 영양소를 공급하면 완치될 수 있다. 이 증세에 대한 가장 효과적인 치료법은 환자에게 탈지분유를 먹이는 것이다. 탈지분유는 환자가 거의 절망적이라고 생각되는 상태에 있을 때에도 2~3주 내에 완전히 건강한 상태로 회복시켜 준다. 우유 구입이 힘들거나 우유가 비싼 지역에서는 다른 고단백질 식이를 먹이면 된다. 콩가루나 두유는 좋은 단백질 보충음식이며, 생선가루도 양질의 단백질 급원이다.

2) 마라스무스

아프리카 지역은 식량 부족으로 이유기와 유아기에 열량과 단백질이 극도로 결핍되어 마라스무스marasmus에 걸리는 일이 흔하다. 마라스무스 증상은 대체로 콰시오커와 비슷하나 다른 점이 있다.

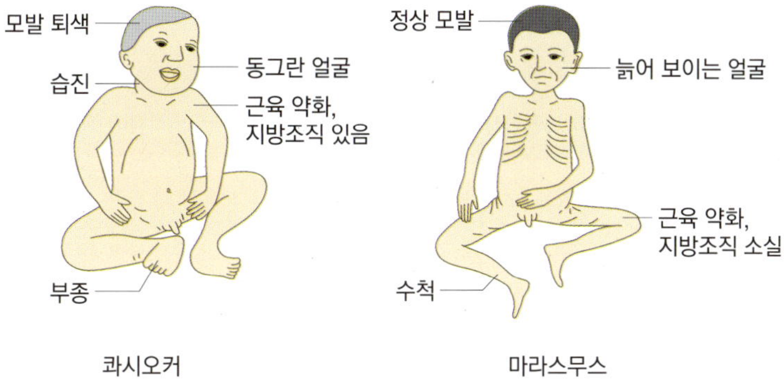

그림 5-23 콰시오커와 마라스무스의 증상

모발의 색이 변하지 않고 부종이 일어나지 않으며 극도로 체중이 감소한다. 얼굴과 몸에 지방이 거의 없고 팔과 다리 근육이 없어져서 움직이기 힘들다. 적절한 영양공급이 이루어지지 않으면 감염에 의해 사망하게 된다. 식사요법은 콰시오커와 유사하다.

3) 선천성 아미노산 대사이상증

아미노산 대사에 관계하는 효소 유전자에 이상이 생기면 여기서 합성된 아미노산 이상 대사물질의 축적, 대사물질의 결핍 등이 발생하여 질병을 초래할 수 있다.

선천성 아미노산 대사이상으로 알려진 질병은 표 5-14와 같다. 이 중 영유아에게 발생 빈도가 높은 것은 페닐케톤뇨증, 호모시스틴뇨증을 들 수 있다. 이 질병들은 생후 초기에 발견하여 치료하지 않으면 심각한 지능장애와 심하면 사망하게 된다. 원인 아미노산을 적게 함유한 식품과 특수분유를 섭취시켜야 한다.

표 5-14 선천성 아미노산 대사이상

질병명	장애효소	증상
고암모니아혈증 I 고암모니아혈증 II 페닐케톤뇨증	카르바모일인산 합성효소 오르니틴 카르바모일 트랜스페라아제 페닐알라닌 히드록시라아제	구토, 의식장애, 지능장애 구토, 의식장애, 지능장애 지능장애, 경련
티로신 선천성 백피증	p-히드록시 페닐피루브산 옥시다아제 티로시나아제	간비종, 소경변, 구루병 흰피부, 백발
호모시스틴뇨증 시스틴뇨증 히스티딘증	시스타티오닌 합성효소 시스타티오나아제 히스티다아제	수정체 편위, 경련, 지능장애 언어발달지체 지능장애

9. 단백질의 섭취기준과 급원식품

단백질 필요량은 생리상태에 따라 결정된다. 특히 성장과 체격은 질소 필요량에 지대한 영향을 준다. 식품의 종류와 단백질 급원에 따라서도 단백질 필요량이 달라지며 식이의 열량 섭취량도 영향을 준다.

1) 단백질 필요량에 영향을 주는 요소

(1) 생리상태

체격이 크거나 근육조직이 많으면 단백질 필요량은 많아진다. 나이가 어릴수록 체중당 단백질 필요량은 많다. 성장기나 임신·수유기에는 새로운 단백질의 합성을 위해서 단백질 필요량이 증가한다. 소모성 질환자나 고열 환자는 조직의 보수를 위하여 단백질 필요량이 증가한다. 이러한 환자들에서는 대체로 질소 흡수량이 소변 중 배설량보다 많아서 '+' 평형을 나타낸다. 단백질 필요량을 섭취하지 못하면 '−' 평형이 일어난다.

(2) 식이의 열량 섭취량

체내 열량 필요량보다 에너지를 적게 섭취하였을 때, 질소평형은 '−'가 되고 단백질 필요량은 증가한다. 이것은 단백질이 에너지원으로 사용되기 때문이다. 즉, 적절한 에너

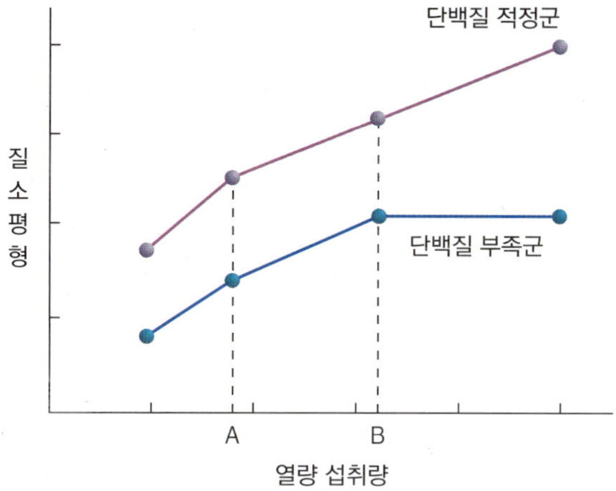

그림 5-24 질소평형과 열량 섭취량의 관계

지 섭취는 단백질의 절약작용을 한다. 그러나 열량 섭취량을 높여주면 질소평형은 호전된다.

그림 5-24의 위 꺾은선그래프는 열량 섭취와 질소평형이 서로 연관이 깊음을 보여주고 있다. 아래 꺾은선그래프는 단백질이 부족한 상태를 나타내며 이때도 열량 섭취가 증가하면 질소평형이 호전되는 것을 볼 수 있다. 여기서 열량 섭취량이 B 이상인데도 호전되지 않는 것은 절대적인 단백질 필요량이 부족할 때, 에너지의 과잉 섭취도 이를 방어해주지 못함을 뜻한다.

(3) 필수아미노산 양과 총질소 섭취량

열량과 영양 섭취량이 적절하다면 질소평형은 필수아미노산의 양과 총질소 섭취량에 달려 있다. 생물가, 즉 필수아미노산 조성이 높을수록 단백질 필요량은 감소한다표 5-15.

이 외에도 단백질 급원의 종류, 같이 섭취하는 식품의 종류에 따라 필요량이 달라진다. 단백질의 급원식품과 같이 섭취하는 식이 종류에 따라 소화·흡수율이 달라지기 때문이다. 소화율이 낮으면 그만큼 필요량은 증가한다. 식이섬유의 양이 많을수록 소화·흡수율은 감소한다.

표 5-15 단백질의 질이 단백질 필요량에 미치는 효과

단백질 급원	생물가(BV)	평형에 필요한 단백질(g)	성인 성장에 필요한 단백질(g)
우유	74	22.4	33.9
밀가루	41	38.7	58.6
콩가루	65	23.4	36.7
콩가루 + 밀가루	55	27.4	42.8

2) 단백질과 아미노산 필요량

(1) 단백질 필요량

단백질의 필요량은 '정상적인 신체활동을 하면서 에너지균형을 유지하는 상태에서, 식사로 섭취된 질소량과 질소손실량 사이에 균형을 유지할 수 있는 최소 수준의 단백질량'이고 주로 질소평형 실험에 의해서 결정된다. 질소평형 실험에서는 단백질을 섭취하지 않을 때 배설되는 불가피한 질소 손실량을 우선 측정하고 여기에 최소 필요량을 결정하여 더하게 된다. 그 외에 단백질 이용효율을 보정하여 체중을 곱해서 권장량을 정하게 된다.

한국인 혼합식이를 위한 1일 평균 단백질 필요량을 0.66g/kg으로 산정하였다. 필요량은 질소평형을 위한 0.66g/kg에 소화흡수율 90%를 적용하여 0.73g/kg으로 정하였으며, 권장섭취량은 평균필요량에 권장량 산정계수인 1.25를 적용하여 0.91g/kg/일을 기준하여 성별·연령별 표준체중을 곱하여 산출하였다표 5-16. 단백질 권장섭취량은 30~64세 남자는 60g이고 여자는 50g이며, 65세 이상의 남자는 55g, 여자는 45g이다.

표 5-16 성인 단백질 섭취기준

(단위: g)

연령	남자		여자	
	평균필요량	권장섭취량	평균필요량	권장섭취량
19~29세	50	65	45	55
30~49세	50	65	40	50
50~64세	50	60	40	50
65~74세	50	60	40	50
75세 이상	50	60	40	50

자료 : 보건복지부·한국영양학회, 2020

(2) 아미노산 필요량

아미노산은 단백질의 구성성분으로서 9종의 필수아미노산과 11종의 비필수아미노산으로 분류된다. 이 중 필수아미노산은 체내에서 생성되지 않아 식품에서 섭취해야 하므로 필요량에 대한 기준이 필요하다.

우리나라의 필수아미노산 섭취기준을 설정하기 위하여 성장기(1~18세)에 요인가산법을 이용하여 평균단백질 축적비율과 체단백질의 평균아미노산값을 곱하여 산출하였다. 성인기(19~64세)는 체위기준에 따라 성별·연령별 대표체중 kg당 필수아미노산 섭취기준량을 산출하였다표 5-17. 최근 국민건강영양조사 결과에 따르면 식생활의 서구화로부

표 5-17 성인기 필수아미노산 섭취기준

(단위: g/일)

성별	연령(세)	메티오닌		류신		이소류신	
		평균섭취량	권장섭취량	평균섭취량	권장섭취량	평균섭취량	권장섭취량
남자	19~29	1.0	1.4	2.4	3.1	1.0	1.4
	30~49	1.1	1.3	2.4	3.1	1.1	1.4
	50~64	1.1	1.3	2.3	2.8	1.1	1.3
여자	19~29	0.8	1.0	2.0	2.5	0.8	1.1
	30~49	0.8	1.0	1.9	2.4	0.8	1.0
	50~64	0.8	1.1	1.9	2.3	0.8	1.1
성별	연령(세)	발린		라이신		페닐알라닌+티로신	
		평균섭취량	권장섭취량	평균섭취량	권장섭취량	평균섭취량	권장섭취량
남자	19~29	1.4	1.7	2.5	3.1	2.8	3.6
	30~49	1.4	1.7	2.4	3.1	2.9	3.5
	50~64	1.3	1.6	2.3	2.9	2.7	3.4
여자	19~29	1.1	1.3	2.1	2.6	2.3	2.9
	30~49	1.0	1.4	2.0	2.5	2.3	2.8
	50~64	1.1	1.3	1.9	2.4	2.2	2.7
성별	연령(세)	트레오닌		트립토판		히스티딘	
		평균섭취량	권장섭취량	평균섭취량	권장섭취량	평균섭취량	권장섭취량
남자	19~29	1.1	1.5	0.3	0.3	0.8	1.0
	30~49	1.2	1.5	0.3	0.3	0.7	1.0
	50~64	1.1	1.4	0.3	0.3	0.7	0.9
여자	19~29	0.9	1.1	0.2	0.3	0.6	0.8
	30~49	0.9	1.2	0.2	0.3	0.6	0.8
	50~64	0.8	1.1	0.2	0.3	0.6	0.7

터 비롯한 육류 섭취 증가로 식품단백질 및 아미노산의 섭취가 증가하는 추세이며, 일부 연령층에서 영양보조제 섭취율 증가, 면역력 증가를 목적으로 개별 아미노산 보충제나 건강기능식품 섭취가 지속적으로 증가하는 추세인 만큼 향후 아미노산 섭취 안전성 확보를 위한 근거가 필요하다.

3) 급원식품

단백질의 급원식품으로는 육류, 생선류, 우유, 난류 등 동물성 급원식품과 곡류, 채소류, 콩류 등의 식물성 급원식품으로 나눌 수 있다. 2017년 국민건강영양통계에서 우리나라 국민의 식품군별 단백질 섭취분율은 육류가 29.7%로 가장 높았고, 곡류와 어패류가 각각 27.1%, 13.6%로 뒤를 이었으며, 이후 채소류 6.1%, 두류 4.9%, 우유류 4.9%, 난류 4.7%, 양념류 3.1%, 과일류 1.4%, 종실류 1.1% 순이었다. 육류와 어패류와 같은 동물성 식품의 섭취가 단백질 섭취에서 높은 비율을 차지하지만, 단백질 섭취량에 대한 주요 급원식품의 순위를 살펴보면, 백미가 가장 높았고, 돼지고기, 닭고기, 소고기, 달걀이 그 뒤를 이었다**표 5-18**.

단백질 보충제와 아미노산 불균형

최근 영양보충제의 하나로 단백질이나 아미노산이 많이 시판되고 있다. 이들은 노약자, 식사를 할 수 없는 환자에게 알부민 등의 주사 형태로 공급하여 단백질 보충효과를 나타낼 수 있다. 그러나 메티오닌, 티로신, 글루타민, 글루코사민 등 특수 아미노산의 보충은 아미노산 불균형을 초래하여 독성을 나타낼 수 있다.

트립토판의 과잉 섭취로 인한 세로토닌 합성 증가는 졸음, 우울증, 정신착란증을 초래할 수 있다. 조미료를 통한 글루탐산의 과잉 섭취는 두통, 메스꺼움, 불안증을 유발할 수 있다.

표 5-18 단백질 주요 급원식품[1]의 단백질 함량

순위	급원식품	함량(g/100g)	순위	급원식품	함량(g/100g)
1	백미	9.3	16	새우	28.2
2	돼지고기(살코기)	19.8	17	고등어	21.1
3	닭고기	23.0	18	오징어	18.8
4	소고기(살코기)	17.1	19	요구르트(호상)	5.2
5	달걀	12.4	20	명태	17.5
6	우유	3.1	21	밀가루	10.3
7	두부	9.6	22	떡	3.7
8	멸치	49.7	23	샌드위치/햄버거/피자	9.6
9	빵	9.0	24	가다랑어	29
10	햄/소시지/베이컨	20.7	25	간장	7.4
11	배추김치	1.9	26	어묵	11.4
12	라면(건면, 스프포함)	8.6	27	보리	8.7
13	국수	7.3	28	된장	13.7
14	돼지 부산물(간)	26	29	현미	6.3
15	대두	36.1	30	소 부산물(간)	29.1

[1] 2017년 국민건강영양조사의 식품별 섭취량과 식품별 단백질 함량(국가표준식품성분표 DB 9.1) 자료를 활용하여 단백질 주요 급원식품 상위 30위 산출

자료 : 보건복지부 · 한국영양학회, 2020

CHAPTER 6

에너지 대사

1. 에너지와 식품 열량가
2. 인체의 에너지 필요량
3. 에너지 섭취기준
4. 에너지 균형과 체중

생명현상을 유지하기 위해 누구나 끊임없이 에너지를 소비하고 충당한다. 인간은 호흡, 혈액 순환, 근육활동 등과 같은 다양한 신체 대사와 기능을 수행하고 체온을 유지하기 위해 에너지를 필요로 하며 식품 섭취를 통해 에너지를 공급받는다.

인체가 여러 대사과정에 사용하는 에너지는 ATP 형태인데, 이것은 식품을 섭취하고 소화 · 흡수 · 대사 과정을 통해 얻어지거나 이미 체내에 저장되었던 탄수화물 · 단백질 · 지질로부터 유래한 것이다.

사람이 하루에 소비하는 에너지는 활동량과 활동의 종류에 따라 달라지며 에너지 섭취량과 소비량이 같을 때 체중은 항상 일정한 상태를 유지하게 된다. 오랜 기간 에너지 필요량에 비해 에너지 섭취를 적게 하면 체중이 감소하게 된다. 반면, 지속적으로 과다하게 에너지를 섭취하면 여분의 에너지는 체내에서 지질로 변하여 축적되고 체중이 증가하게 되며 비만으로 이어진다. 따라서 에너지 섭취량과 소비량의 균형을 잘 유지하는 것이야말로 건강유지를 위한 영양관리의 핵심이라고 할 수 있다.

학 / 습 / 목 / 표

1. 식품의 연소 에너지와 대사 에너지를 설명할 수 있다.
2. 기초대사량의 개념을 설명할 수 있다.
3. 에너지 필요량 측정방법을 설명할 수 있다.
4. 개인별 1일 에너지 필요량을 산출할 수 있다.
5. 에너지 균형과 건강과의 관계를 설명할 수 있다.
6. 비만을 진단하는 방법을 설명할 수 있다.

1. 에너지와 식품 열량가

에너지는 생명현상을 유지하는 원동력이다. 이러한 에너지는 식품에서 섭취한 열량영양소가 체내에서 에너지 대사과정을 거쳐 생성된다.

1) 체내 에너지원의 대사

우리 신체는 살아 있는 동안에 끊임없이 에너지를 이용하고 있다. 호흡과 심장박동, 혈액 순환, 근육활동과 신경전달 등과 같은 다양한 신체 대사와 기능을 수행하고 체온을 유지하려면 에너지가 필요하다. 뿐만 아니라 생체조직의 단백질, 인지질, 호르몬 등의 합성에도 에너지가 사용된다. 또한 나트륨, 칼륨 등의 무기질이 세포막을 이동하는 데에도 에너지가 필요하며 섭취한 포도당, 아미노산 등을 소장 점막세포 내로 흡수하고 이동 저장하기 위해서도 에너지가 필요하다.

(1) 에너지의 대사

생명체는 에너지를 만들어낼 수 없으며, 생체에서 사용되는 모든 에너지를 외부환경으로부터 획득한다. 생체가 이용하는 에너지의 근본적인 원천은 태양에너지로서 녹색식물이 광합성을 통하여 태양에너지를 화학에너지, 즉 탄수화물, 단백질 및 지질의 형태로 전환시키게 된다. 따라서 인간은 식품 섭취를 통해 탄수화물, 지질, 단백질로부터 에너지를 공급받는다. 인체가 여러 대사 과정에 사용하는 에너지는 ATP 형태인데 이것은 식품으로부터 얻거나 저장되었던 탄수화물, 단백질, 지질로부터 유래한 것이다. 즉 탄수화물, 단백질, 지질은 소화흡수 과정을 거쳐 작은 분자로 전환되어 세포 내로 이동되며, 단계적인 산화과정을 거쳐 ATP 형태의 에너지 화합물을 생성하게 된다.

ATP가 합성되는 마지막 생화학적 과정을 산화적 인산화oxidative phosphory lation라고 하는데 전자전달electron transport이라는 세포 내 호흡작용과 연계하여 일어난다그림 6-1. ATP의 인산에스테르 결합이 끊어질 때 자유에너지가 방출된다. 이 에너지로 생명의 필수적인 과정인 ① 새로운 화합물의 합성, ② 근육의 운동, ③ 막을 통한 물질의 수송 등에 이용된다.

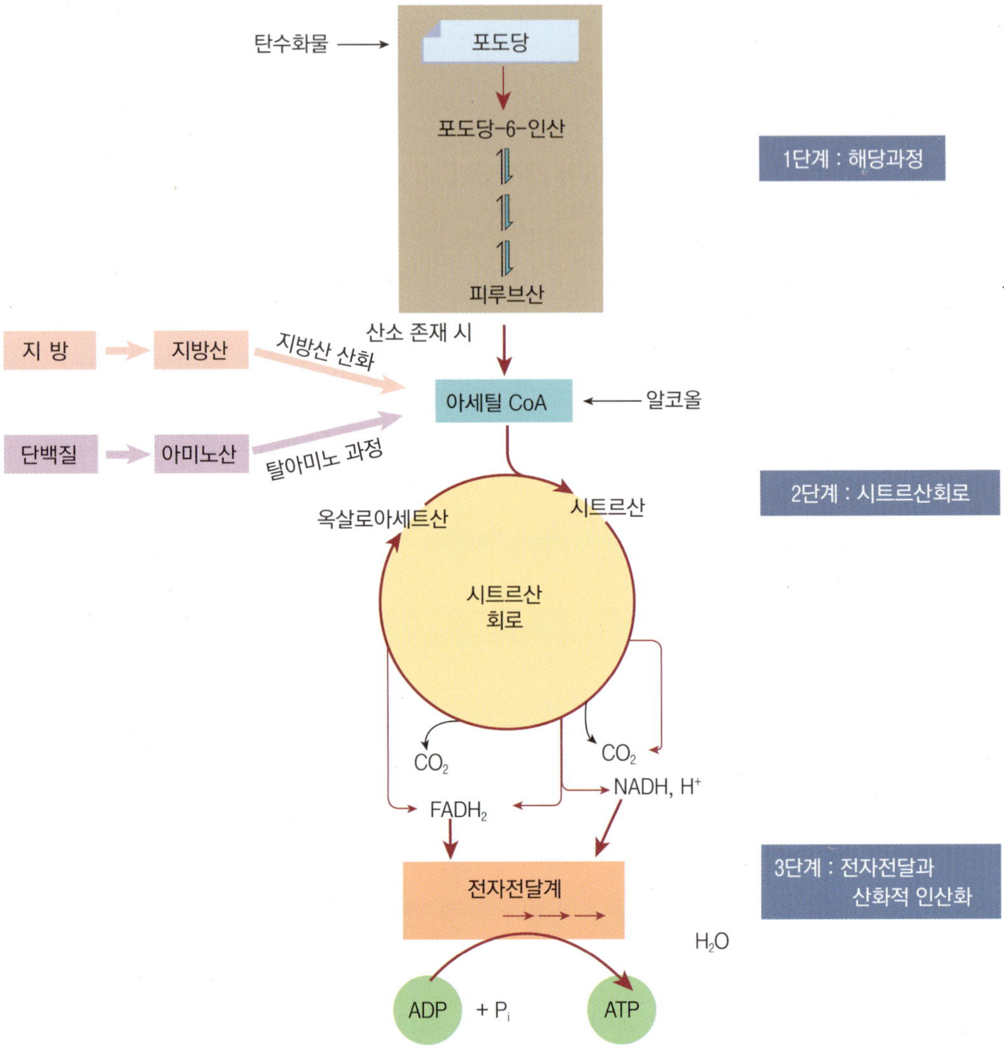

그림 6-1 열량영양소와 대사 개요

(2) 식품의 에너지 형태와 체내 이용

식품의 에너지형태는 연소 에너지, 소화·흡수될 수 있는 에너지, 대사될 수 있는 에너지, 이용 및 저장 에너지로 나눌 수 있다그림 6-3.

탄수화물, 지질 및 단백질이 함유하고 있는 화학에너지 중에서 고에너지 인산 결합(~P)을 형성하여 비축되는 에너지, 즉 ATP 형태로 전환되는 에너지는 약 40%에 불과하

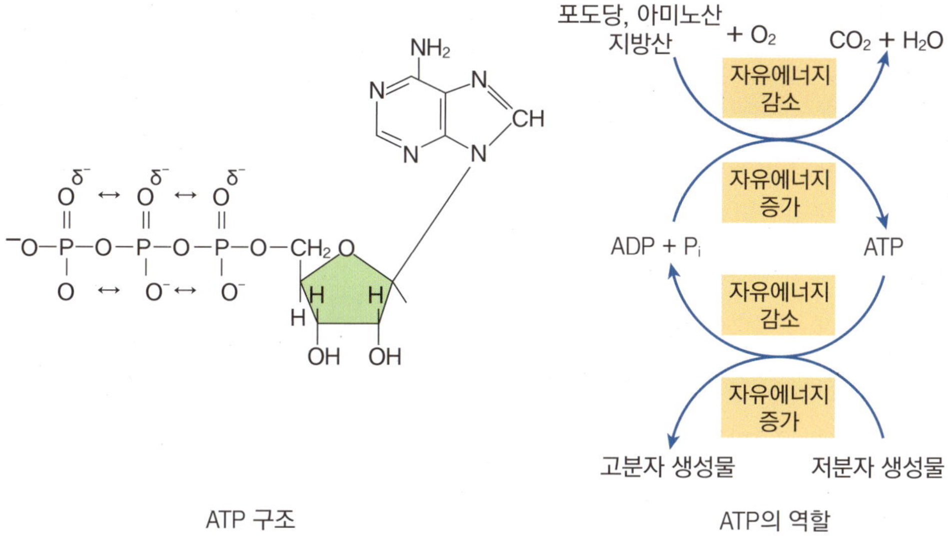

그림 6-2 ATP의 구조(A)와 ATP의 역할(B)

다. ATP의 분해 시 방출되는 에너지도 약 20~35%가 화합물의 합성 및 근육수축에 이용되며 나머지 또한 열로 소실된다. 대사될 수 있는 에너지의 약 50%는 열로 발산되며 대부분 체온 유지에 사용된다.

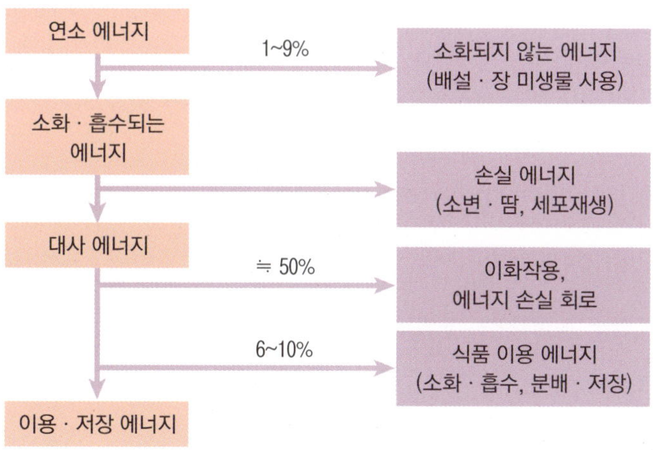

그림 6-3 식품의 에너지 형태

2) 식품 열량가

(1) 봄열량계에 의한 측정

식품에 포함되어 있는 에너지의 총량은 봄열량계Bomb calorimeter 장치를 이용하여 식품의 연소열을 측정하면 알 수 있다.

단열 밀폐된 내부 공간의 중앙에 위치한 용기에 일정량의 식품 시료를 넣고 1기압의 산소를 공급해 식품을 연소시키면, 이때 발생되는 연소열이 용기의 주변을 둘러싸고 있는 물의 온도를 상승시킨다. 이때 발생하는 열로 인해 물의 온도가 상승하는 정도로 그 식품의 에너지를 계산할 수 있다그림 6-4. 열량 영양소들의 연소열가는 탄수화물 4.15kcal/g, 지방 9.45kcal/g, 단백질 5.65kcal/g, 그리고 알코올 7.1kcal/g이다.

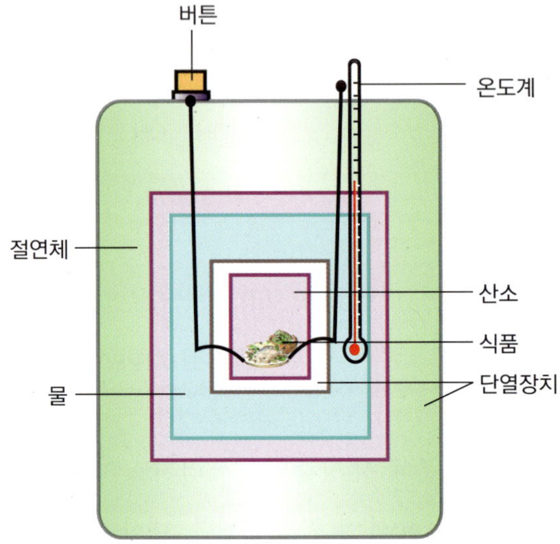

그림 6-4 봄열량계

에너지의 단위는?

식품에 포함된 에너지나 인체가 사용하는 에너지의 단위는 킬로칼로리kcal, 또는 킬로줄kilojoule, kJ로 나타낸다.

- 1kcal : 정상기압 하에서 1kg의 물을 1℃ 올리는 데 요구되는 열에너지의 양
- 1kJ : 1 뉴턴N의 힘을 1m 움직이는 데 필요한 에너지의 양

킬로칼로리와 킬로줄의 관계는?

1kcal = 4.18kJ

(2) 식품의 생리적 열량가

식품 열량영양소에서 생체 이용 가능한 에너지는 연소열가보다 적다. 그 이유는 식품이 섭취되었을 때 불완전하게 소화·흡수가 되기 때문이다. 단백질은 소화·흡수되어도 단백질의 일부가 몸 밖으로 요소로 배설되기 때문이다. 따라서 인체 내에서 열량영양소가 대사될 때 생성되는 에너지는 평균적으로 탄수화물 4kcal/g, 지방 9kcal/g, 단백질 4kcal/g, 그리고 알코올 7kcal/g이다. 이 수치는 식품의 총에너지 함량에 평균 소화율을 적용하고 체내에서 손실되는 에너지를 고려하여 산출한 것이다. 이것을 생리적 열량가 또는 대사에너지라고도 하는데 탄수화물, 지방, 단백질 등의 대사에너지 평균치이다. 식품의 연소열과 소화율, 생리적 열량가는 표 6-1과 같다.

표 6-1 열량영양소의 연소열, 소화율 및 생리적 열량가

영양소	연소열(kcal/g)	소화율(%)	생리적 열량가(kcal/g)
탄수화물	4.15	97	4.0
지방	9.45	95	9.0
단백질	5.65(−1.25)*	92	4.0

*소변을 통해 요소로 손실되는 에너지

식품의 에너지 함량을 계산할 때에는 각 식품에 들어 있는 열량영양소의 함량에 각 영양소에 해당하는 생리적 열량가를 곱해서 나온 값들을 합하면 된다.

식품의 열량가는 식품에 함유된 탄수화물, 지방과 단백질의 양이 다르기 때문에 각 식품의 열량가를 에너지 밀도enerhy density로 표현한다. 지방 함량이 많고 수분 함량이 적은 기름, 버터, 빵 등은 에너지 밀도가 높다. 반면에 감자, 오이, 토마토 등은 수분 함량은 매우 많고 지방이 거의 없어서 에너지 밀도가 낮다.

식품의 열량가는 조리하거나 가공하면 수분이 빠져 나가는 등 조성이 변하거나 첨가되는 성분에 따라서 달라진다. 감자를 예로 들면 삶은 감자, 으깬 감자, 튀긴 감자의 100g당 에너지 양은 상당히 차이가 있다표 6-2. 튀긴 감자의 열량가는 생감자의 3배 이상이다.

표 6-2 조리방법에 따른 감자의 성분과 열량가

상태	탄수화물(g)	지방(g)	단백질(g)	수분 함량(%)	칼로리(kcal/100g)
생감자	11.6	0.1	2.5	81.4	55
삶은 감자	16	0.2	1.7	81.5	72
으깬 감자	13.5	6	1.5	78.5	114
튀긴 감자	38.8	16.6	4	39.8	324

3) 에너지 대사량의 측정

에너지 대사량은 대사열량계를 이용한 직접측정법이나 간접측정법으로 측정할 수 있다. 간접측정법에는 호흡가스측정법이 주로 사용되어 왔으나, 최근에는 측정 대상자의 행동을 제약하지 않고 평상시 에너지 대사량을 측정하는 이중표시수분방법의 사용이 점차 확대되고 있다.

(1) 대사열량계 측정

직접측정법이란 식품의 열량가를 측정하는 것과 같은 원리를 이용하는 방법이다. 대사열량계metabolic chamber를 사용하여 이 안에 사람이 들어가 활동을 하면서 사람의 몸에서 발생하는 열량에 의한 온도 변화를 직접 측정하는 것이다. 이 방법은 특수한 시설과 장치가 필요하며, 측정할 수 있는 활동의 종류가 제한적이고 비용이 많이 드는 것이 단점이다. 따라서 최근에는 거의 이용되지 않는다.

(2) 호흡가스 측정기 이용

간접측정법은 그림 6-5와 같은 호흡가스 측정기를 이용하여 5~10분간 피실험자의 산소 소모량과 이산화탄소 배출량을 측정해 열량영양소의 산화에 의해 에너지가 얼마나 방출되었는지를 산출하는 방법이다.

호흡계수respiratory quotient : RQ란 호흡으로 생성된 CO_2를 소비된 O_2로 나눈 값이다.

$$\text{호흡계수RQ} = \frac{\text{생성된 } CO_2}{\text{소비된 } O_2}$$

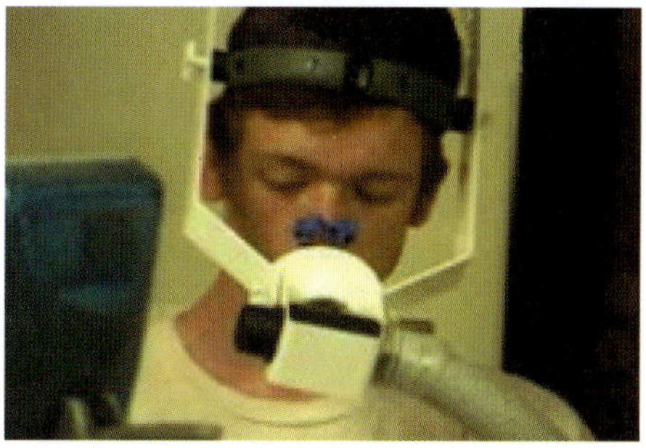

그림 6-5 호흡가스 측정기

열량영양소의 종류에 따라 세포호흡에 소요되는 산소와 생성되는 이산화탄소의 양이 달라지므로 호흡계수 또한 변한다. 즉 혼합 식사를 했을 때 열량영양소의 구성비에 따라 전체 호흡계수가 달라진다.

호흡계수를 구하면 탄수화물, 지질, 그리고 단백질이 어떤 비율로 연소되었는지 알 수 있다. 만일 탄수화물만이 에너지원으로 산화되었다면 RQ값은 1이며, 지질만이 쓰인 경우는 0.7이다. 단백질의 일부가 요소로 배설되는 것을 고려하면, 단백질의 호흡계수는 0.8 정도이다. 일반적으로 당질, 단백질, 지질이 혼합된 식사의 호흡계수가 1에 가까울수록 고당질 식사이며, 0.7에 가까울수록 고지질 식사라고 추정할 수 있다.

열량영양소 대사와 호흡계수

탄수화물, 지질 및 단백질은 시트르산회로 대사를 공통적으로 경유하게 되는데, 탄소는 이산화탄소로 전환되며 이때 수소는 전자전달계를 거쳐 마지막으로 산소와 결합하여 물로 전환되어 체외로 분비된다.

포도당과 트리스테아릴아실글리세롤이 이산화탄소와 물로 완전히 대사될 때의 반응식으로부터 호흡계수를 산출할 수 있다.

$$C_6H_{12}O_6 + 6O_2 \longrightarrow 6CO_2 + 6H_2O$$
$$2C_{57}H_{110}O_6 + 163O_2 \longrightarrow 114CO_2 + 110H_2O$$

(3) 이중표식수법

이중표식수법doubly labeled water method은 측정 대상자의 활동에 제약을 두지 않고 평상시 활동을 그대로 유지하도록 하면서 안정동위원소를 이용하여 하루 에너지 소비량을 간접 측정하는 방법이다. 대상자는 수소와 산소를 안정동위원소로 표지한 물을 마시고 2주일간 체외로 배출되는 ^{18}O와 ^{2}H 배출속도의 차이로부터 CO_2 생성량을 산출하고 O_2 소비량을 추정하여 1일 에너지 소비량을 산출하게 된다. 이 방법은 정확도가 높으나 고가의 비용과 전문적 측정 기술이 필요하기 때문에 측정이 제한적으로 이루어지고 있다.

이중표식수법의 측정원리

이중표식수법은 동위원소를 포함하는 2가지 형태의 수분, 즉 $H_2{}^{18}O$와 $^{2}H_2O$를 에너지소비량을 측정하고자 하는 대상자가 마신 후 1~3주 기간의 소변 또는 혈액 내 ^{2}H와 ^{18}O의 농도 변화를 측정함으로써 체내 CO_2 배출량을 산출하는 방법이다. 이때 $2H_2O$의 배출속도는 수분 유동량을 반영하는 반면, 안정동위체 ^{2}H, ^{18}O의 배출속도는 '수분 유동량 + CO_2 배출량'을 반영하기 때문에 이들 $2H_2O$와 $H_2{}^{18}O$의 농도 변화 차이로부터 체내에서 생성 · 배출되는 CO_2의 양을 산출할 수 있는 것이다. CO_2 배출량에 근거하여 에너지 소비량(TEE)을 계산하는데, CO_2 배출량으로부터 에너지 소비량(TEE)을 추정하려면 RQ(Respiratory Quotient = CO_2 배출량/O_2 소비량) 데이터가 필요하다. RQ와 CO_2 배출량으로부터 O_2 소비량의 계산이 가능하고, O_2 소비량과 RQ를 알면 체내 에너지 연소량을 알 수 있다.

이중표식수법의 장점

이중표시수분방법은 정확도 면에서 매우 우수한 방법이다. 일반적으로 1~3주일 동안의 에너지 소비량을 측정하게 되므로 평상시 에너지 소비량을 잘 반영한다. 즉 특정일의 영향력을 어느 정도 제어할 수 있다. 그리고 무엇보다도 측정 대상자의 일상생활에 전혀 지장을 초래하지 않으면서 측정할 수 있다는 것이 장점이다.

이중표식수법의 이용한 1일 에너지 소비량Total Energy Expenditure

- 체내의 CO_2는 호흡을 통해서 배출되며 물(H_2O)은 호흡, 피부, 소변을 통해서 배출됨
- ^{18}O는 CO_2와 H_2O에 모두 들어 있으므로 ^{2}H보다 인체에서 빨리 배출됨
- 배출 속도는 이중표시수 섭취 후 7~20일간 체액의 동위원소 회전율에 의해 측정
- ^{18}O와 ^{2}H 배출속도의 차이로부터 CO_2 생성량을 산출
- CO_2 생성량과 RQ/FQ로 부터 O_2 소비량이 추정되며 따라서 일일에너지 소비량이 산출 가능
- 인체는 에너지 대사에 의해 이산화탄소(CO_2)와 물(H_2O)이 생산됨

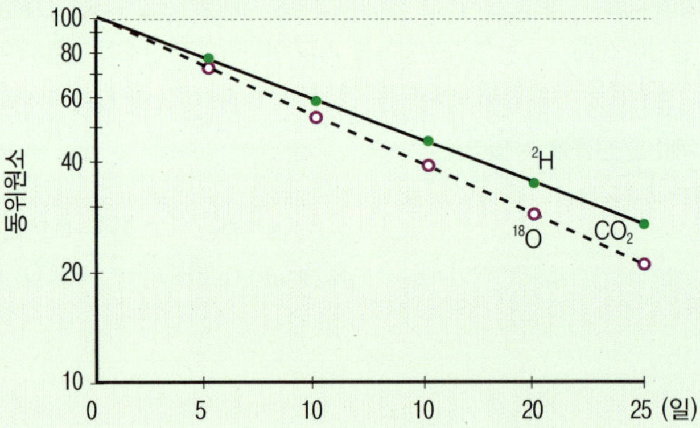

이중표시수 섭취 후 안정동위원소 감소율의 차이

2. 인체의 에너지 필요량

체중 변동이 없는 건강한 성인이라면 하루에 소비하는 에너지는 에너지 요구량과 동일하다. 인간이 소비하는 에너지는 크게 기초/휴식대사량, 신체활동대사량 및 식사성 발열 효과thermic effect of food : TEF 등으로 구성되며, 그 밖에 환경 적응을 위한 대사량(열생산)이 고려될 수 있다. 체중 변동이 없는 건강한 사람의 경우 하루에 소비하는 에너지는 에너지 요구량과 같다.

1) 기초대사량

기초대사량은 인체가 공복상태에서 생명 유지에 필수적인 신체 기능과 활동을 위해 필요한 최소한의 에너지이며, 하루 총에너지소비량의 60~75%를 차지한다. 그러므로 기초대사량에는 신경 활동, 호흡, 혈액 순환을 위한 심장박동, 내분비선의 호르몬 분비, 영양소의 흡수, 대사산물의 배설, 근육의 긴장 및 항상성 유지 등을 수행하는 데 쓰이는 에너지가 포함된다. 성장기에는 여기에 적정 속도로 성장하는 데 필요한 에너지가 추가로 포함된다.

기초대사량은 충분한 수면을 취하고 잠에서 깨어나 침대에 누운 안정상태에서 측정한다. 식사 후 12~14시간이 경과하여 식사성 발열 효과의 영향이 배제된 공복상태여야 하며, 심리적·신체적 스트레스가 전혀 없는 쾌적한 환경 조건에서 측정해야 한다.

기초대사량이란?

완전한 공복상태에서 생명을 유지하는 데 필요한 최소한의 에너지를 의미한다. 식후 12~14시간 경과하고 잠에서 깬 직후에 심장박동, 호흡, 체온 조절 등에 필요한 에너지를 침대에 누운 안정상태에서 측정한다. 기초대사에 관계하는 모든 세포, 조직, 기관들이 같은 정도의 에너지를 소모하지는 않는다.

유아는 성인에 비해서 대사량이 높은 기관들(예: 뇌, 간)이 체중에서 차지하는 상대적 비율이 더 크기 때문에 체중 kg당 기초대사량이 더 크다. 따라서 기초대사량은 연령에 따라 변하며 생후 수개월 동안에 가장 높다가 서서히 감소하고 사춘기에 다시 증가한다. 그 이후에는 노년에 달할 때까지 계속 감소한다.

(1) 기초대사량에 영향을 주는 요소

기초대사량은 체격 및 신체의 조성에 의한 영향을 가장 많이 받으나 그 외에도 성별, 연령, 호르몬, 임신, 체온, 환경온도 등에 따라 차이가 있다표 6-3.

표 6-3 기초대사량에 영향을 미치는 인자

증가 요인	저하 요인
골격근 증가 남자 갑상샘기능 항진 임신 사춘기 극단적인 환경온도 흡연	지방조직 증가 여자 갑상샘기능 저하 수면 노령 영양불량

① 체격과 신체 조성

키, 체중 등 체격에 따라서 기초대사량이 차이를 보이는데, 이는 체표면적의 차이 때문이다. 신체조직은 크게 지방조직과 근육, 골격 등으로 분류할 수 있으며 체지방은 대사가 일어나지 않는 조직이다. 체중에서 체지방 무게를 뺀 나머지를 제지방조직이라고 하는데, 기초대사량과 밀접한 관련이 있다. 체중이 동일하더라도 골격근이 잘 발달해 있고 지방조직이 적은 사람은 기초대사량이 높다.

② 성

동일한 연령, 체중 그리고 신장을 지녔어도 여자의 기초대사량은 남자보다 10~12% 낮다. 이는 남녀 간에 체조성에 큰 차이가 있기 때문인데, 남자는 여자에 비해 골격근이 많고 지방조직이 적다.

③ 호르몬

부신호르몬과 갑상샘호르몬은 모두 대사 속도를 촉진하는 효과를 나타냄으로써 기초대사량에 영향을 준다. 에피네프린은 화가 나거나 공포감을 느끼는 등 강렬한 정서적 자극이 있을 때 부신에서 분비되어 대사를 강력하게 자극한다. 티록신의 대사 촉진작용은 매우 강력하다. 갑상샘 기능이 저하되면 티록신의 분비 감소로 인해 기초대사량이 30%까지도 저하될 수 있다. 이와 반대로 갑상샘 기능이 항진되면 기초대사량이 50~75%까지 증가할 수 있다.

④ 연령

기초대사량은 연령에 따라 변하는데 이는 주로 나이에 따라 대사적 활성도가 다른 조직의 함량이 달라지기 때문이다. 일반적으로 출생 후 2년까지는 기초대사량이 증가하다가 이후 점차 감소하며 사춘기 중에는 일시적으로 증가하는 현상을 보인다. 연령의 증가에 따라 기초대사량이 감소하는 주원인은 비지방조직이 점차 적어지기 때문이다. 20~25세 때에 비해 85세가 되면 비지방조직이 75% 정도로 줄어든다.

⑤ 임신

임신 6개월에서 9개월 사이에는 기초대사량이 약 20% 증가한다. 이는 태아와 태반 또는 모체 조직의 높은 대사활성 때문이라고 생각되나 각각의 기여도는 확실하지 않다.

⑥ 체온

체내에서 일어나는 모든 화학반응은 온도가 올라가면 빨라지므로 체온의 상승은 기초대사를 항진시킨다. 체온이 1°C 오를 때마다 기초대사량이 평균 13% 상승하나, 이보다 더 크게 오를 수도 있다. 이러한 내용은 발열 환자에서 에너지 필요량이 증가한다는 점을 확인해 준다.

⑦ 환경온도

기초대사량은 체온뿐만 아니라 피보험자가 처한 환경온도에도 영향을 받는다. 환경온도가 26°C일 때 대사율이 가장 낮으며, 이보다 높거나 낮은 온도에서는 대사율이 항진된다. 환경온도가 갑자기 내려가면, 몸이 전율하면서 일시적으로 열발생량을 늘리므로 기초대사량이 증가한다. 이러한 현상을 한랭유발성 열발생이라고 하며 체온 강하를 방지하는 효과를 나타낸다.

⑧ 영양불량과 과잉영양

에너지 섭취량이 오랜 기간 에너지 소비량보다 적으면 기초대사량은 예측치보다 20~

30% 떨어진다. 이는 에너지 결핍에 대해 우리 신체가 적응하는 현상이다. 이 현상은 체중을 감량하기 위해 다이어트를 하는 일부 사람에게서 에너지 섭취량의 부족분만큼 실제 체중감소가 나타나지 않는 상황을 설명해 준다. 이와 반대로 장기간 에너지가 과다한 식사를 하는데도 불구하고 예상되는 만큼의 체중증가가 일어나지 않는 점도 에너지 과잉에 대한 적응현상으로 이해된다. 에너지를 과잉 섭취할 때에는 에너지를 열로써 다량 방출하는 등 비생산적인 대사에 에너지 사용량이 늘어나는 추세를 보인다.

⑨ 수면

수면 중에는 근육이나 정서상태가 기초대사량을 측정하는 조건보다 더 이완되어 있기 때문에 에너지 필요량이 감소한다. 그러나 일부 사람에서는 잠을 자면서 무의식적으로 몸을 젖히고 움직이는 동작에 에너지를 쓰게 되므로 수면에 따른 에너지 소모량 감소가 보상되기도 한다.

⑩ 흡연

니코틴은 기초대사량을 10%가량 증가시킨다. 또한 니코틴은 식욕을 억제한다. 흡연을 하던 사람이 금연하게 되면 식욕이 좋아지면서 체중이 증가하는 경향을 보이는 현상은 이러한 이론으로 설명될 수 있다.

(2) 기초대사량 추정법

기초대사량을 직접법이나 간접법으로 측정하는 것은 많은 노력과 비용, 설비를 필요로 한다. 따라서 키, 체중, 연령 등을 이용하여 추정하는 여러 가지 방식이 고안되었다. 표 6-4는 기초대사량 산출에 사용되는 대표적인 방법들이다.

일상적인 식사를 하는 보통 사람이 기초대사량을 측정하는 조건에서 호흡계수는 0.82 정도이다. 호흡계수 0.82에서 소모되는 산소 1L는 4.825kcal에 해당하며, 생성된 이산화탄소 1L는 5.844kcal에 해당한다. 만약 기초대사량을 측정하는 실험에서 6분 동안에 1.1L의 산소를 소모했다면 산소소모량은 '1.10 × 60min/6min × 24 = 264L'이고, 기초대사량은 '264L × 4.825kcal/L = 1,273.8kcal'이 된다.

표 6-4 기초대사량 산출방법

종류	산출방법
체중으로 산출하는 법	남 : 1kcal/kg/시간 여 : 0.9kcal/kg/시간
해리스-베네딕트 공식 (10세 이상 대상)	남 : 66.5 + 13.5×체중(kg) + 5.0×신장(cm) - 6.8×나이 여 : 655.1 + 9.6×체중(kg) + 1.8×신장(cm) - 4.7×나이
FAO/WHO/UNU 공식 (18~30세)	남 : 15.3×체중(kg) + 679 여 : 14.7×체중(kg) + 496
National Academy of Medicine (성인 19세 이상)	남 : 204 - 4.00×연령(세) + 450.5×신장(m) + 11.69×체중(kg) 여 : 255 - 2.35×연령(세) + 361.6×신장(m) + 9.39×체중(kg)

휴식대사량

휴식대사량은 정상적인 신체기능과 내적 항상성을 유지하기 위한 에너지와 교감신경계의 활성을 유지하기 위한 에너지이다. 식사 후 4~6시간이 경과한 후에 안락한 환경에서 누워 있거나 앉아 있는 상태에서의 에너지 소모량을 의미한다. 식후 4시간 후에 측정하면 기초대사량과 매우 유사하다. 기초대사량의 조건은 식후 12~18시간이 경과하고 아침에 잠을 깬 후 일어나기 전 수분 정도에 해당하므로 측정에 어려움이 많다. 따라서 현재는 휴식대사량이 기초대사량보다 더 보편적으로 사용된다.

2) 활동대사량

신체활동을 하면 활동강도에 따라 심장박동과 호흡이 증가한다. 표 6-5는 다양한 신체활동에 대한 에너지 요구량을 제시한 것이다. 활동대사량은 활동의 정도와 지속시간에 의해 결정되며, 신체활동에 따른 에너지 소비량은 사람에 따라 많은 차이가 있다. 활동량이 적은 사람은 활동에너지 소비량이 기초대사량의 절반에도 미치지 못하는 반면, 활동량이 많은 사람(예 : 운동선수, 비숙련 육체노동자)의 경우 기초대사량의 2배 이상을 활동에너지로 소비하기도 한다. 비활동적 수준은 주로 입원환자처럼 활동이 제한된 사람의 활동수준에 해당된다. 여가 시간에 규칙적으로 운동을 수행하지 않는 일반 사무직 종사자는 대부분 저활동적 수준에 해당된다.

표 6-5 신체활동 종류별 에너지 소요량의 예

신체활동	에너지 소요량(kcal/kg/시간)
수영	7.9
달리기	7.0
스케이트 타기	3.5
자전거 타기	2.5
계단 오르기	1.2
설거지, 다림질	1.0
자동차 운전	0.9
식사	0.4

3) 식사성 열발생

식품의 열생산효과(식사성 발열효과)는 식품 섭취에 따른 영양소의 소화와 흡수, 이동, 대사, 저장 등의 과정에 소요되는 에너지를 말한다. 식품 섭취 후 나타나는 에너지 소비량 증가분을 식사성 발열효과로 지칭하는데, 식사성 발열효과는 영양소별로 차이가 있다. 지질은 흡수·분해·저장과정이 비교적 쉽게 이루어지기 때문에 열량영양소 가운데 식사성 발열효과가 가장 적어 0~5%에 불과하며, 탄수화물은 5~10%, 단백질은 20~30%로 가장 많다. 단백질이 식사성 발열효과 값이 많은 이유는 아미노산의 흡수, 아미노산의 체단백 합성, 아민기의 요소 합성, 포도당신생합성 등과 같은 복잡한 대사과정을 거치기 때문이다. 일상적인 식사를 할 때 식사성 발열효과는 섭취하는 총에너지의 10% 정도이다.

적응대사량

적응대사량이란 환경변화에 적응하는 데 요구되는 대사량이다. 추운 환경이나 과식, 스트레스 등에 의해 열발생으로 소모되는 에너지를 말한다. 대표적인 예로서 추운 온도에 노출되면 떨림현상이 일어나 열을 발생시킴으로써 체온의 저하를 막는 것을 볼 수 있는데 이때 필요한 에너지가 적응대사량이다. 과식을 하였을 때 섭취한 과잉의 에너지가 그대로 체중증가량으로 나타나지는 않는 것은 잉여 에너지가 열로 발산되어 에너지 효율을 떨어뜨리기 때문인데, 이것은 적응대사량으로 설명될 수 있다.

3. 에너지 섭취기준

1) 에너지 섭취기준

에너지의 섭취기준, 즉 에너지필요추정량은 하루 에너지 소비량을 의미한다. 표 6-6은 2020 한국인 영양소 섭취기준에 제시된 우리나라 사람의 연령별 남녀 평균신장과 에너지필요추정량을 나타낸 것이다. 이는 건강하고 적정 수준의 활동을 수행하며 표준 체격을 지닌 사람이 에너지 평형을 유지하는 데 필요한 양이다.

에너지필요추정량은 섭취 부족에 따른 유해 효과와, 과잉 섭취에 따른 피해가 최소가 되는 섭취량을 의미한다. 실제로 개개인은 신장과 체중이 표준체격과 상이한 경우가 대부분이므로 개인별로 자신의 체격과 활동상태에 부합하는 에너지 필요량을 추정하려면 추정량 산출 공식을 이용하여 에너지 필요량을 산출하는 것이 바람직하다.

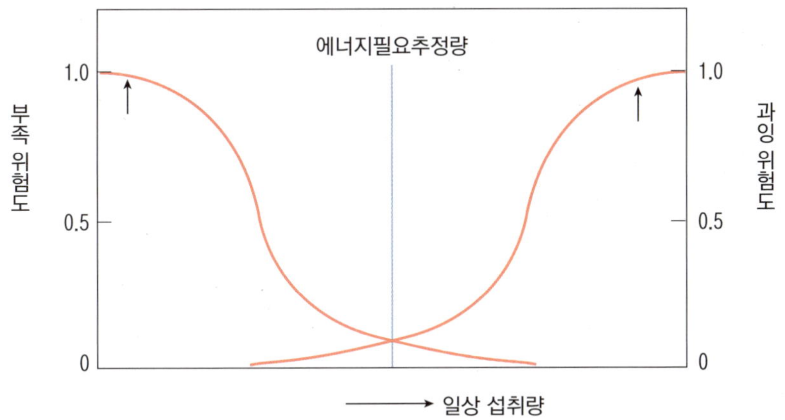

그림 6-6 에너지필요추정량의 결정

표 6-6 한국인의 에너지 섭취기준

연령		신장(cm)	체중(kg)	에너지필요추정량(kcal/일)
영아	0~5(개월)	58.3	5.5	500
	6~11	70.3	8.4	600
유아	1~2(세)	85.8	11.7	900
	3~5	105.4	17.6	1,400
남자	6~8(세)	124.6	25.6	1,700
	9~11	141.7	37.4	2,000
	12~14	161.2	52.7	2,500
	15~18	172.4	64.5	2,700
	19~29	174.6	68.9	2,600
	30~49	173.2	67.8	2,500
	50~64	168.9	64.5	2,200
	65~74	166.2	62.4	2,000
	75 이상	163.1	60.1	1,900
여자	6~8(세)	123.5	25.0	1,500
	9~11	142.1	36.6	1,800
	12~14	156.6	48.7	2,000
	15~18	160.3	53.8	2,000
	19~29	161.4	55.9	2,000
	30~49	159.8	54.7	1,900
	50~64	156.6	52.5	1,700
	65~74	152.9	50.0	1,600
	75 이상	146.7	46.1	1,500
임신부				+0/+340/+450*
수유부				+340

* 임신1, 2, 3분기별 부가량

자료: 보건복지부 · 한국영양학회, 2020.

2) 에너지필요량의 추정 산출

우리나라 성인 남녀의 에너지필요추정량 산출 공식은 외국에서 연구된 이중표시수분 방법에 의한 인체실험 결과를 토대로 만들어진 것이다.

평균적인 우리나라 성인 남녀의 에너지필요추정량은 남녀 각각 저활동적 수준에 해당하는 신체활동계수인 1.11과 1.12를 적용하여 산출한다. 그러나 실제로 개인의 에너지

성인 남자 에너지 필요추정량 산출공식

662 − 9.53×연령(세) + PA[15.91×체중(kg) + 539.6×신장(m)]

PA = 1.0(비활동적), 1.11(저활동적), 1.25(활동적), 1.48(매우 활동적)

성인 여자 에너지 필요추정량 산출공식

354 − 6.91×연령(세) + PA[9.36×체중(kg) + 726×신장(m)]

PA = 1.0(비활동적), 1.12(저활동적), 1.27(활동적), 1.45(매우 활동적)

PAL
신체활동수준, 사람의 1일 총에너지 소비량을 기초대사량(휴식대사량)으로 나눈 값

PA
신체활동단계별 계수, 신체활동수준을 활동단계(비활동적, 저활동적, 활동적, 매우 활동적)의 4단계로 분류하고 수치화한 값

소비량을 계산하려면 개인의 1일 활동종류와 활동의 지속시간을 1일 신체활동일기로 기록해야 한다. 기록은 분으로 나타내고 활동강도도 정확히 기록해야 한다. 신체활동수준별 일상생활 패턴과 1일 활동구성을 나타낸 것표 6-7이며, 신체활동수준별 신체활동의 예를 정리한 것표 6-8과 같다. 이 두 표를 참고하여 생활시간표에서 얻은 활동종류와 활동시간을 토대로 활동상태를 파악한다.

표 6-7 신체활동 수준별 일상생활 패턴과 1일 활동 구성

신체활동 수준		저활동 1.50* (1.40~1.60)	활동적 1.75* (1.60~1.90)	매우 활동적 2.00* (1.90~2.20)
일상생활		대부분의 시간을 앉아서 하는 정적 활동으로 보냄	주로 앉아서 보내지만 서서 하는 작업, 통근, 물건 구입, 가사, 가벼운 운동 등 포함	주로 서서 하는 작업에 종사, 또는 운동 등 활발한 여가활동 실시
1일 활동 구성 (시간/일)	수면(1.0*)	8	7~8	7
	휴식 및 여가활동(1.5 : 1.1~1.9*)	13~14	11~12	10
	저강도 활동(2.5 : 2.0~2.9*)	1~2	3	3~4
	중강도 활동(4.5 : 3.0~5.9*)	1	2	3
	고강도 활동(7.0 : 6.0 이상*)	0	0	0~1

*신체활동수준(PAL)

표 6-8 신체활동 수준별 신체활동의 예

PAL	활동 예
1.0	수면
휴식, 여가 활동(1.1~1.9)	옆으로 눕기, 앉아서 책읽기, 서예, TV 시청, 대화, 요리, 식사, 세면, 배변, 바느질, 재봉일, 꽃꽂이, 다도, 카드놀이, 악기 연주, 운전, 서류정리, 워드작업, 사무용기기 사용 등
저강도 활동(2.0~2.9)	지하철/버스 서서 탑승, 쇼핑, 산책, 세탁(세탁기 사용), 청소(청소기 사용) 등
중강도 활동(3.0~5.9)	정원 손질, 보통속도 걷기, 목욕, 자전거 타기, 아기 업고 보행, 게이트볼, 캐치볼, 골프, 가벼운 댄스, 하이킹(평지), 계단 오르기, 이불 널고 걷기, 체조 등
고강도 활동(6.0 이상)	근력 트레이닝, 에어로빅, 노젓기, 조깅, 테니스, 배드민턴, 배구, 스키, 축구, 스케이트, 수영, 달리기 등

신체활동 단계에 따라 연령대 및 성별로 신체활동 단계별 계수PA는 **표 6-9**와 같이 상이하다. 모든 연령대에서 우리나라 사람의 활동단계를 '저활동적'으로 보고 해당 계수를 공식에 대입하여 현재의 2020년 에너지필요추정량을 산출하였다.

표 6-9 에너지필요추정량 산출공식에 적용하는 신체활동단계별 계수(PA)

신체활동 단계	신체활동수준(PAL)	신체활동 단계별 계수(PA)			
		아동 및 청소년		성인	
		남	여	남	여
비활동적(Sedentary)	1.00~1.39	1.00	1.00	1.00	1.00
저활동적(Low active)	1.40~1.59	1.13	1.16	1.11	1.12
활동적(Active)	1.60~1.89	1.26	1.31	1.25	1.27
매우 활동적(Very active)	1.90~2.50	1.42	1.56	1.48	1.45

30세 성인 남녀의 신장과 신체활동수준별 에너지필요추정량을 체중 범위의 최저치(BMI 18.5)와 최대치(BMI 2.9)로 구분하여 나타낸 것이 **표 6-10**이다.

표 6-10 30세 성인의 신장·신체활동수준·BMI에 따른 에너지필요추정량

성별	신장 (cm)	신체활동수준	체중(kg)		에너지필요추정량	
			기준 BMI 18.5	기준 BMI 24.9	기준 BMI 18.5	기준 BMI 24.9
남자	160	비활동적	47.4	64.0	1,993	2,257
		저활동적			2,171	2,464
		활동적			2,397	2,727
		매우 활동적			2,769	3,160
	165	비활동적	50.4	68.0	2,068	2,349
		저활동적			2,254	2,566
		활동적			2,490	2,842
		매우 활동적			2,880	3,296
	170	비활동적	53.5	72.2	2,114	2,442
		저활동적			2,338	2,670
		활동적			2,586	2,959
		매우 활동적			2,992	3,434
	175	비활동적	56.7	76.5	2,222	2,538
		저활동적			2,425	2,776
		활동적			2,683	3,078
		매우 활동적			3,108	3,576
	180	비활동적	59.9	81.0	2,301	2,635
		저활동적			2,513	2,884
		활동적			2,782	3,200
		매우 활동적			3,225	3,720
여자	150	비활동적	41.6	56.2	1,625	1,762
		저활동적			1,803	1,956
		활동적			2,025	2,198
		매우 활동적			2,291	2,489
	155	비활동적	44.4	60.0	1,688	1,834
		저활동적			1,873	2,037
		활동적			2,104	2,290
		매우 활동적			2,382	2,593
	160	비활동적	47.4	64.0	1,752	1,907
		저활동적			1,944	2,118
		활동적			2,185	2,385
		매우 활동적			2,474	2,699
	165	비활동적	50.4	68.0	1,876	1,982
		저활동적			2,016	2,202
		활동적			2,267	2,407
		매우 활동적			2,567	2,807
	170	비활동적	53.5	72.2	1,881	2,057
		저활동적			2,090	2,286
		활동적			2,350	2,573
		매우 활동적			2,662	2,917

4. 에너지 균형과 체중

에너지 균형이란 섭취하는 에너지와 소비하는 에너지가 조화를 이루는 것을 의미한다. 최적 건강을 유지하려면 지속적으로 적정체중을 유지하는 것이 바람직하다. 그림 6-7과 같이 건강한 성인의 경우 에너지 균형이 잘 유지되면 체중은 일정한 상태를 유지하게 된다. 그러나 섭취한 에너지가 소비에너지보다 많거나 적으면 에너지 균형은 무너지게 되고, 이러한 에너지 균형의 변화는 체중감소나 체중증가와 직결된다. 사람은 일상생활을 영위해 나가면서 매일매일의 에너지 섭취량과 소비량에 약간의 차이가 나타날 수 있는데, 이러한 차이가 지속될 경우 이는 체중의 변화를 초래하게 된다.

그림 6-7 에너지 균형

1) 신체의 조성

성인에서 에너지 균형을 이루게 되면 체중의 변화는 없으며 체중과 함께 신체조성성분이 건강을 나타내는 중요한 지표로 사용한다. 체중이 70kg인 성인 남자의 평균적인 신체 조성은 표 6-11 및 그림 6-8과 같다.

표 6-11 인체의 조성(성인 남자)

구성 성분	함량(kg)
수분	42.0
단백질	11.9
지방	11.9
글리코겐	0.5
무기질	3.5
기타	0.2
합계	70.0

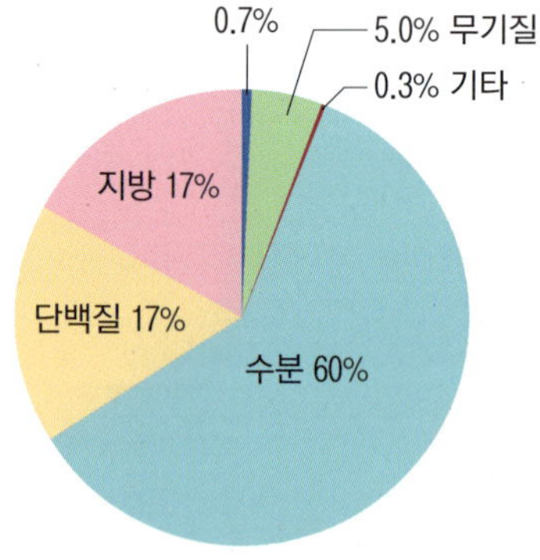

그림 6-8 인체의 화학조성 비율 (체중 70kg 남자)

수분은 인체에 가장 많이 함유된 성분으로 우리 몸에 존재하는 각종 성분의 용매이며, 모든 대사과정은 수분을 매개로 하여 수행된다. 수분은 각 세포에 영양소를 운반하고 폐기물 및 독소들을 제거하는 작용을 하며 동시에 윤활유 역할을 한다. 수분은 또한 체온유지에 필수적이다.

단백질은 각기 다른 기관에 다양하게 분포되어 있다. 피부, 골격 및 근육에 약 70% 함유되어 있고 피부와 골격에 있는 콜라겐 형태로 25%가 포함되며 혈액에 약 5% 정도 함유되어 있다. 근육단백질은 운동 시와 공복 시 포도당을 합성하는 데 이용된다. 지방은 체지방조직에 저장되어 있으며 99%는 중성지방으로 존재한다. 여성의 체지방 함량은 남성보다 2배 정도 더 많다.

2) 에너지 섭취와 체중

(1) 에너지 섭취 과다

에너지 섭취량이 소비량보다 많을 때 단기적으로는 기초대사량과 식품을 위한 에너지 소모량이 증가하여 체중 증가가 크게 일어나지 않는다. 그러나 장기간 에너지 소비량에 비해 에너지를 과다하게 섭취하면 여분의 에너지는 단위중량당 에너지 밀도가 높은 지방으로 전환되어 지방세포에 축적되고 체중이 증가하게 된다. 지방세포는 지방이 대부분을 차지하고 있다그림 6-9.

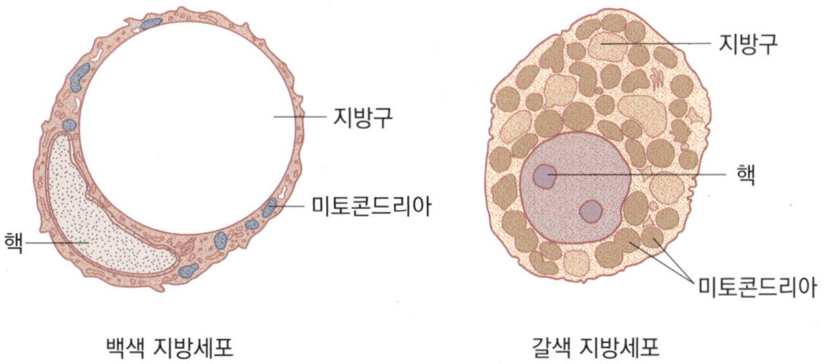

그림 6-9 백색 지방세포와 갈색 지방세포의 비교

탄수화물에서 유래하는 여분의 에너지는 중성지방으로 쉽게 전환이 가능하다. 아미노산은 질소 분리를 위해 탈아미노반응을 거친후 아세틸 CoA가 되는 과정을 거치므로 지방 전환이 쉽게 이루어지지 않는 편이다. 체지방은 중요한 에너지 저장고이다. 질병이나 식사 섭취가 부족하면 에너지로 사용된다.

한편 성장기, 임신기, 소모성 질환의 회복기, 운동선수의 근육 비축기 등에도 에너지 섭취량이 소비량에 비해 과다하면 체중이 증가하게 되며 근육의 증가를 동반한다.

(2) 에너지 섭취 부족

에너지 섭취량이 소비량보다 적어 에너지 결핍상태가 되면, 인체는 생리적인 적응 현상으로서 기초대사량과 식품을 위한 에너지 소모량을 감소시킨다. 따라서 일시적으로는 소비량보다 에너지를 적게 섭취하더라도 체중에 큰 변동이 없다. 즉 체중감소를 위해서 에너지 섭취를 줄이더라도 빠르게 체중이 감소하지 않는다.

그러나 오랜 기간 에너지 소비량에 비해 에너지 섭취가 적은 경우에는 영양부족 현상이 나타나고 체중이 감소하게 된다. 장기간 에너지 섭취부족 상태가 지속되면 면역능력이 손상되어 병원균에 쉽게 감염되는 등 건강을 위협받게 된다. 특히 여성의 경우는 무리한 다이어트로 체중을 감량하면 생리불순 증상이 나타나기도 하는데, 이는 건강에 치명적인 영향을 끼치게 된다.

3) 식품 섭취의 조절

식품 섭취에 영향을 미치는 요인은 매우 다양하다.

(1) 공복감과 식욕

식품 섭취를 유발하는 행동에 강력한 영향을 미치는 요인을 두 가지로 요약하면 공복감과 식욕이다. 공복감은 음식을 찾아 먹도록 하는 생리적인 반응인데 시상하부의 섭식중추가 자극을 받으면 계속적으로 식품을 섭취하게 되고, 반대로 포만중추가 자극을 받으면 배고픔을 느끼지 못하게 된다**그림 6-10**.

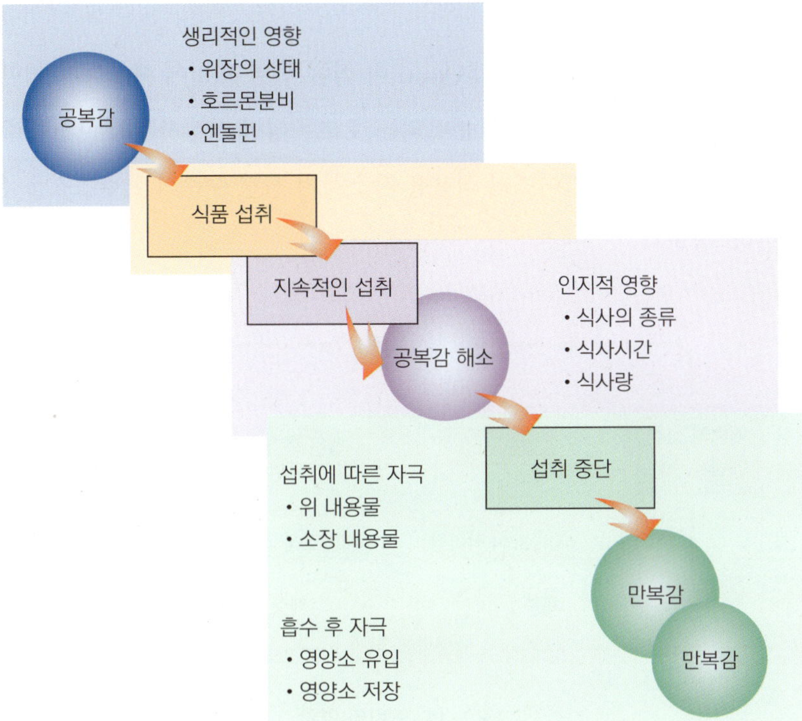

그림 6-10 공복감과 식사, 만복감과의 관계

반면에 식욕은 공복감과 상관없이 특별한 음식이나 식품을 먹고자 하는 욕구이다. 음식을 보거나 냄새를 맡게 될 때 스트레스나 감정적인 자극이 음식 섭취 욕구를 증가시킨다. 배고픔보다는 식욕에 의해서 음식을 섭취할 때 과잉 에너지를 섭취하게 되고 비만의 위험성이 증가한다**그림 6-10**.

식품 섭취에 영향을 주는 요인들을 정리하면 다음과 같다.

• 생리적인 면 :	위장이 비워진 정도, 위수축, 소화성 호르몬 분비
	엔돌핀이 시각 · 후각 · 미각 자극에 의해 분비되어 음식 섭취 욕구를 자극
• 미각적인 면 :	음식에 관한 생각, 음식의 미관 · 냄새 · 맛
• 인지적인 면 :	식사의 동반자, 특별한 행사, 공복감 · 만복감 여부
	좋아하는 음식, 종교음식, 식사시간, 제공되는 음식의 양, 무료 제공 여부
• 섭취물질 :	위 내용물이 위장 운동을 자극, 소장 내용물이 호르몬 분비를 자극
• 흡수된 영양소 :	혈액에 유입된 영양소가 뇌와 신경에 영양소의 이용 및 저장상태를 알림
	영양소 양이 감소하면 만복감도 감소, 만복감이 감소하면 공복감이 생김

(2) 렙틴

최근에는 지방세포에서 분비되는 렙틴leptin이 식품 섭취 조절에 핵심적인 역할을 하는 것이 밝혀졌다. 렙틴은 지방세포에서 분비되는 호르몬이며 시상하부의 포만중추에 포만감 신호를 전달하여 식욕을 떨어뜨려 식욕을 감소시켜 적정 수준의 지방조직을 유지시키는 작용을 한다그림 6-11.

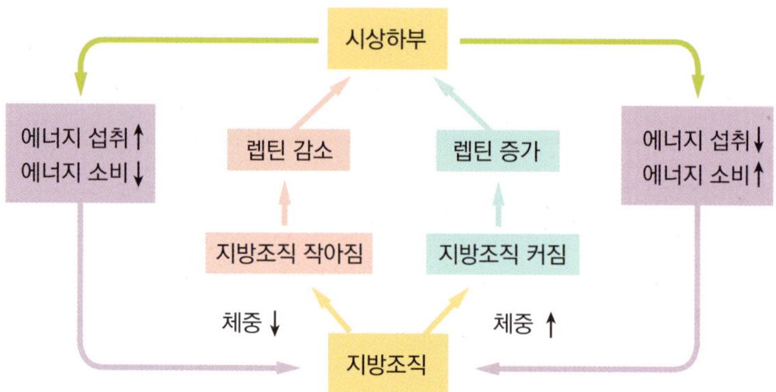

그림 6-11 렙틴의 역할

4) 비만

비만은 체지방이 과다한 상태, 즉 지방이 정상보다 더 많이 축적된 상태를 말한다. 따라서 운동을 많이 하여 근육량이 늘어나 체중이 많이 나가는 경우는 비만이라고 하지 않는다.

(1) 비만의 위해

비만은 양에너지 균형의 결과로 나타나는 하나의 현상이나 최근에는 비만을 질병으로 이해하려는 경향이 뚜렷하다. 이는 지방세포에 지방이 과다하게 축적되면서 인슐린 저항성이 증가해 여러 가지 대사에 이상을 초래하고 만성 퇴행성질환의 발병률을 높이기 때문이다.

비만은 혈압을 증가시키며, 혈중 지질 양상에 이상을 초래해 동맥경화증을 일으키고,

이로 인해 심순환기계질환의 위험률을 높이며, 이 외에 담낭질환, 당뇨병, 결장암, 직장암 및 전립선암의 발생률도 증가시킨다. 여자에게는 임신기간 중 산과적 합병증의 발생 위험을 높이고 산욕기에 감염률도 증가시킨다. 그러므로 비만은 동일한 성과 동일한 연령에서 총사망률을 높이는 결과를 초래한다표 6-12. 비만이 갖는 심리적·사회적 비용은 상당하다. 비만한 사람은 편견과 차별을 받을 수 있다. 일반적으로 게으르고 어리석다는 편견과 직장과 사회로부터 불이익을 당하는 경향이 많다. 비만한 사람은 보통 이상의 우울증이나 자신감 부족, 고독감 등 심리적 장애와 낮은 자존감을 가질 확률이 높다.

표 6-12 비만의 신체적 폐해(100g당)

건강문제	비만의 영향
고혈압·뇌졸중	지방조직에 혈관 길이 증가, 혈액량 증가, 혈액의 흐름에 대한 저항 증가
2형 당뇨병	팽창된 지방세포는 인슐린과의 결합능력이 저하되어 인슐린이 전달하는 신호에 대한 반응능력이 떨어짐
관상심장병	혈액의 LDL 콜레스테롤과 중성지방의 증가, HDL 콜레스테롤의 감소, 신체 활동성 감소
암	동물실험에서 몇 가지 암의 발생이 과도한 열량섭취로 촉진되었음
수술 시 위험	마취약 필요량 증가, 상처 감염의 우려 증가
호흡계질환·수면장애	폐와 인후에 대한 과다 압력 부하
뼈와 관절 질환	무릎·엉덩이관절에 대한 압력 증가
담낭결석	담즙의 콜레스테롤 농도 증가
피부질환	살 접힌 부분에 땀이 차고 미생물 번식 증가
작은 키	과다 체지방은 사춘기 시작을 앞당김
임신 합병증	분만의 난이도 증가와 마취약 필요량 증가
사고·낙상 위험 증가	민첩성의 감소

(2) 비만 유형

체내 지방이 축적된 부위에 따라 비만의 형태를 분류할 수 있는데, 복부에 지방 축적이 많은 것을 상체비만(복부비만)이라 하고, 엉덩이에 지방 축적이 많은 것을 하체비만이라고 한다그림 6-12. 상체비만은 주로 남성, 하체비만은 여성에서 많다. 상체비만형에서 복

그림 6-12 남성형 비만과 여성형 비만

강 내 지방의 축적이 많을 때 순환기계질환이나 당뇨병 발생 위험이 높아진다.

지방조직은 지방세포의 수가 많아지거나 크기가 커지면서 발달한다. 지방세포가 정상보다 커져서 비만이 야기된 유형을 지방 비대성 비만hypertrophic obesity이라 하고, 지방세포 수가 많아져서 발생한 비만 유형을 지방 증식성 비만hyperplastic obesity이라고 한다그림 6-13. 고도비만, 즉 BMI가 35를 넘거나 체중이 표준체중의 75% 이상인 경우는 대부분 증식성 비만이다.

지방조직세포의 분열로 인해 수가 증가하는 것은 유전적 요인이 작용하며 출생 후 지

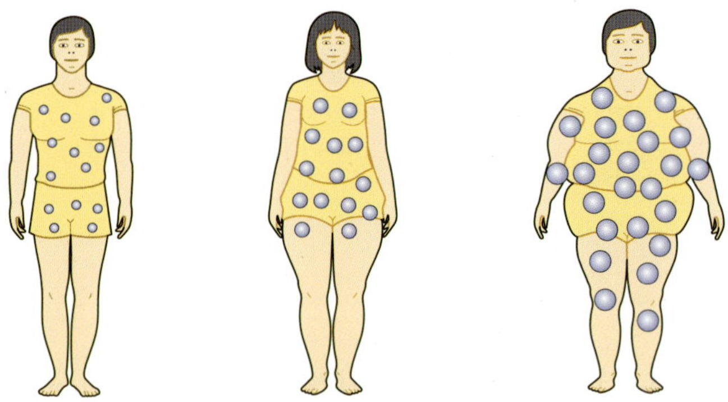

그림 6-13 비대성 비만과 증식성 비만

방세포의 크기가 커지면서 체지방량이 증가한다. 이후부터 사춘기에 지방세포 수가 늘어나 체지방량이 증가한다. 그러므로 성장기 비만은 지방세포의 수가 많은 경향을 보이는 데 비해, 성인기 비만은 지방세포의 크기가 크다.

우리나라 비만 실태

2019년도 국민건강영양조사에서 나타난 우리나라 사람의 비만 유병률은 만 19세 이상 성인에서 남자의 경우 41.8%로 여자 25.0%에 비해 약 16.8%나 높아 특히 성인 남자의 비만이 심각한 것으로 나타났다. 최근 우리나라 성인 전체의 비만율 변화를 보면 1998년 26%, 2001년 29.2%, 2010년 30.9%가 되었고 2015년 33.2%, 2019년 33.8로 증가하였다**그림 6-14**.

성인의 비만 증가는 활동량의 감소와 불규칙한 식생활, 각종 인스턴트 식품이나 패스트푸드, 외식 등과 관련이 깊다. 또한 소아와 청소년의 비만도 심각하게 증가하고 있는데, 이는 성인기 비만으로 이행될 가능성이 높으므로 어린 시기부터 에너지를 과잉 섭취하지 않도록 주의해야 한다.

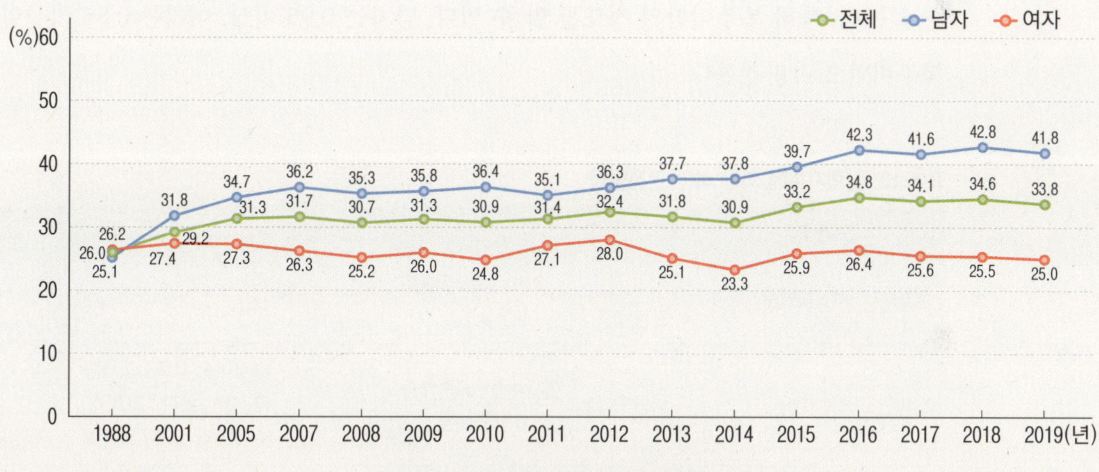

그림 6-14 우리나라 비만 유병률 변화

※ 비만 유병률 : 체질량지수 25kg/m² 이상인 분율, 만 19세 이상

자료 : 보건복지부 · 질병관리청, 2020

(3) 비만의 진단

비만의 판정에는 키와 체중을 이용한 신체지수로 판정하는 법과 체조성body composition 또는 체지방량을 측정하거나 추정하여 판정하는 방법이 사용된다.

① 신체지수를 이용하는 법

신체지수는 체지방량을 정확하게 반영하지는 않지만 비교적 간단하게 비만을 판정하는 방법이다. 체중과 신장을 이용하여 표준체중, 비만도, 체질량지수 등을 산출한 후에 비만을 판정한다표 6-13. 비만도는 현재 자신의 키에 대해 표준체중을 구한 후 현재체중과 비교하여 비만도를 구하는 방법이다. 또한 현재 자신의 체중과 신장을 이용하여 체질량지수body mass index : BMI를 구한 후, 체질량지수가 25kg/m^2 이상(아시아인 기준)이면 비만으로 분류한다. 한편 허리둘레와 엉덩이둘레를 측정하여 그 비율로써 비만을 판정할 수 있는데, 특히 복부비만의 정도를 알 수 있다. 남자는 0.95 이상, 여자는 0.85 이상일 때 복부비만으로 판정한다.

표 6-13 신체지수에 의한 비만 판정방법

종류	판정방법	
표준체중 비만도(체형)	키 : ________cm 현재 체중 :________ kg 표준체중 = (키 − 100) × 0.9	
1. 비만도(브로카법)	$비만도(\%) = \frac{현재체중 - 표준체중}{표준체중} \times 100$	10% 이상 부족 : 저체중 10~20% 초과 : 과체중 20% 이상 초과 : 비만
2. 체질량지수(BMI)	$체질량지수 = \frac{체중(kg)}{신장(m)^2}$	18.5kg/m^2 미만 : 저체중 18.5~22.9kg/m^2 : 정상 23.0~24.9kg/m^2 : 비만 전 단계 25.0~29.9kg/m^2 : 1단계 비만 30~34.9kg/m^2 : 2단계 비만 35kg/m^2 이상 : 3단계 비만(고도비만) (대한비만학회, 2020)
3. 허리·엉덩이 둘레비 (waist to hip ratio : WHR)	$WHR = \frac{허리둘레(cm)}{엉덩이둘레(cm)}$	(대한비만학회 기준) 남자 0.95 이상 비만 여자 0.85 이상 비만
4. 허리둘레	갈비뼈 가장 아래 위치와 골반의 가장 높은 위치의 중간 부분 위를 줄자로 측정	성인 남자 : 90cm 이상 비만 성인 여자 : 85cm 이상 비만

체질량지수는 특수한 장비를 필요로 하지 않아 사용이 간편하므로 가장 많이 사용되는 지표이다. 체질량지수와 질병으로 인한 사망률과의 관계를 보면 체질량지수가 정상 범위인 경우에는 건강의 위험이 낮으나, 체질량지수가 정상 범위보다 낮아지면 소화기계·호흡기계질환으로 인한 사망률이 높아지고, 체질량지수가 정상범위보다 높아질수록 심혈관계질환, 담석증gallbladder disease, 당뇨병 등에 의한 사망률이 증가한다그림 6-15. 그러므로 정상체중을 유지하는 것이 건강을 지키는 데 무엇보다 중요하다.

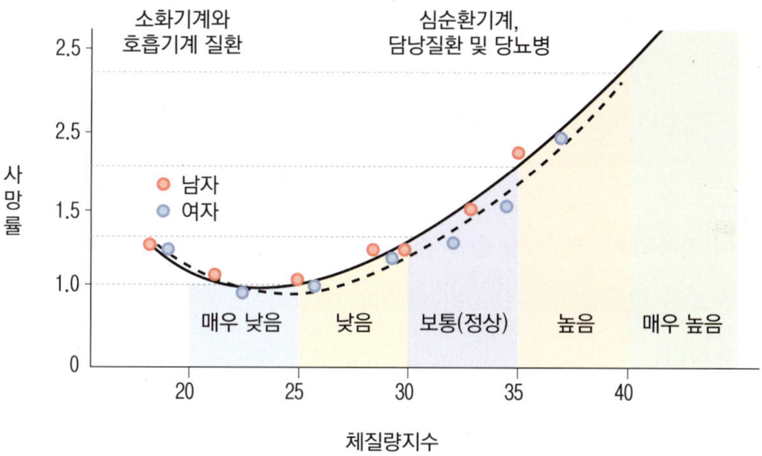

그림 6-15 체질량지수와 사망률과의 관계

② 신체조성을 측정하는 법

신체조성측정법이란 수중체중을 측정하거나 전기저항의 원리, 초음파, X-ray, 캘리퍼스 등을 이용하여 체지방량을 측정하여 체중에 대해 지방이 차지하는 비율로 비만을 판정하는 방법이다.

간편한 측정법으로는 생체전기저항의 원리를 이용하여 체지방을 측정하는 방법과 캘리퍼스를 이용하는 방법이 사용된다. 생체전기저항법은 신체에 전류가 흐를 때 저항이 작을수록 수분 함량이 더 많고 제지방량이 많다는 원리에 의거하여 신체조성을 예측하는 방법이다. 캘리퍼는 신체의 대표적 부위의 피하지방조직의 두께를 측정하는 간편한 기구이다. 이 방법으로 신체조성을 측정하려면 먼저 다양한 신체 부위를 측정하고, 그 측정값

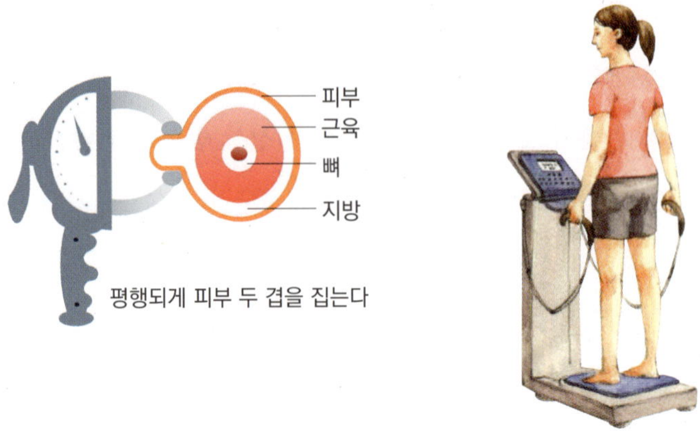

캘리퍼　　　　생체전기저항 측정기

그림 6-16 체지방 측정기기

을 산출공식에 적용하여 체지방률을 산출하게 된다그림 6-16.

체지방률에 의한 비만판정은 남자는 체중의 25% 이상, 여자는 30% 이상이 지방일 때 비만으로 분류한다.

5) 체중 조절

체중 조절을 할 때 가장 중요한 것은 균형적인 영양섭취를 하면서 건강을 해치지 않게 점진적으로 체지방이 감소되도록 하는 것이다. 그리고 체중감량을 하고 난 후에 다시 체중이 증가하여 원 상태로 되돌아가는 요요현상이 생기지 않도록 한다. 상업적인 비만관리 프로그램에서 단기간에 급속하게 체중감량을 달성한다고 과대광고를 하는 경우가 있으나, 감량에 성공해도 흔히 요요현상이 일어나 다시 살이 찌는 경우가 많다. 이러한 체중감량 시도를 반복하면 근육량이 줄어들고 기초대사량의 감소가 수반되므로 원하는 체중 조절은 더욱 어려워지게 된다. 체중 조절에 성공하려면 건강에 무리가 가지 않는 범위 내에서 장기적·단기적 체중감량 목표를 정하고 그에 부합하는 에너지 섭취량과 신체 운동량을 파악하여 꾸준히 체중 조절 프로그램을 실천해야 한다. 의사의 도움 없는 체중감량 계획은 일주일에 0.5kg 정도를 감량 목표로 실시하는 것이 가장 안전하며 일반적으로 식사요법, 운동요법, 행동수정요법을 함께 병행하는 것이 효과적이다.

(1) 식사요법

체중 조절의 가장 핵심은 식사요법이다. 균형적인 영양섭취를 위해 에너지 밀도가 낮은 식품과 조리방법을 선택하는 것이 중요하다. 단식요법은 의사와 영양전문가의 도움 없이 실행하면 위험할 수 있으므로 피하는 것이 좋으며, 특정 음식에만 의존하는 다이어트는 영양불균형을 초래할 우려가 높다. 표 6-14에 제시된 일상식품의 에너지 함량을 참고하여 에너지 밀도가 낮은 음식과 조리방법을 선택하고 저열량 식사를 꾸준히 실천해야 한다. 식이섬유가 풍부한 채소와 해조류를 많이 활용하면 식사의 양도 풍성해지고 만복감을 주는 식사를 할 수 있다.

표 6-14 일상 식품의 에너지 함량(100g당)

식품	에너지(kcal)
초콜릿, 감자칩, 버터쿠키, 호두, 땅콩	500 이상
설탕, 치즈, 돼지고기, 삼겹살	300~400
아이스크림, 달걀, 쇠고기	150~200
밥, 국수	100~150
무, 바나나, 감자	50~100
사이다, 사과, 배, 귤	25~50
당근, 시금치, 양배추, 오이, 미역	0~25

(2) 운동요법

체중 조절을 위해 매일 꾸준히 걷거나 일상적인 활동량을 높여서 에너지 소비를 증가시키는 것이 필요하다. 활동에 따른 열량소비량은 표 6-15와 같다. 일상 식품에서 에너지를 얻는 것은 쉬우나 활동이나 운동을 통해서 에너지를 소비하는 것은 어려울 수 있다. 따라서 식사의 종류와 양을 조절하면서 활동과 운동을 통해 에너지를 소비해야 한다.

지속적인 운동은 에너지 소비를 증가시켜 체지방 감소를 가져온다. 체중감량을 하려면 운동의 종류와 양, 강도, 빈도 등을 고려하여 운동을 실시해야 한다. 체중감량을 위해서는 주당 150분 이상 또는 주 3~5회 유산소운동을 실시한다. 추가적인 근력운동은 대근육군을 이용하여 주 2~4회 실시하는 것을 권장한다. 체지방을 연소시키려면 중강도의 유산소운동을 최소한 30분~1시간 정도로 매일 실시하는 것이 필요하다. 한편 무산소운동은 체지방 연소와는 관련이 없으나 근육을 증가시키므로 대사율을 높여 체중 조절에 도움이 되므로 유산소운동과 근력운동을 병행하는 것이 가장 효과적이다.

표 6-15 활동에 따른 열량소비량

활동의 종류	에너지(kcal/시간)	활동의 종류	에너지(kcal/시간)
잠자기	54.8	층계 오르기	948
앉아 있기	85.8	수영	428.4
설거지	123.6	뛰기	488.4
보통걷기	256.8	빨리 걷기	556.8
층계 내려가기	312	빨리 타이프치기	120

(3) 행동수정요법

비만은 잘못된 생활방식에서 비롯되는 경우가 많다. 식사습관과 운동습관을 면밀히 분석한 후에 체중을 정상적으로 유지할 수 있는 새로운 생활습관을 확립하는 것이 필요하다.

행동요법의 첫 단계는 매일의 식사, 운동과 관련된 행동을 최소 1주일, 또는 2주일 동안 빠짐없이 기록하여 배고프지 않아도 음식을 충동적으로 먹게 되는 계기, 과식을 유발하는 상황과 관련하여 식사 장소, 같이 먹는 사람, 활동 유형, 감정상태에 대해 분석하는 것이다. 이러한 분석을 토대로 행동 변화를 위한 대처방법을 수립해야 한다. 먹는 음식의 종류, 음식 구매, 외식, 활동습관에 대한 계획을 세우고 빨리 먹는 습관, 과식하는 습관, 스트레스 해소를 위한 충동적 식사 등을 개선하여 건전한 생활습관을 지속적으로 유지하는 것이 체중 조절의 핵심이다.

다이어트 보조제

최근 들어 정상체중이거나 저체중인 여성들이 무리하게 결식을 하거나 다이어트 보조제를 이용함으로써 영양불량, 월경불순, 골다공증 등이 발생하는 경우가 많아지고 있다. 각종 다이어트 식품과 약품들이 체중감량에 효과적이라고 광고매체를 통해 선전되고 있다. 이러한 제품의 성분은 대부분 이뇨제, 탈수제, 식욕저하제, 섬유질농축제 등이다. 식욕저하제를 장기간 복용하면 신경기능에 이상이 생길 수 있으며 거식증을 초래할 수 있다. 이뇨제는 설사나 수분의 배설을 촉진하여 일시적으로 체중을 감소시키지만, 장기간 복용은 섭취하는 영양소가 흡수되지 않아서 빈혈이나 영양불량을 유발한다. 약품이나 다이어트 식품들은 체지방의 감소보다 체단백질의 손실을 가져와 근육의 탄력성을 잃게 한다. 그러므로 약제를 복용하기보다는 천연식품을 이용하는 것이 좋다.

CHAPTER

7

수분과 전해질

1. 수분
2. 산 · 염기 평형과 전해질
3. 나트륨
4. 염소
5. 칼륨

물은 산소 다음으로 생명을 유지하는 데 절대적으로 필요한 물질이다. 물(H_2O)은 두 개의 수소 원자와 한 개의 산소 원자로 구성되어 있으며, 에너지를 내지는 않지만 신체를 구성하고 있는 영양소 중 가장 많은 부분을 차지한다. 다른 영양소는 섭취하지 않고도 몇 주 이상 생존할 수 있으나 물 없이는 며칠밖에 살 수 없는데, 그 이유는 체내에 에너지의 저장고는 있으나 물은 저장고가 존재하지 않기 때문이다. 그러므로 충분한 수분을 공급하는 것은 건강상 매우 중요하며, 우리 체내에서는 여러 방법을 동원하여 수분의 섭취량과 배설량을 조절함으로써 체내 수분 함량을 일정하게 유지하고 있다.

전해질은 체액에서 이온으로 존재하면서 체내 수분 평형과 삼투압 평형 및 산 · 염기 평형 등을 조절하는 과정에 매우 중요한 역할을 한다. 체액 조절과 관련된 중요한 전해질에는 나트륨, 칼륨, 염소가 있다.

학 / 습 / 목 / 표

1. 체내 수분의 분포와 역할에 대해서 설명할 수 있다.
2. 체내 수분 평형의 조절에 대해서 설명할 수 있다.
3. 체내 전해질 평형에 대해서 기술할 수 있다.
4. 인체의 산 · 염기 평형 조절에 대해서 설명할 수 있다.
5. 나트륨, 염소, 칼륨의 체내 작용, 필요량과 급원식품을 설명할 수 있다.

1. 수분

수분은 신체를 구성하는 주요 성분이며 생명유지와 대사과정에 없어서는 안 되는 중요한 물질이다. 체내에서 생성되는 양이 미량이므로 반드시 외부로부터 섭취해야 한다.

1) 체내 분포

수분은 인체를 구성하고 있는 성분 중 가장 많은 물질로서 체중의 50~70%를 차지한다. 인체에서 수분이 차지하는 비율은 성, 연령, 체조직의 구성에 따라 다르다. 일반적으로 신생아는 약 75%의 수분을 함유하고 있는 데 비해, 연령이 증가할수록 서서히 감소하여 성인 남자의 수분 함량은 60% 정도이다.

수분은 각 기관 및 조직에 함유되어 있는데 부위에 따라 그 비율이 다르다. 즉 혈장은 약 83%의 수분을 함유하고 있고, 간·근육·신장·신경조직은 70% 이상, 그리고 뼈와 지방조직은 약 20%의 수분이 있다. 여성은 같은 체중의 남성보다 근육량이 적은 대신 지방조직이 많으므로 남성(60%)에 비해 수분함량이 적으며(50%), 마른 사람(70%)보다 비만한 사람(50%)에서 수분 비율이 더 낮다.

체내에 있는 물은 그 안에 여러 물질을 함유하여 체액body fluid을 이루고 있다. 체액은 인체 세포를 중심으로 세포 안에 있는 세포내액intracellular fluid : ICF과 세포 밖에 있는 세포외액extracellular fluid : ECF으로 구분한다그림 7-1.

세포내액이 체내 총수분량의 약 60~65%를, 세포외액은 40% 정도를 차지하고 있다. 세포외액은 다시 혈장plasma과 세포간질액interstitial fluid으로 구분되는데, 혈장은 무세포의 혈관 내에 있는 액체이며, 세포간질액은 세포와 세포 사이에 위치하여 세포를 둘러싸고 있는 액체이다. 그 외 세포외액으로는 림프액과 세포횡단액transcellular fluid이 있는데, 세포횡단액에는 뇌척수액, 관절액, 늑막액, 복강액, 안구액, 소화액 등이 있으며 그 양은 극히 적다. 체수분의 이동은 체열, 운동, 열 노출, 설사, 피부화상, 상해, 수분회전율 등에 영향을 받는다. 체내에서 일어나는 대사반응은 세포내액에서 이루어지며, 세포외액은 주로 산소 및 영양소와 노폐물을 운반하는 역할을 한다.

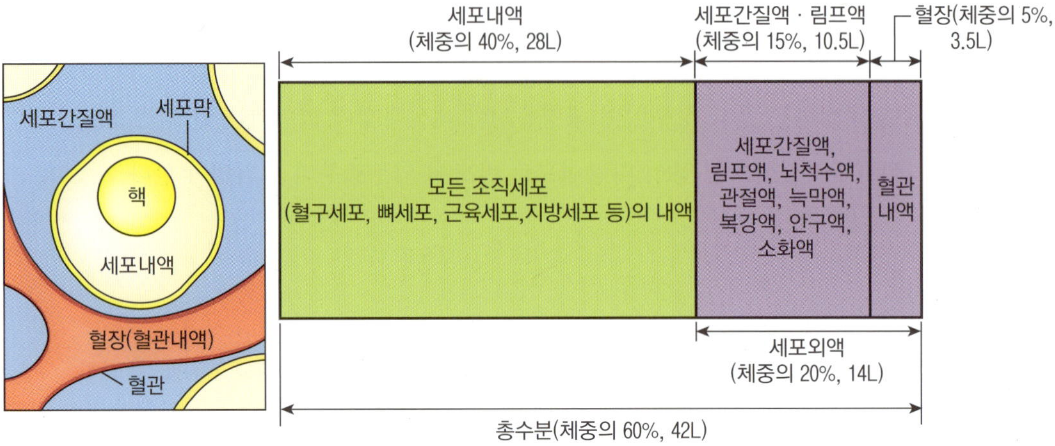

그림 7-1 체액의 구분과 분포(체중 70kg, 남자)

2) 체내 작용

(1) 영양소와 노폐물 운반

신체에 필요한 여러 영양소는 소화관에서 작은 분자로 분해되어 흡수된 다음, 혈액이나 림프액을 통해 필요한 조직으로 운반된 후 사용되거나 저장된다. 또한 혈액은 대사과정에서 생성된 질소화합물, 이산화탄소 등의 노폐물을 신장이나 폐 또는 피부로 운반하여 소변과 호흡 및 땀을 통해 체외로 배출시킨다. 세포간질액은 각 세포에서 필요로 하는 산소 및 영양소를 세포에 공급하고, 세포 내에서 화학반응에 의한 결과로 생성된 최종 대사산물을 받음으로써, 조직세포와 혈액 사이에서 물질교환이 일어나는 장소로서의 역할을 한다.

(2) 대사과정 관여

체내에서 여러 가지 대사반응이 일어나려면 화학반응의 대상이 되는 물질이 물에 용해되어 있는 상태로 존재해야 한다. 물 분자는 전체적으로 보면 전기적으로는 중성이지만, 물 분자 내의 산소 쪽은 약한 음전하(δ^-)를 띠고, 수소 쪽은 약한 양전하(δ^+)를 띠고 있다 **그림 7-2**. 이러한 극성의 성질로 인해 물은 체내 각 조직에서 여러 물질을 쉽게 용해시키는 용매로 작용하여 대사반응이 일어날 수 있도록 돕는다. 또한 수분은 탄수화물, 지질, 단백질의 가수분해 등 세포 내에서 일어나는 많은 화학반응에 적극적으로 참여한다. 즉, 체내에서 일어나는 대부분의 대사과정은 수분 없이는 이루어지지 않는다.

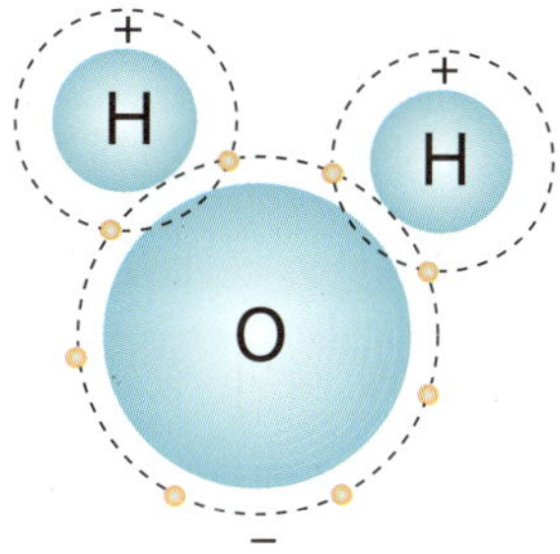

그림 7-2 물 분자의 구조

(3) 소화액 및 분비물의 성분

수분은 체내에서 대사과정이 원만히 진행되도록 작용하는 타액, 위액, 담즙, 췌장액, 소장액, 대장액 등 여러 가지 분비물의 구성성분으로 작용한다. 이들의 1일 분비액은 7L 정도이다. 타액이 1~1.5L이고 위액 1.5~2L, 담즙 0.5~1L, 췌장액이 1~1.5L이며, 장액은 1.5~1.8L이다.

(4) 체온 조절

수분은 체온 조절을 돕는다. 체내에서 에너지 대사가 일어나면 그 결과로 열이 계속해서 발생하는데, 체온을 정상으로 유지하기 위해서는 필요 이상의 열은 체외로 발산되어야 한다. 물은 좋은 열전도체이므로 우리가 의식하지 않는 동안에도 계속해서 피부와 폐를 통해 열이 발산되며, 그 양은 하루에 350~700mL 정도이다.

심한 운동이나 발열, 높은 기온 등에서 체온이 높아지면 인체는 체표면을 통해 땀의 형태로 열을 발산하며, 이를 통해 체온이 정상 상태로 내려가게 된다. 1L의 땀이 피부에서 증발할 때 약 600kcal의 열에너지가 배출된다. 축구선수는 한 경기를 하는 동안 땀을 많이 흘림으로써 체중이 4.5~5kg 정도 감소한다고 한다.

(5) 윤활 및 신체보호

수분은 안구, 척추, 관절에 작용하여 연골과 뼈의 마모를 완화시켜 주며 외부의 충격으로부터 이들 조직을 보호하고 부드럽게 해주는 윤활작용을 한다. 임신 시 양수는 태아를 둘러싸서 외부의 충격으로부터 보호하는 역할을 한다.

(6) 전해질 평형 및 산·염기 평형 유지

수분은 인체의 전해질 농도, 삼투압, pH를 일정하게 유지시킴으로써 세포의 기능을 원활하게 한다. 전해질 중 나트륨, 칼륨, 염소 등은 세포내외액의 균형을 유지하는 데 중요한 역할을 하며, 칼륨은 주로 세포내액에, 나트륨과 염소는 세포외액에 많다. 수분은 세포내외에 존재하는 전해질의 농도에 따라, 주로 삼투현상에 의해 세포의 안과 밖으로 빠르게 이동함으로써 전해질의 평형을 조절한다.

수분은 체액의 pH를 7.4 정도로 유지시키는 데 작용하는데, 이는 체내에서 일어나는 화학반응이 pH에 매우 민감하기 때문이다. 수분은 pH의 변화를 막아주는 화학반응에서 매개체로 작용하고 이들 반응에도 관여한다. 체내 대사과정에서 생기는 이산화탄소CO_2는 체액에 녹아 탄산H_2CO_3이 되어 약산성을 나타내는데, 이때 수분은 주로 호흡과 신장의 작용을 통해 산·염기 평형 유지에 관여한다.

3) 수분 평형water balance

인체는 생리적 상태, 활동 정도, 외부 환경의 변화 등에 대처하여 호르몬, 효소, 신경자극 등의 방법을 통해 수분의 섭취량과 배설량을 조절함으로써 체내 수분 함량을 일정하게 유지하고 있다그림 7-3.

(1) 수분 섭취

수분은 대부분 우리가 마시는 물과 음료 및 음식의 섭취를 통해 체내에 공급되며, 이 양은 1일 2,200mL 정도이다. 그중 물이나 우유, 커피, 차, 주스, 콜라 등의 음료를 마심으로써 공급되는 수분의 양은 하루 1,000~1,600mL 정도이며 밥, 국, 어육류, 채소, 과일 등의 음식을 통해서도 800~1,400mL 정도의 수분이 공급된다.

또한 체내에서 열량영양소가 대사될 때 에너지 발생과 함께 하루에 200~400mL의 수분이 생성되는데, 이를 대사수metabolic water라고 한다. 대사수는 총수분공급량의 10% 미만으로 비교적 소량이다. 탄수화물, 지질, 단백질이 100g 연소할 때마다 각각 55mL, 107mL, 41mL의 대사수가 생성된다.

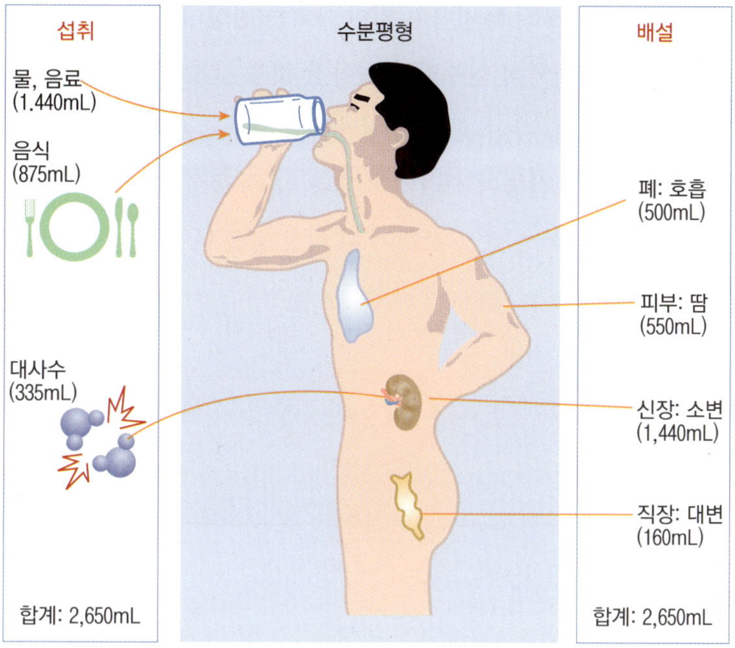

그림 7-3 성인의 수분 평형 예

(2) 수분 배설

체내의 수분은 소변, 피부, 호흡 및 대변을 통해 배설된다. 수분의 배설 또는 손실 정도는 신체가 처한 상황에 따라 다르게 나타나지만, 일반적으로 하루 약 1,200~1,700mL의 수분이 소변을 통해 배설되며, 피부에서 땀 및 증발을 통해 450~900mL, 폐에서 호흡을 통해 250~500mL, 그리고 대변을 통해 100~200mL 정도 손실된다. 특히 호흡과 피부로부터의 증발을 통해 수분이 손실되는 양은 우리가 느끼지 못할 정도이므로 이를 불감수분손실량insensible water loss이라고 한다.

(3) 수분 평형 조절

① 수분 섭취 조절

갈증과 포만감이 체내에서 수분 섭취를 조절하는 데 관여한다. 설사나 심한 땀흘림 등으로 인한 탈수로 혈액량이 감소하거나, 짠 음식을 먹으면 혈액의 삼투압이 증가한다. 이에 따라 수분이 타액선으로부터 빠져나와 입이 마르는 현상이 나타나고, 시상하부의 삼투수용체osmoreceptor에서는 혈액의 삼투압이 높아진 것을 감지하여 갈증을 느껴 물을 마시게 한다. 갈증으로 인해 물을 마시면, 구강 점막이 적셔지고 위장관이 확대되면서 서서히 혈액에 수분을 공급해 주어 갈증이 사라지게 된다. 또한 물을 섭취하여 위가 팽대해지면, 위에 있는 팽창수용체가 제지 신호를 보내어 더 이상 물을 마시지 않도록 한다그림 7-4.

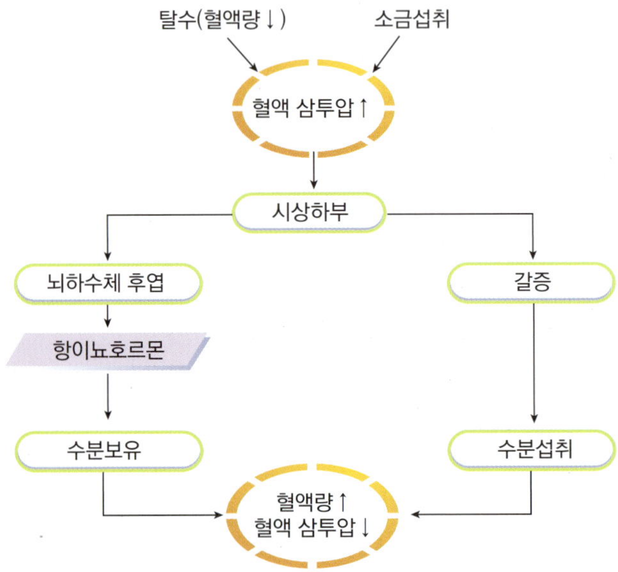

그림 7-4 체내 수분 평형 조절

② 수분 배설 조절

수분 배설은 두 가지 호르몬, 즉 항이뇨호르몬antidiuretic hormone : ADH과 알도스테론aldosterone에 의해 조절되는데, 항이뇨호르몬은 신장에서 수분의 보유를 촉진하고, 알도스테론은 나트륨의 재흡수에 관여한다. 이들 과정은 주로 신장에서 소변으로 나가는 물의 양을 줄이는 기전이며, 혈액량과 혈압을 정상으로 유지하는 데 매우 중요한 역할을 한다.

수분 부족으로 인해 혈액량이 감소하거나 소금(나트륨) 섭취량이 많아지면, 혈액의 삼투압이 높아져서 시상하부가 뇌하수체를 자극하여 뇌하수체 후엽으로부터 항이뇨호르몬이 분비된다. 항이뇨호르몬은 신장의 원위세뇨관과 집합관에서 수분의 재흡수를 늘려 소변량을 감소시킴으로써 체내 수분 보유량을 증가시킨다.

또한 설사나 출혈, 나트륨 섭취 감소 등으로 인해 혈장 나트륨 농도가 낮아지면, 혈액량이 감소하고 신장을 통과하는 혈류량이 감소해 신장에서 레닌rennin이라는 효소가 분비된다. 레닌은 간에서 분비된 비활성형의 안지오텐시노겐을 활성형의 안지오텐신 I으로 전환시키고, 이어 안지오텐신 I은 폐에서 안지오텐신전환효소angiotensin-converting enzyme : ACE의 작용으로 안지오텐신 II로 전환된다. 안지오텐신 II는 직접 혈관을 수축해 혈압을 상승시키고, 부신피질을 자극하여 알도스테론의 분비를 촉진한다. 알도스테론은 신장의 원위세뇨관에서 나트륨의 재흡수를 촉진하여 체내 보유를 증가시키며, 이로 인해 수분도 함께 체내에 보유된다. 안지오텐신 II는 또한 시상하부에 작용하여 수분 섭취를 늘리고, 뇌하수체 후엽으로부터 항이뇨호르몬의 분비를 자극하여 수분 보유를 촉진한다그림 7-5.

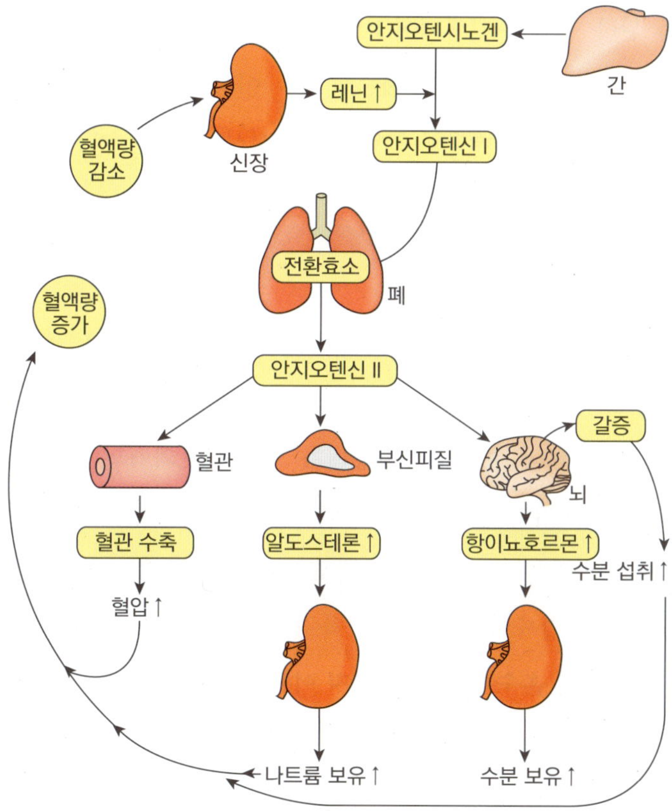

그림 7-5 레닌-안지오텐신계에 의한 체액량 조절

항이뇨호르몬이나 알도스테론의 작용에 의해 체내에 수분이 보유된다고 해도 그 양에는 한계가 있으며, 반면 피부와 폐를 통한 수분 손실은 끊임없이 일어나므로 수분 보충이 뒤따르지 않으면 탈수 증세가 나타날 수 있다. 인체가 느끼는 탈수의 첫 번째 증세는 갈증 현상이다. 따라서 갈증을 느끼지 않더라도 수시로 수분을 섭취하는 것이 매우 중요하다.

4) 결핍증과 과잉증

(1) 탈수

운동으로 인한 과다한 발한, 지속적인 설사 및 구토, 고열, 출혈, 화상 등에 의해 체내 수분 함량이 저하되면 탈수현상이 나타날 수 있다. 정상체중의 1~2%에 해당하는 수분을 손실하게 되면 갈증을 일으키고, 수분 손실이 체중의 4%에 이르면 근육의 강도와 지구력이 떨어지게 된다. 탈수가 진행되어 10~12%의 수분이 손실되는 경우에는 근육경련이나 정신착란 증세를 보인다. 그리고 체중의 20% 이상에 해당하는 수분이 손실되면 의식을 잃고 사망에까지 이른다그림 7-6. 고열, 구토, 설사 등이 지속되는 영아나 장시간 비행기 여행을 하는 사람에게서 특히 탈수 증세가 나타나기 쉽다.

(2) 수분중독

필요 이상으로 섭취한 수분은 소변으로 배설되어 문제가 없지만, 과도하게 수분을 섭취하면 인체에 해로울 수 있다. 특히 전해질의 섭취가 동반되지 않으면 수분중독water intoxication이 발생한다. 체내 수분이 과잉상태가 되면 세포외액의 전해질 농도가 낮아져서 삼투현상에 의해 세포외액의 물이 세포내액으로 이동하고, 칼륨이 세포외액으로 나오게 된다. 세포내액의 증가는 세포, 특히 뇌세포의 팽창을 초래하여 두통, 메스꺼움, 구토 등을 일으키며, 세포 내 칼륨이 손실되어 근육경련, 발작이 일어나고 세포외액의 감소로 혈압이 떨어지며, 심하면 혼수 및 사망에까지 이른다. 수분중독은 자발적으로 수분을 과잉 섭취하는 정신질환자나 지구력을 요하는 운동선수(예 : 마라톤, 울트라마라톤, 철인3종경기)에게서 나타날 수 있다.

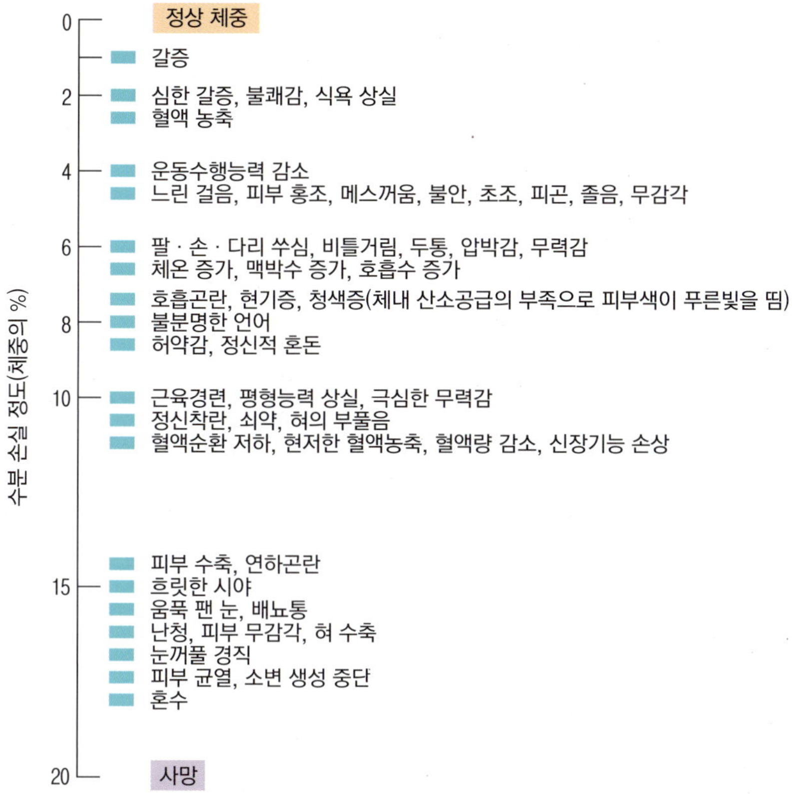

그림 7-6 탈수에 의한 인체의 영향

(3) 부종

부종edema은 세포간질액에 수분이 비정상적으로 축적되어 있는 상태를 말하며, 단백질 결핍 및 나트륨 보유 등에 의해 발생한다.

혈중 단백질은 분자량이 커서 모세혈관을 통과하지 못해 혈액의 삼투압을 세포간질액보다 높게 유지시키는 데 중요한 역할을 함으로써 수분이 혈관 내에 보유될 수 있게 한다. 오랫동안 단백질 섭취가 부족하거나 신장기능 이상으로 단백뇨가 나타나 혈장의 단백질 농도가 저하되면, 혈장의 삼투압이 저하되어 혈액 중의 수분이 세포간질액으로 빠져나가 부종이 나타난다. 특히 수분의 이동이 가장 쉽게, 그리고 가장 많이 일어나는 말초모세혈관이 있는 조직(손, 발 등)에 부종이 나타난다.

또한 나트륨은 세포외액의 중요한 전해질로서 체내에 나트륨이 과잉 보유되면 세포외액의 삼투압이 증가하게 되는데, 이때 높아진 삼투압의 저하를 위해 뇌하수체 후엽에서 항이뇨호르몬이 분비되어 체내 수분의 보유를 증가시킴으로써 세포간질액에 수분이 축적되기 때문에 부종이 발생한다.

5) 수분 섭취기준과 급원식품

(1) 수분 섭취기준

수분 필요량은 연령, 체표면적, 활동 정도, 기온, 식사, 건강상태 등의 영향을 받는다. 나이가 어릴수록, 체표면적이 클수록, 주위 환경의 온도가 높고 습도가 낮을수록, 그리고 운동량이 많을수록 단위체중당 수분 필요량은 증가한다. 또한 고단백·고염 식사와 고열, 지속적인 설사 및 임신·수유 등의 생리적 상태에서도 수분필요량이 증가한다.

그러나 대체로 수분 필요량은 소비한 에너지의 양에 비례하며, 일반 성인의 경우 소비열량 1kcal당 1.0mL, 유아의 경우는 1.5mL 정도이다. 우리나라 성인에 대한 수분의 충분섭취량은 액체(물, 음료, 우유 등) 섭취량과 음식으로 섭취하는 수분량을 합하여 설정하였으며, 19~29세 성인 남자의 경우 2,600mL(이 중 물, 음료, 우유 등 액체 1,200mL), 성인 여자는 2,100mL(이 중 물, 액체음료 1,000mL)이고, 그 이후에는 연령이 증가함에 따라 감소한다.

수분의 상한섭취량이 제시되지 않은 만큼 건강을 유지하기 위해서는 갈증을 느끼지 않

음료수와 갈증 해소

갈증이 났을 때 청량음료나 주스와 같은 음료들을 마시게 되면 처음에는 갈증이 해소되는 듯하지만 시간이 지나면서 다시 갈증이 생기는 것을 느낄 수 있다. 그 이유는 이들 음료수에 다량 함유된 설탕이나 다른 염류 등이 혈장의 농도를 증가시켜 갈증을 유도하기 때문이다. 또한 알코올 음료와 카페인 음료(커피, 차 등)의 섭취는 항이뇨호르몬의 분비를 억제하여 소변량을 증가시키므로 갈증을 더욱 느끼게 한다. 따라서 갈증이 났을 때 인체에 필요한 수분을 충분히 섭취하기 위해서는 순수한 물의 형태로 섭취하는 것이 가장 바람직하다.

다양한 음료수

더라도 수시로 그리고 의도적으로 충분한 수분을 섭취하는 것이 바람직하다. 특히 노인은 갈증에 대한 감각이 둔하고 인체의 수분 보유능력이 저하되어 있어 수분 섭취량이 부족할 수 있으므로 수분 섭취에 각별히 신경을 쓰도록 해야 한다.

수분 필요량을 증가시키는 요인

- 연령 : 영유아
- 체온 상승 : 운동, 높은 기온, 고열상태
- 식사 : 고단백식, 고염식
- 생리적 상태 : 설사, 다뇨증, 이뇨제 복용, 임신 · 수유부

(2) 수분 급원식품

식품 중의 수분 함량은 그림 7-7과 같이 매우 다양하여 오이의 경우 96%가 수분으로 구성되어 있는 반면, 사과는 87%, 쇠고기는 64%, 그리고 쌀은 15%의 수분을 함유하고 있다. 우리가 마시는 물과 다양한 형태의 음료로부터 공급되는 수분량은 총수분 섭취량의 1/2~2/3를 차지하며, 음식으로부터 공급되는 수분량은 1/3~1/2을 차지한다.

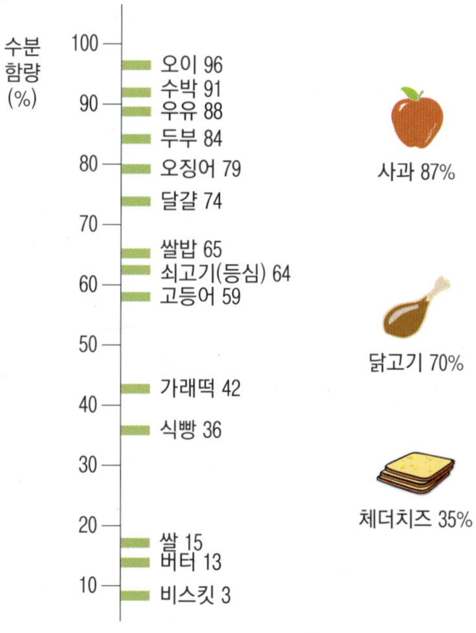

그림 7-7 식품 중 수분 함량

2. 산·염기 평형과 전해질

인체는 수분 평형의 유지뿐 아니라 체액의 산도(pH) 조절을 위하여 체액에 분포되어 있는 이온을 이용한다.

1) 체액의 산도

체액의 산도(또는 알칼리도)는 수소이온H^+ 농도로 나타낸다. 체내 세포에서는 끊임없이 화학반응이 일어나고 있어 여러 가지 산성 또는 염기성 물질이 많이 생성된다. 그럼에도 건강한 사람의 혈액은 산도가 pH 7.35~7.45의 매우 좁은 범위 내에서 일정하게 유지함으로써 세포 대사가 정상적으로 일어나도록 하고 있다. 만일 혈액의 pH가 7.45 이상이면 알칼리증alkalosis, 7.35 이하일 때는 산증acidosis이라고 하는 병적인 상태가 되며, pH 8.0 이상 또는 6.8 이하가 되면 인체는 사망에 이를 수 있다그림 7-8.

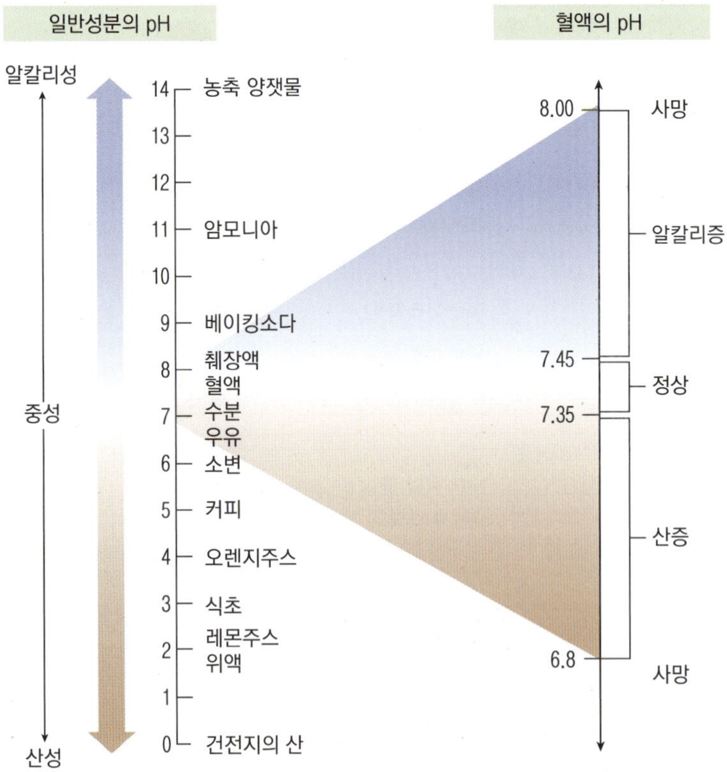

그림 7-8 각 물질의 pH 수준과 혈액의 pH 범위

(1) 섭취한 식품 성분에 의한 산·염기 생성

식품 속에 들어 있는 무기질은 체내에서 체액에 녹아 산성 물질이나 염기성 물질을 만든다. 황S^{2-}, 인P^{3-}, 염소Cl^- 등의 음이온은 황산H_2SO_4, 인산H_3PO_4, 염산HCl이 되어 산성 물질을 생성한다. 반면에 나트륨Na^+, 칼륨K^+, 칼슘Ca^{2+}, 마그네슘Mg^{2+}, 철Fe^{2+} 등의 양이온은 수산화나트륨$NaOH$, 수산화칼륨KOH, 수산화칼슘$Ca(OH)_2$, 수산화마그네슘$Mg(OH)_2$, 수산화철$Fe(OH)_2$의 염기성 물질을 생성한다.

따라서 산성 물질을 만들어내는 무기질이 많이 들어 있는 식품을 산성 식품, 염기성 물질을 만들어내는 무기질이 많은 식품을 알칼리성 식품이라 한다. 일반적으로 곡류·육류·어류·난류는 산성 식품이고, 과일류·채소류·견과류는 알칼리성 식품이다. 이 밖에 우유·지질·설탕·전분은 대사되어 중성을 나타내기 때문에 중성 식품으로 분류한다표 7-1. 정상적으로 건강한 사람은 산성 식품 또는 알칼리성 식품을 많이 먹어도 체내에서 자동적으로 산·염기의 수준이 조절되므로 의식적으로 음식을 선택하여 먹을 필요는 없다.

표 7-1 체내에서 산 또는 염기를 형성하는 식품

분류	급원 해당	원소
산성 식품	곡류, 육류, 어류, 난류	염소Cl, 인P, 황S
알칼리성 식품	과일류, 채소류, 견과류	나트륨Na, 칼륨K, 칼슘Ca, 마그네슘Mg
중성 식품	우유, 지질, 설탕, 전분	-

(2) 영양소 대사산물에 의한 산·염기 생성

섭취한 식품 중 탄수화물, 지질, 단백질로부터 에너지가 발생하는 과정에서 이산화탄소, 물 또는 요소가 생성되어 체외로 배설된다. 대사과정에서 다량 생성된 이산화탄소는 일시적으로 물과 결합하여 약산인 탄산을 생성하는데, 이 때문에 체내 대사산물은 대부분이 약산성이다.

$$CO_2 + H_2O \leftrightarrow H_2CO_3(\text{탄산}) \leftrightarrow H^+ + HCO_3^-(\text{중탄산이온})$$

여기에 단백질과 기타 유기물질의 대사 결과로 생성된 산, 심한 근육운동 시 생성된 젖산, 당뇨병과 같은 대사성 질환에서 생성된 케톤체, 설사나 소변으로의 중탄산이온 손실 등이 더해지면 체액의 산도는 높아진다표 7-2.

표 7-2 체내 수소이온 증가요인과 감소요인

수소이온 농도 증가요인	수소이온 농도 감소요인
• 산화적 대사 결과 생성된 이산화탄소 • 단백질 및 기타 유기물질의 대사 결과 생성된 인산, 황산, 젖산, 기타 유기산 • 설사로 인한 중탄산이온 손실 • 소변으로 중탄산이온 손실	• 구토로 인한 수소이온 손실 • 소변으로 수소이온 손실

반면, 음식물 섭취와 대사과정에서 생성되는 염기의 양은 매우 적으며, 따라서 산·염기 평형이상은 염기에 의한 경우는 드물고, 주로 산에 의한 경우가 많다.

2) 산·염기 평형 조절

인체의 체액이 항상 일정한 pH를 유지해야 한다는 사실은 매우 중요하다. 평형을 유지하기 위해 체내에서는 완충제, 호흡 및 신장의 작용을 통하여 산·염기 평형을 조절하고 있다. 먼저 완충제에 의해 즉각적으로 pH의 변화를 막고, 다음으로 호흡을 통해 pH 변화를 빠르게 조절하며, 마지막으로 신장에서 비교적 천천히 pH 변화를 조절함으로써 효율적으로 정상 수준으로 되돌린다그림 7-9.

(1) 완충제에 의한 조절

완충제buffer란 수소이온H^+ 농도의 변화를 막아 용액의 pH를 비교적 일정하게 유지시키는 물질을 말한다. 체액 내 존재하는 중탄산과 인산 및 단백질은 생리적인 완충제 역할을 하여 과다한 산성 또는 염기성 물질로 인한 체내 산도의 변화 시 첫 번째 방어체계로서 즉각 대처하는 작용을 한다.

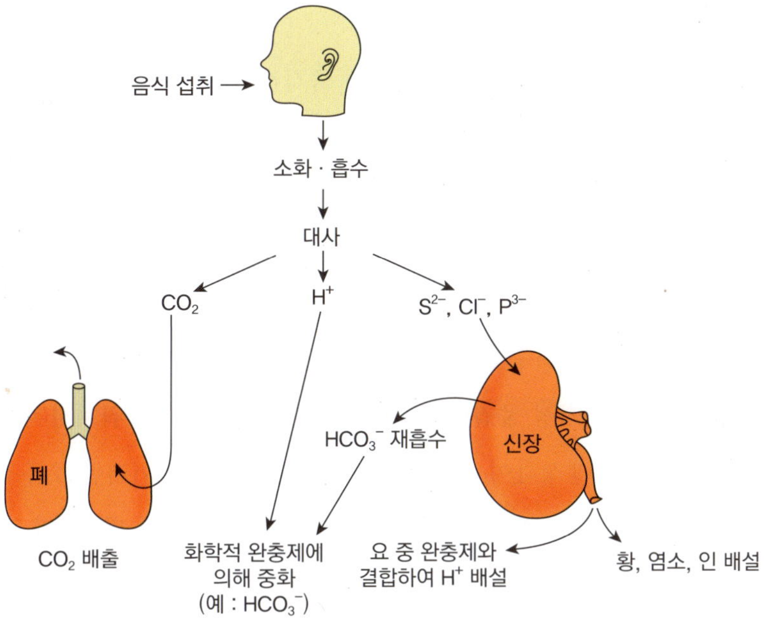

그림 7-9 산·염기 평형 조절의 전반적 과정

단백질은 생리적 완충제 중에서 가장 크고 뛰어난 완충 능력을 가지고 있다. 단백질을 구성하는 아미노산은 그 고리에 산성기와 염기성기를 모두 가지고 있는 양성amphoteric 물질이므로 H^+를 내보내거나 받아들일 수 있어서 체액을 중화시킨다. 알부민과 글로불린은 혈장에서 완충제로 작용하며, 적혈구 내에 있는 헤모글로빈은 세포 내 단백질 완충제로서 중요한 역할을 한다.

중탄산-탄산 완충계는 약산인 탄산H_2CO_3과 그 짝염기인 중탄산이온HCO_3^-으로 구성되어 있으며, 세포외액의 중요한 완충제로 작용한다. 열량영양소의 산화과정에서 생성된 이산화탄소는 물과 반응하여 탄산이 되고, 탄산은 가역적으로 수소이온과 중탄산이온으로 해리된다. 만일 혈액에 젖산, 케톤체 등의 산성 물질이 많아져 H^+ 농도가 증가하면, 중탄산이온이 완충액으로 작용한다. 반면에 과다한 구토 등으로 위산이 소실되어 혈액 내 H^+ 농도가 감소해서 pH가 증가하면, 탄산이 해리되어 유리 H^+를 만듦으로써 혈액 pH의 변화를 막는다.

(2) 호흡에 의한 조절

호흡을 통한 산·염기 평형은 pH 변화에 따라 즉각적으로(수 분 이내) 대응하여 이루어진다. 대사과정에 의해 계속 생성되는 이산화탄소CO_2는 혈액을 통해 폐로 운반된 후 호흡으로 배설될 수 있다. 이산화탄소는 혈액 내에서 물에 녹아 탄산을 형성함으로써 산·염기 균형을 산성으로 기울게 한다. 이 때문에 혈액의 pH가 낮아지고 혈액 중 이산화탄소 분압P_{CO_2}이 높아지면 뇌의 호흡조절중추에 자극이 전달되어 호흡속도가 빨라짐으로써 이산화탄소가 폐모세혈관의 적혈구로부터 폐포로 확산되어 대기 중으로 배출되도록 한다.

이와 반대로, 체내에 염기성 물질이 많이 생기면 호흡속도가 늦춰져서 이산화탄소를 보유시켜 탄산을 더 많이 생성하여 pH를 정상으로 회복시킨다. 이러한 호흡조절은 음성 피드백negative feedback에 의해 이루어져서 혈장의 이산화탄소분압 및 pH가 정상으로 유지되도록 한다.

그 외에도 피부는 땀으로 산을 배출하고 눈물샘은 눈물의 화학적 조성을 변화시켜 pH를 조절한다. 하지만 다른 어떤 작용보다 신장에서의 pH 조절작용이 가장 크다.

(3) 신장에 의한 조절

신장은 좀 더 장기적으로(수 시간 또는 수일) 산·염기 평형을 조절하는 역할을 한다. 신장은 수소이온H^+의 배설과 중탄산이온HCO_3^-의 재흡수를 조절하는 방식으로 혈액의 pH를 조절한다. 만약 체내에서 H^+ 생성이 증가하여 체액의 H^+ 농도가 높아지면 신장은 여분의 H^+을 배설하고 여과된 중탄산이온은 모두 재흡수한다. 그와 반대로 계속되는 구토 등으로 혈중 H^+ 농도가 낮아지면 신장은 H^+을 배설하지 않고 보유시키며, 여과된 중탄산이온은 재흡수되지 않고 배설되도록 함으로써 체내 총산도가 일정하게 유지되도록 한다.

신장은 보통 여과된 중탄산이온의 거의 대부분을 재흡수하고 수소이온을 배설한다. 그럼에도 소변의 pH는 5.5~6.5로 약산성 상태를 유지한다. 이는 주로 수소이온이 아미노산의 대사 결과 일부 형성된 염기성 물질인 암모니아에 의해 부분적으로 중화되기 때문이다.

산 · 염기 평형이상

체액의 산 · 염기 평형이 깨지는 경우는 발생 원인에 따라 호흡 변화에 의한 호흡성과, 대사이상에 의한 대사성으로 구분할 수 있다표 7-3.

- 호흡성 산증respiratory acidosis : 만성 폐질환이나 신경계 장애로 인한 호흡 저하로 폐에서 이산화탄소 배출이 감소하면 나타난다. 혈장 이산화탄소의 농도가 높아져 탄산의 증가를 초래함으로써 혈액 pH의 감소를 초래한다.
- 호흡성 알칼리증respiratory alkalosis : 고산지대, 저산소증, 체온증가 등에 의한 호흡과다 때문에 이산화탄소 배출이 증가하면 혈액의 pH가 정상보다 증가한다.
- 대사성 산증metabolic acidosis : 계속되는 설사로 인해 중탄산이온을 함유한 췌장액과 장액의 손실이 증가하면 혈액의 pH가 정상보다 감소한다. 또한 당뇨와 기아상태에서 케톤체 형성 및 젖산, 지방산 등과 같은 비휘발성 산의 생성이 증가하면 혈액의 pH가 정상보다 감소한다.
- 대사성 알칼리증metabolic alkalosis : 구토로 인한 위산 손실, 제산제 등 알칼리의 과다복용, 변비, 결장에서의 중탄산이온 재흡수 증가 시 혈액의 pH가 정상보다 증가한다.

표 7-3 산 · 염기 평형이상의 특징

종류	혈장 CO_2	혈장 HCO_3^-	원인	보상반응
호흡성 산증	높음	높음	저환기	신장에서 H^+ 배설 증가
호흡성 알칼리증	낮음	낮음	과환기	신장에서 HCO_3^- 배설 증가
대사성 산증	정상	낮음	젖산, 지방산, 케톤체 등 비휘발성 산의 생성 증가 또는 설사 등으로 HCO_3^-의 손실	과환기
대사성 알칼리증	정상	높음	구토, 저칼륨혈증, 과도한 스테로이드 투여	저환기

3) 체액과 전해질 평형

(1) 전해질 분포와 수분 평형

체액은 물에 여러 물질이 용해된 상태로 존재한다. 전해질electrolyte은 물에 용해되었을 때 양이온과 음이온으로 해리되는 물질을 말하며, 체액의 구획에 따라 주요 전해질이 다르다. 체액에 존재하는 양이온에는 나트륨Na^+, 칼륨K^+, 칼슘Ca^{2+}, 마그네슘Mg^{2+}이 있으며,

음이온에는 염소Cl^-, 중탄산HCO_3^-, 단백질, 인산HPO_4^{2-}, 황산SO_4^{2-}, 유기산이 있다. 세포내액과 세포외액에 존재하는 각 이온의 농도는 서로 상당히 다르지만 총 양이온과 음이온의 농도는 정확하게 평형을 이루고 있다표 7-4. 이들 전해질 중 세포내액과 세포외액의 균형을 유지하는 데 중요한 역할을 하는 것은 나트륨, 칼륨, 염소 등이다.

표 7-4 체내 전해질의 농도

구성	전해질	세포외액의 농도(mEq/L)	세포내액의 농도(mEq/L)
양이온	나트륨(Na^+)	142	10
	칼륨(K^+)	5	150
	칼슘(Ca^{2+})	5	2
	마그네슘(Mg^{2+})	3	40
	합계	155	202
음이온	염소(Cl^-)	103	2
	중탄산(HCO_3^-)	27	10
	인산(HPO_4^{2-})	2	103
	황산(SO_4^{2-})	1	20
	유기산(젖산, 피루브산)	6	10
	단백질	16	57
	합계	155	202

자료 : Whitney EN · Rolfes SR, 2002

(2) 삼투에 의한 물의 이동

인체의 세포막은 반투막으로서 물을 쉽게 통과시키고, 용질은 잘 통과시키지 못하는 선택적 투과성을 가지고 있다. 따라서 용질의 농도가 낮은 쪽(묽은 용액)에서 농도가 높은 쪽(진한 용액)으로 수분이 이동하여 농도를 같게 하려는 현상이 일어나는데 이를 삼투osmosis라고 한다. 이때 물의 이동을 차단하려면 인위적으로 수분이 이동하는 방향과 반대방향에서 힘을 가해 주어야 한다. 이처럼 반투막을 사이에 두고 수분의 이동을 막는 데 요구되는 힘의 양(압력)을 삼투압osmotic pressure이라고 한다.

삼투압은 용질의 농도에 비례한다. 즉, 용액 내 존재하는 용질의 수가 많을수록 그 용액의 삼투압은 높아진다. 한 예로서 적혈구세포 내의 Na^+ 농도에 비해 낮은 Na^+를 가진 용액에 적혈구를 넣으면, 적혈구세포의 외부에 비해 내부의 삼투압이 더 높으므로 결과적으로 물이 용액으로부터 적혈구세포 쪽으로 이동하여, 세포는 부풀어 올라 파열될 수 있다. 이에 반해, 용액 내 Na^+ 농도가 적혈구세포 내의 Na^+ 농도보다 높으면 물이 적혈구세포 밖으로 이동하여 세포는 오그라들며 결과적으로 사멸할 수 있다그림 7-10. 실제로 나트륨은 혈액에 많은 양이 존재하기 때문에 혈액으로부터 세포 내로 물이 들어가는 것을 막는 삼투압을 이루는 주요 성분으로 작용한다.

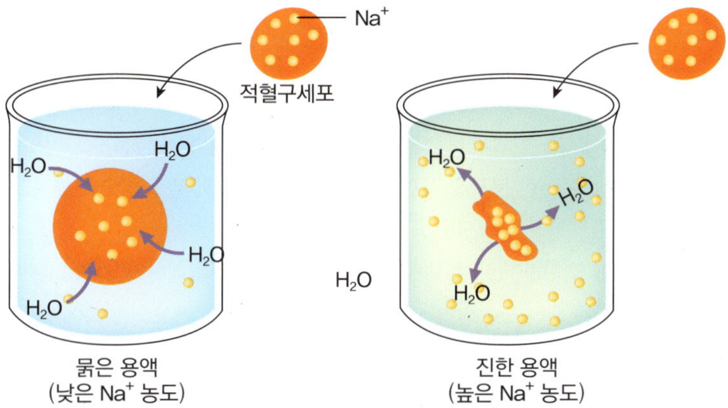

그림 7-10 적혈구세포 내외의 수분이동 예

삼투질 농도

용액 1L 안에 들어 있는 용질 입자의 몰수를 삼투질농도osmolarity, Osm라고 하며, 물 1 L에 1몰mol의 용질이 들어 있을 때 1Osm(오스몰osmol)로 나타낸다. 1M의 포도당 용액은 1Osm/L이고, 수용액에서 이온으로 해리되는 물질은 몰농도에 이온수(n)를 곱한 값으로 계산한다. 예로서 염화나트륨NaCl은 나트륨이온 Na^+과 염소이온 Cl^-으로 해리되므로 1M NaCl 용액의 삼투질농도는 2Osm/L가 된다. 체액의 정상 삼투질 농도는 300mOsm/Lmilliosmole/L이다.

(3) 전해질 평형

우리 몸의 각 세포에 존재하는 수분 함량은 항상 일정하게 유지되고 있으며, 이를 위해 수분은 필요에 따라 세포의 안이나 밖으로 빠르게 이동한다. 세포막을 통한 수분의 이동은 삼투압 차이에 의해 일어나는데, 이 과정에 전해질이 작용한다. 즉, 세포 내외에 존재하는 전해질의 농도차에 따른 삼투현상에 의해 주로 수분이 이동한다.

세포는 세포내액의 칼륨K^+은 높게, 나트륨Na^+은 낮게 유지하고 세포외액의 Na^+은 높게, K^+은 낮게 유지한다. 즉, Na^+은 세포내액보다 세포외액에 10배 이상 많이 들어 있고, 반면 K^+은 세포외액보다 세포내액에 30배 이상 많이 함유되어 있다. 이처럼 세포가 항상 일정한 전해질 농도를 유지하기 위해서는 농도 차에 따라 세포 안으로 들어오는 Na^+은 세

나트륨-칼륨 펌프

세포막에는 Na^+-K^+ 펌프Na^+-K^+ pump라고 하는 운반체가 있어 농도 차에 역행해서 Na^+를 세포막 외부로 내보내고 K^+을 세포막 내부로 들여보낸다. Na^+-K^+ 펌프가 작동하기 위해서는 반드시 에너지가 있어야 한다. 이 에너지는 Na^+-K^+-APTase에 의해 공급되며, ATP를 분해하여 ADP와 P_i를 생성하는데, ATP 한 분자를 가수분해할 때 3개의 Na^+이 세포 밖으로 나가고, 2개의 K^+이 세포 내로 들어온다**그림 7-11**.

세포 내의 Na^+이 세포막을 관통하는 단백질에 결합하면(a), ATP에 의해 Na^+-K^+ 펌프가 활성화되면서(b), 단백질의 형태가 변화하여 Na^+이 세포외막 쪽으로 이동한다. 그렇게 되면 Na^+ 결합부위의 친화력은 감소하고, 세포외막 쪽에 있는 K^+ 결합부위의 친화력은 증가하게 되어 Na^+이 세포 밖으로 방출되고(c), K^+은 인과 함께 세포 내부로 들어오면서 단백질은 원래의 형태로 복구된다(d). 펌프는 다시 Na^+와 결합할 준비를 갖추게 되고, 주기가 다시 시작된다.

이러한 Na^+-K^+ 펌프는 휴식 시 체내에서 소비하는 에너지의 20~40%를 차지한다. 세포내액의 양과 전해질의 농도는 삼투현상과 Na^+-K^+ 펌프를 이용하여 매우 좁은 범위 내에서 항상 일정하게 유지된다.

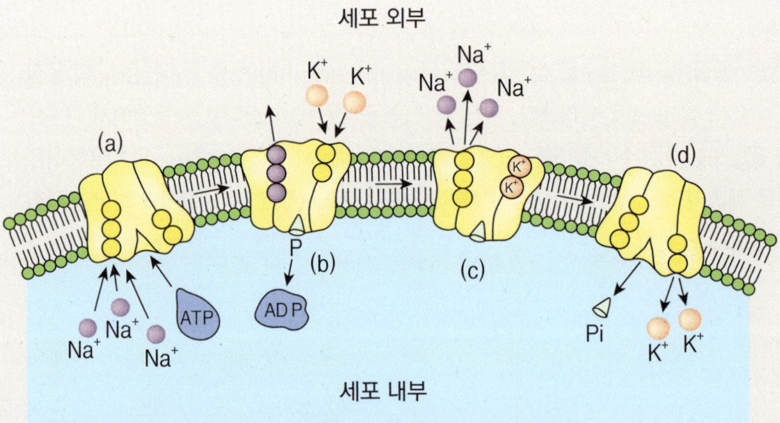

그림 7-11 나트륨-칼륨 펌프 주기의 모형도

포 밖으로 퍼내야 하고, 세포 밖으로 나가는 K^+을 다시 세포 속으로 끌어들여야 한다. 이와 같은 이동방향은 K^+이나 Na^+ 모두 농도경사concentration gradient에 반하여 이동이 일어나야 함을 뜻하며, 이 과정에 에너지를 사용하는 능동수송active transport 기전이 작용한다.

3. 나트륨

정상 성인의 체내 나트륨sodium: Na 함량은 체중의 0.15~0.2%(체중이 66kg인 경우 약 120g)를 차지한다. 나트륨의 약 50%는 세포외액에, 10%는 세포내액에 존재하며 나머지 40% 정도는 골격(골격 표면)에 존재한다. 식사의 주된 나트륨 급원인 소금NaCl은 40%가 나트륨Na^+이고, 60%가 염소Cl^-로 이루어져 있다.

1) 흡수와 대사

나트륨은 섭취한 양의 거의 대부분(약 95%)이 소장에서 능동수송에 의해 신속하게 흡수되며, 일부는 결장에서도 흡수된다. 소장에서의 나트륨 흡수는 포도당, 염소와 함께 흡수될 때 촉진된다. 흡수된 나트륨은 유리상태로 혈액을 통해 운반되며, 혈중 농도를 정상으로 유지하는 데 필요한 만큼만 신장에서 재흡수되고, 나머지 대부분(약 90~95%)은 소변으로 배설된다.

신장은 체내 나트륨 보유량을 조절하는 데 주된 역할을 하는 기관이다. 나트륨 섭취량이 많으면 소변으로 나트륨 배설이 증가하며, 나트륨 섭취량이 적으면 나트륨 배설이 감소한다. 이러한 조절은 부신피질에서 분비되는 알도스테론의 작용에 의해 이루어진다. 체내 나트륨 함량이 낮아지고 혈액량이 감소하면, 신장에서 레닌이 분비되고 안지오텐신계를 거쳐 알도스테론 분비가 촉진됨으로써 신장에서 나트륨의 재흡수가 높아져서 체내 나트륨과 수분량이 증가하게 된다그림 7-12.

나트륨의 주된 배설 경로는 신장이지만 소량은 땀을 통해서도 배설된다. 땀의 나트륨 함량은 약 50 mEg/L이며, 기온과 육체적 활동 정도에 따라 땀으로 배설되는 양이 달라진다.

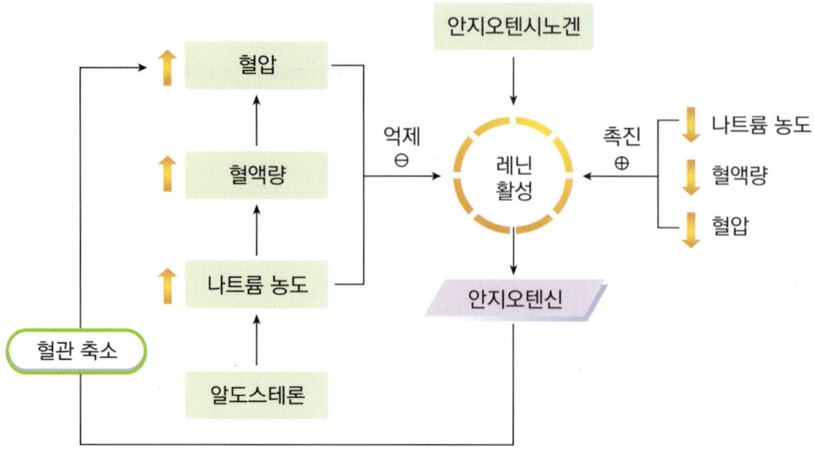

그림 7-12 체내 나트륨 조절 기전

2) 체내 작용

(1) 삼투압 유지와 수분 평형 조절

나트륨은 세포외액의 주요 양이온으로서 세포외액의 삼투압을 유지하여 체액의 양을 조절하는 주된 성분이다. 세포 내외의 삼투압은 주로 나트륨이온 Na^+과 칼륨이온 K^+에 의해 조절되며, 세포외액의 나트륨이온과 칼륨이온의 비율이 28:1, 세포내액의 나트륨이온과 칼륨이온의 비율이 1:10으로 유지될 때 체액의 삼투압이 정상(300mOsm/L)으로 유지된다 그림 7-13. 나트륨이 세포외액 삼투압에 기여하는 정도는 약 85%이다.

(2) 산·염기 평형 조절

나트륨이온 Na^+은 체내에서 염기를 형성함으로써 염소이온 Cl^-, 중탄산이온 HCO_3^-과 더불어 세포외액의 산·염기 평형을 유지하는 데 관여한다.

(3) 신경자극 전달 및 근육 수축

세포내액과 세포외액의 전해질 조성의 차이로 인해 세포막은 일정한 막전위를 형성하고 있으며, 세포가 자극을 받지 않는 안정된 상태에서는 칼륨은 세포내액에, 그리고 나트

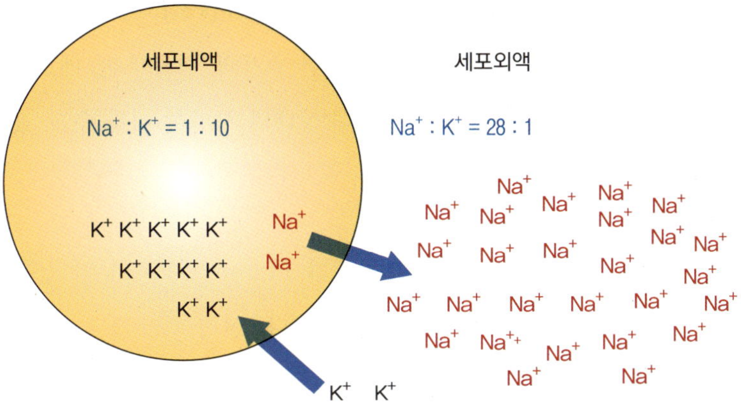

그림 7-13 세포 내외의 나트륨과 칼륨

륨은 세포외액에 고농도로 존재한다. 세포에 자극이 가해지면 나트륨은 세포외액에서 세포내액으로 들어가게 되며, 이를 통해 신경자극의 전달 및 근육 수축 현상이 일어나고, 곧이어 칼륨은 세포내액에서 세포외액으로 나오게 된다. 신경자극이 전달되고 근육이 수축되고 나면 칼륨과 나트륨은 다시 재빨리 제자리로 돌아감으로써(Na^+-K^+ 펌프), 세포 내외의 농도를 정상으로 유지하게 된다.

(4) 영양소 흡수

나트륨은 소장에서 능동수송에 의해 다른 영양소(예: 포도당, 아미노산)의 흡수를 돕는다. 나트륨이 이들 영양소와 함께 세포막의 운반체에 결합한 후 농도 차에 의해 나트륨이 세포 안으로 들어갈 때 영양소도 함께 따라 들어가게 된다(Na^+-K^+ 펌프).

3) 결핍증과 과잉증

(1) 결핍증

나트륨은 음식을 통해 상당량 섭취되고 음식의 맛을 내기 위해 첨가되기도 하며, 또한 신장에서 배설이 조절되므로, 정상 생활을 하는 건강한 사람에게는 결핍증이 거의 발생하지 않는다. 그러나 심한 설사, 구토 및 땀을 많이 흘린 경우나 부신피질기능부전으로 인해 체내 나트륨 농도가 저하되어 너트륨 농도가 135mmol/L 이하로 떨어지면 저나트륨혈증hyponatremia이 나타난다. 나트륨이 결핍되면 무기력, 식욕부진, 메스꺼움, 설사, 두통, 근육경련 등의 증상이 나타나고, 심하면 혼수상태와 사망에 이를 수도 있다.

(2) 과잉증

나트륨의 과잉 섭취가 지속되어 나트륨 농도가 145mmol/L 이상인 경우 고나트륨혈증hypernatremia을 일으켜 고혈압, 부종 등이 나타난다. 혈청 나트륨 농도가 증가하면 삼투압이 높아져 세포내액으로부터 혈액으로 수분이 이동하므로 혈액량이 증가하며, 이로 인해 혈관의 저항이 증가하여 고혈압이 되고 심장병, 뇌졸중 등의 발병 위험을 증가시킨다. 또한 나트륨의 과잉 섭취 시 소변으로의 칼슘 배설이 증가하여 신장결석(칼슘결석)과 골다공증에 걸릴 위험이 증가한다. 그 외에 나트륨의 과잉 섭취는 위암 발생률도 증가시킨다.

4) 섭취기준과 급원식품

(1) 섭취기준

인체에서 나트륨 평형을 유지하는 데 필요한 성인의 1일 나트륨 최소필요량은 180mg이다. 즉 나트륨은 최소필요량이 극히 적어 결핍증이 나타날 염려는 거의 없는 반면, 오히려 과잉 섭취에 따른 문제가 나타날 수 있다. 그러므로 만성질환인 고혈압, 심혈관계질환을 예방하고, 식품가공적인 측면에서 바람직한 섭취 수준을 제시하기 위해 성인의 충분섭취량을 1일 1,500mg으로 설정하였다. 또한 나트륨은 만성질환의 예방차원에서 과잉 섭취에 대한 대책 마련이 요구되므로, 2,300mg을 만성질환 위험감소를 위한 섭취기준으로 설정하였다. 상한섭취량은 설정하지 않았다.

(2) 급원식품

육류, 생선, 달걀, 유제품 등의 동물성 식품은 채소류, 과일류 및 두류에 비해 비교적 많은 양의 나트륨을 함유하고 있다표 7-5. 그러나 우리가 섭취하는 나트륨은 이들 자연식품을 통해 섭취하는 양보다 조리 시 사용하는 소금이나 가공과정에서의 첨가에 의해 섭취하는 양이 훨씬 많다. 소금 외에 간장, 된장, 고추장 등의 양념 및 젓갈류, 장아찌류, 김치류, 자반생선 등도 나트륨 함량이 매우 높으며, 또한 베이킹파우더, 방부제, 발색제 등의 식품첨가물과 화학조미료MSG에도 나트륨이 비교적 많이 함유되어 있다.

표 7-5 식품 중 나트륨 함량

분류	식품명	1회 분량(g)		1회 분량당 함량(mg)	100g당 함량(mg)
곡류	라면	1개	120	1,206	1,005
	식빵	2쪽	100	267	267
	고구마(중)	1/2개	90	14	16
	쌀밥	1공기	210	6.3	3
	국수(삶은것)	1대접	300	3.0	3
고기·생선·달걀·콩류	자반고등어	1토막	50	1,046	2,092
	햄(런천미트)	1½쪽(6×6×0.8cm)	60	395	658
	멸치(중, 말린것)	1/4컵	15	353	2,353
	굴(참굴, 양식)	1/3컵	80	186	232
	오징어(소)	1토막	50	141	282
	달걀(중)	1개	50	63	126
	쇠고기(안심)	1접시	60	33	55
	고등어	1토막	50	32	64
	두부	1/6모	80	7	9
	대두(노란콩)	2큰술	20	1	5
채소 및 과일류	배추김치	1접시	40	458	1,145
	깍두기	1접시	40	238	595
	미역(생것)	1접시	30	183	610
	시금치	1접시	70	50	71
	당근	1접시	70	20	29
	사과(중)	1/2개	100	3	3
	표고버섯	중 2개	30	1	3
우유·유제품류	치즈	1장	20	227	1,135
	우유	1컵	200	100	50
	아이스크림	1/2컵	100	60	60
유지·당류	버터	1작은술	5	36	720

나트륨 섭취와 고혈압

과다한 나트륨 섭취는 고혈압을 유발할 수 있는데, 특히 나트륨에 예민한 사람에게서 발생하며, 심장병이나 뇌졸중 및 나아가 사망의 원인으로도 작용할 수 있다. 고혈압인 사람이 나트륨 섭취를 줄이면 혈압을 낮추는 효과를 볼 수 있다. 정상혈압을 가진 사람에 대한 나트륨 섭취 제한 여부에 대해서는 논란의 여지가 많지만, 나트륨 섭취를 줄이는 것이 인체에 해가 없고, 이후의 고혈압과 심장질환의 위험을 감소시키므로 나트륨 섭취를 줄이는 것이 바람직하다.

우리나라 성인이 섭취하는 나트륨의 60~80%는 조리 중에 첨가하는 조미료류(소금, 간장, 된장, 고추장, 쌈장의 순)가 차지하고 있다. 따라서 실제 식생활에서 나트륨을 적게 먹도록 홍보하고 교육하는 일이 시급하다. 짠맛에 대한 기호도는 적응이 가능하다. 즉 실제로 음식을 짜게 먹다가 싱겁게 먹게 되면 시간이 지남에 따라 짠맛에 대한 역치가 낮아지게 되어 싱거운 음식이 맛있게 느껴지므로 싱겁게 먹는 습관을 들이는 것이 건강상 바람직하다.

고혈압은 나트륨 섭취와도 관련이 있지만, 그보다는 비만, 운동부족, 과음 등이 더 중요한 발생요인으로 작용하므로 생활습관을 잘 유지하고 지켜 나가는 것이 무엇보다 중요하다.

나트륨 섭취를 줄이기 위한 실천지침

- 식사를 적당량 하자.
- 염분 함량이 적은 식품을 섭취하자.
- 조리 시 첨가하는 염분량을 줄이자.
- 염분이 적어도 맛이 있는 조리법을 활용하자.
  - 설탕, 식초, 레몬 등으로 맛을 내자.
- 외식 시 싱겁게 조리할 것을 요청하자.

4. 염소

염소chloride : Cl는 가스의 형태로 수돗물의 위생 처리를 위해 물에 첨가되며, 주로 소금의 형태로 나트륨과 함께 섭취되는 물질이다. 체내에서는 주로 이온상태로 존재하며, 세포외액에 존재하는 가장 중요한 음이온이다. 88%가 세포외액에, 나머지 12%는 세포내액에 존재한다. 비교적 많은 양이 위액 중에 존재하여 위산의 구성성분으로 작용한다.

1) 흡수와 대사

염소이온은 나트륨, 칼륨과 함께 소장에서 거의 완전히 흡수되며, 주로 신장을 통해 배설되고 일부는 땀으로 배설된다.

2) 체내 작용

세포외액의 중요한 음이온인 염소는 양이온인 나트륨과 함께 존재하면서 체액과 전해질의 균형을 유지하는 데 중요한 역할을 한다. 또한 산을 형성하여 체내 산·염기 평형에 관여한다. 위에서는 수소이온H^+과 결합하여 염산HCl을 만들어 위액을 강한 산성으로 유지시켜 살균작용을 하고, 펩시노겐을 활성형인 펩신으로 전환시켜 단백질의 소화를 돕는다. 또한 대사과정에서 생성된 이산화탄소가 적혈구 내에서 중탄산이온HCO_3^-으로 전환된 뒤 혈장으로 나갈 때, 염소이온Cl^-은 반대로 혈장에서 적혈구 안으로 들어오면서 적혈구의 전기적 중성을 유지하는 데 관여한다(염소이동chloride shift). 그 외에도 염소는 백혈구 세포가 외부의 이물질 세포를 파괴하는 면역반응에도 관여한다.

3) 결핍증과 과잉증

(1) 결핍증

식사를 통해 소금의 형태로 많이 섭취하기 때문에 염소의 결핍증은 거의 발생하지 않는다. 그러나 잦은 구토와 설사, 심한 땀흘림 등에 의해 결핍 증세가 나타날 수 있다. 1970년대 후반에 미국에서 염소가 결핍된 이유식을 섭취한 유아들에게서 극심한 경련과 성장지연, 식욕부진, 무기력, 쇠약 등의 증세가 나타난 적이 있다.

(2) 과잉증

염소의 과잉 섭취는 주로 소금의 과잉 섭취에 의한 것이다. 염소의 과잉 섭취로 체액 내 염소의 보유량이 증가하면, 균형을 이루기 위해 양이온인 나트륨이온의 보유량도 증가하게 되며 따라서 고혈압이 나타날 수 있다. 수분 결핍에 의한 탈수로 혈중 염소 농도가 증가한 경우 구토 증상이 나타난다.

4) 섭취기준과 급원식품

(1) 섭취기준

염소의 1일 최소필요량은 700mg이다. 거의 모든 식이 염화물은 나트륨과 결합하여 존재하므로, 성인 남녀의 충분섭취량은 나트륨과 같은 몰mol당량이 적정한 것으로 추정되어 2,300mg(65mmole/일)으로 설정하였다. 상한섭취량은 설정하지 않았다.

(2) 급원식품

해조류, 일부 채소 및 과실류가 염소의 좋은 급원이다. 일반적으로 거의 모든 식사에서 나트륨과 함께 공급되므로 나트륨의 섭취가 적절하면 염소 역시 충분히 공급된다.

5. 칼륨

칼륨potassium : K은 무기질 중 칼슘, 인 다음으로 체내에 많이 존재하며, 나트륨의 두 배 정도이다. 성인의 체내에는 체중당 약 45mmol(1mmol=39.1mg 칼륨)로 약 123g(체중 70kg)이 함유되어 있다. 칼륨은 나트륨과 반대로 세포내액의 주요 양이온으로 체내 칼륨의 95~98%가 세포내액에 존재한다.

1) 흡수와 대사

나트륨과 마찬가지로 칼륨도 흡수율이 높아 섭취한 양의 90% 정도가 소장에서 단순확산 또는 능동수송으로 흡수되며, 결장에서도 일부 흡수된다. 흡수된 칼륨의 대부분(85~90%)은 소변으로 배설된다. 신장은 칼륨의 체내 균형을 유지하는데 관여하는 주된 기관이다. 알도스테론은 혈중 칼륨 농도 증가시 신장에서 칼륨 배설을 증가시킴으로써 칼륨의 내적 항상성을 유지하는 데 중요한 역할을 한다.

2) 체내 작용

(1) 삼투압 유지와 수분 평형 조절

칼륨은 세포내액의 주요 양이온으로 세포내액의 삼투압을 유지하고 체액의 양을 일정하게 유지하는 역할을 한다.

(2) 산·염기 평형 조절

칼륨이온 K^+은 체내에서 염기를 형성함으로써 나트륨이온 Na^+, 수소이온 H^+ 등과 함께 조절인자로 작용하여 체내 산·염기 평형에 관여한다.

(3) 신경자극 전달 및 근육 수축

칼륨은 나트륨과 함께 신경자극의 전달, 근육의 수축 및 이완을 조절한다. 특히 심장근육의 박동은 혈중 칼륨 농도에 매우 예민하게 반응하므로 칼륨 수준을 적절히 유지하는 것이 중요하다. 심근활동에 중요한 역할을 하며 칼륨 평형이 깨지면 부정맥이 발생한다.

(4) 글리코겐과 단백질 합성

칼륨은 글리코겐과 단백질의 합성에 필요하다. 세포에서 글리코겐과 단백질이 합성될 때는 세포내액을 함께 저장하여 농도를 일정 수준으로 유지한다. 칼륨은 세포내액의 주요 양이온 성분이므로 혈당이 글리코겐으로 전환되거나 단백질이 합성될 때 칼륨이 함께 세포 내로 유입되어 저장된다. 글리코겐이나 근육단백질이 분해되는 경우에는 저장되어 있던 칼륨이 세포로부터 방출되어 나온다. 조직 파괴 시 칼륨은 질소와 함께 상실된다.

3) 결핍증과 과잉증

(1) 결핍증

칼륨은 대부분 식품에 널리 분포되어 있고 매우 효율적으로 흡수가 이루어지므로, 정상 식사에 의해서는 칼륨 결핍이 거의 일어나지 않는다. 그러나 지속적인 구토와 설사, 탈수, 당뇨병성 산독증, 심한 화상, 알코올의존증, 신경성 식욕부진, 심한 영양불량, 또는 고혈압 치료를 위해 이뇨제를 장기간 복용한 경우에는 칼륨 결핍이 나타날 수 있다.

혈중 칼륨 농도가 감소하여 3.5mmol/L 미만인 저칼륨혈증hypokalemia이 나타나면 식욕부진, 근육약화, 근육경련, 마비, 부정맥 등이 초래되고 심하면 정신착란, 의식불명에 이를 수도 있다.

(2) 과잉증

일상 식사에서 섭취하는 칼륨의 양으로는 과잉 증상이 나타나지 않으나, 신장기능 이상으로 인해 칼륨의 배설에 지장이 생겼을 때에는 혈중 칼륨 농도가 증가하여 고칼륨혈증hyperkalemia이 나타난다. 고칼륨혈증은 근육약화, 부정맥, 호흡곤란, 혼수 등을 초래하며, 특히 심장박동을 느리게 하여 심장마비를 일으킬 수 있다. 따라서 신장기능이 저하된 환자는 칼륨 섭취가 많아지지 않도록 각별한 주의가 요구된다.

4) 섭취기준과 급원식품

(1) 섭취기준

성인의 최소 칼륨 필요량은 1일 약 2g으로 보통 다양하게 음식을 먹는 사람에서는 필요량이 충족된다. 충분한 칼륨 섭취는 혈압을 낮추며 뇌졸중 및 심근경색을 예방한다. 특히 나트륨과 칼륨의 섭취비율이 혈압에 미치는 영향이 크며, 바람직한 나트륨과 칼륨의 섭취비(몰비)는 1:1 정도이다. 그러므로 나트륨의 충분섭취량인 1,500mg65 mmole을 고려하면 칼륨의 적절한 섭취수준은 2,500mg 65mmole이다.

따라서 성인의 칼륨 섭취기준은 현재 우리나라 사람이 나트륨을 과잉 섭취하고 있는 점과, 미국 고혈압합동위원회Joint National Commission : JNC(1997)에서 고혈압 예방을 위해 하루 3,500mg의 칼륨을 섭취하도록 제안하고 있는 점을 반영하여 충분섭취량을 3,500mg으로 설정하였다. 상한섭취량은 설정하지 않았다.

(2) 급원식품

칼륨은 동물성 식품과 식물성 식품에 널리 분포되어 있는 편이다. 감자, 고구마, 시금치, 바나나 등의 채소와 과일은 전반적으로 칼륨의 좋은 급원이며 우유, 두류, 육류, 전곡류에도 칼륨이 함유되어 있다표 7-6. 가공하지 않은 식품은 세포가 파괴되지 않은 상태이므로 칼륨의 가장 좋은 급원이다. 반면, 대부분 가공식품은 칼륨 함량이 적고 나트륨 함량은 많은데, 가공 정도가 많을수록 이러한 현상이 두드러지게 나타난다그림 7-14.

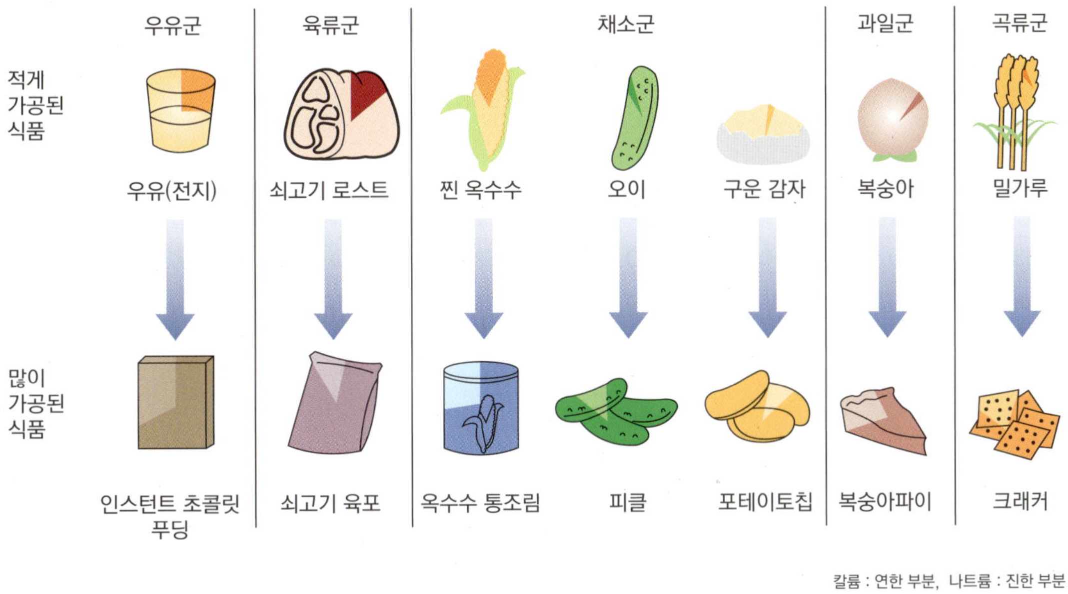

그림 7-14 가공에 의한 식품의 나트륨·칼륨 함량의 변화

표 7-6 식품 중 칼륨 함량

분류	식품명	1회 분량(g)		1회 분량당 함량(mg)	100g당 함량(mg)
곡류	감자	중 1개	130	515	396
	고구마	중 1/2개	90	386	429
	현미	밥 1공기용	90	169	188
	국수(삶은 것)	1대접	300	108	36
	식빵	2쪽	100	108	108
	쌀	쌀밥 1공기용	90	92	102
고기·생선·달걀·콩류	멸치(중, 말린 것)	건멸치 1/4컵	15	310	2,067
	대두(노란콩)	2큰술	20	267	1,335
	쇠고기(한우, 안심)	1접시	60	181	302
	오징어	작은 것 1토막	50	166	332
	굴(참굴, 양식)	1/3컵	80	161	201
	고등어	1토막	50	130	260
	닭고기	1접시	60	110	183
	달걀	중 1개	50	60	120
	땅콩(말린 것)	1큰술	10	81	810
채소 및 과일류	시금치	1접시	70	417	596
	바나나		100	335	335
	근대	1접시	70	267	381
	당근	1접시	70	253	361
	미역(생 것, 양식)	1접시	30	219	730
	귤	1개	100	168	168
	토마토	중 1/2개	70	125	179
	사과	중 1/2개	100	95	95
	표고버섯	중 2개	30	77	257
우유·유제품류	우유	1컵	200	300	150
	요구르트(액상)	3/4컵	150	195	130

표 7-7에 전해질을 요약하여 제시하였다.

표 7-7 **전해질 요약**

전해질	주요 작용	영양소 섭취기준	결핍증	과잉증	급원식품
나트륨	세포외액의 주요 양이온 수분 평형 조절 산·염기 평형 조절 신경자극 전달 포도당 흡수	최소필요량: 180mg 충분섭취량: 1,500mg 만성질환감소섭취량: 2,300mg	식욕부진 근육경련 무기력	고혈압 부종	식탁염, 장류, 가공식품, 김치, 젓갈, 장아찌
염소	세포외액의 주요 음이온 위산 생성 신경자극 전달 수분 평형 조절	최소필요량: 700mg 충분섭취량: 2,300mg	근육경련 성장지연 식욕부진	고혈압	식염, 일부 채소, 가공식품
칼륨	세포내액의 주요 양이온 수분 평형 조절 산·염기 평형 조절 신경자극 전달 글리코겐 합성	최소필요량: 2,000mg 충분섭취량: 3,500mg	식욕부진 근육약화 마비 부정맥	근육약화 부정맥 호흡곤란 심장마비	채소 및 과일류, 우유, 두류, 육류, 전곡류

CHAPTER

8

다량 무기질

무기질은 음식물을 태우면 재로 남는 성분들이다. 우리 몸의 약 4%를 구성하며, 체내 여러 생리기능을 조절하고 유지하는 데 중요한 작용을 한다. 이렇게 인체에는 양적으로는 소량이지만 수십 가지 종류의 무기질이 있는데, 이들은 단일 원소이며 체내에서 합성되지 않기 때문에 반드시 식품을 통해 섭취해야만 한다. 이 중 다량 무기질은 체내에 체중의 0.01% 이상 존재하거나 하루에 100mg 이상 섭취해야 하는 무기질을 말한다.

다량 무기질에는 칼슘 · 인 · 마그네슘 · 황 등이 있다. 나트륨 · 염소 · 칼륨은 무기질이지만 전해질로 분류한다. 무기질은 섭취가 부족하거나 과다하게 섭취했을 때 건강에 바람직하지 않은 결과를 초래하므로 적절한 범위로 섭취하는 것이 매우 중요하다. 또한 무기질은 체내에서 각각 서로 다른 역할을 담당하고 있기 때문에 어느 한 가지에 치우치지 말고 균형적으로 섭취해야 한다.

학 / 습 / 목 / 표

1. 무기질의 분류와 체내 분포를 설명할 수 있다.
2. 다량 무기질의 흡수와 대사과정을 설명할 수 있다.
3. 다량 무기질의 생리적 기능을 설명할 수 있다.
4. 다량 무기질의 결핍증과 과잉증을 설명할 수 있다.
5. 다량 무기질의 섭취실태와 영양소 섭취기준, 급원식품을 설명할 수 있다.

1. 무기질의 특성과 일반적 작용

탄수화물, 지질, 단백질 같은 유기화합물은 탄소·수소·산소로 구성되어 있고, 단백질만은 이들 세 원소 외에 질소를 함유하고 있다. 이 유기화합물과 물을 합하면 체중의 약 96%를 차지하고, 그 나머지가 무기질이다. 무기질은 회분灰分이라고 하는데, 이는 석탄이나 나무 같은 물질을 태우면 유기물질은 연소해 버리고 재로 무기물질만이 남기 때문이다. 체내에서도 음식으로 섭취한 유기물질은 대부분 산화하여 에너지를 생성하는 데 비해, 무기물질은 연소하지 않고 남는다.

1) 무기질의 종류와 체내 분포

흔히 무기질을 다량 무기질macromineral, major mineral과 미량무기질micromineral, trace mineral로 나누는데, 이러한 분류기준은 체내에 얼마나 존재하느냐 그리고 하루에 필요한 양이 얼마인가에 달려 있다. 체내에 존재하는 양이 체중의 0.01%(예로서 체중 70kg인 경우 7g) 이상인 무기질을 다량 무기질로 분류하는데, 그 기준이 확실하지 않고 애매하므로 일반적으로 필요량 측면에서 하루에 100mg 이상 섭취해야 하는 무기질은 다량 무기질로 분류하며, 그렇지 않은 경우에는 미량무기질로 분류한다. 미량무기질 중 일부는 흔적이라고 할 정도로 극소량이 체내에 존재한다. 다량 무기질에 해당되는 것에는 칼슘calcium : Ca, 인phosphorus : P, 칼륨potassium : K, 황sulfur : S, 나트륨sodium : Na, 염소chloride : Cl, 마그네슘magnesium : Mg이 있다. 그리고 미량무기질에는 철iron : Fe, 아연zinc : Zn, 망간manganese : Mn, 셀레늄selenium : Se, 구리coppe r: Cu, 요오드iodine : I, 크롬chromium : Cr, 불소fluoride : F, 코발트cobalt : Co, 몰리브덴molybdenum : Mo, 규소silicon : Si, 바나듐vanadium : V, 니켈nickel : Ni, 주석tin : Sn 등이 있다. 미량무기질은 다시 체내에서 반드시 필요한 필수 미량무기질과 필수성이 아직 확실하지 않은 비필수 미량무기질로 나눌 수 있다. 비필수미량무기질의 체내 필요량은 μg 단위로 극히 소량이므로, 그 필수성을 결정하는 것은 쉽지 않다. 인체 내 존재하는 무기질의 종류는 표 8-1과 같다.

표 8-1 무기질의 분류

다량 무기질(성인 체중비율, %) (1일 필요량 100mg 이상)	미량무기질(성인 체중비율, %)	
	필수 미량무기질 (1일 필요량 100mg 이하)	비필수 미량무기질
칼슘(Ca, 1.5~2.2%)	철(Fe, 0.004%)	규소(Si)
인(P, 0.8~1.2%)	아연(Zn, 0.002%)	카드뮴(Cd)
칼륨(K, 0.35%)	구리(Cu, 0.00015%)	리튬(Li)
황(S, 0.25%)	요오드(I, 0.00004%)	주석(Sn)
나트륨(Na, 0.15%)	망간(Mn, 0.00003%)	알루미늄(Al)
염소(Cl, 0.15%)	셀레늄(Se, 0.00003%)	바나듐(V)
마그네슘(Mg, 0.05%)	크롬(Cr)	니켈(Ni)
	몰리브덴(Mo)	비소(As)
	불소(F)	
	보론(B)	
	코발트(Co)	

2) 무기질의 특성

무기질은 무기원소로서 용액 내에서 이온화할 수 있다. 즉, 무기질은 물에 녹아 전하를 가진 물질이 되거나, 결합하여 화합물을 형성할 수 있다. 예를 들어 무기질인 나트륨Na과 염소Cl는 물속에서 이온화하여 Na^+과 Cl^-이 될 수 있고, 또는 결합하여 소금NaCl이 될 수도 있다.

무기질은 이온ion의 형태로 있든 염salt의 형태로 있든 그 화학적 본성을 유지한다. 무기질은 일단 체내에 들어가면 다른 물질로 변하지 않고 그대로 머물러 있다가 배설된다. 또한 열, 공기, 산 또는 다른 물질과 혼합되어도 산화되기는 하지만 파괴되지는 않는다.

무기질은 소화과정이 거의 필요하지 않으며, 주로 소장에서 쉽게 흡수되고 혈액을 통해 각 조직으로 자유롭게 이동된다. 무기질의 체내 함량은 소장에서의 흡수 및 신장에서의 배설을 통해 조절되며, 체내 이용률은 영양상태나 다른 식이요인에 의해 영향을 받는다.

3) 무기질의 일반적 작용

무기질은 인체 내에서 이온 형태 및 여러 화합물의 구성성분으로 존재하면서 제각기 다양하면서도 독특한 작용을 한다.

(1) 체조직 구성

무기질은 뼈와 치아의 구성성분으로 작용한다. 혈액과 조직에도 무기질이 들어 있어서 근육에는 황이, 신경조직에는 인이 존재한다. 또한 요오드는 갑상샘호르몬인 티록신, 철은 헤모글로빈, 코발트는 비타민 B_{12}, 황은 티아민의 구성성분이며, 아연은 췌장호르몬인 인슐린의 생성과 작용에 관여한다. 이 외에도 여러 가지 무기질이 체내 조직을 구성하고 있다.

(2) 산·염기 평형 및 수분 평형

무기질은 체액의 산·염기 평형을 조절한다. 즉, 무기질은 체액에 정상보다 높은 산이나 염기성 물질이 생성되면 이를 중화하여 체액이 pH 7.4 정도로 유지되도록 작용한다. 식품에서 섭취한 성분 중 알칼리를 형성하는 주된 원소는 나트륨·칼륨·칼슘·마그네슘이고, 산을 형성하는 원소는 염소·인·황 등이다.

무기질은 또한 체내 수분 함량의 평형을 유지한다. 체내에 존재하는 수분은 세포 내와 세포 외에 분포되어 있으며, 용액의 상태로 무기질, 즉 전해질을 용해시켜 함유하고 있다. 세포와 세포 사이를 이동하는 체액의 양은 세포를 둘러싸고 있는 체액의 무기질 농도와 관계있으며, 무기질 중 나트륨, 칼륨, 염소 등이 조직의 수분이동에 중요한 역할을 한다. 즉, 세포 내외에 있는 수분이 이동하면서 체액의 무기질 농도를 유지한다.

(3) 효소작용 조절

효소 중에서 구조 내에 금속이온을 함유하고 있거나 활성화되는 데 금속이온을 필요로 하는 효소를 금속효소metalloenzyme라고 한다. 대부분의 무기질은 수많은 금속효소의 구성성분 또는 보조인자로 작용하여 효소를 활성화하는 역할을 한다.

(4) 신경흥분 전달 및 기타

나트륨과 칼륨은 세포막을 통한 교환으로 신경자극을 전달한다. 칼슘과 마그네슘은 신경흥분의 전달과 근육의 수축·이완을 돕는다. 그 외에도 무기질은 성장, 면역기능, 세포막을 통한 물질이동 등 종류에 따라 여러 가지 특수한 생리기능을 수행한다.

2. 칼슘

칼슘calcium : Ca은 인체에 가장 함량이 많은 무기질로 체중의 1.5~2.2%를 차지하며, 체중 70kg인 성인의 경우 체내 칼슘 함량은 1,000~1,400g 정도이다. 칼슘의 99% 정도가 골격과 치아에 존재하며, 나머지 1%는 혈액과 연조직soft tissue에 분포되어 여러 가지 생리기능에 관여한다.

1) 흡수와 대사

(1) 흡수

칼슘은 식품과 칼슘보충제 내에 비교적 불용성 염의 형태로 존재하고 있다. 대부분의 칼슘염은 위액의 산성 환경에서 1시간 안에 용해되어 이온화된 유리상태로 소장으로 내려간다. 그러나 이러한 가용화 과정이 반드시 더 많은 흡수를 보장하지는 않는데, 그 이유는 가용화 과정에서 생성된 유리칼슘이 식사요인(다른 무기질, 식이섬유 등)과 결합하여 흡수율이 감소할 수도 있기 때문이다.

① 흡수기전

식사로 섭취한 칼슘은 소장에서 능동수송과 단순확산의 두 가지 주요 경로로 체내에 흡수한다그림 8-1.

능동수송

능동수송에 의한 칼슘 흡수는 주로 십이지장과 공장 상부에서 일어나며, 에너지를 필요로 하고, 칼슘결합단백질calcium binding protein : CaBP, calbindin D9k이 관여한다.

칼슘의 흡수는 세 단계로 이루어진다. 칼슘은 우선 소장 미세융모막에서 칼빈딘 D9k와 결합하여 막을 통과한 후(1단계), 그 상태로 소장세포의 세포질을 가로질러 기저막 basolateral membrane(장막) 쪽으로 운반된다(2단계). 이 수송과정에서 칼모듈린calmodulin과 같은 다른 칼슘결합단백질이 또한 세포 내 칼슘의 이동을 촉진할 수도 있다. 마지막으로 칼슘은 기저막을 통과하여 소장세포로부터 세포외액으로 배출되는데(3단계), 이 과정에는 에너지를 필요로 하는 Ca^{2+}-Mg^{2+} 펌프가 관여하며, ATP를 가수분해하여 에너지를 방출함으로써 세포 밖으로 Ca^{2+}이 나가고, 세포 안으로 Mg^{2+}이 들어오게 한다. 소장의 기저막으로부터 칼슘이 방출되는 과정에는 Mg^{2+} 이외에도 Na^{+} 또한 Ca^{2+}과 교환될 수 있는데, 그 양은 매우 소량이다그림 8-1.

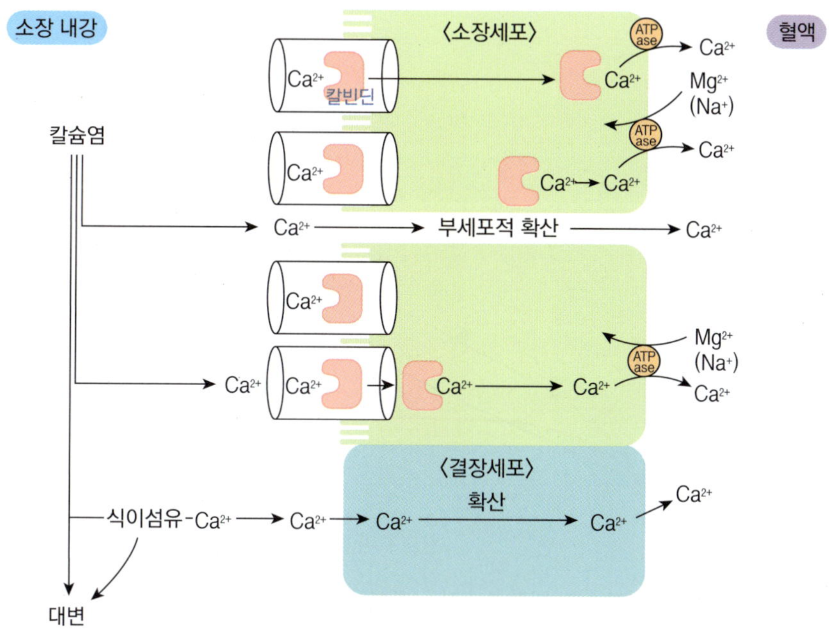

그림 8-1 칼슘의 흡수과정

단순확산(부세포적 흡수, paracellular absorption)

운반체와 에너지가 필요하지 않은 수동수송으로 소장 전체에서 일어나지만 주로 공장과 회장에서 발생한다. 이 과정은 칼슘이 소장세포를 통과하여 흡수되는 대신 세포와 세포 사이에서 흡수되는 기전으로, 소장 상피세포 사이의 치밀 이음새tight junction를 통해 칼슘이 확산 이동된다. 전형적으로 칼슘 섭취량이 많은 경우에 소장강 내 칼슘의 농도가 높아져서 소장강과 기저측 사이의 칼슘 농도 차가 클 때 일어난다. 흡수 속도는 느리지만 이 방법으로 흡수되는 칼슘의 양은 실제로 많다.

칼슘이 어떤 경로로 흡수되는지는 칼슘 섭취량에 의해 결정된다. 능동수송 과정은 식품 칼슘 섭취량이 적을 때(1일 400mg 미만) 촉진되고, 칼슘 섭취량이 증가함에 따라 흡수량은 증가하지만, 일정량에 이르면 한계점에 도달한다. 이에 비해 단순확산에 의한 흡수는 칼슘 섭취량 증가에 따라 비례적으로 상승한다. 즉, 칼슘 섭취량이 적으면 능동수송에 의존하지만, 칼슘 섭취량이 충분하면 단순확산과 능동수송의 두 가지 기전으로 흡수된다 그림 8-2.

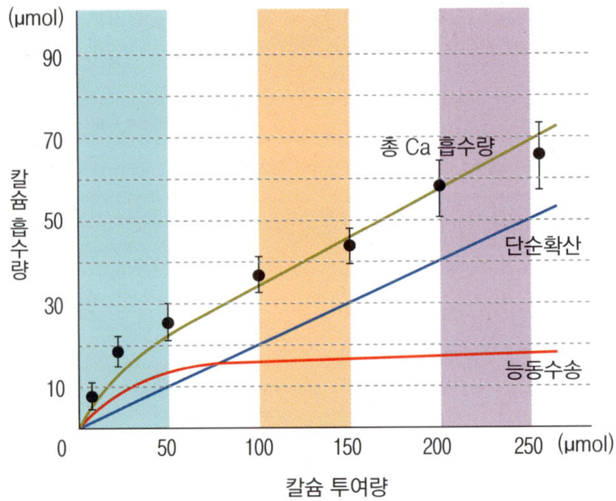

그림 8-2 흰쥐에서 칼슘 투여량에 따른 흡수방식

자료 : Pansu D et al., 1981

대장 또한 칼슘 흡수에서 일부 역할을 수행한다. 대장 내 서식하는 세균은 펙틴 등 일부 발효성 식이섬유에 결합되어 있는 칼슘을 유리시켜 흡수되도록 하는데, 그 양은 매우 소량이다.

② 칼슘 흡수에 영향을 미치는 요인

생리적 요인

칼슘의 흡수율은 개인의 생리적 상태와 성장 단계에 따라 다르게 나타난다. 성인의 경우 식사로부터의 칼슘 흡수율은 30% 정도이며, 노년기가 되면 흡수율이 떨어지고, 폐경후 여성에서도 흡수율이 낮아진다. 골격 발달이 왕성한 성장기 어린이는 칼슘의 체내 축적이 증가하는 시기이므로 칼슘 요구량이 증가하여 흡수율이 75%까지 증가하기도 하며, 임신과 수유 시에도 흡수율이 높게 유지된다. 식사 중 칼슘 함량이 적으면(<400mg) 흡수율이 증가하며, 식사 중의 칼슘 함량이 많으면 흡수율은 감소한다.

또한 칼슘염은 산성 용액에서 용해가 더 잘 일어난다. 따라서 적절한 위산 분비는 칼슘의 흡수를 도와주며, 위에서 염산과 섞여 내려온 음식물이 알칼리성 췌장액과 충분히 섞이지 않은 소장 상부에서 주로 칼슘이 흡수된다.

식사 요인

여러 물질이 칼슘의 흡수를 증가시키거나 방해한다. 비타민 D1,25$(OH)_2D_3$, calcitriol는 소장 점막세포에서 칼슘결합단백질의 합성을 유도하여 칼슘의 체내 흡수를 돕는다. 가령, 폐경 및 혈장 인 농도가 높은 경우에는 신장에서 비타민 D의 활성화가 방해받아 칼슘의 흡수가 감소한다. 유당은 발효되면 젖산을 생성하여 칼슘의 용해도를 증가시켜서 흡수를 도우며, 유당 이외의 당질(예: 포도당)이나 당알코올(예: 자일리톨) 및 비타민 C도 칼슘의 흡수를 증가시킨다. 단백질이 풍부한 식사는 리신, 아르기닌 등의 아미노산과 더불어 칼슘의 흡수를 증가시킨다. 또한 식사 내 칼슘과 인의 비율을 1:1 수준으로 유지하는 것이 칼슘의 흡수율을 높이는 데 바람직하다.

한편 장내에 불용성 칼슘염이 형성되면 칼슘의 흡수가 매우 어려워진다. 옥살산이나 피틴산은 칼슘과 불용성 염을 형성하므로 칼슘 흡수를 저해한다. 피틴산은 곡류의 껍질에 많이 존재하며, 옥살산은 시금치·근대·무청·가지·코코아 등에 많다. 예로서 시금치에 들어 있는 칼슘의 실제 흡수율은 5% 정도에 불과하다. 또한 차에 들어 있는 폴리페놀(탄닌) 성분도 칼슘 흡수를 저해한다. 식이섬유를 과량 섭취하거나, 지방변증 등으로 인해 장내에 흡수되지 않은 지방산이 많아진 경우에도 칼슘과 결합하여 대변으로 배설시킴으로써 흡수율이 감소하게 된다. 칼슘에 비해 인의 섭취가 과다하면 칼슘 흡수가 감소하며, 다른 2가의 양이온, 즉 마그네슘, 철, 아연 등은 소장에서 흡수될 때 칼슘과 경쟁함으로써 과량 섭취 시 칼슘 흡수를 저해한다. 그 외 운동부족이나 스트레스도 칼슘의 흡수를 저해한다표 8-2.

표 8-2 칼슘 흡수에 영향을 미치는 요인

	식사 요인	생리적 요인
흡수 증가	비타민 D 당질(유당, 포도당), 당알코올 단백질 비타민 C 칼슘과 인의 동량 섭취	소장 상부의 산성 환경 칼슘 요구량 증가(성장, 임신) 칼슘 섭취 부족 부갑상샘호르몬
흡수 저해	식이섬유 피틴산 옥살산 칼슘에 비해 과량의 인, 아연, 마그네슘, 철 흡수되지 않은 지방산 탄닌	소장 하부의 알칼리성 환경 폐경 노령 운동부족 스트레스

(2) 운반과 배설

칼슘은 혈액을 통해서 각 조직으로 운반되며, 혈액 내에서 세 가지 형태로 존재한다. 즉 칼슘의 약 40%는 단백질(주로 알부민)에 결합되어 존재하며, 일부(10%)는 황, 인 및 시트르산 등과 결합하여 각각 황산칼슘염, 인산칼슘염 및 시트르산칼슘염 등의 복합체 형태로 존재하고, 나머지 약 50%는 혈액에서 이온화된 유리상태로 존재한다.

칼슘의 배설경로는 대변, 소변, 피부 등이다. 식사로부터 흡수되지 않은 칼슘과 내인성(소화액 및 탈락된 소장점막세포) 칼슘의 일부가 대변으로 배설된다. 내인성 칼슘으로부터 대변으로 배설되는 칼슘의 양은 하루 100~150mg 정도이다.

소변을 통한 칼슘의 배설량은 칼슘 섭취량 및 흡수량, 성장단계에 따라 큰 차이가 있다. 일반적으로 칼슘 섭취량이 증가하면 소변으로의 칼슘 배설량이 증가하며, 골격 성장이 빠른 시기에는 소변으로의 칼슘 배설량이 주로 낮고 폐경기에 크게 증가한다. 65세 이후에는 소장에서의 칼슘 흡수가 감소하기 때문에 소변으로의 칼슘 배설량이 감소한다. 부갑상샘호르몬, 인, 칼륨, 마그네슘 등은 소변으로의 칼슘 배설량을 감소시키며, 나트륨과 단백질 및 카페인의 과잉 존재 시에는 칼슘 배설량이 증가한다. 신장에서 여과와 재흡수 과정을 통해 소변으로 배설되는 칼슘의 양은 하루 100~240mg 정도이다.

피부를 통한 배설은 피부박리, 땀 등을 통해 일어나는 데 환경조건에 따라 다르며 매우 소량이다그림 8-3.

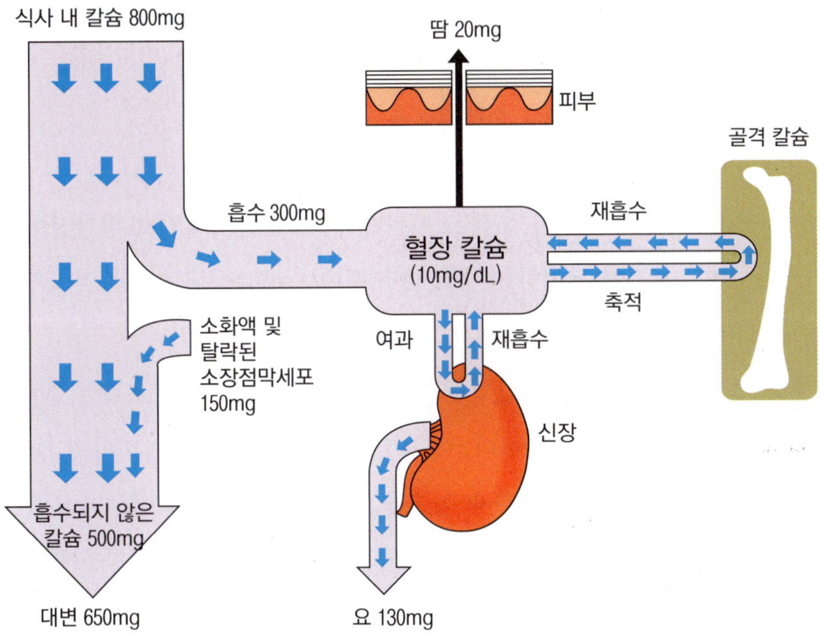

그림 8-3 칼슘의 대사과정 예

(3) 혈액 칼슘 농도의 항상성

체내 칼슘 농도는 세포 내외 모두에서 매우 엄격하게 조절되고 있다. 세포외액인 혈액 내 총칼슘 함량은 10(9~11)mg/dL 내외의 일정한 수준을 항상 유지하고 있다. 이는 칼슘을 필요한 곳에 바로 공급하여 정상적인 대사가 일어날 수 있도록 하기 위함이다. 혈장 칼슘 수준의 항상성homeostasis을 유지하는 것은 칼슘 흡수, 뼈에서의 칼슘 용출, 신장

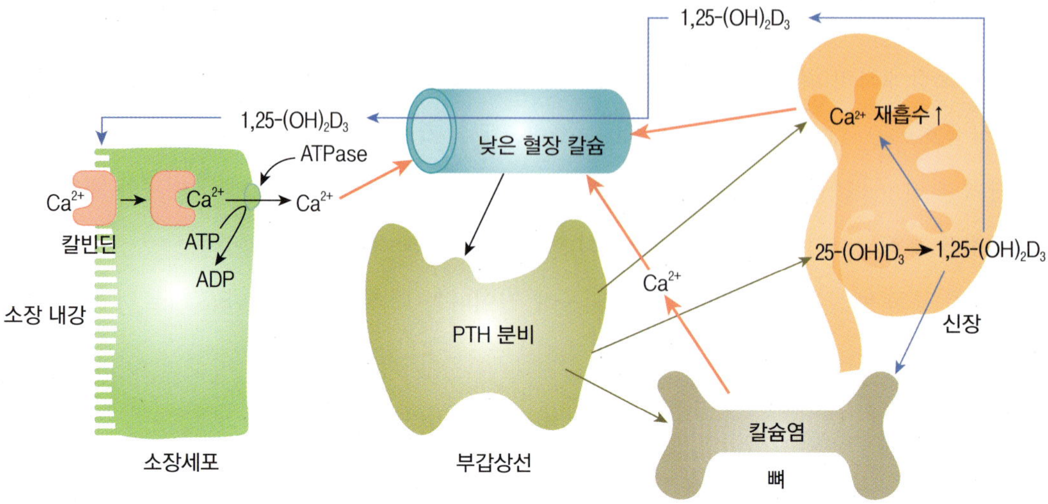

그림 8-4 혈장 칼슘 농도 조절과정

에서의 칼슘 재흡수와 배설과정을 통해 조절된다. 특히 내분비계의 조절기전이 정교하게 작용하기 때문이며, 여기에 관여하는 주요 호르몬에는 부갑상샘호르몬, 비타민 D 및 칼시토닌이 있다그림 8-4.

혈장 칼슘 농도가 감소하면 부갑상샘의 주세포chief cell로부터 부갑상샘호르몬parathyroid hormone : PTH의 분비가 증가한다. 이 호르몬은 단독으로 또는 비타민 D와 함께 신장, 소장 및 골격에 작용하여 혈장 칼슘 농도를 증가시킨다. 부갑상샘호르몬이 조골세포 수용체와 반응하여 파골세포에 신호를 보내면, 파골세포에서는 단백질분해효소와 산이 분비되어 뼈(주로 뼈 표면)에 있는 비결정 칼슘염으로부터 칼슘을 유리시켜 혈중 칼슘 농도를 높이게 된다. 또한 부갑상샘호르몬은 신장에서의 칼슘 재흡수를 증가시키며, 아울러 신장에서 활성형인 $1,25(OH)_2$비타민 D의 합성을 증가시킨다.

활성화된 비타민 D는 소장에서 칼슘결합단백질(칼빈딘 D9k)의 합성을 증가시킴으로써 칼슘의 흡수를 늘리고, 신장에서는 칼슘운반체(칼빈딘 D28k)의 합성을 증가시킴으로써 칼슘의 재흡수를 촉진하며, 뼈에서의 칼슘 용출을 증가시켜 혈중 칼슘 농도를 높인다.

반면에 혈장 칼슘 농도가 상승하면 갑상샘의 부여포세포parafollicular cell에서 칼시토닌이 분비되어 부갑상샘호르몬과는 반대작용을 함으로써 칼슘 농도를 낮춘다. 즉 칼시토닌은 조골세포를 자극하고 파골세포의 활성을 방해하여 뼈로부터 칼슘의 이동을 방지함으로써 혈장 칼슘 농도를 낮추며, 활성형 비타민 D의 생성을 방해하고, 또한 신장에서의 칼슘 재흡수를 감소시켜 칼슘의 배설을 촉진한다표 8-3.

표 8-3 칼슘 평형에서 부갑상샘호르몬, 비타민 D 및 칼시토닌의 역할

	부갑상샘호르몬	비타민 D	칼시토닌
혈장 칼슘	↑	↑	↓
뼈 칼슘	↓	*	↑
신장 칼슘 재흡수	↑	↑	↓
소장 칼슘 흡수	↑	↑	작용 없음

*부갑상샘호르몬과 함께 작용

이 외에도 여러 호르몬이 칼슘 항상성을 유지하는 데 작용한다. 글루코코르티코이드는 소장에서 칼슘의 흡수(능동수송, 수동수송)를 방해하며, 갑상샘호르몬은 골격의 재흡수를 촉진하는 반면, 에스트로겐은 골격 재흡수를 저해한다.

2) 체내 작용

(1) 골격 구성

① 골격의 구조

칼슘의 대부분은 뼈에 저장된다. 뼈는 기본적으로 치밀골cortical bone, compact bone과 해면골trabecular bone, spongy bone의 두 가지 형태로 이루어져 있다. 치밀골은 석회화된 콜라겐이 층층이 꽉 찬 구조를 가진 관 모양의 치밀한 구조를 갖고 있으며, 무기질의 비율이 높아 단단하고 대사율은 낮다. 치밀골은 뼈의 겉 부분에 많고, 긴뼈long bone(팔다리를 이루고 있는 길고 굵은 뼈)의 골간부bone shaft(양쪽 넓은 골단 사이의 길고 가는 부분)에도 다량 함유되어 있다. 해면골은 스펀지 같은 다공성의 망상구조를 갖고 있으며 긴뼈의 말단 부위, 손목과 발목, 어깨뼈, 척추, 골반 등에서 치밀골의 안쪽 부분을 채우고 있는데, 무기질 비

율이 낮아 조직이 연하고 대사율은 매우 높다. 칼슘 섭취가 증가하면 해면골의 규모는 커지며, 칼슘 섭취가 부족할 때에는 해면골의 칼슘 함량이 치밀골에 비해 더 빨리 감소한다. 치밀골은 골격의 약 75~80%를, 해면골은 20~25%를 차지하며 골격의 종류에 따라 그 구성비율은 다양하다그림 8-5 표 8-4.

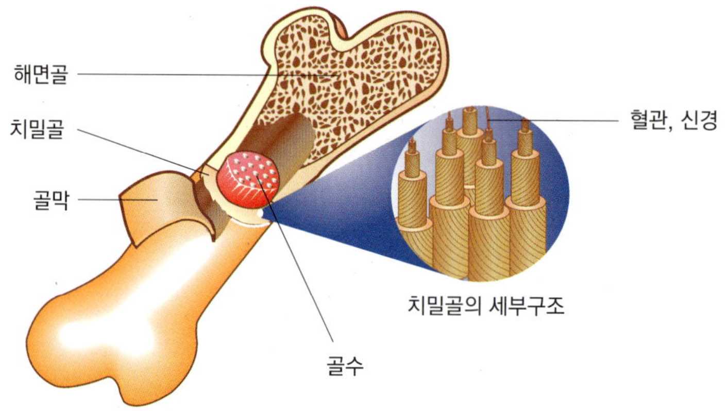

그림 8-5 골격의 구조

표 8-4 골격의 구조에 따른 특징

	치밀골	해면골
특징	치밀하거나 밀집되어 있음	다공성의 스펀지 모양을 하고 있음
함량	전체 뼈의 75~80% 차지	전체 뼈의 20~25% 차지
구성	석회화된 단백질(주로 콜라겐)이 층을 이루고 있음	석회화된 단백질(주로 콜라겐)이 서로 연결된 구조
분포	모든 뼈의 표면과 팔, 다리 등 긴뼈의 골간부에 주로 존재	손목, 발목, 척추 등 입방형의 짧은 뼈에 비교적 많이 존재

골격을 구성하는 주요 성분으로는 무기질이 뼈의 약 2/3를 차지하며, 나머지 1/3 정도가 물과 유기질이다. 무기질은 주로 칼슘과 인의 수산화물인 수산화인회석hydroxyapatite, $Ca_{10}(PO_4)_6(OH)_2$로 존재하고, 그 외 불소, 마그네슘, 칼륨, 나트륨, 스트론튬 등도 뼈에 함유되어 있다. 뼈의 유기질 부분은 20% 정도를 차지하며, 단백질과 기질ground substance(골세포를 둘러싸는 세포외기질)로 구성되어 있어 골기질bone matrix을 형성한다. 단백질은 골기질

을 형성하는 주요 성분으로 콜라겐이 대부분(85~90%)을 차지하며, 기질은 주로 당단백질과 프로테오글리칸proteoglycan으로 구성되어 있다. 즉 뼈는 유연성의 단백질(주로 콜라겐) 기질을 기본 틀로 하여, 그 사이에 칼슘과 인이 주성분인 히드록시아파타이트라는 결정체가 축적된 조직이다.

② 골격의 대사

뼈는 겉으로 보기에는 영구적이며 비활동적인 것 같지만 실제로는 일생 계속적으로 분해되고 재형성되는 활발한 대사가 일어나는 조직이다. 뼈에는 새로운 뼈를 만드는 조골세포osteoblast, bone forming cell와 뼈를 파괴하는 파골세포osteoclast, bone resorbing cell의 두 가지 주요 세포가 있다.

조골세포는 골수에서 생성되며, 지속적으로 뼈의 표면에 단백질과 기질을 분비하고, 이들 단백질과 기질로 구성된 기본 망상구조 안에 무기질을 축적(석회화mineralization)하여 새로운 뼈를 생성하는 세포이다. 반면, 파골세포는 이미 만들어진 뼈의 무기질을 용해하고 단백질과 기질을 분해하여 골격의 재흡수(분해)를 담당하는 세포로, 크기가 크며 다핵(2~10개)이다.

학령기, 사춘기 및 성인 초기에는 파골세포보다 조골세포의 작용이 왕성하여 골량bone mass이 증가하며, 30~35세에 최대에 달한다. 그 후 50세경까지 뼈의 대사과정은 동적 평형dynamic equilibrium을 이루면서 골량이 대체로 유지되고 단지 소량만 감소한다. 그 이후, 특히 여성의 경우 폐경 이후부터는 이들 세포의 균형이 깨져서, 즉 조골세포보다 파골세포의 활성이 커져서 골소실이 현저하게 나타난다.

(2) 생리기능 조절

뼈와 치아를 제외한 나머지에 존재하는 소량(1%)의 칼슘은 세포 내 미토콘드리아·소포체·핵·소포와 같은 소기관 내에, 그리고 혈액·림프·체액 등의 세포외액에 존재한다. 혈장에 존재하는 칼슘의 50%는 이온(Ca^{2+}) 형태로 존재하며, 이 형태가 활성형이다. 이는 칼슘의 많은 조절기능이 체내 총칼슘의 0.5% 미만에 의해 수행된다는 것을 의미한다. 이러한 소량의 칼슘이 근육수축, 신경전달, 세포막투과, 대사조절 및 혈액응고 등에 작용한다.

① 근육의 수축과 이완

근육에서는 수축과 이완 작용이 반복적으로 일어나고 있다. 골격근의 수축은 근원섬유를 구성하는 액틴과 미오신이 결합하여 액토미오신을 형성하면서 이루어지는데, 이때 칼슘이온Ca^{2+}이 필요하다.

근육이 휴식상태에 있을 때 근형질sarcoplasm 내 칼슘이온 농도는 매우 낮으며, 트로포미오신은 액틴 분자의 미오신 결합부위를 덮고 있어 액틴과 미오신의 결합을 막고 있다. 근육세포가 자극을 받으면 근형질 내 칼슘이온 농도가 급격히 증가하는데, 칼슘이온이 트로포닌에 결합하면 트로포미오신의 위치가 바뀌게 되며, 이로 인해 액틴의 미오신 결합부위가 노출된다. 그 결과 액틴과 미오신 교차다리cross bridge(액틴과 결합하는 미오신 분자의 머리 부위)가 결합할 수 있게 되어 근섬유 수축활동이 진행된다. 근섬유가 더 이상 자극을 받지 않아 칼슘이온 농도가 감소하면 이와 반대의 반응이 일어나 수축활동이 끝나고 휴식상태로 돌아간다그림 8-6. 칼슘이온은 골격근뿐만 아니라 심장, 혈관 평활근 등 모든 종류의 근육수축에 관여한다.

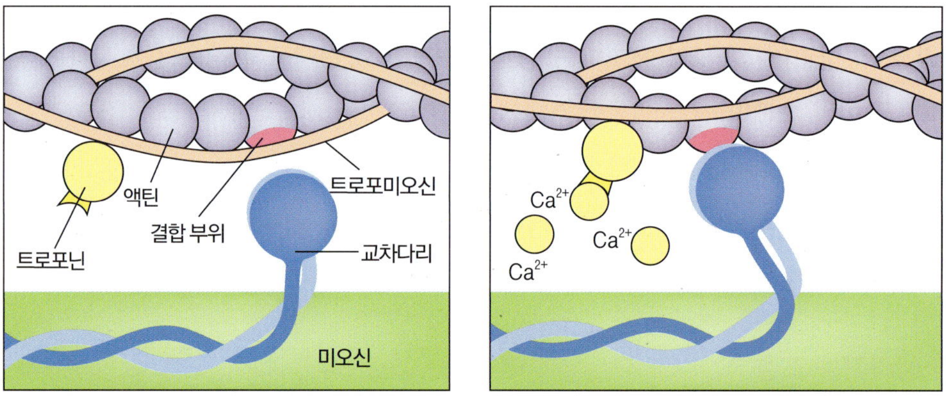

그림 8-6 근육수축 시 칼슘의 역할

② 신경흥분 전달

신경세포는 외부에서 자극을 받으면 흥분되고, 신경흥분이 뇌에 전달되면 뇌에서 그 흥분을 감지하여 행동으로 옮기게 된다. 신경세포가 흥분을 전달하려면 뉴런neuron과 뉴런이 연결되는 시냅스synapse에 신경전달물질이 분비되어야 하는데, 칼슘이온이 이 신경전달물질의 분비를 촉진하는 작용을 한다.

자극으로 인해 활동전위가 시냅스전 뉴런의 축삭말단에 전달되면 세포막에 있는 칼슘이온 채널이 열려 세포외액에 있던 칼슘이온이 세포 내로 들어온다. 그 결과 시냅스소포synaptic vesicle가 축삭말단 막에 융합되어 세포 밖으로 유출되면서 시냅스소포에 들어 있던 신경전달물질이 방출된다. 분비된 신경전달물질은 신속하게 시냅스틈새synaptic cleft를 거쳐 시냅스후 뉴런의 세포막에 있는 특정 수용체 단백질과 결합함으로써 신경자극을 전달하게 된다그림 8-7.

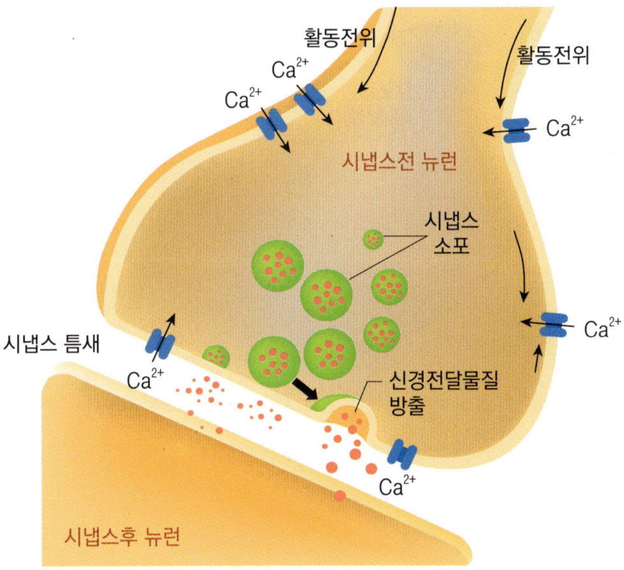

그림 8-7 신경전달물질 분비과정에서 칼슘의 역할

③ 세포막의 투과성 조절

세포막은 기본적으로 이중 층의 인지질과 단백질로 구성되어 있으며, 이를 통해 세포의 내부에서 외부로, 또 외부에서 내부로 물질이 이동한다. 세포막의 투과성은 여러 조건에 따라 영향을 받는데, 그중 하나가 세포외액에 있는 칼슘이다. 세포외액의 칼슘 농도가 증가하면 막의 투과성이 감소하고, 칼슘 농도가 감소하면 막의 투과성은 증가한다. 이처럼 칼슘은 세포막의 안정성에 영향을 미쳐서 세포막을 통한 영양소의 이동에 관여한다.

④ 세포 내 대사 조절

칼슘은 여러 조절단백질과 결합함으로써 세포 내 대사를 조절한다. 예로서 칼슘은 세포 내에서 칼모듈린과 결합하여 칼모듈린-칼슘 복합체를 형성하고, 이 활성형의 복합체가 세포 내 대사과정에 관여하는 여러 효소의 활성을 조절한다**그림 8-8**.

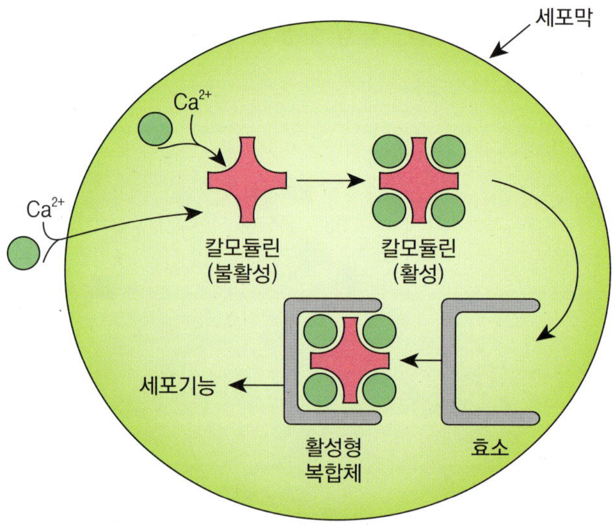

그림 8-8 칼슘이 칼모듈린과 반응하여 효소를 활성화하는 과정

⑤ 혈액 응고

칼슘은 혈액이 응고되는 과정에 필수적인 역할을 한다. 즉 칼슘은 혈소판으로부터 트롬보플라스틴의 방출, 프로트롬빈에서 트롬빈으로의 전환 및 피브린이 형성되는 여러 단계에 관여한다**그림 8-9**.

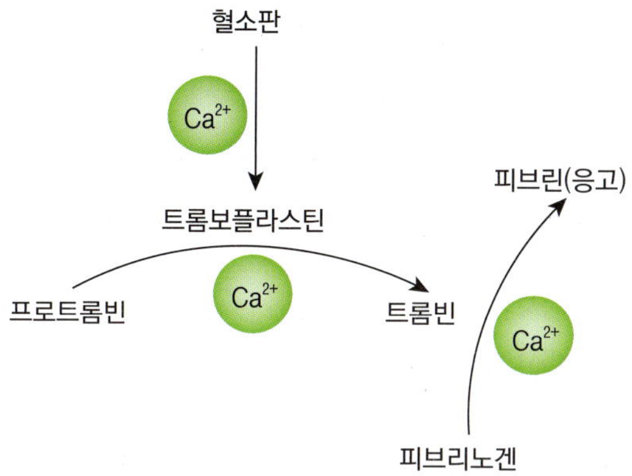

그림 8-9 혈액 응고 시 칼슘의 역할

3) 결핍증과 과잉증

(1) 결핍증

칼슘의 불충분한 섭취, 흡수불량 및 과다한 손실 등이 있는 경우 칼슘 결핍이 발생한다. 식사를 통한 칼슘 섭취 부족은 주로 뼈와 근육에 영향을 미친다.

① 구루병

구루병rickets은 성장기에 칼슘의 섭취 부족으로 뼈가 단단하지 못해 기형으로 성장하여 발생한다. 칼슘 부족으로 석회화가 충분히 일어나지 못하면 체중을 감당하지 못하여 다리가 휘거나 관절이 확대되며, 갈비뼈에 구슬 같은 돌기가 생기고 가슴이 좁아지는 현상이 나타난다. 이러한 구루병은 칼슘과 비타민 D가 함께 부족할 때 발생 가능성이 더욱 높아진다.

② 골연화증

출산 횟수가 많고 장기간 수유를 하며, 햇빛을 쐬는 시간이 적거나 부적절한 식사를 하는 사람에게 많이 나타난다. 구루병과 같이 뼈의 형태가 휘어져 비정상적으로 되며, 이로 인해 뼈의 통증, 근육약화 등이 수반된다. 따라서 이 증세를 성인 구루병이라고도 한다. 골연화증osteomalacia은 골격의 단백질 기질은 감소하지 않으나, 기질의 석회화가 충분하지 않은 상태이며, 비타민 D와 함께 부족할 때 발생 가능성이 현저히 높아진다.

③ **골다공증**

나이가 들면서 조골세포의 활성에 비해 파골세포의 활성이 비정상적으로 증가함에 따라 골량이 감소하게 된다. 골다공증osteoporosis은 골량의 감소와 골의 질 저하로 인해 골강도bone strength가 약해져 골절의 위험이 증가하는 현상이다. 뼈의 절대량이 감소하므로 뼈조직의 구조가 치밀하지 못하고 엉성하며 얇아지게 되어, 작은 충격에도 골절이 쉽게 초래된다. 가장 흔하게 골절이 발생하는 부위는 손목, 척추, 고관절 등이다그림 8-10.

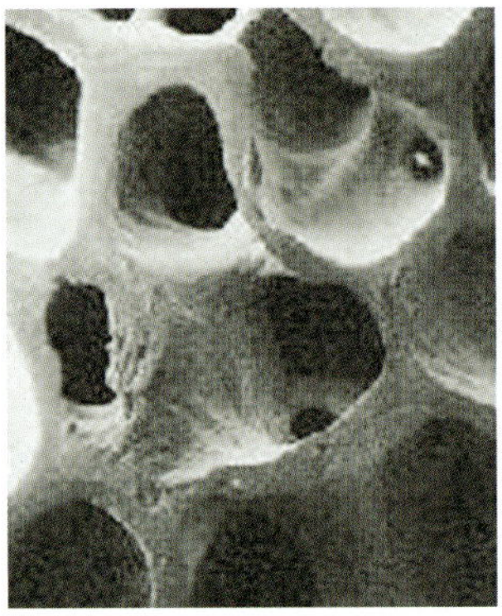
정상 뼈

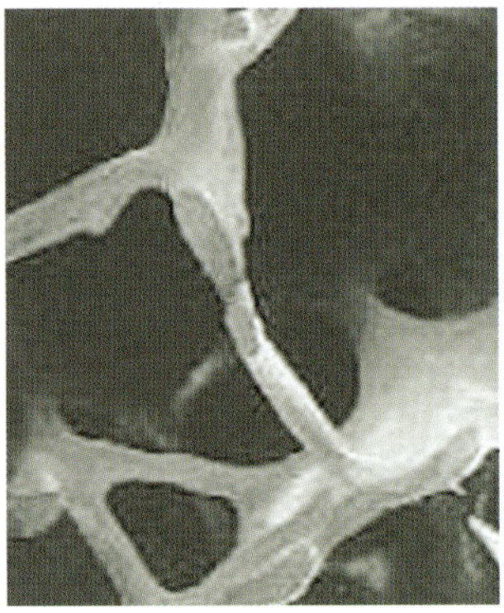
골다공증 뼈

그림 8-10 정상 뼈와 골다공증 뼈조직

골다공증은 특히 폐경기 이후의 여성과 노인에게서 주로 나타난다. 중년 이후에는 매년 골밀도 손실이 연간 0.3~0.5%씩 지속된다. 여성은 폐경기를 전후로 하여 2~5%씩 골밀도가 감소하며, 폐경 후 10년 정도 이러한 빠른 감소가 지속되므로 남성에 비해 골다공증의 발생이 현저히 높다.

골다공증을 예방하기 위한 최선의 방법은 골소실이 발생하기 전에 골밀도를 가급적 높이는 것이다그림 8-11. 따라서 성장기부터 칼슘을 충분히 섭취하는 것이 중요하며, 그 외 비타민 D, 불소 등 미량원소의 적절한 섭취도 필요하다. 고단백·고염 식사는 소변으로의 칼슘 배설을 증가시키므로 과잉 섭취하지 않도록 한다. 또한 적절한 운동을 규칙적으로 하는 것이 매우 중요하다. 체중에 의한 자극을 뼈에 줄 수 있는 걷기, 계단오르기, 등

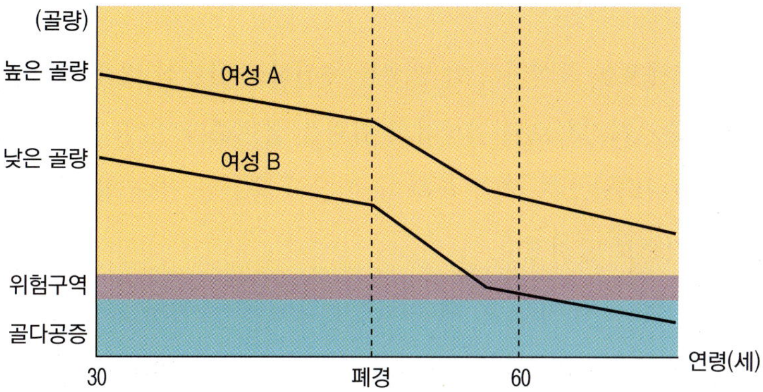

그림 8-11 골량에 따른 골소실 비교

산 등의 체중부하운동이 골소실을 줄이는 데 긍정적인 역할을 한다. 알코올의 과다 섭취 및 흡연이 골다공증의 발생 위험을 높이므로, 과음을 피하고 금연하는 생활습관이 중요하다.

골 건강에 영향을 미치는 식사 및 생활습관

골밀도 증가요인

- 충분한 칼슘 및 비타민 D 섭취
- 적정체중
- 규칙적 월경
- 규칙적 체중부하운동

골밀도 저하요인

- 과량의 단백질, 인, 나트륨, 알코올 섭취
- 저체중
- 폐경, 무월경
- 저활동
- 흡연, 스트레스
- 일부 약물(예: 코르티코스테로이드)

④ 고혈압, 결장암 및 비만

장기간의 칼슘 결핍은 골다공증 외에 고혈압, 결장암, 비만 또는 체중과다를 초래할 수 있다. 칼슘과 고혈압은 부(-)의 관계가 있어 칼슘 섭취가 감소(< 600mg/일)하면 고혈압 유병률이 증가한다. 그리고 임신기간 동안 칼슘을 보충하면 임신으로 인한 고혈압 발생

이 감소한다.

칼슘은 또한 결장세포를 증식시켜 암 발생을 촉진하는 담즙산 및 유리지방산과 결합하여 이들의 배설을 증가시킴으로써 결장암의 위험을 줄여준다. 칼슘 결핍 식사를 한 경우 일부에서 결장암이 나타났으며, 하루 800mg 이상의 충분한 칼슘 섭취는 결장암을 예방하는 효과가 있는 것으로 알려졌다.

칼슘을 적게 섭취할 경우 비만 및 체중과다가 발생할 수 있다. 칼슘 섭취의 부족으로 혈중 칼슘 농도가 감소하면 혈중 비타민 D 및 부갑상샘호르몬PTH이 증가한다. 이들 물질이 증가하면 지방세포로의 칼슘 유입이 정상 상태에서보다 증가하며, 세포 내 칼슘 농도의 증가는 이어서 지방합성lipogenesis과 관련한 유전자 발현을 촉진하고 지방분해를 저해한다. 반면, 식사 칼슘 섭취가 증가하면 혈장 부갑상샘호르몬과 비타민 D 농도가 감소하여 지방세포로의 칼슘 유입을 줄이고 세포 내 칼슘 농도를 감소시킨다. 세포 내 칼슘 농도가 감소하면 지방합성을 증가시키는 유전자 발현을 방해하고 지방분해를 촉진한다. 결과적으로 칼슘이 풍부하면서 칼로리를 제한하는 식사는 체지방을 줄이고 체중을 감소시킬 수 있다.

⑤ 근육강직

혈중 칼슘 수준이 낮은 저칼슘혈증hypocalcemia(8.5mg/dL 이하)은 주로 칼슘 농도를 조절하는 부갑상샘호르몬과 비타민 D가 부족할 때 나타나며 신경계, 근골격계 및 심장 등에 영향을 미친다. 신경 및 근육의 흥분성이 증가하여 근육, 특히 팔과 다리 근육이 이완되지 못하고 수축된 상태가 간헐적으로 나타나며 이로 인해 근육통, 안면근육 수축, 근육경련tetany, 손발의 마비 등 감각이상 증세가 나타난다. 심박수가 변하거나, 심한 경우 심장마비가 나타날 수도 있다.

(2) 과잉증

대부분 하루 2,500mg까지 칼슘을 섭취하는 것은 안전하다. 과량의 칼슘 섭취는 특히, 비타민 D의 섭취증가나 부갑상샘기능항진증이 수반되는 경우에 고칼슘혈증을 초래할 수 있다. 고칼슘혈증은 신장, 심장, 혈관 등의 연조직에 칼슘이 축적되게 하여 기능을 손상시킨다. 경미한 고칼슘혈증에서는 식욕저하, 구토, 변비, 복통, 구강건조, 갈증, 빈뇨 등의 증세가 나타나며, 심한 고칼슘혈증에서는 혼란, 망상, 혼수상태 등이 나타나고 응급 조치를 취하지 않으면 사망할 수 있다.

칼슘이 배설되는 주요 경로는 신장이므로 과다한 칼슘을 섭취하는 경우 신장결석이 발생할 위험이 증가한다. 또한 과다한 칼슘 섭취는 철, 아연, 망간 등 다른 2가 양이온의 흡수를 방해하고, 변비도 유발시킨다. 그 외에도 활성형 비타민 Dcalcitriol의 혈중 농도를 감소시킴으로써 전립선암을 초래할 수 있다.

우유-알칼리 증후군은 과거 소화성 궤양을 치료할 때 우유와 제산제의 형태로 칼슘을 과량 섭취한 경우에 나타났으나, 최근에는 골다공증의 예방과 치료를 목적으로 칼슘보충제, 건강기능성 식품, 칼슘강화식품 등의 사용이 증가함에 따라 나타나고 있다. 그러나 우리나라 사람은 전반적으로 칼슘 섭취가 부족하므로 이러한 과잉증이 나타날 가능성은 별로 없는 편이다.

4) 섭취기준과 급원식품

(1) 섭취기준

인체는 칼슘 섭취량에 따라 배설량을 조절하는 적응 능력이 있으며, 혈중 칼슘 농도는 철저하게 조절되기 때문에 칼슘의 영양상태를 잘 반영할 수 있는 생화학적 혈액분석지표는 없다. 따라서 건강한 사람들에게서 칼슘 평형을 이루는 섭취량을 기준으로 평균필요량을 산출하고 권장섭취량을 책정하였다.

19~49세 성인의 칼슘 권장섭취량은 흡수율을 30%로 간주하여 남자 800mg/일, 여자 700mg/일로 정하였다. 50세 이상 남자의 권장섭취량은 기준체중의 감소를 반영하여 50~64세는 750mg/일, 65세 이상에서는 700mg/일로 정한 반면, 여자는 50세 이상에서 폐경기 이후 칼슘 흡수율의 감소, 골소실 증가 및 골다공증 예방 효과 등을 감안하여 권장섭취량을 800mg/일로 정하였다. 성장기에는 체내 칼슘의 축적이 지속적으로 일어나며, 특히 남자는 14세 전후, 여자는 12~13세에 최대 칼슘 축적이 이루어지므로

12~14세 권장섭취량은 남자 1,000mg/일, 여자 900mg/일로 가장 높게 책정하였다. 상한섭취량은 식사와 보충제를 통해 섭취할 수 있는 양을 모두 합하여 19~49세 성인에서 2,500mg으로 설정하였다.

(2) 급원식품

칼슘의 주된 급원은 우유 및 유제품, 뼈째 먹는 생선, 굴, 조개, 두부, 칼슘강화식품(예: 시리얼, 과일주스, 우유 등) 등이다. 우유 및 유제품은 칼슘 함량이 높고 체내 이용률이 좋아서 칼슘의 가장 우수한 급원식품이며, 우유 한 잔은 약 200mg의 칼슘을 함유하고 있다. 따라서 칼슘 섭취량을 늘리고 체내 이용률을 높이기 위해서는 우유 및 유제품의 섭취를 늘리는 것이 효과적이다. 녹색채소, 해조류, 깨, 두류 등은 칼슘 함량은 높으나 흡수율이 낮다. 육류나 곡류에는 칼슘이 비교적 낮게 함유되어 있다**표 8-5**.

칼슘보충제는 영양보충제로서 가장 인기 있는 제품이며, 주로 골밀도를 증가시키거나 뼈의 칼슘 손실 속도를 최소화하기 위한 목적으로 이용되고 있다. 칼슘보충제로는 탄산칼슘염, 아세트산칼슘염, 시트르산칼슘염, 글루콘산칼슘염, 젖산칼슘염, 굴껍질 등이 있다. 칼슘보충제 내 칼슘의 흡수율은 칼슘염의 종류에 따라 다르다. 그중 가장 널리 이용되고 있는 탄산칼슘염은 무게당 칼슘 농도가 40%, 흡수율은 36~42% 정도이며, 나머지 칼슘보충제들은 24~36% 정도가 흡수된다. 굴껍질이나 뼛가루를 칼슘보충제로 사용하는 것은 이들이 중금속인 납에 오염되어 있을 수 있으므로 섭취를 권장하지 않는다. 칼슘보충제는 한꺼번에 많은 양을 섭취하는 것보다 분산하여 간식 또는 식사 시 함께 섭취하는 것이 바람직하다. 칼슘의 흡수를 최대화하기 위해서는 한 번에 섭취하는 칼슘 양이 500mg 이상이 되지 않도록 하며, 식사와 함께 섭취하면 위산의 분비를 촉진함으로써 칼슘의 흡수가 증가한다.

표 8-5 식품 중 칼슘 함량

분류	식품명	1회 분량(g)	1회 분량당 함량(mg)	100g당 함량(mg)
곡류	메밀국수(건면)	1그릇(익힌 것) 100	8	8
	식빵	큰 것 2쪽 100	28	28
고기·생선·달걀·콩류	멸치(중, 말린 것)	1/4컵 15	300	1.977
	달걀	1개(중) 50	70	140
	두부	1/5모 80	127	159
	꽁치	작은 것 1토막 50	99	198
	고등어	작은 것 1토막 50	84	167
	동태	1/2토막 50	24	48
	굴(참굴, 자연산)	1/3컵(소) 80	76	95
	조갯살(생 것)	1/3컵(소) 80	47	59
	검정콩(말린 것)	20	29	143
	쇠고기(한우, 등심)	1접시 60	7	11
	돼지고기(등심)	1접시 60	4	7
	호두(말린것)	10	9	92
	참깨(흰깨, 말린 것)	1스푼 10	125	1,245
채소 및 과일류	시금치	1접시 70	28	40
	깻잎	1접시 70	139	198
	부추	1접시 70	24	34
	숙주나물	1접시 70	11	15
	양배추	1접시 70	27	38
	근대	1접시 70	61	87
	무청	1접시 70	174	249
	미역(생 것)	30	28	92
	다시마(생 것)	30	31	103
우유·유제품류	우유	1컵 200	210	105
	치즈	1장 20	101	503
	요구르트(호상)	1/2컵 110	183	166
	아이스크림	1/2컵 100	80	80
	요구르트(액상)	3/4컵 150	59	39

3. 인

인phosphorus : P은 칼슘 다음으로 인체에 풍부한 무기질로 체중의 0.8~1.2%가 들어 있다. 칼슘과 함께 뼈와 치아에 약 85%가 존재하며, 1%는 혈액과 체액에 존재하고, 나머지 14% 정도는 근육과 같은 연조직에 존재한다. 모든 세포를 구성하며, 체내 여러 대사과정에 관여한다.

1) 흡수와 대사

(1) 흡수

인은 식품 중에 유기화합물(인지질, 인단백질 등) 및 무기 형태로 존재한다. 대부분 인은 무기 형태로 흡수되므로 유기적으로 결합된 인은 흡수되기 전에 소장에서 효소(췌장 및 소장 포스파타아제phosphatase)에 의해 가수분해되어 무기인으로 유리된다. 한편 밀, 옥수수, 쌀 등의 곡류와 콩류에는 피틴산의 형태로 인이 함유되어 있는데 이들 인은 유리가 잘 안 된다.

인의 흡수는 소장 전체를 통해 일어나지만 주로 십이지장과 공장에서 능동수송과 촉진확산의 두 기전에 의해 이루어진다. 대부분은 촉진확산에 의해 흡수되고, 식사 중 인 함량이 낮은 경우에는 능동수송에 의한 흡수가 증가한다.

인의 흡수율은 약 55~70%이며, 동물성 급원은 흡수율이 높고 피틴산을 함유하고 있는 식물성 식품은 흡수율이 낮다. 섭취가 부족하거나 생리적으로 요구량이 많아지는 성장기, 임신·수유기에는 흡수율이 증가한다.

여러 요인이 인의 흡수를 증가시키거나 방해한다. 비타민 D는 십이지장과 공장에서 능동수송에 의한 인의 흡수를 증가시킨다. 피틴산은 곡류 및 콩류에 들어 있는 인의 주요 형태인데, 인체에는 피틴산으로부터 인을 유리시키는 효소인 피타아제phytase가 부족하기 때문에 인의 체내 이용률은 매우 낮다. 또한 마그네슘, 알루미늄, 칼슘 등의 일부 무기질이 인의 흡수를 방해한다. 이들 무기질은 제산제의 일반 성분으로 이용되는데, 예로서 알루미늄 히드록사이드(3g)를 식사와 함께 섭취한 경우 인의 흡수가 70%에서 35%로 감소하는 것으로 나타났다표 8-6.

표 8-6 인 흡수에 영향을 미치는 요인

흡수 증가요인	흡수 저해요인
비타민 D	피틴산 칼슘 마그네슘 알루미늄

(2) 운반, 저장 및 배설

인은 소장에서 빠르게 흡수되어 혈액으로 들어간다. 혈액에 존재하는 인의 약 70%는 인지질의 형태로 주로 지단백질, 세포막, 혈소판 등에 존재하며 나머지 30%는 주로 무기인(HPO_4^{2-}와 $H_2PO_4^-$)의 형태로 존재한다. 일부 소량의 인은 단백질이나 칼슘, 마그네슘 또는 나트륨 등 다른 무기질과 결합하여 존재한다.

인은 신체의 모든 세포에서 발견되며, 대부분 뼈와 근육에 들어 있다. 성인의 정상 혈장 무기인 농도는 약 2.5~4.5mg/dL로 칼슘과 달리 정교하게 조절되지 않으며, 식사 중 인 함량, 연령, 호르몬 및 신장기능 등의 영향을 받는다.

인의 주요 배설경로는 소변이다. 섭취한 인의 대부분(2/3 정도)은 신장을 통해 배설되며, 배설량은 섭취량에 비례한다. 칼슘과 달리 식사 내 인 함량이 많으면 혈장 인 농도가 높아져 소변으로 인 배설이 증가한다. 반면 인의 섭취량과 혈장 인 농도가 낮으면 신장의 사구체에서 여과된 대부분의 인은 세뇨관에서 재흡수되어 혈장 인 농도를 높인다. 즉 인의 체내 균형은 주로 소장에서의 흡수율보다는 신장을 통한 배설에 의해 조절된다. 비타민 D는 신장에서 인의 재흡수를 높이고 부갑상샘호르몬은 재흡수를 낮춤으로써, 혈장 인 농도를 유지하는 데 관여한다. 인의 재흡수를 감소시키는 다른 호르몬으로는 에스트로겐, 갑상샘호르몬, 포스파토닌 등이 있다그림 8-12.

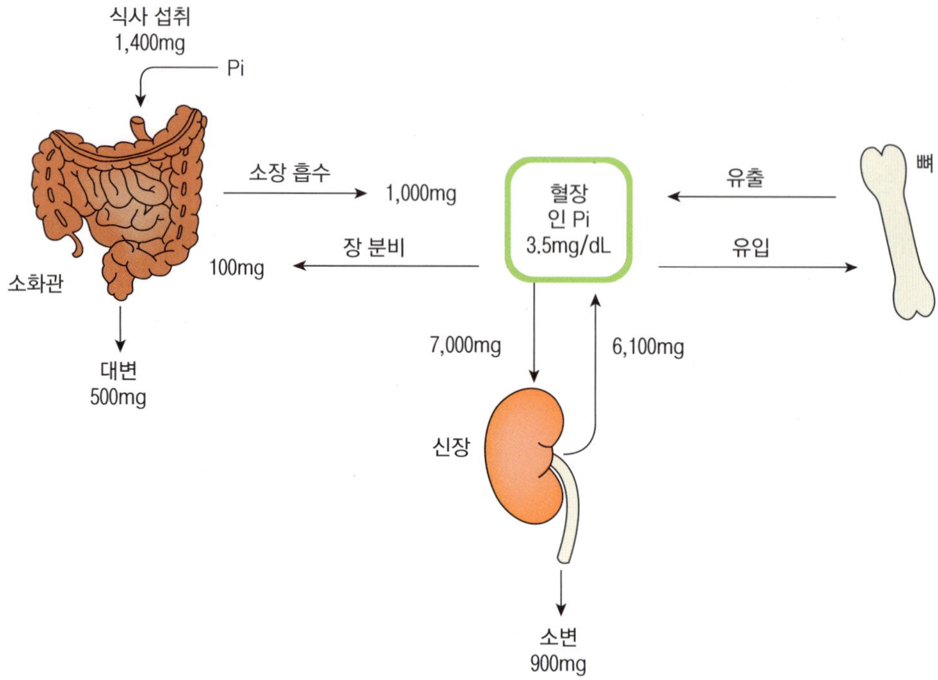

그림 8-12 인의 대사과정 예

2) 체내 작용

(1) 골격 구성

체내에 존재하는 인의 85% 정도가 칼슘과 결합하여 인산칼슘염의 형태로 골격과 치아를 강하고 단단하게 한다. 뼈의 인 함량은 칼슘의 절반 정도이다.

(2) 산·염기 평형 조절

혈액과 세포 내에서 인은 다양한 이온화 형태, 즉 인산과 인산염의 형태로 변화하면서 산성 물질로 작용하여 산·염기 평형을 조절하는 완충작용을 한다.

(3) 체내 필수 화합물 구성

인은 세포막을 구성하는 인지질(예: 포스파티딜콜린phosphatidylcholine)의 구성성분이며, 세포핵 내 핵산(DNA, RNA)도 인을 함유하고 있다. cAMPcyclic adenosine monophosphate는 세포 내 2차 전령으로 작용하여 세포 대사에 영향을 미친다.

(4) 에너지 저장과 방출

인은 고에너지 화합물인 ATP, GTP 및 크레아틴인산creatine phosphate을 합성하여 에너지를 저장함으로써 에너지 대사에서 매우 중요한 역할을 수행한다. 체내에서 에너지가 필요할 때 이들 물질로부터 인산이 분리되면서 상당량의 에너지가 방출됨으로써 영양소 흡수, 근육수축, 혈장막을 통한 이온 농도 유지 등 세포 내에서 에너지를 필요로 하는 화학반응이 계속적으로 일어날 수 있도록 한다.

(5) 산소 방출

인은 직접적으로 산소 방출에 관여한다. 적혈구에서 헤모글로빈으로부터 산소를 유리하는 데 영향을 미치는 2,3-디포스포글리세르산2,3-diphosphoglycerate: 2,3-DPG의 합성 시 인이 필요하다. 인 결핍으로 체내 2,3-디포스포글리세르산이 감소하면 조직으로의 산소 방출이 감소할 수 있다.

(6) 효소의 활성화

인은 티아민, 니아신, 비타민 B_6 등 여러 비타민이 조효소 형태로 활성화하는 데 필요하다. 또한 세포 내 여러 대사과정에서 많은 효소와 호르몬이 활성화되는 데에도 인산화과정phosphorylation이 필요하다.

3) 결핍증과 과잉증

(1) 결핍증

인은 거의 모든 동·식물성 식품에 들어 있으므로 일반 성인의 경우 결핍증이 발생하는 일은 매우 드물다. 그러나 장기간 결핍이 지속되면 저인산혈증hypophosphatemia이 나타난다. 이로 인해 식욕부진, 백혈구 기능 저하, 감염, 심박출량 감소, 횡격막 수축력 감소, 부정맥, 근육약화, 뼈의 통증, 허약, 운동실조, 졸음이 나타날 수 있으며, 어린이의 경우 성장이 지연될 수 있다. 또한 만성으로 경미한 저인산혈증은 골연화증(성인) 또는 구루병(어린이)을 초래한다.

당뇨병, 알코올의존증, 영양불량, 신장질환 등이 있거나 특히 신장질환자가 인과 결합하는 물질이 들어 있는 제산제를 장기 복용할 때에는 인의 평형이 영향을 받아 저인산혈증이 나타날 수 있다. 또는 영양불량자에게 경관급식이나 정맥영양으로 영양을 공급하면서 부가적으로 인을 공급하지 않을 때에도 결핍증(영양재개증후군refeeding syndrome)이 나타난다.

(2) 과잉증

인의 독성은 드물게 나타난다. 신부전이나 부갑상샘기능저하증hypoparathyroidism에서 고인산혈증hyperphosphatemia이 나타날 수 있는데, 이 경우 연조직(주로 신장)의 석회화를 초래하여 기관 손상이 유발된다. 또한 정맥 내로 인산을 투여하는 경우나 영아에서 조제분유의 칼슘과 인 비율 중 인 함량이 높은 경우 과잉증이 발생한다. 급성의 심한 인 독성으로 인한 고인산혈증은 저칼슘혈증을 야기하고, 심하면 근육경련, 사망으로까지 이어질 수 있다.

4) 섭취기준과 급원식품

(1) 섭취기준

인은 생리적 기능과 대사 면에서 칼슘과 밀접한 관련이 있어, 칼슘과 인의 섭취비율이 매우 중요하였다. 그러나 최근에 성인에서 이 비율은 중요한 의미가 없는 것으로 알려져, 성인의 인 섭취기준은 혈청 무기인산 농도와 인의 흡수율을 고려하여 산정하였으며, 권장섭취량은 남녀 모두 700mg/일이다. 상한섭취량은 3,500mg/일로 설정하였다.

(2) 급원식품

인은 거의 모든 식품에 들어 있으므로 섭취하는 데 별 어려움은 없다. 어육류, 난류, 우유 및 유제품류 등 단백질 함량이 높은 식품은 인의 좋은 급원이다. 견과류, 곡류도 비교적 많은 양의 인을 함유하고 있으며, 채소와 과일은 일반적으로 인 함량이 낮다. 최근 가공식품과 탄산음료에 인이 첨가되어 그 섭취량이 크게 증가하고 있다표 8-7.

표 8-7 식품 중 인 함량

분류	식품명	1회 분량(g)		1회 분량당 함량(mg)	100g당 함량(mg)
곡류	쌀밥	1공기	210	84	40
	식빵	큰 것 2쪽	100	83	83
고기·생선·달걀·콩류	쇠고기	1접시	60	85	42
	돼지고기	1접시	60	79	132
	두부	1접시	80	112	140
	꽁치	작은 1토막	50	117	234
	고등어	작은 1토막	50	116	232
	달걀(중)	1개	60	101	168
	아몬드(말린 것)	15알	10	48	475
	땅콩(말린 것)	15알	10	40	398
채소 및 과일류	시금치	1접시	70	34	48
	콩나물	1접시	70	57	81
	배추김치	1접시	40	23	58
	귤(중)	1개	100	12	12
우유·유제품류	우유	1컵	200	180	90
	치즈	1장	20	168	844
	요구르트(호상)	1/2컵	110	105	95
	아이스크림	1/2컵	100	80	80
	요구르트(액상)	3/4컵	150	59	39
당류	콜라	1컵	200	20	10

4. 마그네슘

마그네슘magnesium : Mg은 체내에서 네 번째로 풍부한 양이온이며, 세포 내에는 칼륨 다음으로 두 번째로 많이 함유되어 있다. 성인의 체내에 체중의 0.05%, 약 25g이 있으며, 그중에서 60% 정도는 뼈와 치아에 들어 있고, 약 1%는 세포외액에, 그리고 나머지는 근육과 다른 연조직에 존재한다.

1) 흡수와 대사

(1) 흡수

마그네슘의 흡수는 주로 공장 말단과 회장에서 일어나며, 질병으로 인해 소장에서의 마그네슘 흡수가 저해되는 경우에는 결장에서도 일부 흡수된다. 소장에서의 마그네슘 흡수는 마그네슘 섭취량이 낮은 경우에는 주로 능동수송에 의해 회장에서 흡수되고, 마그네슘 섭취가 증가하면 소장 상부에서 단순확산에 의해 흡수된다.

일상 식사를 하는 성인의 마그네슘 흡수율은 약 30~40%로 섭취량에반비례한다. 마그네슘 섭취가 부족할 경우 흡수율은 75%까지 증가하며, 섭취가 많으면 흡수율은 10% 정도까지 감소한다. 마그네슘의 흡수를 증가시키는 인자로는 비타민 D가 있다. 비타민 D는 제한적이기는 하나 능동수송에 의한 마그네슘의 흡수를 증가시킨다. 탄수화물(예: 과당, 유당)도 마그네슘 흡수를 증가시킨다. 한편 단백질은 마그네슘 흡수에 미치는 영향이 아직 명확하지 않으나 일부 연구에서 마그네슘 흡수를 증가시키는 것으로 제시되었다표 8-8.

표 8-8 마그네슘 흡수에 영향을 미치는 요인

흡수 증가요인	흡수 저해요인
• 비타민 D • 탄수화물 - 유당 - 과당 • 단백질	• 피틴산 • 식이섬유(셀룰로오스) • 흡수되지 않은 과다 지방산 • 칼슘, 인산

피틴산과 식이섬유는 마그네슘의 흡수를 방해하며, 지방변증과 같이 흡수되지 않은 지방산이 과량 존재할 경우 마그네슘과 염을 형성하여 대변으로 배설됨으로써 흡수를 방해한다. 다른 무기질 특히 칼슘과 인은 마그네슘의 흡수를 방해하는데, 마그네슘 섭취량이 적으면서 칼슘과 인의 섭취량이 많은 경우 더욱 현저하게 나타난다. 칼슘과 마그네슘은 유사한 흡수기전을 갖고 있기 때문에 흡수 시 서로 경쟁한다. 즉 칼슘의 섭취량이 많으면 마그네슘의 흡수를 방해하며, 마그네슘의 섭취량이 많으면 칼슘의 흡수를 방해한다. 또

한 인은 위장관 내에서 마그네슘과 복합체(인산마그네슘 $Mg_3(PO_4)_2$)를 형성하여 흡수를 방해한다.

(2) 운반과 배설

혈장에는 대부분의 마그네슘(50~55%)이 유리 상태의 이온으로 존재하며, 33%는 단백질(알부민 등)에 결합하여 존재하고, 나머지는 시트르산, 인, 황 및 다른 이온들과 결합하여 존재한다.

마그네슘의 섭취량이 많거나 적더라도 혈장 마그네슘 농도는 1.6~2.2mg/dL로 거의 일정하게 유지된다. 그 이유는 섭취량이 적을 때는 소장에서 흡수를 증가시키고 신장에서 배설을 감소시키며, 섭취량이 많을 때는 소장에서의 흡수는 감소시키고 신장에서 배설을 증가시키기 때문이다. 그중에서도 주로 신장에 의해 마그네슘의 항상성이 조절되는데, 신장의 사구체에서 여과된 마그네슘의 거의 대부분(95~97%)이 재흡수되며, 소량만이 소변으로 배설된다.

부신피질호르몬인 알도스테론은 신장을 통해 배설되는 마그네슘을 감소시킨다. 부갑상샘호르몬은 소장에서의 마그네슘 흡수를 증가시키고, 신장에서 재흡수를 촉진하여 마그네슘 배설을 감소시키며, 뼈에서의 마그네슘 재흡수를 증가시키는 등의 작용을 하여 혈장 마그네슘 농도를 높인다. 또한 단백질, 알코올 및 카페인 섭취 등과 같은 이뇨제는 소변으로 마그네슘 배설을 증가시킨다.

대변 중의 마그네슘은 흡수되지 않은 마그네슘과 소량의 내인성 마그네슘으로 구성된다. 내인성 요인으로부터 25~50mg의 마그네슘이 매일 대변으로 배설된다. 마그네슘은 또한 땀으로도 손실될 수 있는데 그 양은 1일 약 15mg이다.

2) 체내 작용

(1) 골격과 신체 구성

체내 마그네슘의 약 60%는 칼슘이나 인과 복합체를 이루어 골격과 치아를 구성한다. 뼈에 존재하는 마그네슘의 형태로는 수산화마그네슘 $Mg(OH)_2$ 또는 인산마그네슘 $Mg_3(PO_4)_2$

등이 있다.

골격 외에 마그네슘은 세포외액에 존재하며(1%), 나머지는 연조직, 주로 근육에 존재하고, 기타 간 및 신장 같은 기관에도 존재한다. 이들 조직세포에서 마그네슘은 세포막을 구성하는 인지질과 결합되어 있어 막의 안정성을 돕는다.

(2) 효소의 활성화

마그네슘은 300개 이상의 서로 다른 효소반응에 관여하여 효소 활성의 보조인자 또는 촉매제로 작용함으로써 대부분의 대사에서 중요한 역할을 한다. 예로서 해당과정에 관여하는 주요 효소(헥소키나아제hexokinase, 포스포프럭토키나아제phosphofructokinase)는 마그네슘을 필요로 한다. 또한 마그네슘은 콜레스테롤 합성, 지방산 합성, 지방산의 β-산화 등과 같은 여러 대사반응에 관여하는 효소의 필수적인 인자로 작용한다그림 8-13.

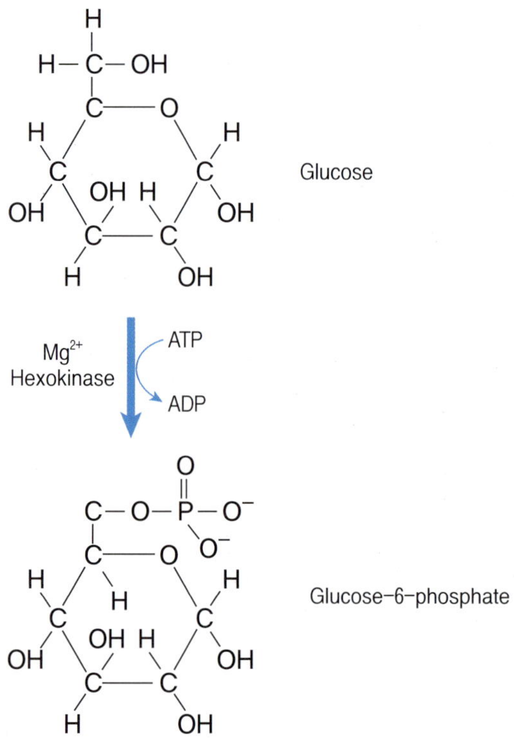

그림 8-13 마그네슘이 관여하는 대사반응 예

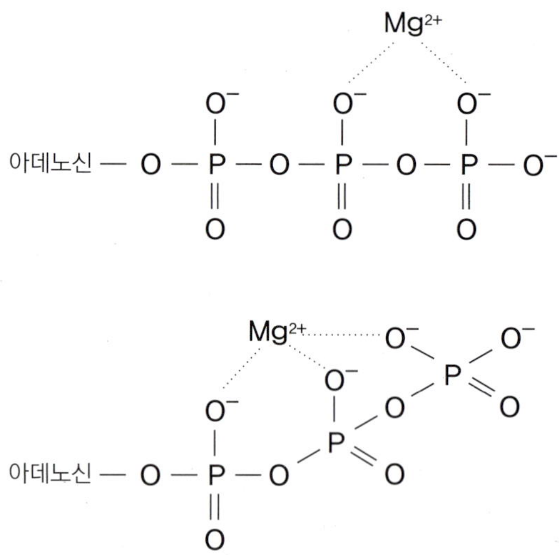

그림 8-14 마그네슘의 ATP 구조 안정화 방식

(3) ATP 구조의 안정화

마그네슘은 ATP에 의존하는 반응, 특히 인산화반응kinase reaction에서 ATP-Mg 복합체를 형성하여 ATP를 구조적으로 안정화한다. ATP는 탄수화물, 단백질, 지질 및 핵산 등의 대사를 비롯한 체내 여러 대사과정에 관여한다그림 8-14.

(4) 단백질 합성 및 cAMP 생성

마그네슘은 일반적으로 아미노산 활성화, DNA 복사, RNA 전사, 핵산 합성, 단백질 합성 등에 관여한다. 또한 각종 호르몬이 전하는 메시지를 세포 내에 전달하여 세포 반응을 유발하는 전령messenger으로 중요한 cAMPcyclic adenosine monophosphate 생성에 관여한다.

(5) 신경흥분 전달

마그네슘은 신경과 근육세포의 막전압을 유지하는 데 관여하므로 신경흥분의 전달과 근육의 기능을 정상화하는 데 중요한 역할을 한다. 칼슘은 신경의 흥분, 근육의 긴장에 관여하는 반면, 마그네슘은 신경을 안정시키고 근육을 이완시키는 데 기여한다.

3) 결핍증과 과잉증

(1) 결핍증

마그네슘은 자연계에 널리 분포되어 있어 섭취 부족에 기인한 결핍증이 발생하는 경우는 드물다. 대개는 심한 구토와 설사, 알코올의존증, 신장질환, 당뇨병, 그리고 단백질 영양불량 등으로 인해 결핍증이 발생한다. 이뇨제의 과다 사용 시에도 마그네슘 결핍이 발생할 수 있다. 또한 마그네슘이 결핍된 비경구영양에 의존하는 경우에도 마그네슘 결핍 증상이 나타난다.

마그네슘이 결핍되면 신경전달과 근육의 수축이완 작용에 이상이 초래되어 근육의 긴장이 풀리지 않아 근육경련이 나타나며 눈꺼풀 떨림, 손발 저림, 근육통, 발작 등을 일으킨다. ATP 생성이 안 되어 쉽게 피로를 느끼고 식욕부진, 우울, 불안, 불면증 등의 증상이 나타나며 때론 부정맥, 협심증, 고혈압, 당뇨병 등을 초래하기도 한다.

(2) 과잉증

마그네슘 과잉증은 정상적인 식사를 하는 경우에는 발생하지 않는다. 신장기능에 이상이 있는 경우 고마그네슘혈증hypermagnesemia이 발생하며 구역질, 호흡둔화, 혼수상태가 초래되고 심하면 사망에 이를 수도 있다.

4) 섭취기준과 급원식품

(1) 섭취기준

마그네슘 섭취기준은 성인의 마그네슘 평형 실험의 결과를 이용하여 설정하였다. 성인은 마그네슘 섭취량이 1일 200~300mg인 경우 체내 평형을 유지하는 것으로 알려졌으며, 이로부터 19 ~29세 성인의 권장섭취량은 남자 360mg/일, 여자 280mg/일로 정하였다. 식품을 통해 섭취하는 경우에는 유해 영향이 나타나지 않으므로, 상한섭취량은 식품 외의 급원으로부터 섭취한 마그네슘에 한하여 350mg/일로 설정하였다.

(2) 급원식품

마그네슘은 여러 식품에 광범위하게 분포되어 있다. 엽록소의 구성성분이므로 녹색채소가 주된 급원이며 견과류, 두류 및 전곡류도 좋은 급원이다. 음료 중에서는 커피, 차 및 코코아에 풍부하다. 반면 정제곡류, 육류, 유제품 등에는 비교적 적게 함유되어 있다. 예로서 통밀을 정제하여 싹과 외피를 제거하면 마그네슘 함량이 80% 정도 감소한다표 8-9.

표 8-9 식품 중 마그네슘 함량

분류	식품명	1회 분량(g)		1회 분량당 함량(mg)	100g당 함량(mg)
곡류	현미		90	99	110
	통밀		100	80	80
	감자	중 1개	130	39	30
	(백)밀가루		100	21	21
	백미		90	16	18
고기·생선·달걀·콩류	쇠고기	1접시	60	13	22
	고등어	1토막	60	18	30
	굴(참굴)		80	59	74
	바지락(모시조개)		80	80	100
	달걀	중 1개	60	6	10
	대두(마른 것)		20	44	220
	두부	2조각	80	44	55
	땅콩(볶은 것)	15알	10	20	200
	참깨(마른 것)	1스푼	10	37	370
채소 및 과일류	시금치	1접시	70	61	87
	미역(생 것)	1접시	30	33	110
	콩나물	1접시	70	20	28
	느타리버섯	1접시	30	5	15
	귤	중 1개	100	12	12
	수박	1쪽	200	28	14
	딸기	10개	200	24	12
우유·유제품류	우유	1컵	200	14	7
유지·당류 및 기타	커피	1작은술	5	21	410
	코코아	1작은술	5	22	440
	땅콩버터	1작은술	5	9	180

5. 황

황sulfur : S은 체내 모든 세포에 존재하며 체중의 약 0.25%를 차지한다. 대부분의 무기질이 이온화된 형태로 작용하는 것과 달리 체내에 존재하는 대부분 황은 아미노산과 비타민 등 유기물질을 구성하는 성분으로 작용하여 광범위한 대사적 기능과 구조적 기능에 관여한다.

1) 흡수와 대사

황은 식품 중에 소량 들어 있는 무기황 형태로는 거의 흡수되지 않으며 대부분 유기물질(예: 함황아미노산)의 형태로 소장에서 흡수된다. 함황아미노산은 체내에서 대사되어 황산을 생성하며, 황산은 황산염의 형태로 소변으로 배설된다. 황산이온SO_4^{2-}은 신장에서 칼슘과 결합하여 칼슘의 재흡수를 낮춘다. 이로 인해 동물성 단백질이 풍부한 식사를 하면 소변으로의 칼슘 배설이 증가한다.

2) 체내 작용

(1) 체조직 및 주요 물질 구성

황은 함황아미노산인 메티오닌, 시스테인, 시스틴의 성분으로 결합조직에 들어 있는 콜라겐의 합성과 머리카락, 피부, 손톱 등에 있는 케라틴의 합성에 필요하다. 또한 황은 점성 다당류의 일종인 황산콘드로이틴chondroitin sulfate의 성분으로 연골, 힘줄, 뼈 등에 존재하며 뇌, 간 등에 들어 있는 황지질sulfolipid을 구성한다.

황은 췌장 호르몬인 인슐린과 항응고제인 헤파린heparin의 성분으로 작용하며, 산화·환원 반응에 관여하여 항산화제로 작용하는 글루타티온의 구성성분으로 작용한다. 또한 세포 대사에서 조효소로 작용하는 여러 비타민(티아민, 판토텐산, 비오틴, 리포산 등)의 구성성분이다.

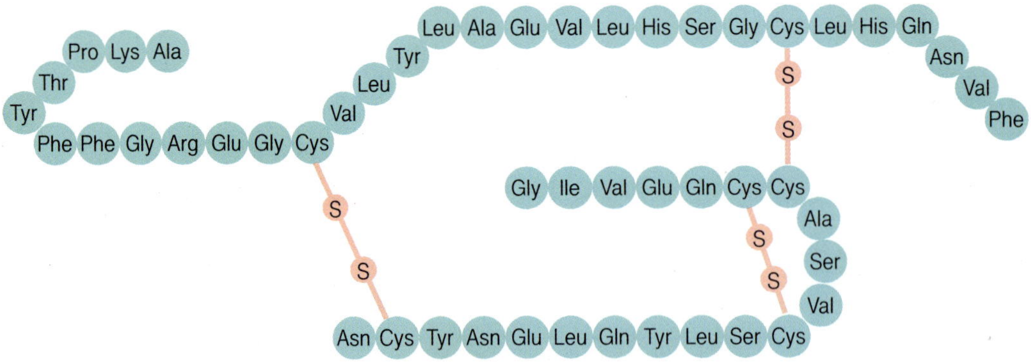

그림 8-15 인슐린 분자구조 내 S-S결합

단백질 내 두 시스테인 잔기에서 황 원자 간의 이황화결합(S-S 결합)은 여러 단백질 분자구조를 안정화한다. 이 결합은 또한 일부 효소, 인슐린 및 다른 단백질의 입체적 구조를 변화시켜 활성화하는 데 관여한다그림 8-15.

(2) 산·염기 평형

세포외액에 존재하는 이온 형태의 황SO_4^{2-}은 체내에서 산·염기 평형에 관여한다.

(3) 해독작용

수소와 결합한 황SH은 간에서 페놀류나 크레졸류와 같이 독성이 있는 물질과 결합하여 무해한 수용성 물질로 전환시켜 소변으로 배설시킨다.

3) 결핍증과 과잉증

황은 단백질 합성과 관계가 있으므로 부족 시 성장지연이 발생할 수 있다. 메티오닌과 시스테인이 풍부한 식사를 하는 한 결핍증은 나타나지 않으며, 과잉 증상도 거의 발생하지 않는다.

4) 섭취기준과 급원식품

황의 섭취기준은 정해져 있지 않다. 육류, 생선, 달걀, 콩류, 마늘, 양파, 양배추, 브로콜리, 부추, 파 등은 황의 좋은 급원이다. 특히 돼지고기는 함황아미노산의 함량이 높다.

표 8-10에 다량 무기질을 요약하여 제시하였다.

표 8-10 다량 무기질 요약

무기질	주요 작용	영양소 섭취기준	결핍증	과잉증	급원식품
칼슘	골격 구성 근육 수축이완 신경흥분 전달 세포막 투과성 조절 혈액응고	평균필요량: 남 650mg (19~49세) 여 550mg 권장섭취량: 남 800mg (19~49세) 여 700mg	구루병 골연화증 골다공증	고칼슘혈증 신장결석 우유-알칼리증후군	우유 및 유제품, 뼈째 먹는 생선, 두부
인	골격 구성 산·염기 평형 조절 핵산 구성성분 효소 활성화	평균필요량: 580mg 권장섭취량: 700mg (남·여 19세 이상)	저인산혈증 근육약화 및 통증	고인산혈증 저칼슘혈증	어육류, 난류, 우유 및 유제품, 곡류
마그네슘	골격 구성 효소 필수인자 신경, 근육기능 유지	권장섭취량: 남 360mg (19~29세) 여 280mg	눈꺼풀 떨림 근육통 발작	구역질, 구토 설사 호흡둔화	녹색채소, 견과류, 두류, 전곡류
황	아미노산과 비타민 구성 산·염기 평형 조절 해독작용		성장지연	거의 없음	단백질 식품

CHAPTER

9

미량 무기질

1. 철
2. 아연
3. 구리
4. 요오드
5. 불소
6. 셀레늄
7. 망간
8. 크롬

미량 무기질은 체내에 체중의 0.005% 미만으로 존재하고 있지만 건강과 관련하여 세포가 적절한 기능을 수행하도록 각각 역할을 담당하고 있다.

미량 무기질은 비록 적은 양이지만 우리 몸에서 필요로 하는 양보다 오랜 기간 부족하게 섭취하면 결핍 증상이 나타나며, 장기간 과다 섭취를 하는 경우에는 중독 현상이 초래될 수도 있으므로 적절히 섭취해야 한다. 미량 무기질의 흡수는 식품에 들어 있는 양뿐만 아니라 함께 섭취하는 다른 성분에 의해서도 영향을 받는다. 또한 한 가지 무기질을 보충제의 형태로 지나치게 섭취하면 다른 무기질의 흡수가 방해받을 수 있으므로 여러 식품을 통해서 무기질을 균형 있게 섭취하는 것이 바람직하다.

학 / 습 / 목 / 표

1. 미량 무기질을 정의할 수 있다.
2. 미량 무기질의 흡수와 대사과정을 설명할 수 있다.
3. 미량 무기질의 체내 작용을 설명할 수 있다.
4. 미량 무기질의 결핍증과 과잉증을 설명할 수 있다.
5. 미량 무기질의 영양소 섭취기준에 대해 기술할 수 있다.

1. 철

철iron : Fe은 성인의 몸속에 3~4g 정도 들어 있는 미량 무기질이다. 전 세계적으로 어느 나라에서나 철결핍성 빈혈은 흔한 영양문제이며 우리나라에서도 어린이, 임신부, 사춘기 이후의 가임 여성, 노인에게서 철 결핍이 우려되고 있다.

1) 흡수와 대사

식품으로 섭취하는 철은 크게 두 가지 형태, 즉 헴철heme-iron과 비헴철nonheme-iron로 존재한다. 동물성 식품은 헴철을 상당량 함유하고 있으나, 식물성식품은 전적으로 비헴철을 함유한다. 소장 점막세포의 세포막에 존재하는 헴이동 단백질 1heme carrier protein1에 의해 헴이 흡수되며, 무기질 Fe^{2+}는 점막세포의 단백질 수용체인 2가 금속이동단백질 DMT1divalent metal transport 1에 의해 흡수된다.

장내에 존재하는 2가의 양이온들(Fe, Ca, Zn, Mn)은 모두 DMT1에 의해 흡수되므로, 철은 다른 무기질의 양에 따라 흡수율이 영향을 받는다. 철은 주로 십이지장과 공장에서 흡수된다.

(1) 흡수에 영향을 미치는 요인

철 흡수율은 함께 섭취하는 식사 내의 여러 성분에 의해, 그리고 체내 철 저장량 및 요구량에 따라서 많은 차이가 있다.

철의 흡수를 높이는 성분은 비타민 C, 구연산, 육류 단백질 등이다. 소장 상부에서의 철 용해도는 흡수에 영향을 미친다. 산성 환경에서는 철의 이온 형태가 3가의 철이온 Fe^{3+}에서 2가의 철이온Fe^{2+}으로 환원되어 흡수가 증가할 수 있으므로, 적절한 위산 분비나 식사 내 비타민 C 함량이 높으면 철의 흡수가 증가한다. 육류, 어류 및 조류 단백질과 함께 섭취한 철의 흡수율은 유제품이나 난류 단백질과 함께 철을 섭취한 경우보다 더 높으며, 특히 곡류나 두류와 함께 섭취한 경우보다 훨씬 높다.

일상 식사로 섭취하는 총철 헴철은 약 7~15% 정도이며, 혼합식사를 하는경우에 헴철의 흡수율은 30%, 비헴철은 10%를고려하여 총철의 흡수율은 12% 정도이다.

모유의 철 흡수는 우유보다 높은데, 이는 모유에 함유된 락토페린lactoferrin 때문이다.

또한 생리적 철 요구량이 높은 성장기 어린이, 청소년, 임산부의 경우나, 체내 철 저장량이 감소한 경우에는 철 흡수율이 높아진다.

한편 체내에 저장된 철이 풍부하거나 위절제 수술 및 노화에 의해 위산 분비가 저하되면 철 흡수가 줄어든다. 철과 불용성 염을 형성할 수 있는 차와 커피의 탄닌산, 곡류의 피틴산phytate, 시금치의 옥살산과 식이섬유 등은 철 흡수를 방해한다.

칼슘, 아연 등 다른 무기질의 섭취량이 많으면 흡수과정에서 서로 경쟁이 일어나 철 흡수가 감소할 수 있다. 하지만 헴철의 흡수는 식사성분의 영향을 별로 받지 않는다표 9-1.

표 9-1 철 흡수에 영향을 미치는 인자

흡수 증가요인	흡수 저해요인
저장철의 고갈	저장철의 증가
헴철	위산 분비 저하
생리적 철 요구량 증가(성장, 임신)	피틴산
육류, 어류, 가금류	옥살산
비타민 C	탄닌산
위산	다른 무기질의 다량 섭취

(2) 대사

체내로 흡수된 철의 전반적인 대사경로는 그림 9-1과 같다.

소장세포로 흡수된 철은 인체의 철 요구량이 많아지면 소장 벽세포에서 혈액으로 이동되고, 체내 철 영양상태가 양호하여 요구량이 적어지면 소장의 흡수세포에 남게 된다. 철은 소장세포에서 철 막관통 단백질iron channel인 페로포틴ferroportin과 페록시다아제ferroxidase 활성을 갖고 구리를 함유한 헤파에스틴hephaestin이라고 불리는 단백질의 도움을 받아 혈장의 아포트랜스페린apotransferrin까지 이동한다. 따라서 구리가 결핍된 경우 장관 내에서 흡수된 철이 혈장으로 이동하는 데 장애를 받게 된다. 흡수된 철은 철 운반단백질인 트랜스페린transferrin 형태로 혈액을 따라 필요한 곳으로 운반되어 사용되거나, 소장의 흡수세포에 남아 페리틴의 형태로 저장된다. 트랜스페린은 아포트랜스페린apotransferrin과 철이 결합된 복합물이다. 페리틴의 형태로 저장된 철은 체내 요구량에 따

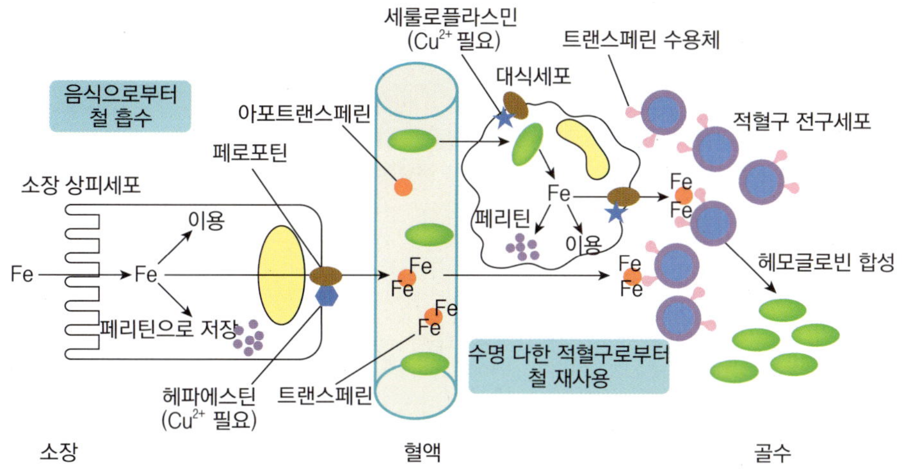

그림 9-1 철의 흡수 및 이동

라 혈액으로 이동하거나, 그대로 소장세포에 저장되어 있다가 소장세포가 수명을 다하여 탈락될 때 대변으로 함께 배설된다.

체내 철 영양상태는 철 흡수율에 영향을 미치는 중요한 요인이다. 즉, 철 영양상태가 양호할수록 혈액 중의 트랜스페린이 철과 결합한 비율이 높아지게 되어 철의 흡수율은 낮아진다. 철 영양상태가 불량하면 혈액에는 포화되지 않은 트랜스페린이 많아져 소장세포에서 철의 흡수율은 높아진다. 사용하고 남은 철은 철 운반단백질인 트랜스페린과 결합하여 혈액을 돌다가 간, 비장, 골수 등에 페리틴의 형태로 저장된다. 또한 골수로 운반된 철은 적혈구 생성에 필요한 헤모글로빈의 합성에 이용된다. 철은 많은 효소작용에 의해 재활용된다. 대식세포의 철은 일종의 페록시다아제ferroxidase인 세룰로플라스민ceruloplasmin에 의해 대식세포에서 빠져나와 트랜스페린까지 이동할 수 있다. 그러나 구리 결핍으로 세룰로플라스민이 활성도를 유지하기 어려운 경우 대식세포에서 철이 유리되지 못하여 철 흡수에도 영향을 받는다. 골수는 조혈인자erythropoietin의 자극을 받아 적혈구를 생성하는데, 혈중 산소 농도가 낮거나 출혈이 있는 경우 적혈구 생성이 촉진된다. 생성된 적혈구는 120일 정도 혈액에서 머문 후 간이나 비장에서 분해된다. 이때 적혈구에서 분리된 철은 대부분 새로운 적혈구를 형성하는 데 재이용되며, 일부는 페리틴의 형

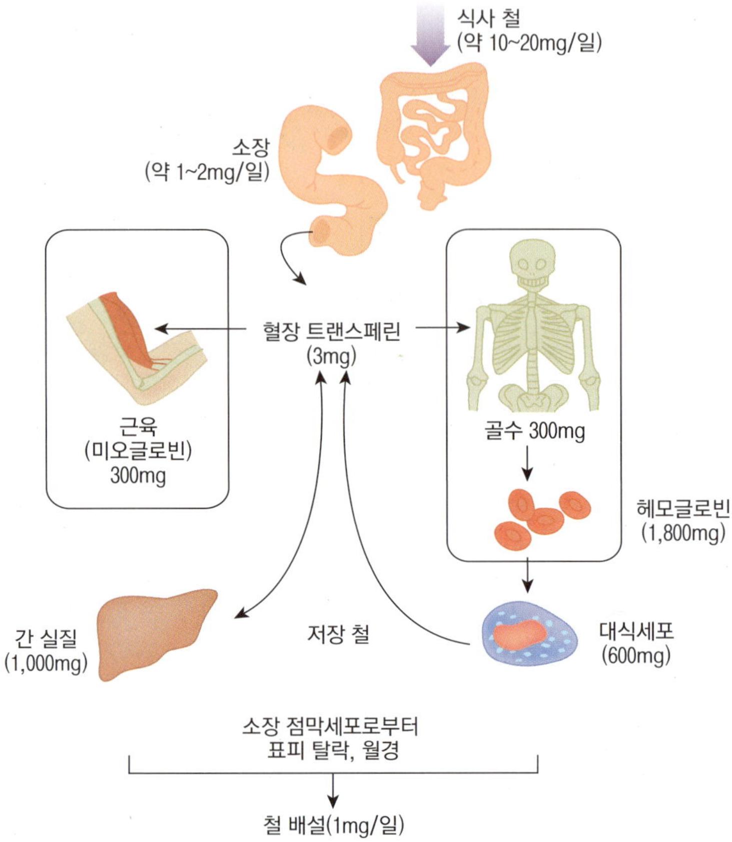

그림 9-2 철의 체내 대사

태로 저장된다.

섭취된 철은 대부분 대변으로 배설되고 소량만이 소변으로 배설된다. 그러나 일단 체내로 흡수된 철은 대부분 재사용된다**그림 9-2**.

2) 체내 작용

철의 가장 중요한 기능은 산소의 운반에 관여하는 것이다. 철은 산소를 조직으로 운반하는 헤모글로빈의 구성요소이며, 체내 철의 65% 이상이 헤모글로빈에 결합되어 있다. 또한 체내 철의 약 10%는 근육의 산소운반과 저장기능을 하는 미오글로빈을 구성하며,

전달작용을 하는 시토크롬계 효소의 구성성분이기도 하다. 철은 과산화수소분해효소, 과산화효소, NADP 탈수소효소, 숙신산탈수소효소와 같은 효소의 보조인자로 작용한다. 또한 신경전달물질인 도파민, 에피네프린, 노르에피네프린, 세로토닌 등의 합성과 그 작용에 관여하며 콜라겐 합성에 필요한 효소의 보조인자로도 작용한다. 철은 적절한 면역기능에 필수적이며, 철 결핍 시 T세포의 수와 자연살세포natural killer cell 활성이 감소한다. 그러나 철은 숙주뿐만 아니라 박테리아의 증식과 성장에도 필요하므로, 지나치게 철 섭취량이 증가하면 박테리아의 증식과 성장을 촉진해 감염을 오히려 악화시킬 수 있다. 철 결합단백질인 트랜스페린transferrin과 락토페린lactoferrin은 미생물 성장에 필요한 철과 결합함으로써 감염이 발생하지 않도록 막아준다.

3) 결핍증과 과잉증

(1) 결핍증

체내에 저장된 철이 완전히 고갈되고 철 섭취량이 지속적으로 부족하면 헤모글로빈 생성에 필요한 만큼 철을 공급하지 못해 적혈구 크기가 줄어들게 된다. 따라서 조직세포로 산소공급이 원활치 못하게 되어 빈혈 증세가 나타난다. 철결핍성 빈혈의 증세로는 쉽게 피로감을 느끼고, 안색이 창백해지거나 숨이 차며, 심장박동이 약해지거나 빨라지고, 손발이 차갑다. 생명을 잃는 경우는 거의 없으나, 작업 수행능력의 저하, 체온조절 장애, 학습행동 장애, 질병에 대한 저항력 감퇴 등 미묘한 증상이 수반되기 쉽다. 또한 철 결핍은 납의 흡수를 증가시켜 납중독의 위험이 높아진다.

철 결핍에 민감한 대상은 영유아, 청소년, 가임여성, 임신 후기의 임신부이다. 영유아 빈혈은 주로 생후 4개월에서 3세 사이에 나타나는데, 이는 출생 시 보유한 철 저장량이 이 시기에 고갈되며 모유나 우유는 철의 좋은 급원이 아니기 때문이다. 급격한 성장기인 청소년기는 적혈구와 헤모글로빈의 수를 늘리기 위해 많은 양의 철을 체내에 보유하고 있어야 하는 시기이며, 특히 여자 청소년의 경우는 월경의 시작으로 체내 철 손실이 일어나므로 요구량이 증가하는 시기이다. 가임기 여성의 경우도 마찬가지로 월경에 의한 철

철 결핍의 진행 단계

철 결핍은 흡수율의 저하, 빠른 성장에서 비롯된 체내 철의 희석, 혈액의 손실 등에 의해 나타나며, 주로 세 단계로 진행된다.

첫째 단계는 체내 철 저장량이 감소한 경우로서 혈청 페리틴 농도의 감소가 나타난다.

둘째는 생화학적인 변화를 동반하는 단계로 트랜스페린 포화도의 감소, 적혈구 생성의 감소가 나타나지만 아직 빈혈 증세는 없다.

셋째는 철결핍성 빈혈 단계로서 헤모글로빈 농도와 평균 적혈구 용적이 감소하며, 임상적 증상을 수반한다.

손실이 1일 0.4mg 정도이므로, 특히 월경과다 증세를 가진 경우 철 결핍이 우려된다.

(2) 과잉증

철의 독성은 급성인 경우 철 영양제의 과잉 섭취에서 비롯되며, 이는 주로 취학 전 아동에게서 일어나기 쉽다. 만성적인 과잉증은 철 흡수가 비정상적으로 높은 유전적 질환인 혈색소증hemochromatosis에서 나타나며 철의 축적으로 인한 간기능장애, 인슐린 분비장애로 인한 당뇨병, 심기능장애 등을 초래하게 된다. 또한 철의 과잉 섭취는 아연과 구리의 흡수를 방해할 수 있다.

4) 섭취기준과 급원식품

(1) 섭취기준

철의 섭취기준은 평균필요량과 권장섭취량, 상한섭취량을 설정하였으며 0~5개월 영아의 경우 충분섭취량을 설정하였다. 철 필요량 추정에 이용된 요인들은 불가피하게 손실되는 기본적 손실량, 월경에 의한 손실량, 임신 중 태아에게 필요한 요구량, 성장에 필요한 혈액 부피의 팽창, 조직과 저장 철의 증가에 의해 요구되는 양 등이다. 성인 남자의 경우 평균 생리적 손실량과 하루 평균 기본 철 손실량으로 추정하였고, 성인 여자의 경우 월경에 의한 부가적인 철 손실량도 고려하여 추정하였다. 여기에 평균 철 흡수율을 고려하여 식이 중의 철 평균필요량을 추정하였으며, 권장섭취량은 성인 남자(19~64세) 10mg, 가임기 성인 여자(19~64세) 14mg으로 하였다. 성인의 상한섭취량은 45mg이다.

(2) 급원식품

철의 급원식품에는 육류, 어패류, 가금류, 곡류 또는 곡류로 만든 가공식품(빵, 면류), 콩류 및 진한 녹색채소 등이다. 곡류는 종류에 따라 함량의 차이가 크지만 일반적으로 섭취량이 많아서 철의 주요 급원식품이 된다. 표 9-2에 철의 급원식품과 함량을 제시하였다.

표 9-2 식품 중 철 함량

식품명	1회 분량(g)	1회 분량당 함량(mg)	100g당 함량(mg)
굴	80	6.98	8.72
돼지고기	60	0.39	0.65
쇠고기	60	1.27	2.12
달걀	1개 60	1.08	1.80
멸치	15	1.80	12.0
대두	20	1.54	7.68
간장	5	0.02	2.7
된장	10	0.21	2.07
시금치	1접시 70	1.91	2.73
배추김치	1접시 40	0.20	0.51
고춧가루	1접시 5	0.24	4.89
찹쌀	1접시 90	1.98	2.20
파	1접시 70	0.57	0.82
고구마	중 1/2개 70	0.36	0.52
감자	중 1개 140	0.56	0.40
닭고기	1접시 60	0.17	0.28
만두	100	3.10	3.10
보리	90	2.16	2.40
과일음료	중 15알 100	0.31	0.31
당면	30	1.41	4.69
쌀(백미)	90	0.72	0.80
빵	큰 것 2쪽 100	0.60	0.60
순대	100	7.10	7.10
시리얼	30	3.59	11.95

2. 아연

아연zinc : Zn은 체내 함량이 1.5~2.5g 정도인 미량 무기질로서, 그중 90%는 근육과 골격에 들어 있다. 아연은 거의 모든 세포 내에 존재하고, 여러 효소의 구성성분으로 작용하며 핵산 합성, 면역기능에 필수적인 원소이다.

1) 흡수와 대사

아연 대사의 항상성은 아연의 흡수율과 내인성 저장량의 분비에 의해 조절된다. 식사를 통해 섭취한 외인성 아연은 주로 소장에서 흡수되며, 특히 공장에서의 흡수율이 가장 높다. 식사 중 아연의 흡수는 아연의 섭취량에 따라 달라지는데, 섭취량이 낮으면 소장에서의 아연 흡수율이 높아진다. 또한 아연의 흡수율은 인체 내 아연의 영양상태, 소화되는 식품의 양, 장 통과시간 및 식사 요인에 의해 영향을 받는다.

아연의 흡수는 히스티딘histidine, 시스테인cysteine, 메티오닌methionine 등의 아미노산과 유기 아연 복합체organic zinc complex가 형성되면 증가한다. 반면 피틴산, 대두단백질soy protein, 옥살산, 식이섬유는 아연-단백질 복합체의 형성을 억제하여 아연의 흡수를 감소시키며, 아연과 경쟁적으로 작용하는 구리, 철, 칼슘 등도 흡수를 감소시키는 인자이다. 따라서 다량의 철 보충 시 식사 사이에 철보충제를 복용하면 식사 내 아연 흡수가 감소되는 것도 예방할 수 있다.

메탈로티오네인metallothionein은 아연과 결합하는 금속함유단백질로서 소장 점막세포 내에 존재하여 체내 아연의 항상성을 조절하는 역할을 한다. 아연 섭취량에 따라 소장세포 내에서 메탈로티오네인이 합성되는 정도가 영향을 받는다. 흡수된 아연은 알부민과 결합하여 간문맥을 경유하여 간으로 운반된다그림 9-3. 아연은 주로 90% 이상 대변을 통하여 배설되며, 요를 통한 배설량은 매우 낮다. 아연의 항상성은 아연의 흡수율과 내인성 손실량에 의해 조절된다.

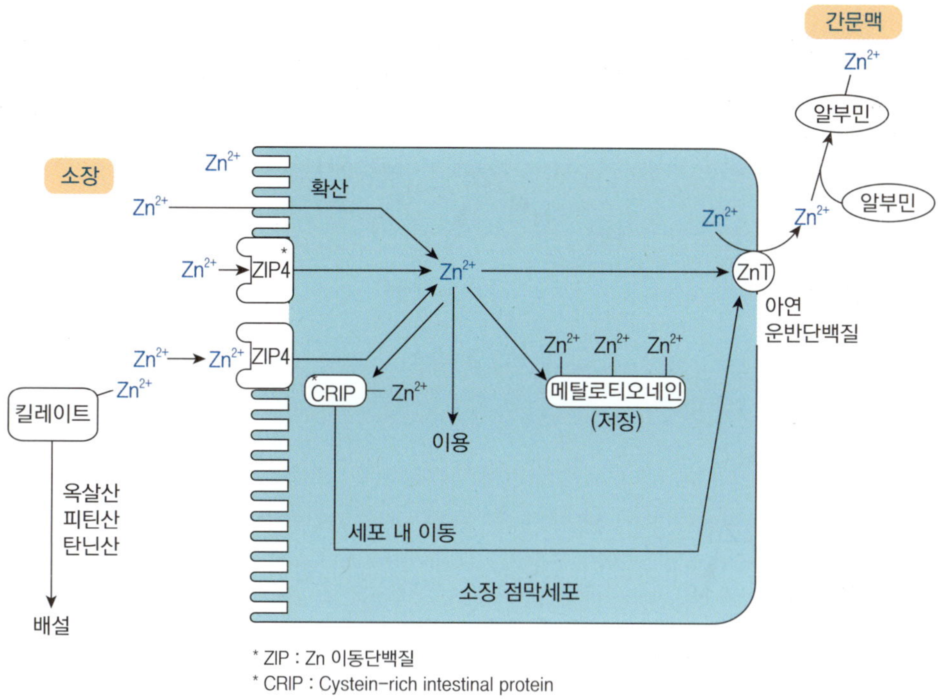

그림 9-3 아연의 흡수 및 이동

2) 체내 작용

(1) 금속효소 구성

아연은 수많은 금속효소metalloenzymes의 구성요소로서 체내의 주요 대사과정을 조절한다. 아연은 체내 80여 개 효소의 구성성분이며, 전자를 제공함으로써 100종 이상의 효소의 촉매적 활성에 기여한다. 아연을 함유한 효소에는 단백질과 뉴클리오티드에서 인산기를 제거하는 알칼라인포스파타아제alkaline phosphatase, 가수 및 탈수 반응을 촉매하여 산·염기 평형에 관여하는 탄산탈수효소carbonic anhydrase, 단백질분해효소인 말단 카르복실기분해효소carboxypeptidase, 알코올의 산화에 관여하는 알코올탈수소효소alcohol dehydrogenase, 유리기를 제거하여 세포의 산화적 손상을 방지하는 수퍼옥시드디스뮤타아제SOD 등이 있다그림 9-4.

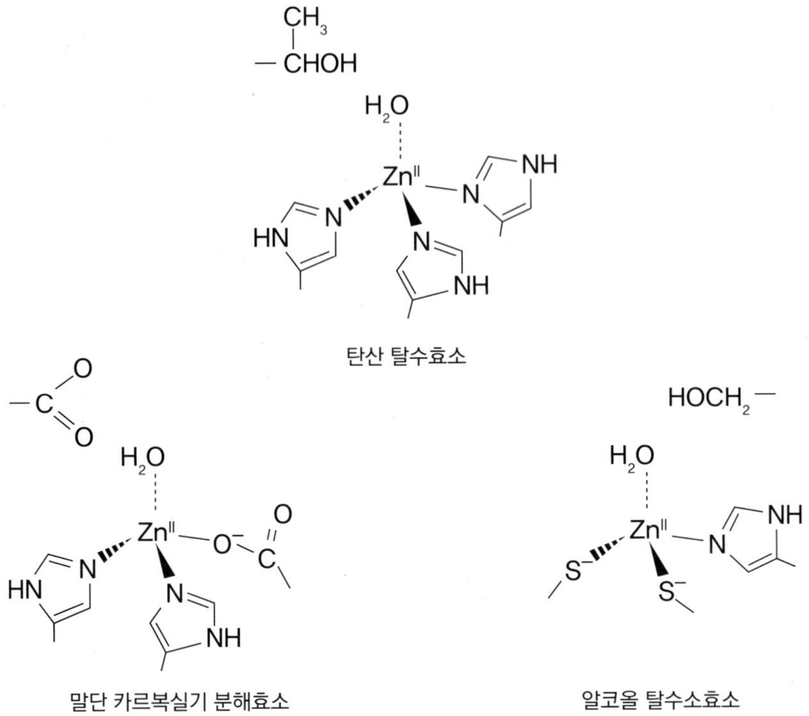

그림 9-4 아연 함유 효소

(2) 핵산 합성

전사인자transcription factor는 유전정보 발현에 필요한 단백질로, 삼차원 구조를 가진 DNA 부착 모티프motif 부위가 있으며, 아연은 징크핑거 모티프zinc finger motif : ZFM의 성분이다. 유전자 발현은 외부 신호에 의해 전사인자가 활성화된 후, RNA 중합효소RNA polymerase와 복합체를 형성한 전사 단백질의 ZFM이 DNA와 결합하여 시작된다. 따라서 아연은 핵산 대사에 관련되어 유전자의 전사과정에 영향을 미친다. 또한 아연은 RNA 중합효소의 구성물질로 단백질 합성에도 영향을 미친다.

(3) 면역기능

아연은 정상적인 면역기능의 유지에 필요한 무기질로서 모든 면역계의 물질에 현저한 영향을 미친다. 아연 결핍은 대식세포와 호중구 및 보체의 작용을 저해하며, 특히 T세포의 발달과 림프세포의 분화, T세포의존성 B세포의 기능과 인터루킨-2IL-2에 관계한다. 따라서 아연이 부족한 경우 면역력이 약해져 폐렴 및 감염성 질환이나 설사 등이 유발될 수 있다.

(4) 세포분열과 분화

아연은 세포의 분열과 분화에 영향을 미치므로 아연이 결핍되면 태아 및 소아의 경우 뇌 발달의 저하와 함께 성장과 발육이 지연된다. 또한 임산부는 저체중 신생아, 조산, 유산의 위험이 동반된다.

(5) 항산화 작용

아연을 함유한 항산화효소의 작용은 망막세포 손상을 방지하고, 황반변성agerelated macular degeneration : AMD 및 시력 상실의 진행을 지연시킨다고 알려져 있다.

(6) 미각기능 유지

아연은 미각의 기능을 유지하는 데 필요하다.

3) 결핍증과 과잉증

(1) 결핍증

사람에게서 심한 결핍증은 드물며, 만성적인 경미한 결핍 증세로는 면역기능 장애가 나타난다. 어린이의 경우 성장지연 등의 비특이적인 임상증세가 수반되므로 가벼운 결핍증은 진단이 쉽지 않다. 아연 결핍에 민감한 대상은 임산부, 어린이, 노인 등이다. 동물에게서 유도된 결핍 증세로는 성장지연, 면역기능 저하, 식욕상실, 피부염, 번식력 감소, 골격기형, 설사, 탈모증 등이 있다.

(2) 과잉증

아연의 과잉 섭취는 정상적인 구리 대사를 방해하므로 구리결핍성 빈혈의 원인이 될 수 있다. 즉, 1일 150mg 이상의 아연 섭취는 구리결핍증을 초래할 수 있다.

아연을 과다하게 2g 이상 섭취할 때 구토, 설사, 식욕저하, 소화기계 장애, 면역기능 저하 등 부작용이 따르므로 유의해야 한다. 아연의 과다 섭취는 혈중 HDL 수준을 낮춘다는 보고로 미루어볼 때, HDL은 혈관 내 콜레스테롤을 제거하는 역할을 하여 심장병 발병률을 낮추는 바람직한 물질이므로, 아연을 필요 이상으로 과잉 섭취하는 것은 피하도록 한다.

4) 섭취기준과 급원식품

(1) 섭취기준

아연의 섭취기준은 평균필요량과 권장섭취량, 상한섭취량이 설정되었다. 성인의 경우 1일 아연 손실량을 구한 후 흡수율을 적용하여 평균필요량을 책정하였고, 성인의 권장섭취량은 남자 10mg/일, 여자 8mg/일로 설정하였다. 식품으로 섭취한 아연은 인체에 유해한 영향을 나타내지 않으나 아연강화 식품이나 보충제를 장기간 과량 섭취하면 과잉 증상이 나타난다. 따라서 아연을 만성적으로 과다 섭취할 때 구리 대사의 균형 이상이 나타나는 것을 근거로 상한섭취량은 35mg/일로 정하였다.

아연의 평균필요량은 요인가산법으로 체내 저장되었다가 배출되는 내인설 손실량을 대체하기 위해 필요한 최소 흡수량으로 설정하였다.

(2) 급원식품

아연은 굴에 매우 많으며 새우, 게, 붉은 고기, 해조류, 곡류의 배아 등에 들어 있다. 식물성 식품의 아연 이용률은 낮은 편이다. 이는 주로 피틴산이 아연과 불용성 염을 만들어 장내 아연 흡수율이나 내인성 손실량에 영향을 주기 때문이다.

표 9-3은 아연의 급원식품과 함량을 나타낸 것이다.

표 9-3 식품 중 아연 함량

식품명	1회 분량(g)		1회 분량당 함량(mg)	100g당 함량(mg)
굴		80	12.72	15.90
돼지고기(살코기)	1접시	60	1.28	2.13
쇠고기(살코기)	1접시	60	2.64	4.40
달걀	1개	60	0.70	1.16
새우		50	2.06	1.80
배추김치		40	0.22	0.56
시금치	1접시	70	1.41	2.01
콩나물	1접시	70	0.71	1.02
파	1접시	70	0.55	0.79
감자	1접시	140	0.53	0.38
백미		90	1.26	1.40
빵	큰 것 2쪽	100	0.54	0.54
무		70	0.37	0.53
오징어		80	1.12	1.40

3. 구리

구리copper : Cu는 성인 체내에 100~150mg 정도 들어 있으며 주로 간, 뇌, 심장, 신장 등의 조직에 많다. 성인의 경우 구리의 약 65%는 근육과 뼈, 약 10%는 간에 분포한다.

1) 흡수와 대사

구리는 주로 십이지장에서 40~70% 정도 흡수된다. 구리의 흡수율은 섭취량이나 체내 요구량에 따라 달라진다. 구리의 흡수를 조절하는 인자는 아연과 마찬가지로 메탈로티오네인이며, 메탈로티오네인의 생합성은 아연, 구리, 카드뮴에 의해 촉진된다. 구리와 아연은 흡수될 때 서로 경쟁한다. 흡수된 후에는 주로 알부민과 트랜스쿠프레인transcuprein이라는 단백질에 의해 이동되며, 대부분은 간으로 들어가 세룰로플라스민ceruloplasmin을 합성한다. 조직에서 필요시 구리는 간에서 세룰로플라스민의 형태로 방출하며 혈액을 통해 해당 조직으로 이동된다. 세룰로플라스민은 총혈청 구리의 90%를 이동시킨다그림 9-5. 사

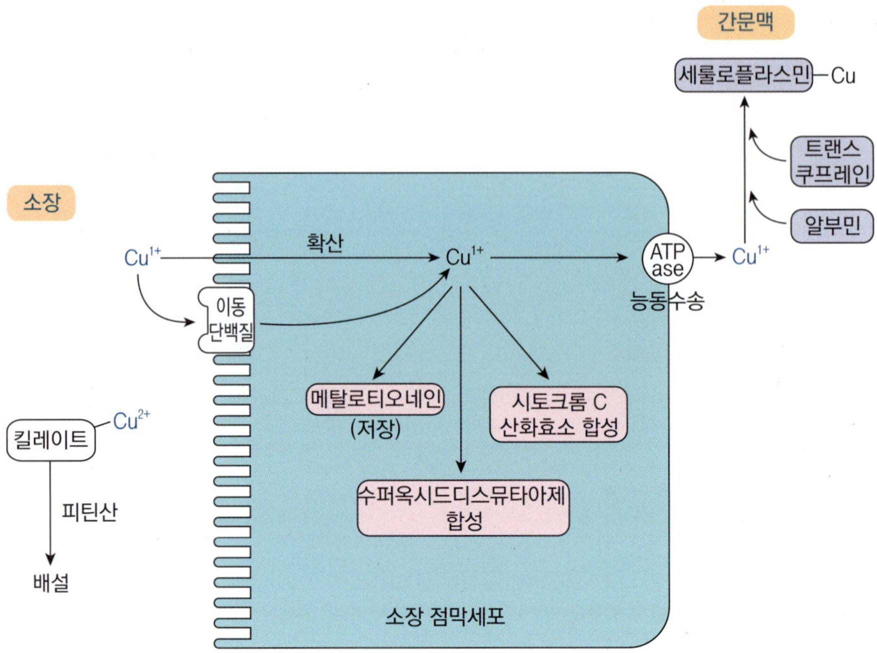

그림 9-5 구리의 흡수 및 이동

용된 구리는 다시 간으로 돌아와 담즙을 통해 대변에 섞여 배설된다. 요로 배설되는 구리는 총배설량의 3% 미만으로 소량이다.

2) 체내 작용

(1) 철의 흡수 및 이동 증진

세룰로플라스민은 구리를 운반하는 기능뿐만 아니라, 2가의 철Fe^{2+}을 3가의 철Fe^{3+} 상태로 산화시켜 페리틴ferritin으로부터 철을 분리시켜 트랜스페린transferrin에 결합시킴으로써 흡수된 철의 이동을 돕는다. 따라서 구리가 부족하면 철의 이용률이 감소하고 적혈구 합성이 저하되어 빈혈이 발생한다. 빈혈을 예방하기 위해서는 철과 함께 구리가 필요하다.

(2) 결합조직 정상 유지

구리는 콜라겐과 엘라스틴 합성에 관여하여 골격 형성과 순환계의 결합조직을 정상으로 유지하는 데 기여한다.

콜라겐과 엘라스틴은 체내 단백질의 약 30%를 구성하며 정상적인 결합조직을 형성하기 위해서는 이들 단백질의 교차결합이 이루어져야 한다. 구리는 이러한 교차결합을 만드는 효소lysyl oxidase의 구성성분이다. 구리가 부족하여 이 효소의 활성이 억제되면 골격, 피부, 혈관이 비정상적으로 형성된다.

(3) 금속효소 구성

구리는 미토콘드리아 내 전자전달계의 마지막 과정에서 시토크롬C 산화효소cytochrome C oxidase의 조효소로 ATP 생성에 관여한다.

구리는 여러 효소의 구성성분으로 작용한다. 구리를 함유한 효소들은 모두 산소를 사용하는 반응에 작용한다는 공통점을 가지고 있다. 즉 에너지 생성에 관여하며, 항산화작용으로 세포 손상을 방지하고, 신경전달물질을 만드는 데 기여한다.

구리는 구리아연-수퍼옥시드디스뮤타아제CuZn-SOD에 결합하여 세포의 산화적 손상을 방지하는 역할을 한다.

3) 결핍증과 과잉증

(1) 결핍증

구리의 결핍증은 드물게 나타나지만 아연 섭취량이 많은 경우나 설사, 소화불량에 의해 결핍증이 발생한다. 결핍 증상으로 빈혈, 성장 장애, 백혈구의 감소, 뼈 손실, 심장기능 장애 등이 나타난다. 동물의 경우에는 구리가 결핍되면 빈혈, 백혈구 감소, 성장부진, 면역기능 저하, 심장질환 등이 발생하며, 경미한 결핍 시에는 혈청 콜레스테롤 농도 상승, 골다공증 및 뼈가 연약해짐 등의 증세가 나타난다.

(2) 과잉증

장기간에 걸쳐 구리를 다량 섭취하면 과잉증이 나타난다. 임상증상은 구토, 오심, 복통, 설사 등이며 심하면 혼수, 간세포 손상, 사망에까지 이를 수도 있다.

윌슨병은 유전적 결함에 의한 구리 과잉증으로, 담즙을 통해 구리가 배설되지 못하고 간, 뇌, 신장 등에 축적되어 뇌손상 등의 증상을 보인다. 이때 혈액 내 구리와 결합하여 소변으로 배설시키는 약물을 투여하면 체내 축적을 막을 수 있다.

윌슨병Wilson's Disease

전 세계적으로 3만 명에 1명꼴로 발생되는 상염색체 열성 질환으로 비교적 흔한 유전 질환의 하나이다. 윌슨병은 구리가 세룰로플라스민에 흡수되는 데 이상이 있거나 담도로 구리 배출이 감소함으로써 구리가 간 내에 축적되어 간세포 손상에 따른 간경변증으로 진행되는 질환이다. 또한 구리의 혈중 농도가 증가하며 여러 다른 장기 특히 각막, 신장, 근육세포, 뼈 및 관절 등에 축적되는 현상이 나타나기도 하며 신장으로 배출이 증가되기도 한다.

4) 섭취기준과 급원식품

(1) 섭취기준

구리의 섭취기준은 평균필요량, 권장섭취량, 상한섭취량이 설정되었다. 성인의 권장섭취량은 성인 남자(19~49세) 850μg, 성인 여자(19~49세) 650μg으로 설정하였고, 상한섭취량은 과잉 섭취로 인한 간손상이 일어나지 않도록 하기 위해서 성인 남녀 10mg/일로 설정하였다.

(2) 급원식품

간, 굴, 가재, 패류, 견과류, 달걀, 콩류 등은 구리의 좋은 급원식품이다. 초콜릿, 코코아, 당밀, 곡류의 배아 등에도 구리가 많이 함유되어 있다.

4. 요오드

요오드iodine : I는 성인의 체내에 15~20mg 정도 함유되어 있고, 그중 70~80%는 갑상샘에, 나머지는 혈액과 근육 등의 조직에 존재한다. 갑상샘호르몬의 구성성분이며, 혈액과 근육 등의 조직에는 단백질과 결합된 상태로 존재한다.

1) 흡수와 대사

요오드는 소장에서 흡수되며 섭취한 요오드의 거의 100%가 흡수된다. 음식물을 통하여 섭취된 요오드는 30분에서 1시간 사이에 소장에서 90% 이상이 흡수되며, 혈액 내에서는 요오드화물iodide(I^-)의 형태로 존재한다. 흡수된 요오드는 단백질과 결합하여 혈류를 통해 갑상샘과 신장으로 이동한다. 갑상샘세포는 혈중 요오드의 약 1/3가량을 선택적으로 흡수하여 갑상샘호르몬 합성에 사용한다. 요오드가 갑상샘으로 유입되는 비율은 요오드 영양상태에 의해 조절된다. 혈액 내 요오드이온은 갑상샘 여포세포 내로 나트륨-요오드운반체Na^+/I^- symporter(NIS)에 의해 능동적으로 흡수된다. 이때 갑상샘 내의 요오드 농도는 혈장보다 30~40배 높아서 흡수 시 에너지가 필요하기 때문에 이 과정에는 Na-K ATPase가 관여한다.

갑상샘세포로 들어간 요오드이온은 갑상샘과산화효소thyroperoxidase와 과산화수소hydrogen peroxide : H_2O_2에 의하여 I_0로 산화되고 산화된 요오드는 역시 갑상샘 과산화효소에 의하여 갑상샘글로불린thyroglobulin 내의 티로실기tyrosyl residue에 부착되어 일요드화티로신monoiodotyrosine : MIT, 이요드화티로신diiodotyrosine : DIT으로 유기화organification 된다. 티로글로불린은 한 분자 내에 티로신을 100여 개 가지고 있는데, 갑상샘글로불린 분자 내의 서로 다른 요오드화티로실기가 갑상샘 과산화효소에 의하여 서로 결합coupling하여 삼요오드화티로닌tiiodothyronine : T_3, MIT + DIT과 사요오드화티로닌tetraiodothyronine : T_4, DIT+DIT을 형성한다. 이 요오드화물은 콜로이드 속에 저장된다. 형성된 T_3와 T_4는 비수용성이어서 단독으로는 극히 적은 양만이 혈액 내에 존재할 수 있기 때문에 대부분 간에서

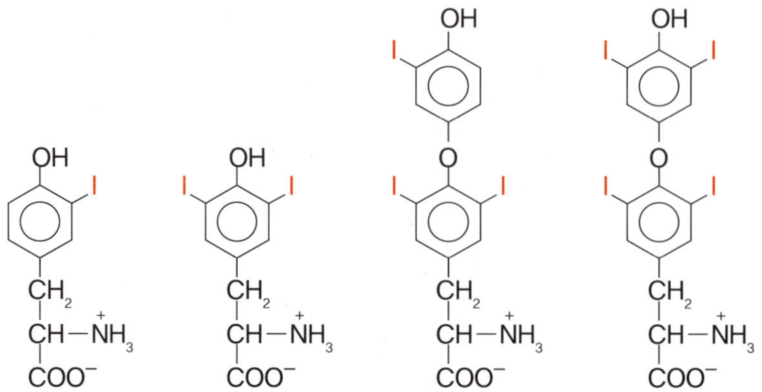

MIT　DIT　Triiodothyronine(T_3)　Thyroxine(T_4)

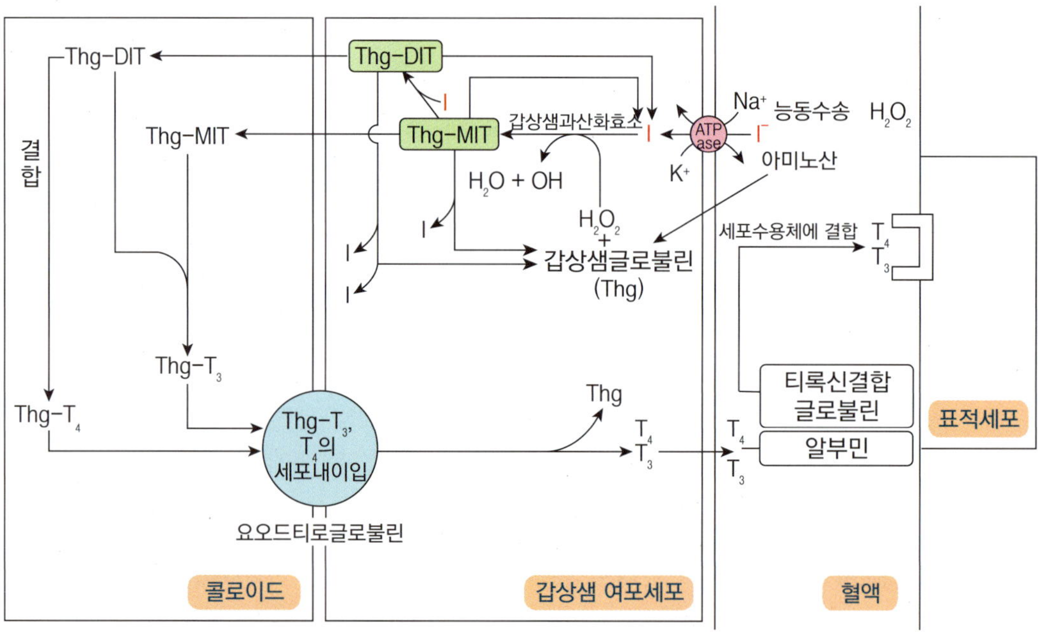

Thg : thyroglobulin 갑상샘글로불린

그림 9-6 갑상샘세포 내 요오드 대사 및 혈액 내 운반

합성된 티록신결합글로불린thyroxine binding globulin : TBG, 티록신결합프리알부민thyroxine binding prealbumin, 알부민과 함께 결합하여 표적세포로 이동하여 작용한다그림 9-6.

갑상샘에서의 요오드 흡수 및 갑상샘호르몬 합성은 뇌하수체에서 분비되는 갑상샘자극호르몬thyroid-stimulating hormone : TSH의 작용에 의한 것이다. 따라서 혈장의 갑상샘호르몬 농도가 저하되면 TSH가 분비되어 갑상샘으로 요오드가 흡수되도록 자극하고 갑상샘호르몬의 합성을 유도한다. 반면, 요오드를 과잉 섭취하면 갑상샘에서 나트륨-요오드 운반체를 감소시켜 갑상샘호르몬 활성을 억제하는 월프차이코프Wolff-Chaokoff 효과에 의해 갑상샘 기능을 유지한다. 갑상샘호르몬은 탈요오드화deiodination를 거쳐 요오드가 하나씩 제거되며 활성이 없는 요오드화티로닌iodothyronine으로 전환되어 주로 신장으로 배설되며, 소량의 요오드가 소변과 땀을 통하여 배설된다.

월프차이코프 효과Wolff-Chaikoff effect

1948년 월프J. Wolff와 차이코프I.L. Chaikoff가 과잉의 요오드(I^-)를 쥐에 투여한 후 갑상샘에서의 요오드화가 저해된다는 것을 발견하여 붙여진 명칭이다. 일시에 과량의 요오드를 섭취하면 갑상샘 내의 요오드가 오히려 갑상샘과산화효소thyroid peroxidase 저해를 통해 과산화수소의 발생을 차단시켜 갑상샘에서의 요오드 유입을 억제하고 유입된 요오드의 산화와 유기화를 차단하는 현상이다.

2) 체내 작용

요오드는 체내 대사율을 조절하는 갑상샘호르몬의 중요한 성분이다. 갑상샘호르몬은 체온을 조절하고 기초대사율을 상승시키며 세포의 분화, 성장 및 혈구 생성을 촉진한다. 신경과 근육의 작용에 관여하며 세포에서 산소의 이용률을 조절한다.

3) 결핍증과 과잉증

(1) 결핍증

요오드가 결핍되면 갑상샘호르몬 함량이 저하된다. 갑상샘호르몬이 부족하면 뇌하수체가 갑상샘자극호르몬을 더 많이 분비하게 된다. 갑상샘자극호르몬은 갑상샘호르몬의 분비를 정상적으로 유지하기 위하여 갑상샘 표피세포의 수와 크기를 증가시키므로 갑상샘이 확대되어 목 하부에 혹이 생긴다. 이처럼 갑상샘이 확대되는 현상을 단순갑상샘종goiter이라고 한다. 단순 갑상샘종이 심해지면 점액수종myxedema이 나타나는데, 증상으로는 피부 밑에 당단백질이 축적되어 얼굴이 일그러지고 코가 딱딱해지며 입술이 부풀어 오른다.

임신 중 태아에 대한 요오드의 공급이 적었거나, 신생아기에 요오드의 공급이 부족하면 크레틴병cretinism이 발생한다. 크레틴병에 걸리면 성장이 지연되고 정신박약, 왜소증 등의 증상이 나타난다.

갑상샘종이 가장 많이 발생하는 지역은 알프스, 히말라야, 영국의 템스계곡, 뉴질랜드의 일부 지역, 남아메리카의 몇 나라, 미국의 북서쪽과 오대호 지역 등이다. 따라서 이 지역에서는 갑상샘종의 방지를 위하여 다양한 방법으로 요오드를 공급하고 있다. 우리나라에서는 요오드가 풍부한 미역 등 해조류와 어류를 많이 먹기 때문에 요오드 결핍증은 흔하지 않다.

(2) 과잉증

보충제 등을 이용하여 요오드를 과다하게 섭취하면 갑상샘기능항진증hyperthyroidism이나 바제도병basedow disease과 같은 요오드 과잉증이 생긴다. 이러한 경우 기초대사율이 항진되며 자율신경계에 장애가 나타난다.

크레틴병cretinism

요오드가 결핍된 상태에서 임신하면 태아에게도 요오드가 부족하게 되어 발생한다. 성인의 요오드 결핍은 요오드를 다량 공급하면 치료가 되지만, 크레틴병에 걸린 아이는 요오드를 다량 공급하더라도 정신지체 등의 증상이 개선되지 않는다.

4) 섭취기준과 급원식품

(1) 섭취기준

요오드의 섭취기준은 평균필요량과 권장섭취량, 그리고 상한섭취량을 설정하였다. 성인의 평균필요량은 외국의 결과를 이용하여 95μg/일로 설정하였다. 권장섭취량은 150 μg/일이며, 요오드의 상한섭취량은 2.4mg/일이다.

(2) 급원식품

요오드의 근본적인 급원은 바닷물이므로 요오드를 가장 많이 함유하고 있는 식품은 해산물이다. 다시마, 미역, 김 같은 해조류에도 요오드가 많은데 그중에서도 깊은 바다에서 나는 다시마에 가장 많이 들어 있다. 요오드가 풍부한 지역에서 재배된 채소에도 요오드 함량이 많다.

5. 불소

20세기 초반 여러 역학조사에서 불소fluorine : F가 부족한 경우 충치 발생률이 높다는 사실이 관찰됨에 따라 불소와 치아 건강의 관련성이 있다고 알려졌다. 불소는 체내에서 95% 정도가 뼈와 치아에 존재한다. 뼈에 함유된 불소의 농도는 연령 및 섭취량에 따라 증가한다.

1) 흡수와 대사

불소는 섭취하면 대부분 소장에서 산의 형태인 불화수소HF로 40% 이상 확산에 의해 흡수된다. 불소이온은 물과 함께 섭취하는 불화나트륨NaF이나 구강용품에 첨가된 형태의 단일불화인산monofluoride phosphate : MFP 등의 흡수율은 거의 100%이다. 그러나 칼슘, 알루미늄, 마그네슘은 불소의 흡수를 감소시키므로 불소와 불용성 화합물을 형성하는 2가나 3가의 양이온 함량이 높은 음식과 함께 불소를 섭취하면 흡수율이 10~25% 정도 감소한다. 한편 인산과 황은 불소의 흡수를 증가시킨다. 성인의 경우 흡수된 불소 중 약 50%는 골격, 치아 등에 유입되고, 약 50% 정도는 신장을 통해 배설된다. 골격과 치아에 의해 이용되지 않은 불소는 소변으로 배설되어 혈중 불소 농도를 일정하게 유지시킨다. 땀과 대변을 통해서도 소량 배설된다. 성장기 어린이는 뼈로 축적되는 양이 어른보다 많으며 소변으로의 배설량도 적다.

2) 체내 작용

불소는 체내 함량의 95%가 뼈와 치아에 존재하며, 골격의 인산칼슘 결정 형태인 히드록시아파타이트hydroxyapatite, $Ca_{10}(PO_4)_6(OH)_2$ 결정에 불소가 결합하면 수산화인회석보다 산도가 낮은 불화수산화인회석fluorohydroxyapatite, $Ca_{10}(PO_4)_6(OH)_2$-xFx이 형성되어 크기가 더 커지고 안정된 구조의 결정을 형성하게 된다그림 9-7. 또한 치아 플라크 내 불소는 플라크 박테리아의 당 유입과 관련된 효소의 작용을 억제함으로써 산 생성량을 감소시킨다. 따라서 불소는 에나멜층 산성에 따른 충치를 예방하며, 에나멜층의 무기질 손실을 막고 재무기질화를 증가시킨다. 혈장 불소 농도는 불소 섭취량 및 불소 섭취기간에 비례한다. 한편 혈장의 내인성 불소는 뼈 등 석회화된 조직에 가역적으로 결합되어 있는 체내 불소인데, 이는 혈장 불소 농도의 항상성을 유지하는 데 기여하지 않는다. 뼈에 함유된 불소의 농도

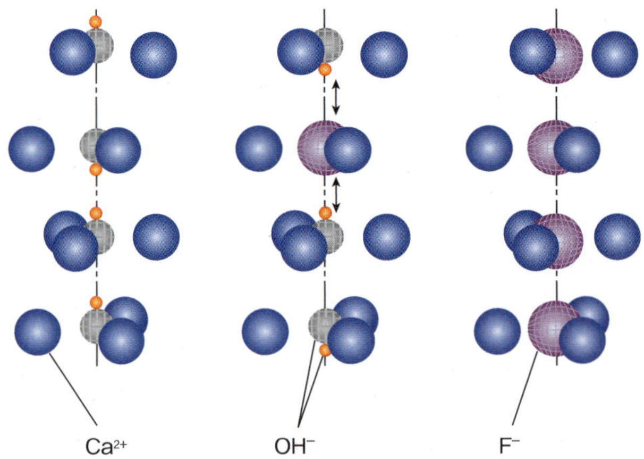

그림 9-7 히드록시아파타이트와 불화수산화인회석의 구조

는 섭취량에 비례하여, 불소 공급이 많은 지역에서는 골다공증 발생률이 낮았다는 보고도 있다.

3) 결핍증과 과잉증

(1) 결핍증

불소가 부족하면 충치가 쉽게 발생하고, 노인이나 폐경기 여성의 경우 골다공증에 걸릴 위험이 높아진다. 구강 건강에서 불소는 치아가 형성되는 과정에서 가장 중요한 역할을 한다.

(2) 과잉증

반면, 장기간 불소를 하루 20mg 이상 섭취하면 치아에 반점이 생기는 불소증fluorosis(불소침착증)이 유발된다. 이러한 현상은 어린이의 경우 치아가 발달하는 시기에 나타나기 쉬우며, 성인의 경우 뼈에 영향을 미치게 되어 뼈가 변색되거나 부러질 수도 있다. 만성적인 불소의 과잉 섭취 시 골격불소증이 발생한다.

4) 섭취기준과 급원식품

(1) 섭취기준

불소는 모든 연령층에 충분섭취량과 상한섭취량을 설정하였다. 식수에 불소가 충치 예방의 최적 농도인 1.0mg/L 정도 함유되어 있는 지역에 살고 있는 미국인의 체중당 불소 섭취량 0.05mg/일을 기준으로, 우리나라 성인의 표준체중을 적용시켜 충분섭취량을 2.7~3.4mg/일로 설정하였다. 또한 상한섭취량은 10mg/일로 설정하였다.

(2) 급원식품

불소는 식수를 비롯하여 거의 모든 식품에 존재하나, 특히 해산물(뼈째 먹는 생선), 차, 뼈를 고아 만든 식품에 많이 함유되어 있다. 모유와 우유는 불소 함량이 매우 낮다.

6. 셀레늄

셀레늄selenium : Se의 중요성은 셀레늄이 글루타티온 과산화효소glutathione peroxidase : GPX의 구성요소인 점과 중국에서 셀레늄 결핍과 관련된 것으로 보이는 질환이 관찰되면서 인식되기 시작했다. 성인은 체내에 약 13~30mg의 셀레늄을 보유하고 있다.

1) 흡수와 대사

식품에 함유된 셀레늄은 대부분이 셀레노메티오닌selenomethionine과 셀레노시스테인selenocystein 형태로 존재한다. 유기 형태 셀레늄은 메티오닌이 흡수되는 아미노산 경로amino acid transport system에서 주로 십이지장에서 80% 정도 흡수된다. 무기 형태는 셀레네이트selenate, SeO_4^{2-}는 거의 흡수되는 반면, 셀레나이트selenite, SeO_3^{2-}는 설프히드릴sulfhydryl기와 상호작용으로 인하여 셀레노메티오닌 형태로 섭취한 경우에 비해 2/3 정도만 흡수된다. 수은과 피트산은 킬레이트를 형성하여 침전되어 셀레늄의 흡수를 저해한다. 셀레늄의 흡수율은 50% 이상으로 철, 아연 등에 비해 생체 이용률이 높은 편이다. 흡수된 셀레늄은 운반단백질transport proteins에 결합하여 간과 조직으로 운반되며 간, 근육, 위 및 장의 점막세포, 췌장 등의 조직에 주로 셀레노메티오닌을 함유한 단백질로 저장된다. 셀레노메티오닌의 체내 보유율은 75~85%이고, 셀레네이트와 셀레나이트의 경우 30~40% 이하이다그림 9-8. 체내에서 셀레늄은 셀레노프로테인의 합성에 사용되거나 이화작용을 통해 체외로 배설된다. 셀레늄은 주로 소변과 대변으로 배설되지만 과다 섭취시 휘발성 형태인 이메틸셀레나이드dimethyl selenide로 호흡을 통해 배출되기도 한다. 셀레늄의 항상성은 흡수보다는 배설에 의해 조절된다.

2) 체내 작용

셀레늄은 생물체에서 셀레노프로테인의 합성에 관여하며, 대표적인 셀레노프로테인은 셀레노프로테인P, 셀레노프로테인W, 글루타티온 과산화효소glutathione peroxidases,

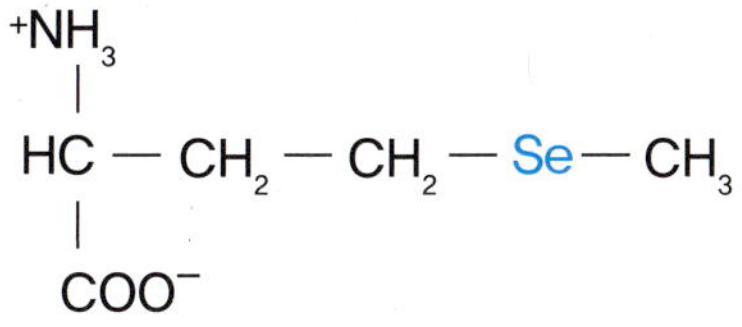

셀레노메티오닌

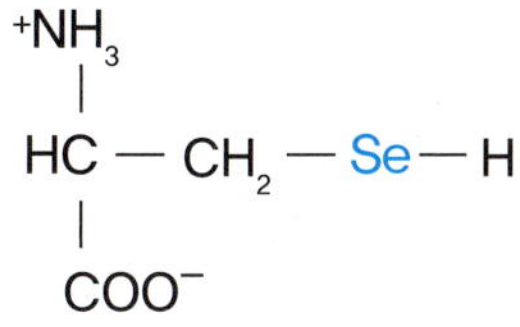

셀레노시스테인

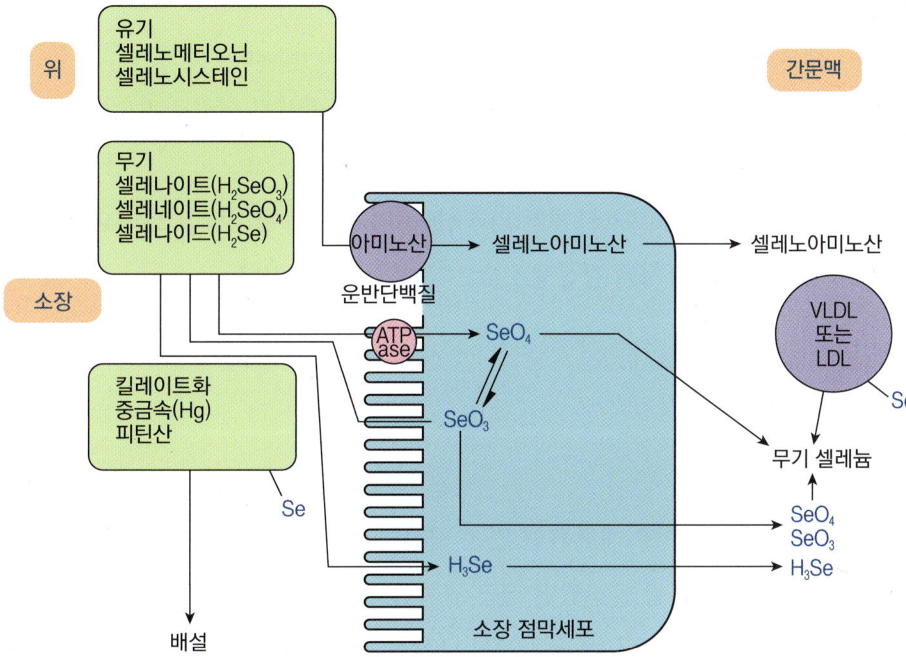

그림 9-8 셀레늄의 흡수 및 이동

티오레독신 환원효소thioredoxin reductase 및 요오드티로닌 탈요오드효소iodothyronine deiodinase 등이 있으며, 약 35종의 셀레노프로테인은 항산화, 면역능, 산화환원 조절, 갑상샘기능 및 생식기능에 관여한다.

셀레늄은 산화적 손상으로부터 세포를 보호하는 역할을 한다. 비타민 E와 함께 항산화제로 작용하므로 비타민 세포막에서 생성된 유리라디칼의 작용을 억제하는 비타민 E의 절약작용을 한다. 산화적 손상을 막는 데 관련된 셀레늄 함유 효소로서 가장 대표적인 것은 글루타티온과산화효소이다. 이 효소는 체내에서 생긴 과산화수소를 알코올 유도체와 물로 분해하여 과산화수소에 의한 세포 손상을 막아주는 항산화기능을 발휘하여 세포막을 보호한다. 그 외에도 셀레늄은 약물을 대사시키는 효소들의 활성에 영향을 미친다. 티오레독신 환원요소thioredoxin reductase는 활성 부위active site에 셀레노시스테인을 함유하고 있으며 티오레독신thioredoxin을 환원시켜 항산화작용에 관여하며, 셀레노프로테인 P는 당단백질로서 셀레늄을 운반 또는 저장하는 역할을 담당하며, 항산화기능을 보유하고 있다. 메티오닌설폭시드 환원효소methionine sulfoxide reductase는 메티오닌기의 산화를 통해 생긴 메티오닌 설폭시드methionine sulfoxide를 환원시켜 단백질의 기능을 보전시키고, 요오드화티로닌 탈요오드효소iodothyronine deiodinase는 요오드의 대사과정에 관여하여 요오드를 제거하고 프로호르몬인 티록신thyroxine : T_4을 활성형인 트리요오드티로닌triiodothyronine : T_3으로 전환시켜 갑상샘호르몬의 생성을 조절한다.

3) 결핍증과 과잉증

(1) 결핍증

인체의 셀레늄 결핍증으로 대표적인 것은 케산병Keshan disease인데, 이는 중국의 케산Keshan 지역에서 풍토병처럼 발생했던 심근 질환이다. 케산 지역의 토양은 셀레늄 농도가 매우 낮았으며, 이 병이 발생한 지역의 성인 남자의 1일 셀레늄 섭취량은 10㎍이었던 것으로 보고되었다. 또한 셀레늄 결핍은 괴사성 간변성necrotic liver degeneration, 갑상샘기능저하, 심혈관질환, 빈혈, 일부 암 발생의 위험 증가, 면역능 저하, 감염 및 염증 증가 및 남성생식능 저하 등도 유발한다.

(2) 과잉증

셀레늄의 과잉 섭취로 인한 독성 증세는 탈모, 손톱소실, 피부 손상, 치아부식, 신경계 장애 등이다. 미국에서는 셀레늄 함량이 매우 높은 건강식품을 과다 섭취한 환자에게서 메스꺼움, 구토, 탈모, 손톱 변화, 과민성 피로, 말초신경장애 등이 나타났다.

4) 섭취기준과 급원식품

(1) 섭취기준

셀레늄의 섭취기준은 평균필요량, 권장섭취량, 상한섭취량을 설정하였다. 성인의 셀레늄 평균필요량은 혈장 글루타티온과산화효소의 활성이 가장 클 때의 섭취량을 근거로 50μg/일로 정하였고, 권장섭취량은 60μg/일로 하였다. 성인의 상한섭취량은 식품과 보충제를 통하여 섭취하는 총섭취량에 대하여 400μg/일로 결정하였다.

(2) 급원식품

식품의 종류에 따라 셀레늄 함량은 다양하다. 셀레늄은 육류, 어류, 조개류에 풍부하게 들어 있으며, 특히 내장육에 40~150μg/100g 함유되어 있다. 식물성 식품의 경우에는 재배하는 토양에 따라 셀레늄 함량에 많은 차이가 있다. 식물성 식품 중 마늘, 효모 등에 많이 함유되어 있다. 셀레노메티오닌은 주로 식물성 식품에서, 셀레노시스테인은 주로 동물성 식품에서 발견된다.

7. 망간

1930년대에 망간manganese : Mn이 인간에게 필수적인 영양소임이 밝혀졌다. 망간은 모든 조직에 존재하는데 그중에서도 뼈에 25~40%, 나머지는 간, 골격, 췌장, 신장, 뇌하수체에 많다. 성인의 체내에는 10~20mg(70kg 성인 남자 기준) 정도 존재한다.

1) 흡수와 대사

망간은 소장에서 운반체divalent mineral transporter에 의한 능동흡수 기전으로 흡수된다. 성인의 망간 흡수율은 약 1~5%로서 매우 낮으며, 남성이 페리틴ferritin 농도가 높기 때문에 여성이 남성에 비해 흡수율이 높다. 망간의 흡수는 식사인자에 의해 영향을 받는데 식이섬유, 피트산, 옥살산은 망간을 침전시켜 흡수를 방해하며, 히스티딘과 시트르산은 흡수를 증가시킨다. 또한 철, 칼슘, 구리와 상호 경쟁적으로 흡수되어, 망간 필요량이 4~8배 증가 시 철의 흡수는 40%까지 감소한다. 시금치·상추·해바라기씨에 함유된 형태의 망간보다 염화망간 $MnCl_2$ 형태가 더 쉽게 흡수되며, 2가 형태로 흡수된 망간은 체내에서 3가로 전환되며, 알파-2-마크로글로불린α-2 macroglobulin과 결합하여 간문맥을 통해 간으로 운반된다. 간에서는 이온 형태로 또는 알부민, 트랜스망가민transmangamin, 트랜스페린 등에 결합하여 다른 조직으로 이동한다. 망간과 철이 혈액과 세포 내로 수송하는 운반단백질을 공유하기 때문에 철 섭취와 체내 철 저장 상태에 따라 망간의 세포 내 함량이 영향을 받는다. 세포 내 망간은 미토콘드리아로 칼슘이온 통로를 통해 유입되어 대사에 관여한다. 체내에서 일단 사용되었던 망간은 담즙에 섞여 소장으로 들어가 주로 대변으로 배설된다. 담즙은 체내 망간의 항상성 유지에 기여한다.

2) 체내 작용

망간은 체조직 내에서 여러 화학반응을 촉매하는 금속효소의 구성요소이다. 대표적인 것으로 아르기닌분해효소arginase, 피루브산카르복실화효소pyruvate carboxylase, 망간-슈퍼옥시드디스뮤타아제Mn-superoxide dismutase: Mn-SOD 등이 있다. 지질 과산화작용lipid peroxidation을 저해하는 SOD는 항산화효소로 미토콘드리아에서 주로 발견된다. 망간은 또한 효소의 활성화를 위한 조효소로 작용하여 탄수화물, 지질 및 당단백질 합성에 관여하며, 특히 뇌에서 신경전달물질 합성과 대사에 관련된 효소의 보조인자로서 중요한 역할을 담당한다.

3) 결핍증과 과잉증

(1) 결핍증

일반적으로 사람에서 망간의 결핍 증세는 흔하지 않다. 결핍 증세는 혈액응고 지연, 중추신경 장애, 뼈의 기형 등이다. 동물실험을 통해 확인된 망간 결핍증은 성장장애, 근육 이상, 생식능력 장애, 새끼의 운동실조증, 지질과 탄수화물의 대사장애 등이다.

(2) 과잉증

망간은 흡수율이 매우 낮고, 담즙 배설을 통한 조절로 과잉 섭취에 의한 영향은 거의 없으나 탄광에서 일하는 광부들과 같이 직업상 망간에 장기 노출되면 과잉증이 나타날 수 있다. 정신적 장애, 환상, 근육조절 장애, 과다행동증 등 중추신경계의 손상이 주된 증세이다.

4) 섭취기준과 급원식품

망간의 섭취기준은 충분섭취량과 상한섭취량이 설정되었다. 성인의 1일 망간 충분섭취량은 남녀 각각 4.0mg, 3.5mg이고, 상한섭취량은 11.0mg으로 설정하였다. 망간은 곡류, 마른 과일, 콩류, 잎채소 등 식물성 식품에 많으며 동물성 식품에는 비교적 적다.

8. 크롬

크롬chronium : Cr은 인체에 소량이 존재하므로 중요성이 비교적 최근에 인식된 영양소이다. 동물실험을 통해 필수 영양소이며 당질 대사와 관련 있는 것으로 밝혀졌다.

1) 흡수와 대사

크롬은 −2가에서 +6가까지 존재할 수 있는데, 그중 Cr(Ⅲ)이 크롬의 산화상태 중 가장 안정된 형태이며 생체에서 가장 중요한 형태이다. 크롬은 소장 특히 공장에서 능동수송 및 촉진확산 기전에 의해 흡수된다. 크롬의 흡수율은 0.5~2% 정도로 매우 낮은데, 6가 크롬의 흡수율이 제일 높다. 여러 가지 식이 인자가 크롬의 흡수율에 영향을 미친다. 아미노산은 흡수를 증가시키며 페닐알라닌, 메티오닌, 히스티딘 등의 아미노산은 크롬과 리간드ligand를 형성하여 흡수를 증가시킨다. 피틴산과 제산제는 크롬의 흡수를 저해하나 옥살산은 흡수를 증가시킨다. 단순당질은 크롬의 배설을 증가시킨다. 혈액 내에서 크롬은 주로 트랜스페린과 알부민에 결합하여 이동하며, 일부 α-글로불린, β-글로불린 및 지단백에도 결합하여 대사에 관여한다. 흡수된 크롬은 니코틴산, 아미노산과 결합하여 생물학적으로 활성이 있는 크롬glucose tolerance factor: GTF을 형성한다. 신체 내에는 4~6mg 정도의 크롬이 저장되어 있으며, 주로 비장, 간, 신장, 근육, 췌장과 뼈에 축적된다. 크롬은 95% 정도는 주로 신장을 통해서 소변으로 배설되고, 소량이 모발과 땀 및 담즙을 통해 배설된다.

2) 체내 작용

크롬은 인슐린과 인슐린수용체 사이에 복합체를 형성하여 인슐린과 조직 사이의 상호작용을 강화한다. 즉, 크롬은 조직 내로 포도당 또는 아미노산이 유입되는 것을 돕는다. 소변으로 배설되는 크롬의 양은 정상인에 비하여 인슐린 의존성 당뇨병 환자에게서 훨씬 높게 나타난다. 크롬은 혈청 콜레스테롤을 낮추고 HDL 콜레스테롤을 증가시키는 등 지질 대사에 영향을 미치며, 제지방량lean body mass의 유지와 체지방의 소실을 촉진해 체중을 조절한다는 보고가 있으나 그 기전은 확실치 않다. 크롬은 핵가닥nuclear strands의 안정성 유지와 유전자 표현의 조절 등 핵산 대사 및 RNA 합성에도 관여한다.

3) 결핍증과 과잉증

(1) 결핍증

크롬은 주위 환경 어디에나 존재하기 때문에 심지어 실험동물에게서조차 결핍증을 유발하기가 쉽지 않으며, 체내 크롬 함량을 정확히 측정하기도 쉽지 않다. 장기간 크롬 함량이 적은 영양액을 중심정맥을 통해 공급한 경우 포도당 내성의 손상 또는 당뇨를 동반한 고혈당증, 인슐린 저항성을 보인다. 또한 결핍 증상으로 혈관 내피와 내막, 간세포에서의 단백질키나아제 Cprotein kinase C의 활성을 증가시켜 동맥경화증 및 당뇨병의 유발을 촉진한다.

(2) 과잉증

일반적으로 Cr(III)은 장에서 잘 흡수되지 않는 무기질이므로 독성이 비교적 낮다. 영양 보충제에 함유된 크롬피콜린산chromium picolinate는 Cr(III)에 비해 용해도가 높으며 친유성을 가지는 화합물이므로 장내 흡수율이 높아 포유동물 세포의 DNA에 손상을 주는 것으로 보고되고 있으나, 독성용량 기준치에 정확한 설정이 아직 되어 있지 않다. Cr(III)보다 10~100배 독성이 강한 Cr(VI)은 인체에 발암 및 돌연변이를 일으키는 유전 독성물질로 잘 알려져 있다. 산업화 환경에서 크롬에 과다 노출되면 알레르기성 피부질환, 피부궤양, 기관지 종양 등의 발생이 증가할 수 있다.

4) 섭취기준과 급원식품

우리나라에서 크롬의 섭취기준은 2015년 처음으로 충분섭취량이 설정되었다. 성인의 1일 크롬 충분섭취량은 남녀 각각 30μg, 20μg이다. 육류와 전곡은 가장 좋은 크롬의 급원이다. 과일, 채소 및 우유는 크롬 함량이 낮다.

표 9-4에 미량 무기질을 요약하여 제시하였다.

표 9-4 미량 무기질 요약

종류	주요 작용	권장섭취량	결핍증	과잉증	급원식품
철	헤모글로빈·미오글로빈 성분, 골수에서 조혈작용을 도움, 효소의 구성성분, 면역기능 유지	10mg (남자 19~49세) 14mg (여자 19~49세)	체내 철 함량 감소, 철 결핍성 빈혈(피부창백·피로·허약·호흡곤란·식욕부진·어린이의 경우 성장장애)	혈색소증(심장·췌장 등에 철이 축적되며 심부전·당뇨병 등 유발 가능)	육류(쇠간), 어패류, 가금류, 콩류, 시리얼, 녹색채소
아연	100여 개 효소의 구성요소, 성장·면역·생체막 구조와 기능의 정상 유지, 핵산 합성	10mg (남자 19~49세) 8mg (여자 19~49세)	성장지연, 왜소증, 상처 회복 지연, 식욕부진, 미각·후각 감퇴, 피부염	철·구리 흡수 저하, 면역기능 억제	패류(굴·게 등), 육류, 우유, 요구르트
구리	철의 흡수·이용을 도움. 결합조직의 건강에 기여, 금속계 효소의 성분	850μg (남자 19~49세) 650μg (여자 19~49세)	빈혈, 뼈의 손실, 성장장애, 심장질환	복통·오심·구토, 혼수, 간질환, 윌슨병	육류(간·내장), 패류(굴·가재), 배아
요오드	갑상샘호르몬의 성분 및 합성	150μg (남·여 19세 이상)	갑상샘기능저하증(권태감·기초대사율 저하·추위에 민감 등), 갑상샘종, 크레틴병(성장장애)		해조류(미역·김 등), 해산물, 요오드강화식염
불소	충치예방 및 억제, 골다공증 방지	충분섭취량 3.4mg (남자 19~49세) 2.7~2.8mg (여자 19~49세)	충치 유발, 골다공증	불소증, 위장장애	해조류, 어류, 자연수
셀레늄	글루타티온 과산화효소의 성분, 항산화 작용(비타민 E 절약)	60μg (남·여 19세 이상)	근육약화, 성장장애, 심근장애, 심장기능 저하	구토, 설사, 피부손상, 신경계 손상	새우, 패류, 어류, 견과류
망간	금속계 효소의 구성요소, 효소의 활성화	충분섭취량 4.0mg (남자 19~49세) 3.5mg (여자 19~49세)	동물의 경우 성장장애, 생식장애, 지질 및 당질 대사이상	신경근육계 이상, 정신장애	곡류, 콩류, 채소
크롬	당내인성인자의 성분으로 인슐린 작용 및 당질 대사에 관여	충분섭취량 30μg (남자 19~49세) 20μg (여자 19~49세)	성장지연, 콜레스테롤, 지질 대사 이상	산업체에서 크롬에 과다 노출되면 피부염·기관지 종양 발생	육류, 전곡

CHAPTER

10

지용성 비타민

1. 비타민 역사 및 특성
2. 비타민 A
3. 비타민 D
4. 비타민 E
5. 비타민 K

비타민은 인체 세포의 특수한 대사기능을 수행하기 위해 필요한 미량 유기물질로 체내에서 필요한 양만큼 합성되지 않아 식품이나 비타민 보충제로 공급되어야 한다. 지용성 비타민은 지방에 용해되므로 그 흡수와 대사과정에서 식이 지질과 체내 지질 대사와 밀접한 관계가 있다. 지용성 비타민의 흡수율은 40~90%로 만성 소화장애가 있는 경우에는 흡수율이 저하된다. 지용성 비타민은 소변으로 배설되지 않고 체내에 상당량 저장되어 과잉 섭취 시에는 독성이 나타날 수 있다. 특히 비타민 A와 D의 경우 보충제를 과다하게 섭취하지 않도록 주의할 필요가 있다.

학 / 습 / 목 / 표

1. 비타민의 특성과 종류를 구분할 수 있다.
2. 비타민 A의 종류, 흡수, 대사 결핍증 및 영양소 섭취기준을 기술할 수 있다.
3. 비타민 D의 체내 작용, 합성 · 활성화 과정, 결핍증 및 영양소 섭취기준을 기술할 수 있다.
4. 비타민 E의 체내 작용과 급원식품을 기술할 수 있다.
5. 비타민 K의 체내 작용과 급원식품을 설명할 수 있다.

1. 비타민 역사 및 특성

1) 비타민 역사

과거 역사기록에 의하면 고대 이집트 시대에서부터 많은 사람이 야맹증, 괴혈병, 각기병, 펠라그라, 악성빈혈과 같은 비타민 결핍증에 시달려 왔다. 그러다가 20세기 초에 과학자들은 이러한 질병들이 식품에 있는 어떤 중요한 물질의 섭취 부족에서 생긴다는 것을 깨닫기 시작했다. 불과 100여 년 전까지만 해도 사람에게 필요한 영양소는 탄수화물, 지질, 단백질과 무기질뿐이라고 여겼다. 실험용 쥐에게 천연식품 대신 탄수화물, 지질, 단백질, 무기질로만 구성된 합성사료를 먹였을 때 성장이 정지되고 병들거나 죽는다는 사실을 확인하였다. 이는 식품 중에 포함된 감염인자나 독성물질의 존재가 거론되었으나, 실험 결과 인공 합성사료 중에 이전에 발견되지 않은 미지의 영양소가 빠져 있기 때문이라는 것이 밝혀졌으며 그 후 영양결핍증deficiency disease이란 용어가 생기게 되었다.

1911년 폴란드의 화학자 풍크C. Funk가 쌀겨에서 동물의 성장에 필수적인 식품인자를 확인하였고, 이 물질을 아민amine을 함유하는 작은 분자량의 유기화합물이라는 뜻에서 'vitamine'이라 명명(라틴어로 vita는 생명, amine은 질소를 포함한 유기화합물을 의미)하였다. 1913년 미국의 맥컬럼E. V. McCollum이 미지의 영양소를 용해도에 따라 지용성 A군과 수용성 B군으로 나누었다. 생명에 필수적인 다른 식품성분을 발견하기 시작하였고, 그 후 1919년 드럼몬드Drummond의 제안에 따라 모든 비타민이 아민기amine를 가지는 것은 아니기 때문에 마지막 글자 'e'를 떼어내고 'vitamin'으로 정정하여 사용하게 되었다.

2) 비타민 특성

비타민은 신체에서 일어나는 전반적인 화학반응에서 필수적인 역할을 한다. 비타민은 신체에 미량 필요하며 섭취가 부족할 때에는 종류에 따라 각기 독특한 결핍증상이 나타난다.

비타민의 구조는 에너지 영양소와 같이 긴 사슬로 연결된 중합체가 아니고 하나의 단일분자이며, 이들의 식품 중의 함량은 그램g 단위가 아니고 밀리그램mg 또는 마이크로그램μg 단위로 함유되어 있다. 이것들은 스스로 에너지를 생성하지는 않으나 열량영양소로부터 에너지를 생산하는 효소들을 돕고 세포의 증식을 돕는다.

인체는 비타민의 흡수를 위한 특별한 기전을 가지고 있으며 대부분의 비타민은 특수한 운반단백질과 함께 혈액 중에서 이동한다. 비타민은 형태에 따라 각기 다른 역할을 하므로 인체의 특정 효소에 의해 형태가 활성형으로 전환된다.

비타민이 결핍되면 처음에는 조직 중의 저장량이 감소하고 다음으로 혈청 비타민 농도가 저하되며, 마지막으로 관련된 생화학적 기능의 저하와 임상적 증세가 나타난다. 결핍증의 증상은 대부분 치명적이기는 하나 필요한 비타민이 보충되면 다시 원래의 상태로 회복될 수 있다.

3) 비타민의 종류와 명명

현재까지 인체에 필요한 비타민은 콜린choline을 포함하여 14가지이다. 각 비타민의 명칭은 발견 순서에 따라 알파벳순으로 A, B, C, D, E로 정하였다. 비타민 B는 다시 기능적으로 유사성이 있는 것들에 대해 일련번호를 매겨 구분한다. 비타민 K는 기능에 따라 명명된 예로서, 혈액응고요인을 나타내는 덴마크의 용어인 'koagulation factor'의 첫 글자를 따서 비타민 K로 명명하였다표 10-1.

비타민은 물과 기름에 대한 용해도에 따라 수용성 비타민water-soluble vitamin과 지용성 비타민fat-soluble vitamin으로 구분한다. 수용성 비타민에는 비타민 B군과 비타민 C가 있으며, 지용성 비타민에는 비타민 A, D, E 및 K가 있다. 용해도는 비타민의 체내 흡수, 운반, 대사, 저장, 배설 등에 영향을 미친다.

인체에서 수용성 비타민은 소장에서 직접 흡수되나, 지용성 비타민은 지질과 함께 림프로 흡수된 후 혈액으로 이동한다. 수용성 비타민은 혈액에서 자유로이 돌아다니지만, 지용성 비타민은 운반을 위해 운반단백질이 필요하다. 체세포에 도달하면 수용성 비타민은 체액 내에서 자유로이 순환한다. 반면 지용성 비타민은 지방세포에 머물게 되어 쉽게

표 10-1 비타민의 종류

분류	종류	화학명	발견 연도
지용성 비타민	비타민 A	레티놀(retinol)	1913
	비타민 D	콜레칼시페롤(cholecalciferol)	1919
	비타민 E	토코페롤(tocopherol)	1922
	비타민 K	필로퀴논(phylloquinone)	1935
수용성 비타민	비타민 C	아스코르브산(ascorbic acid)	1928
	비타민 B군		
	비타민 B_1	티아민(thiamin)	1911
	비타민 B_2	리보플라빈(riboflavin)	1933
	니아신(niacin)	니코틴산(nicotinic acid)	1937
	비오틴	비오틴(biotin)	1935
	판토텐산	판토텐산(pantothenic acid)	1938
	비타민 B_6	피리독신(pyridoxine)	1938
	엽산(folic acid)	폴라신(folacin)	1942
	비타민 B_{12}	코발라민(cobalamin)	1948
	콜린	콜린(choline)	1862

배설되지 않기 때문에, 지용성 비타민은 매일 섭취할 필요는 없으나 과잉 섭취 시 독성이 나타날 수 있다. 수용성 비타민을 과다 섭취하면 소변으로 쉽게 배설되므로 지용성 비타민보다는 정규적으로 섭취해야 한다. 일반적으로 독성이 나타나는 수준까지 축적되지는 않으나, 일부 수용성 비타민은 체내에 보유되어 독 증세를 보이기도 하므로 함부로 보충제를 장기간 섭취하는 것은 위험하다**표 10-2**.

수용성 비타민은 체내에서 대부분 조효소로 작용하며 에너지 대사와 조혈작용에 관여한다. 비타민 C는 조효소로 작용하지는 않지만 세포에서 여러 화합물의 합성과정에서 중요한 역할을 한다. 비타민 B 복합체는 식품 내 특정한 단백질에 결합된 조효소 형태로 존재한다. 음식물을 섭취한 후에 단백질과 결합된 비타민 조효소는 유리형의 비타민으로 분리된 후에 소장에서 흡수된다. 흡수 후에는 세포 내에서 비타민의 조효소 형태로 재합성된다.

비타민의 양을 나타내는 단위가 과거에는 분리·정제하기가 쉽지 않고 정확한 측정을 할 수 없었기 때문에 생물학적 단위biological units라고 하여 일정한 성장을 이루는 데 필

표 10-2 비타민 대사적 특성

구분	지용성 비타민	수용성 비타민
흡수	림프로 먼저 들어간 후 혈류로 흡수됨	혈류로 직접 흡수됨
운반	운반단백질 필요함	혈액 내에서 자유로이 수송됨
저장	지방세포에 축적됨	체액에서 자유로이 순환함
결핍증	서서히 발생함	쉽게 발생함
배설	쉽게 배설되지 않음	과잉 섭취 시 소변으로 배설됨
독성	비타민 보충제로 과잉 섭취 시 독성 수준에 도달할 가능성이 큼	과잉 섭취해도 독성 수준에 도달하기 어려움
필요량	주기적인 섭취 필요함	소량씩 자주 섭취 필요함

요한 양이나 결핍증을 치료하는 데 필요한 양으로 나타냈다. 그러나 이들이 같은 생물학적 반응이라도 실험실마다 단위가 다르고 생물학적 반응의 내용도 다양하여 서로 비교하기가 쉽지 않았다. 이후 비타민의 분리·정제가 가능해짐에 따라 비타민별로 국제단위international unit : IU를 정하여 그램 단위와 함께 사용하고 있다. 그러나 영양소에 따라 생물학적 활성이 다른 여러 형태의 이성체나 전구체가 존재할 때에는 기준이 되는 활성형으로 전환되는 비율을 고려하여 이들 이성체나 전구체로부터 전환될 수 있는 양을 모두 합하여 당량equivalent이라는 단위를 사용한다.

2. 비타민 A

비타민 A는 처음으로 발견한 지용성 비타민으로, 전 세계적으로 특히 개발도상국의 빈곤 계층의 성장기 아동에게 영양섭취불량이 있는 영양소이다.

비타민 A는 이소프레노이드isoprenoid 화합물로서 화학명은 레티놀retinol이고, 동물의 조직이나 식품에서는 팔미트산palmitate과 에스테르ester 형태로 있다. 비타민 A가 일반적으로 비타민 A 구조를 지닌 화합물의 활성형인 레티노이드retinoids와 불활성형인 카로티노이드carotenoids를 총칭하는 일반명이다그림 10-1. 레티노이드는 동물성 식품에 들어 있

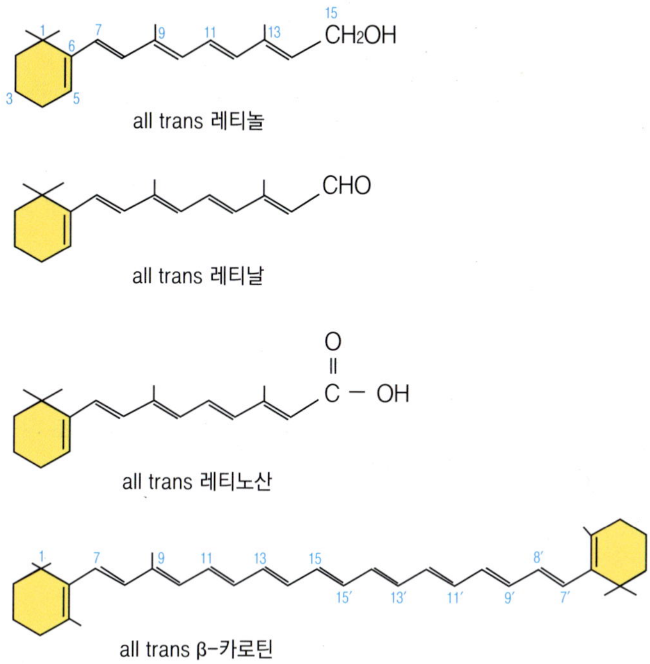

그림 10-1 비타민 A(레티놀)와 카로틴 구조

는 레티놀retinol, 레티날retinal과 레티노산retinoic acid을 총칭하며, 카로티노이드는 식물성 식품에 들어 있는 황색 내지 적황색 색소 성분을 일컫는 명칭이다. 일반적으로 레티노이드는 천연물 외에도 합성물이 피부질환이나 특정 암의 치료에 사용한다.

자연에는 600종 이상의 카로티노이드가 있는데, 비타민 A의 전구체로서 카로티노이드 중에서 가장 활성이 높고 양적으로 많은 것은 베타-카로틴β-carotene이다. β-카로틴은 알파-카로틴α-carotene, 감마-카로틴γ-carotene, 베타-크립토잔틴β-cryptoxanthin 등 다른 카로티노이드에 비해 비타민 A 활성이 두 배 이상이다. 구조적으로 β-카로틴은 두 개의 비타민 A가 결합한 구조이고, 다른 세 개의 카로티노이드는 한쪽에만 비타민 A 구조를 지녔기 때문에 활성에 차이가 있다. 이들 비타민 A가 체내에서 레티놀, 레티날, 레티노산으로 전환되어 활성을 갖게 된다. 카로티노이드의 종류 중 리코펜lycopene, 루테인lutein, 제아잔틴zeaxanthin은 비타민 A로 전환되지 않아 비타민 A의 생물학적 활성은 없다.

1) 흡수와 대사

우리가 섭취한 식품에 함유되어 있는 비타민 A의 대부분은 지방산과 결합한 레티닐에스테르retinyl ester이며, 체내 비타민 A의 주된 저장형태이다. 소장에서 레티닐에스테르는 담즙과 췌장효소에 의해 지방산과 레티놀(또는 카로틴)로 분리되어 미셀micelle 형태로 되어 소장 점막세포 내로 흡수된다. 흡수된 레티놀은 장 점막세포에서 긴사슬지방산과 다시 에스테르화하여 킬로미크론chylomicron을 구성한 후 림프계로 들어간다. 흉관을 거쳐 정맥으로 들어간 후 레티놀에스테르는 킬로미크론잔여물chylomicron remnant에 거의 남아 있으면서 간으로 운반되어 대사되고 저장된다. 식사로 섭취한 카로티노이드는 소장에서 분해효소에 의해 레티날로 분해되고, 동물성 식품으로 섭취한 레티날과 합쳐진다. 분해되지 않은 카로티노이드 분자도 킬로미크론에 섞여 간으로 이동해서 레티날로 전환되어 저장되거나, 지방조직에 카로티노이드 그대로 저장될 수도 있다그림 10-2. 정상적인 식사를 하는 건강한 사람의 비타민 A 흡수율은 70~90%이다. 카로티노이드의 흡수율은 비타민 A의 절반 정도에 불과하며, 식사 내 카로티노이드 함량이 증가하면 그 흡수율은 상대적으로 감소한다. 간에서 혈류로 나갈 때는 간에서 합성한 레티놀 결합단백질retinol binding protein : RBP과 결합하여 이동하는데, 카로티노이드는 초저밀도지단백질VLDL에 의해 혈액으로 나가서 전체 조직으로 운반된다. 베타-카로틴은 소장과 간에서 레티놀로 전환되고 레티놀은 포화지방산(주로 팔미트산)과 결합하여 레티닐에스테르가 된 후 킬로미크론에 포함되어 림프계를 거쳐 혈액으로 들어간다.

혈액에 있는 비타민 A의 형태는 주로 레티놀 결합단백질과 결합한 레티놀이며, 약간의

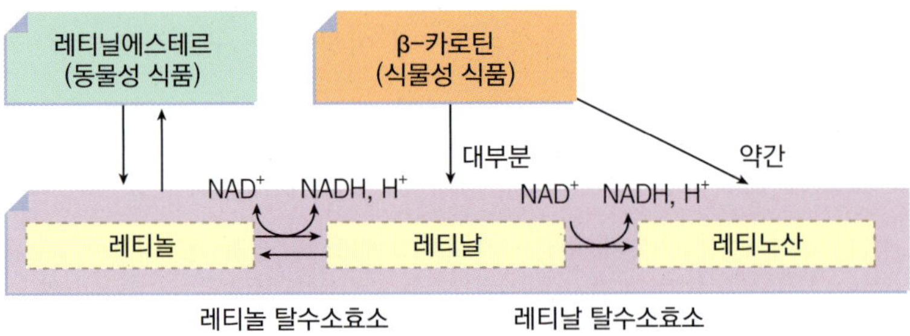

그림 10-2 비타민 A의 체내 전환과정

레티닐에스테르와 레티노산retinoic acid이 있다. 간에 저장된 레티닐에스테르는 레티놀로 전환된 후 레티놀 결합단백질과 1:1로 결합하여 간에서 유리되어 각 조직으로 이동한다. 레티놀 결합단백질과 결합하지 않은 레티놀 양이 많으면 조직으로 운반되어 독성이 나타난다.

비타민 A는 쉽게 배설되지 않으나 일부 비타민 A가 소변으로 배설되므로 신장질환이 있는 경우 독 증상이 발생한다. 세포 내에 들어간 비타민 A는 핵 속의 레티노이드 수용체에 의해 DNA에 결합하여 mRNA로 형성되고, 이로 인한 체단백질 생성을 조절한다. 즉 DNA에 대한 레티노이드 반응 유전자의 활성을 조절함으로써 세포작용을 조정한다. 비타민 A의 주된 저장 장소는 간이며, 정상인의 경우 90% 이상이 간에 존재한다. 간 이외의 지방조직, 신장, 골수 등에 비타민 A가 저장되나 정상인에게서는 그 저장량이 간에 비해 약 10%로 매우 적다. 그러나 비타민 A가 체내에서 완전히 고갈되는 극심한 결핍상태에서는 간 이외의 조직이나 혈액 중의 비타민 A 함량도 감소한다.

2) 체내 작용

(1) 시각vision

비타민 A의 체내기능으로 가장 잘 알려진 것은 시각 관련 작용이다. 시각작용은 망막retina의 간상세포rod cell와 원추세포cone cell에서 이루어지며, 이들 세포는 각각 어두운 곳과 밝은 곳에서 시각작용을 수행한다. 주변이 어두워지면 간상세포에서 all trans형 레티날이 레티날 이성화효소retinal isomerase에 의해 *cis*형 레티날11-*cis* retinal로 이성화되어 옵신opsin과 결합하여 로돕신rhodopsin을 합성한다. 로돕신은 간상세포가 담당한 어두운 곳에서 시각작용을 한다. 망막에서 로돕신의 레티날은 단백질 부분으로부터 분리된다. 이곳에 남은 옵신은 형태의 변화가 일어나 간상세포막의 Na이온 투과성이 변하게 되고, 이에 따른 이온균형의 변화가 일어나서 신경을 자극하게 되면서 사물을 볼 수 있게 된다. 빛에 의해서 로돕신이 레티날과 옵신으로 분해되는 반응을 탈색과정bleaching rhodopsin이라 하며, 이 탈색과정에서 간상세포의 로돕신 함량과 원추세포와 관련된 시색소 함량이 감소한다. 밝은 곳에서는 로돕신이 많이 분해되어 밝은 빛에 적응하게 되는데, 이때 갑자기 어두워지면 로돕신 양이 부족하므로 암적응dark adaptation에 의해 로돕신 양이 충분히 생성될 때까지 사물을 제대로 식별할 수 없게 된다그림 10-3.

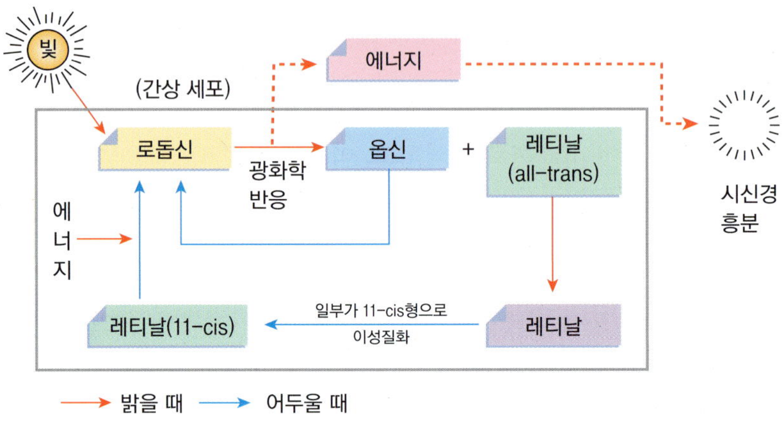

로돕신의 광화학 반응

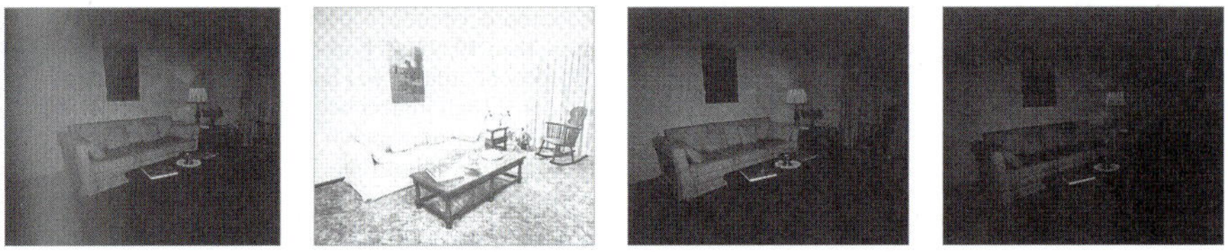

희미한 빛 아래에서는 간상세포를 사용하여 물체를 자세히 구분할 수 있다.

갑자기 밝은 빛을 쐬면 순간적으로 로돕신이 분해되면서 앞이 보이지 않게 된다.

몇 초 지나면 다시 자세한 것을 볼 수 있게 된다.

비타민 A가 부족하면 빠르게 회복되지 않는다.

그림 10-3 비타민 A의 시각작용

자료 : Whitney EN · Rolfes SR, 2002

(2) 세포 성장과 분화cell growth and differentiation

최근 레티노산 수용체nuclear-retinoid receptor가 발견되면서, 레티노산retinoic acid의 세포 분화와 관련해 상피세포가 분화되는 과정에 관여하는 비타민 A의 작용기전에 대해 많은 것이 밝혀졌다. 핵의 레티노산 수용체와 레티노산이 결합해서 유전자 발현을 활성화하거나 저해를 통하여 세포분화를 조절한다. 이러한 비타민 A의 작용은 특히 임신 후 2~3개월인 배아기embryonic period에서 중요하다. 비타민 A가 결핍된 동물의 배아는 제대로 기관의 분화·발달이 이루어지지 못하므로 기형 또는 사산으로 이어질 수 있다. 이 외에도 비타민 A는 정자 형성, 면역반응, 황체호르몬 생성과 배란주기 유지 기능, 식욕 및 성장·발달 등의 생리적 과정에 필수적인 것으로 알려졌으며, 대부분이 직접 또는 간접적으로 세포분화와 관련 있다. 레티노산은 폐, 기관지, 피부, 위장관 등의 상피세포의 생성, 구조 및 정상적인 기능을 유지하는 데 필요하다그림 10-4.

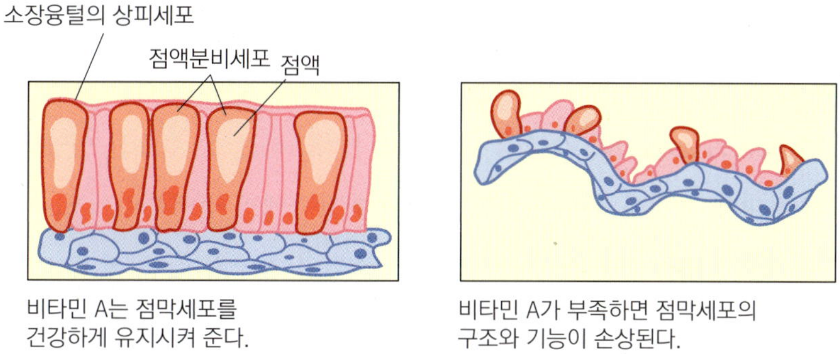

그림 10-4 점막 구조와 비타민 A 역할

(3) 항산화 및 항암 효과

항암작용에 대한 연구는 비타민 A보다는 카로티노이드의 항암 효과에 관해 더 많은 연구가 이루어졌다. 카로티로이드의 섭취가 부족하면 암의 발생률이 높다고 알려졌으나, 최근의 대단위 중재 연구에서 식품이 아닌 영양보충제 형태로 섭취할 때, 암 질환 중 특히 폐암의 발생률이 대조군에 비해 투여군에서 증가했다는 보고가 있다.

이는 β-카로틴만이 아닌 카로티노이드의 함량이 높은 식물성 식품에 들어 있는 여러 종류의 카로티노이드가 항산화제 작용을 했기 때문인 것으로 밝혀져 보충제 형태가 아닌 식품의 형태로 β-카로틴을 섭취할 것을 권장하고 있다. 어떤 기전에 의해서 암 발생을 억제하는지 아직 확실히 알려지지는 않았으나 아마도 카로티노이드 자체가 레티놀로 전환되지 않고 항산화제로 작용하기 때문으로 추정된다. 또한 생체 내에서 카로티노이드의 작용은 비타민 A 전구체로서의 작용과 항산화작용의 기전이 다르다.

3) 결핍증과 과잉증

(1) 결핍증

비타민 A 결핍증은 전 세계적으로 개발도상국가나 저개발국가의 어린이들에게서 주로 나타난다. 또한 성장, 감염, 임신과 수유기에 필요량을 충족하지 못할 때도 나타날 수 있다. 비타민 A 결핍증의 가장 흔한 증상은 야맹증night blindness과 안구건조증xero-phthalmia이며, 심하면 각막연화증keratomatacia을 초래하여 실명한다.

어린이의 경우 떨어져 나간 세포들이 결막의 가장자리 쪽에 흰 거품 같은 형태로 축적되는 비토 반점Bitot's spots이나 각막장애가 나타나기도 하는 등 주요한 영양문제가 된다. 또한 신체의 표피에 각질화 현상이 나타나는데 위장관에서 점액분비세포goblet cell의 수와 활성이 줄어들어 점액 분비가 감소함으로써 소화와 흡수가 잘 되지 않고, 호흡기계·소화기계·세뇨관·질·귀 내부의 상피세포에서는 방어력이 약화되어 감염이 쉽게 일어난다그림 10-4. 피부는 건조하고 거칠어지며 머리털이나 손톱을 이루는 딱딱한 단백질인 케라틴keratin을 분비한다. 따라서 비타민 A 결핍 시에는 점액분비세포가 케라틴 분비세포로 대체된다. 비타민 A 결핍은 피부는 건조하고 거칠어져 피부각질화가 발생하는 모낭각화증이 생기고, 면역기능을 저하시켜 높은 감염률과 사망률을 보인다. 임상적인 결핍증상이 없더라도 비타민 A 부족인 어린이들은 성장 부진이 나타난다.

WHO에서 인정한 비타민 A 결핍의 지표는 안구건조증이나 야맹증과 같은 임상증상과 혈장 레티놀 10μg/dL 미만이다.

(2) 과잉증

비타민 A는 과잉 섭취 시 다른 지용성 비타민에 비해 독성이 매우 심각하다고 알려졌다. 레티노이드를 권장량의 2~4배 정도 보충제로 장기간 섭취하면 특히 노인에게서 고비타민 A혈증hypervitaminosis A이라는 독증상이 나타난다. 독증상은 급성, 만성, 기형발생의 세 종류로 나뉘는데 일반적으로 급성 독증상은 1회 또는 여러 번 과량의 비타민 A(어른의 경우 권장량의 100배 이상, 아동의 경우 권장량의 20배 이상)를 짧은 간격을 두고 섭취할 때 나타나며, 오심·구토와 같은 위장장애, 두통, 시력약화 등이 나타난다. 만성 독증상은 영아나 성인에게서 뼈대·근육 통증, 피부건조·피부질환, 탈모, 간손상, 출혈, 골밀도 저하, 골절 증가, 혼수 등이 나타난다. 특히 임신 초기에는 자신이 임신인 줄 모르기 때문에 자연유산, 기형아 출산이 발생할 수 있어 특히 해롭다. 독증상은 레티노이드에 민감해진 막이 불안정하여 특정 유전자의 발현이 비정상적으로 이루어진다. 비타민 A 섭취를 중단하면 한 달 이내에 증세가 호전되나, 장기간 과량을 섭취할 때에는 간·뼈대·눈에 영구적 손상을 입을 수도 있다.

가장 심각한 비타민 A의 독증상은 태아기형이며, 여드름이나 버짐 등의 피부병 치료제로 레티노산을 복용한 임신부가 머리나 뇌가 선천성 기형인 아기를 낳을 수도 있다. 따라서 임신부에게 비타민 A가 풍부한 소간이나 강화 시리얼 등의 식품 섭취를 제한하도록 권한다. 2020년 한국인 영양소 섭취기준에서는 비타민 A의 상한섭취량을 임신 중의 기형발생과 간독성의 발생을 기준으로 3,000μgRAE로 정했다. β-카로틴을 식품으로 다량 섭취 시 피부색이 황색으로 변하는 고카로틴혈증hypercarotenosis이 나타나며 대부분 독성을 나타내지 않는데, 이는 카로티노이드의 흡수와 전환율이 낮기 때문이다. 카로티노이드를 포함한 과일, 채소를 섭취하는 것이 흡연자와 비흡연자 모두에게 폐암의 위험을 낮춰준다는 결과가 있고, 또 다른 연구에서는 베타-카로틴과 레티놀 수치와 보충 베타-카로틴이 생존에 아무 영향을 미치지 않는다는 것을 발견했다. 따라서 비타민 A 혈청 수준 또는 보충제와 암의 관련성을 아직 명확하게 밝혀지지 않았음을 알 수 있다. 그림 10-5에는 비타민 A의 결핍증과 과잉증의 섭취 범위를 제시하였다.

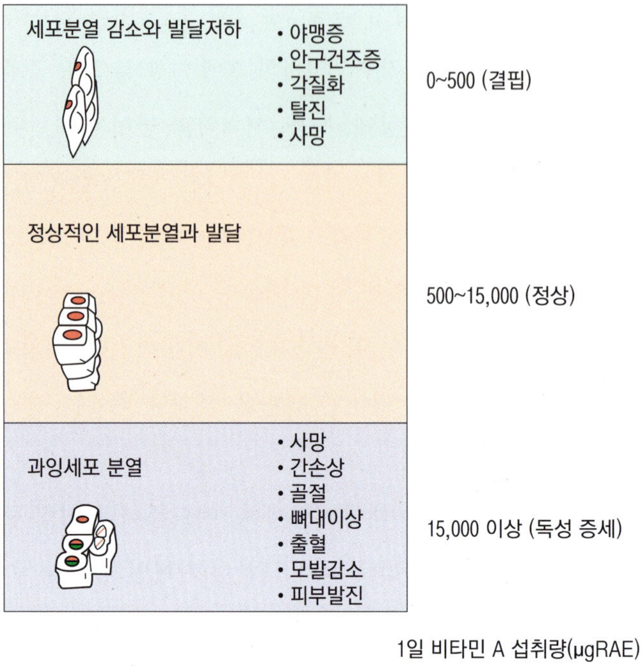

그림 10-5 비타민 A의 결핍증과 과잉증 섭취 범위

4) 섭취기준과 급원식품

(1) 섭취기준

비타민 A 필요량을 추정하는 데 사용하는 지표는 암적응 능력, 혈장 레티놀 농도, 방사선 동위원소 용액을 활용한 전체 간 저장량, 용량 반응 조사 등이 있다. 여러 지표 중에 비타민 A의 평균필요량 추정 시 암적응 능력이나 혈장 레티놀 농도는 제한점이 있어 주된 지표로 사용하지 않는다. 비타민 A 섭취량과 상관관계가 있는 방사선 동위원소 희석법으로 측정한 비타민 A의 간 저장량을 필요량 설정 지표로 사용하였다.

건강한 사람이 매일 섭취해야 할 비타민 A의 양은 연령이나 체격, 대사량 및 임신이나 수유 같은 여러 상황에 따라 달라진다.

비타민 A 섭취기준에서 성인 및 노인의 비타민 A 평균필요량은 영양상태가 좋은 사람의 체내 비타민 A 풀pool을 유지하는 데 필요한 식사 중의 비타민 A 양을 기초로, 비타민

A가 제거된 식사 섭취 시 손실된 비타민 A 저장량/일(0.5%), 최소 비타민 A 간 저장량(추정량: 20μg/g), 간 무게/체중 비율(0.03), 특정 연령 및 성별 기준 체중(체위기준치), 신체체중/간 비타민 A 저장량 비율(1.1), 섭취한 비타민 A 저장효율(40%)을 곱한 값으로 산정하였다.

비타민 A 권장섭취량은 간의 비타민 A 반감기 계산값을 기초로 20% 변이계수를 사용하여 다수 집단에서 개인의 97~98% 필요량을 충당하기 위하여 평균필요량의 2배의 변이계수를 더하여 평균필요량의 140%로 설정하였다. 권장섭취량은 성인 남자 19~49세 800μgRAE/일, 여자 19~49세 650μgRAE/일로 정하였으며, 임신부는 임신기간 동안 태아의 간에 축적된 비타민 A에 기초하여 흡수율을 고려하여 비임신 여성의 필요량에 50μgRAE를 부가하고, 권장섭취량은 평균필요량에 변이계수(20%)의 2배를 더하여 비임신 여자에 50×1.4μgRAE/일(=+70μgRAE/일)을 더한 값으로 설정하여 720μgRAE/일이다. 수유부의 평균필요량은 산모의 모유 비타민 A 함량과 1일 모유분비량을 감안하여 설정하여 +350μgRAE/일이고 권장섭취량도 임신부와 같이 2배의 변이계수를 더하여 490μgRAE/일을 부가하여 1,140μgRAE/일이다.

비타민 A의 과다 섭취로 인한 다양한 유해작용은 세포막의 불안정, 간손상, 지방간 형성, 기형아 출산, 골격 약화 및 연골손상 등이 있다. 특히 임신부가 비타민 A를 식품과 영양보충제로 4,500μg/일 이상 수준으로 섭취하게 되면 태아기형의 발생 위험이 높다고 알려졌다. 비타민 A 상한섭취량은 간독성을 독성종말점으로 하여 성인 남녀 모두 3,000μgRAE/일로 정하였다.

(2) 급원식품

비타민 A의 가장 좋은 급원식품은 동물의 간이나 어유·달걀 등이다. 비타민 A 전구체인 카로티노이드는 주로 녹황색 채소와 여러 종류의 과일에 들어 있으며, 전 세계 대부분 사람들에게 카로티노이드가 비타민 A의 주된 공급원이다. 당근, 늙은호박, 녹황색 채소류, 옥수수, 토마토, 오렌지, 귤, 김 등에 카로티노이드 함량이 많이 함유되어 있지만 이들의 색깔이 짙다고 해서 꼭 카로티노이드 함량이 많은 것은 아니다. 예로서 토마토의 경우 리코펜lycopene 함량이 가장 많아 색깔이 짙지만, 리코펜은 비타민 A 활성이 없다. 단위무게당 또는 단위에너지kcal당 비타민A 함량이 가장 많은 것은 동물의 간이며, 비타민 A 전구체 함량은 당근이 가장 많다표 10-3. 2017년 국민건강영양조사에 의하면 우리나라 국민이 섭취하는 비타민 A는 주로 채소나 과일 등 식물성식품에 의존하고 있다.

표 10-3 식품 중 비타민 A 함량

식품명	1회 분량(g)		1회 분량당 함량(mg)	100g당 함량(mg)
소간	1접시	45	4,249	9,442
돼지간	1접시	45	2,162	5,405
들깻잎	1접시	70	441	630
당근	1접시	70	322	460
아욱	1접시	70	528	754
쑥갓	1접시	70	438	626
시금치	1접시	70	416	588
감	중 1개	100	474	474
달걀		60	82	136
장어	1접시	60	630	1,050
열무김치	1접시	40	29	73
귤	1개	100	142	142
망고		100	102	102
늙은 호박	1접시	70	83	119
김	1장	2	20	991
고구마	중 1개	70	53	75
시리얼(콘플레이크)		30	482	1,605
오렌지	1/2개	100	15	15.0

2015년부터 한국인 영양소 섭취기준 설정에서 비타민 A의 단위를 RE에서 RAEretinol activity equivalent로 변경하였다. 우리나라 사람의 비타민 A 섭취는 카로티노이드로 섭취하는 데 의존적이므로 카로티노이드가 비타민 A로 바뀌는 생체전환율은 다음의 비율로 적용한다.

1 레티놀활성당량retinol activity equivalent, μgRAE
= 1μg (트랜스)레티놀all-trans-retinol
= 2μg (트랜스)베타-카로틴 보충제supplement all-trans-β-carotene
= 12μg (트랜스)베타-카로틴dietary all-trans-β-carotene
= 24μg 기타 식이비타민 A 전구체 카로티노이드other dietary provitamin A carotenoids

3. 비타민 D

비타민 D 또는 칼시페롤calciferol는 대사과정 및 세포 내 작용을 하는 스테로이드 호르몬과 같은 프로호르몬이다. 비타민 D의 활성을 가진 화합물로서는 식물성 급원의 비타민 D_2(에르고칼시페롤)와 동물성 급원의 비타민 D_3(콜레칼시페롤)가 대표적이다그림 10-6. 식품으로만 공급되는 다른 비타민과 다르게 290~320nm 파장의 자외선B에 의해 피부에 있는 7-디히드로콜레스테롤7-dehydrocholesterol이 비타민 D_3로 전환되며, 작용기전이 스테로이드 호르몬과 유사하여 호르몬 전구체로 분류되기도 한다그림 10-7. 피부에서 비타민 D_3 생성능력은 나이가 듦에 따라 감소하여 70대 연령이 되면 젊은 사람에 비해 1/4 이하로 줄어든다. 자외선 차단제를 사용하거나 햇빛을 충분히 쬐지 못하는 경우에는 비타민 D를 많이 함유한 식품이나 비타민 D 강화식품, 비타민 D 보충제를 섭취해야 한다. 식품으로부터 섭취하는 형태는 비타민 D_2와 비타민 D_3인데, 이들은 측쇄 구조만 다른 동족체로 체내에서 함께 대사되어 거의 같은 생리 효력을 나타낸다.

1) 흡수와 대사

인체 내에서 비타민 D_3는 피부에 존재하는 콜레스테롤 유도체인 7-디히드로콜레스테롤로부터 합성된다. 햇빛을 쐬면 7-디히드로콜레스테롤의 고리구조가 열려 중간대사산물을 합성하고, 이 중간대사산물은 몇 시간 후에 비타민 D_3로 전환된다. 햇빛을 과다하게 쐬어도 필요량 이상의 비타민 D_3는 빠르게 루미스테롤로 전환되기 때문에 비타민 D 독성으로부터 우리 몸을 방어할 수 있다.

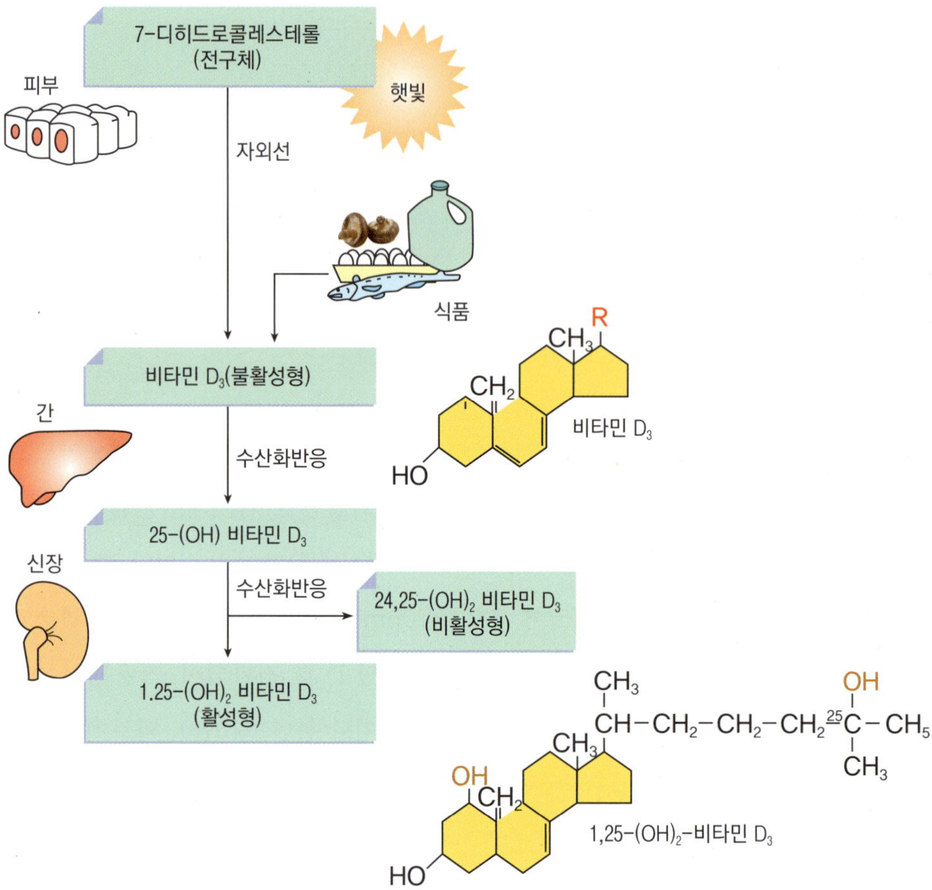

그림 10-6 비타민 D 합성 및 활성화

자료 : Maban LK · Escott-Stumps, 2004

피부에서 합성된 비타민 D_3와 식사로부터 섭취한 비타민 D는 혈액을 통해 비타민 D-결합단백질과 결합하여 간으로 이동한다. 첫 번째 수산화과정은 간에서 25-알파-수산화효소25-α-hydroxylase에 의해서 비타민 D_3의 25번 탄소에 수산화반응이 일어나 25-히드록사 비타민 D_3(25-OH-D_3)로 전환된다. 25-히드록시 비타민 D_3는 비타민 D의 주된 대사물질로 반감기는 21일이다. 두 번째 수산화과정은 1-알파-수산화효소1-α-hydroxylase와 24-수산화효소에 의해 1번 탄소 및 24번 탄소에 수산화반응이 일어나 1,25-디히드록시 비타민 $D_3$1,25-$(OH)_2$-D_3, 24,25-디히드록시 비타민 D24,25-$(OH)_2$-D_3가 된다그림 10-6.

각 개인에게 필요한 비타민 D_3를 합성하기 위한 햇빛의 강도나 노출시간은 피부색과 나이에 따라 다르다. 젊고 피부색이 흰 사람은 얼굴이나 손에 약 10분 정도만 햇빛을 쐬어도 하루 필요량을 충족할 정도의 비타민 D를 합성할 수 있다. 그러나 피부색이 검고 고령인 경우에는 오랫동안 햇빛을 쐬어야 한다. 예를 들어 흑인의 경우 햇빛에 노출되는 시간이 백인의 10배 정도 되어야 필요한 만큼의 비타민 D_3를 합성할 수 있고, 70대 노인은 피부에서의 합성이 젊은 시절보다 약 70% 감소한다. 또한 거주지의 위도, 계절, 의복에 따라서도 피부에서 합성할 수 있는 비타민 D의 양이 다르다. 따라서 도시에서 스모그나 공해로 햇빛이 차단된 경우, 지역적으로 일조량이 부족한 경우, 건물 안에만 있거나 실내에서 활동하는 경우에는 체내에서 합성되는 비타민 D의 양이 부족할 수 있으므로 유의해야 한다.

식품이나 보충제로 섭취한 비타민 D는 약 80%가 흡수된다. 비타민 D가 장에서 흡수되기 위해서는 담즙이 필요하며, 주로 공장과 회장에서 흡수된다. 소장 점막으로 흡수된 비타민 D는 중성지방이나 콜레스테롤과 같이 킬로미크론의 형태로 림프계를 거쳐 간으로 수송된다. 간에서 특정 비타민 D 결합단백질의 도움으로 킬로미크론과 다른 지단백질로부터 빠져나온 후, 25-OH-D_3가 되어 순환계로 들어간다. 따라서 혈장의 25-OH-비타민 D_3의 수준은 간 저장량에 비례한다. 혈장에서 25-OH-비타민 D_3는 α-글로불린에 결합되어 운반된다. 25-OH-비타민 D_3는 신장에서 혈청 칼슘 농도의 변화에 반응하여 호르몬이라 불리기도 하는 1,25-$(OH)_2$-비타민 D_3 calcitriol로 활성화되며, 활성형인 1,25-$(OH)_2$-비타민 D_3의 생성과 혈청 농도를 좌우하는 가장 중요한 단계이다. 저칼슘혈증과 저인산혈증이 발생하게 되면 이 과정이 촉진되어 장에서 칼슘과 인산염의 흡수를 자극하는 강력한 대사물질이 된다. 활성화된 비타민 D는 체내에서 이용된 후 대부분은 담즙 형태로 배설되고, 약 3% 정도는 소변으로 배설된다. 신장병 환자는 활성형 비타민 D의 농도가 낮아져서 정기적으로 이들을 섭취해야 한다.

2) 체내 작용

(1) 혈청 칼슘 농도 조절

비타민 D는 체내에서 칼슘과 인의 적당량을 보유하여 건강한 골격을 형성하고 유지시키며 부갑상샘호르몬과 함께 혈청 칼슘 항상성을 유지시키는 작용을 한다.

이는 뼈의 대사와 구조뿐 아니라 칼슘이온의 유출에 의해 조절되는 세포 기능이나 신경neuromuscular junction 기능을 유지하는 데 중요한 역할을 한다. 특정 호르몬의 기능, 신경작용 및 근육수축을 위해서는 칼슘이온의 막 이동이 중요한 역할을 하며, 비타민 D 결핍증과 저칼슘혈증은 경련성 발작tetany을 일으킨다. 혈액의 칼슘 농도가 감소하면 부갑상샘호르몬이 분비되어 신장에서 활성형 비타민 D(1,25-디히드록시 비타민 D_3)의 형성을 촉진한다. 1,25-디히드록시 비타민 D_3는 소장에서 칼슘 결합단백질의 생성과 작용을 조절하는 기능도 있으며 인의 흡수를 촉진하기도 한다.

활성형 비타민 D는 다음과 같은 생물학적 기능을 한다.

첫째, 소장 점막세포에서 칼슘과 인의 흡수를 촉진한다. 즉 비타민 D는 소장 점막세포에서 칼슘 결합단백질을 비롯한 여러 종류의 칼슘 흡수에 필요한 단백질을 합성하고 세포막의 유동성을 증가시켜, 칼슘과 인이 쉽게 세포막을 통과할 수 있게 한다.

둘째, 파골세포osteoclasts에서 뼈에 있는 칼슘이 혈액으로 용출되는 것을 촉진한다. 비타민 D는 뼈의 석회화에는 관여하지 않지만 뼈의 성장에 필요하다. 즉 뼈의 탈석회화에 관여하여 혈장 칼슘과 인 농도를 유지하는 데 필수적인 요소로 작용한다. 뼈의 탈석회화는 새로운 뼈의 증대에 필요한 칼슘과 인을 공급하기 위해서는 반드시 필요한 과정이다. 뼈와 혈액 사이에서 칼슘의 공급을 조절함에 따라 골격의 무기질화를 도와준다. 이에 따라 조골세포와 파골세포에 의해 골격 재형성이 된다.

셋째, 비타민 D는 신장에서 칼슘의 배설을 감소시킨다. 이에 따라 혈청 칼슘 농도가 증가해 뼈에 칼슘이 축적되는 것을 조절한다.

(2) 세포 증식과 분화 조절

비타민 D는 면역조절세포, 상피세포, 악성종양세포 등 여러 종류의 세포분화 조절에 관여한다. 세포의 분화과정에서 특정 유전자가 발현되어 각 조직의 필수적인 기능을 결정하는 단백질을 형성한다. 비타민 D를 섭취하여 적정한 비타민 D 수준을 유지함으로써 유방암, 결장암, 전립선암의 발병 위험을 낮출 수 있다. 또한 강력한 항산화제와 항발암성 물질anti-carcinogen로서 우울증, 전립선암, 유방암, 고혈압, 심순환계 질환을 예방하고 식균 활성phagocytosis activity과 항종양 활성antitumor activity을 지닌다. 프로락틴, 칼시토닌을 포함한 여러 가지 호르몬 합성은 전사 단계에서 조절되는데, 이러한 조절작용도 비타민 D에 의한 칼슘이온 유입의 변화로 이루어진다.

3) 결핍증과 과잉증

(1) 결핍증

체내에 일정 기간 이상 비타민 D가 부족한 상태가 계속되면 뼈의 석회화가 정상적으로 이루어지지 않기 때문에 뼈가 약해지고 변형되기 쉽다. 비타민 D의 결핍증에는 구루병rickets, 골연화증osteomalacia, 골다공증osteoporosis 등이 있다. 뼈에 칼슘과 인이 충분히 축적되지 못하면 골격이 적절하게 석회화되지 못하여 뼈가 약해지고 압력을 받으면 뼈가 굽어진다. 이러한 현상이 어린이에게 발생했을 때 이를 구루병이라고 한다그림 10-7. 구루병의 증상으로는 머리, 관절, 흉곽이 커지고 골반 형성이 잘되지 않으며 다리가 굽는다. 오늘날 발병하는 구루병은 췌장에 이상이 생긴 낭포성 섬유종cystic fibrosis과 같이 지질흡수불량증과 관계된 경우가 많다.

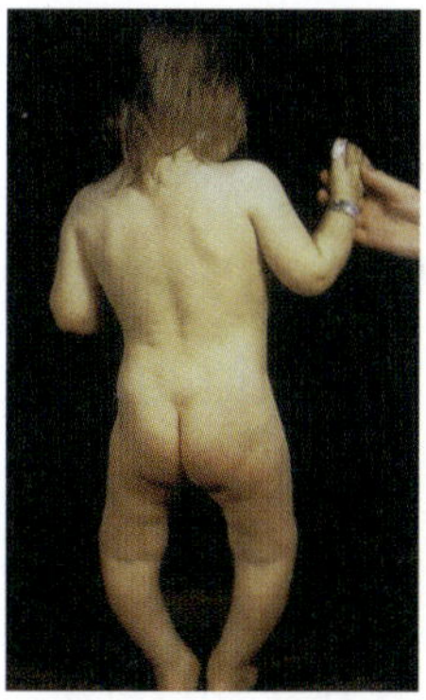

그림 10-7 구루병

성인에게서 발생하는 구루병은 골연화증이라 하며 엉덩이, 척추, 기타 뼈에 골절이 잘 발생한다. 노화와 함께 폐경기 이후 여성에게는 골다공증이 나타나 골반뼈 골절 또는 갈비뼈 골절이 쉽게 발생한다. 골연화증의 원인으로는 비타민 D 섭취 부족 및 햇빛 노출 부족, 섭취한 비타민 D의 흡수 부족, 간·신장의 장애로 인한 비타민 D의 활성화 부족 등을 들 수 있다. 따라서 골연화증은 신장질환, 위장질환, 담낭질환, 소장질환(소장을 대부분 제거한 경우), 간경변증 환자 등에게 자주 발생하며, 비타민 D 대사와 칼슘 흡수 모두에 영향을 준다. 이때 뼈의 총량은 정상이지만 기질의 석회화가 감소하여 뼈의 조성이 비정상적으로 된다.

골다공증은 중년기 이후의 여성에게서 자주 발생하는데, 폐경기 이후에 에스트로겐이 분비되지 않으면 체내에서 1,25-디히드록시비타민 D 합성이 저하되거나 비타민 D를 충분히 섭취하지 못하게 되면 뼈에서 칼슘이 용출되어 뼈의 밀도가 감소하여 골절이 생기게 된다. 골다공증은 단백질과 무기질의 상대적 조성은 변화가 없으나 골밀도가 감소하는 것으로 뼈의 조성은 정상이지만 뼈의 총량이 감소한다.

(2) 과잉증

일반적으로 비타민 D의 과잉 섭취는 식품만 먹을 때에는 발생하지 않으나 부갑상샘기능저하증을 치료하기 위해 비타민 D를 과잉 투여하거나 비타민 D 보충제를 섭취할 때 발생할 수 있다. 고비타민D혈증hypervitaminosis D은 고칼슘혈증(혈청 칼슘 농도: 12mg/dL 이상), 고칼슘뇨증, 신장·심장·폐·혈관의 연조직에 칼슘 축적, 신장결석 등을 초래할 수 있다. 고칼슘혈증과 고칼슘뇨증은 25-히드록시비타민 D_3가 세포막으로 이동하여 칼슘에 대한 투과성을 변화시켜 세포질이나 세포 내 세포소기관에 칼슘 축적을 유발시키는 등에 의한 것으로 알려졌으며, 심하지 않은 고칼슘혈증은 비타민 D 섭취를 절제함으로써 치료가 가능하나, 심한 경우에는 혈장의 칼슘이온 농도를 감소시키는 칼시토닌 등 호르몬 제제를 처방해야 한다. 비타민 D는 필요량과 독 증세를 나타내는 섭취량의 차이가 가장 낮은 비타민으로 권장량의 5배(50μg/일) 이상을 계속 섭취할 경우 유해할 수 있어 우리나라 성인의 상한섭취량UL을 100μg/일으로 정하였다.

4) 섭취기준과 급원식품

(1) 섭취기준

비타민 D의 최저 필요량에 관한 연구는 부족한 실정이다. 특히 우리나라 사람을 대상으로 한 기초연구가 거의 없으며, 햇빛에 의해 피부에서도 합성되므로 권장섭취량을 설정하는 것이 어렵다.

비타민 D 섭취기준은 충분섭취량AI으로 일광에 노출되는 시간이 비교적 많다고 간주되는 12세부터 성인(19~64세)은 10㎍/일으로 정하였으며, 65세 이후 성인 남녀 모두 옥외활동의 감소와 골다공증 위험을 감안하여 15㎍/일으로 정하였다. 남·녀 12세부터 성인 및 노인의 비타민 D의 상한섭취량은 100㎍/일로 정하였다.

(2) 급원식품

햇빛을 충분히 쐬지 못하여 신체에서 요구하는 양만큼 비타민 D를 합성할 수 없는 경우, 식품으로부터 비타민 D를 섭취해야 한다. 그러나 대부분의 식품에는 비타민 D가 거의 없거나 아주 소량 함유되어 있다. 생선 간유·달걀·간·버섯·유제품에도 약간의 비타민 D가 함유되어 있으나 지나치게 많은 양을 먹어야 하므로 좋은 급원식품은 아니다. 일부 비타민 D 강화 마가린이나 우유제품이 있는데, 이러한 강화제품은 좋은 급원이 될 수 있다.

4. 비타민 E

비타민 Etocopherol는 1922년 처음 쥐의 생식과 관련한 물질로 알려져 토코toco는 'related to childbirth'와 관련 있는 의미로 화학명을 tocopherol로 명명하였다. 비타민 E는 서로 다른 생물학적 활성을 갖는 α, β, γ, δ 형태의 토코페롤과 토코트리에놀을 총칭한 여덟 가지의 천연화합물로 구성되어 있으며, 구조는 메틸기의 위치와 분지의 불포화도에 따라 구별한다. 비타민 E는 주로 식물성 기름에 들어 있으며, 이 중 생물학적 활성이 가장 높은 것은 d-α-토코페롤이다그림 10-8.

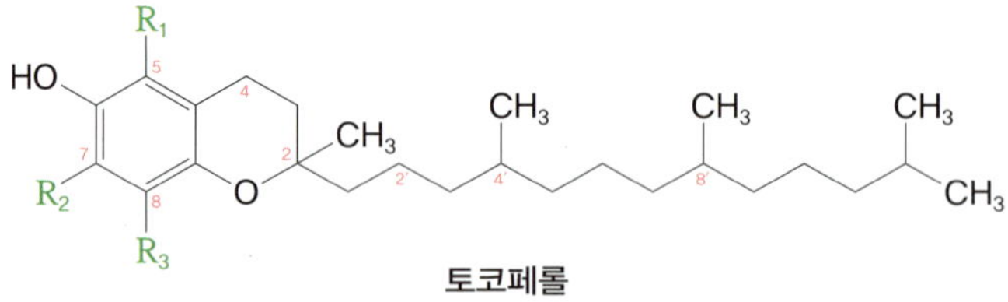

토코페롤

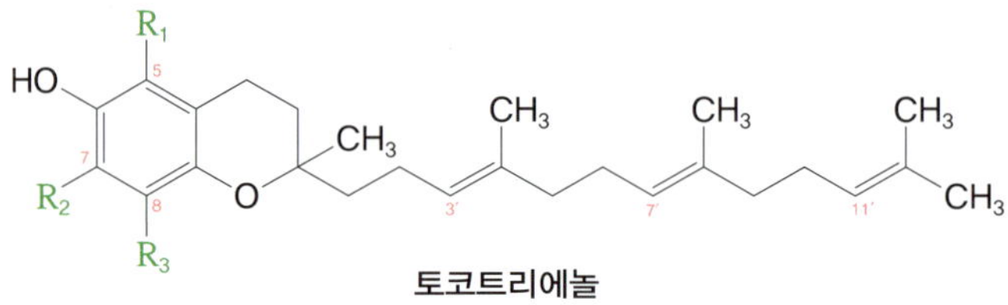

토코트리에놀

메틸기 위치	토코페롤	토코트리에놀
$R_1 \cdot R_2 \cdot R_3$	α–토코페롤	α–토코트리에놀
$R_1 \cdot R_3$	β–토코페롤	β–토코트리에놀
$R_2 \cdot R_3$	γ–토코페롤	γ–토코트리에놀
R_3	δ–토코페롤	δ–토코트리에놀

그림 10-8 비타민 E 구조

1) 흡수와 대사

비타민 E 흡수 정도는 식사 지질의 총흡수율에 따라 달라진다. 다른 지용성 비타민과 마찬가지로 지방산이나 중성지방과 함께 흡수된다. 따라서 다른 지용성 비타민처럼 지질과 담즙이 비타민 E의 흡수에 필요하다. 일반적으로 체내에 평균 30~50% 정도 흡수되며 비타민 E 섭취량이 증가할수록 흡수율은 감소한다. 비타민 E는 소장 점막세포에서 담즙산염과 미셀을 형성하여 소장 상부에서 흡수되며, 지질과 함께 킬로미크론을 형성하여 림프lymph와 흉관thoracic duct을 거쳐 간으로 운반된다. 간에서 비타민 E는 다시 지단백질을 합성해서 중성지방이나 인지질과 함께 지방조직, 골격근에 저장되기도 한다. 또한 세포막, 세포소기관의 막구조물 등으로 이동한다. 한편 간에서 혈액으로 이동한 비타민 E는 약 65%가 저밀도지단백질LDL, 8%가 초저밀도지단백질VLDL, 24%가 고밀도지단백질

HDL에 존재한다. 따라서 혈액 내 총지질 함량과 토코페롤 함량 사이에 상관관계가 높다.

비타민 E는 다른 지용성 비타민에 비해 신체에 골고루 분포하고 있으며, 특히 혈장·간·부신·지방조직에 다량 존재한다. 비타민 E는 퀴논quinone으로 산화되어 주로 담즙으로 분비되고, 소량은 소변으로 배설되며, 장관에서의 흡수율이 낮아 대변으로도 일부 배설된다.

2) 체내 작용

(1) 항산화 기능

비타민 E의 인체 내 주요 작용은 항산화제로서의 역할이며, 비타민 E 결핍으로 나타나는 증상의 대부분은 비타민 E의 항산화작용과 연관되어 있다. 비타민 E는 세포막의 구성물질인 인지질에 있는 다가불포화지방산을 보호하고 혈장 지단백질에서 지방산의 산화를 일으키는 라디칼을 제거하여 산화적인 손상을 방지한다. 항산화제는 그 자체가 산화됨으로써 다른 물질의 산화를 막기 때문에 산화제의 공격으로부터 다른 분자나 세포의 일부분을 보호하는 역할을 한다.

라디칼은 세포 내에서 산소에 의해 특정 물질의 결합부위가 깨지면서 전자가 하나 부

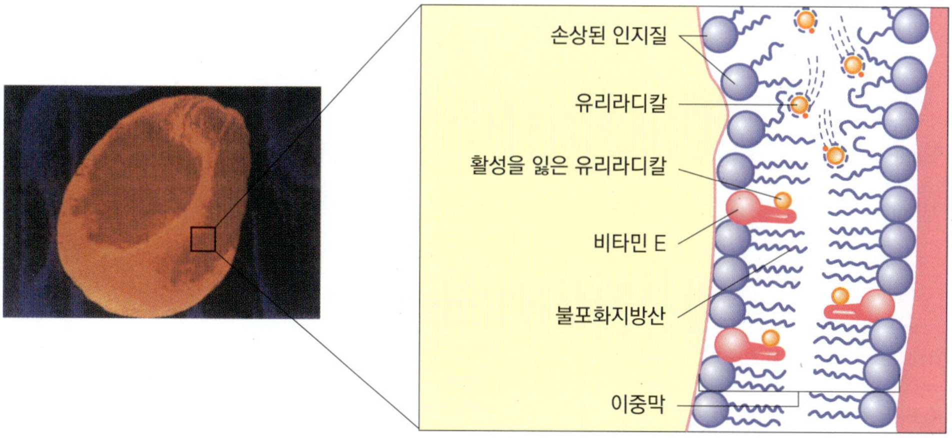

그림 10-9 비타민 E에 의한 세포막 보호
비타민 E는 유리라디칼에 의해 자신을 산화함으로써 세포막에 있는 불포화지방산이 산화되지 않게 보호함

족한 물질이 생성된 것으로, 다른 화합물을 공격하여 전자를 취하려고 한다. 유리라디칼 free radical은 하나의 라디칼로부터 수분 이내에 수천 개의 라디칼을 생성할 수 있는 연쇄반응을 일으킨다. 따라서 세포에 대해 매우 파괴적이나 정상적인 세포 대사 과정이나 면역계의 작용 중에 생성된다. 비타민 E는 지방산과 결합하지 않는 대신 유리라디칼과 결합하여 우리 몸에서 유리라디칼 연쇄반응을 중단시킴으로써 지방산의 산화반응을 막는다. 반응 도중 자신이 유리라디칼이 되기는 하나 다른 라디칼에 비해 활성이 낮다. 또한 이들은 글루타티온과 비타민 C와 다른 항산화제에 의해 환원되어 재사용될 수도 있고, 비타민 E 라디칼끼리 결합하여 라디칼반응을 종결할 수도 있다그림 10-9. 예를 들어 과산화기 라디칼peroxy radical, ROO·은 비타민 E-OH 상태의 비타민 E와 작용하여 ROOH와 비타민 E-O·를 만든다.

$$\text{ROO}\cdot + \text{비타민 E-OH} \longrightarrow \text{ROOH} + \text{비타민 E-O}\cdot$$

(2) 지용성 영양소의 보호

비타민 E는 식사로 섭취한 불포화지방산의 지질 과산화반응과 비타민 A의 산화를 방지하는 역할을 한다.

(3) 적혈구막 보호

비타민 E가 부족할 경우 적혈구막이 쉽게 파괴되고, 막단백질 간의 교차결합으로 적혈구 형태가 변화된다. 적혈구 세포막이 유리라디칼에 의해 손상되면 적혈구가 파괴되어 용혈hemolytic 현상이 발생한다. 따라서 미숙아의 경우 체내 영양소 축적의 부족으로 용혈성 빈혈이 발생할 수 있고, 출생 후 수일 내에 비타민 E를 투여하면 방지할 수 있다.

(4) 기타 작용

비타민 E는 세포의 철 대사와 신경계 및 면역계의 작용과 유지에도 관여한다. 또한 프로스타글란딘 생성을 촉진하거나 억제하여 혈소판의 응집을 감소시키고 혈관을 이완시킴으로써 심혈관계 질환의 발병을 억제하기도 한다는 보고가 있으나 충분한 증거는 없다.

3) 결핍증과 과잉증

(1) 결핍증

사람에게 나타나는 비타민 E 결핍증은 적혈구 파괴로 인해 나타나는 용혈성 빈혈hemolytic anemia이다. 미숙아의 경우에 용혈이 쉽게 발생한다. 미숙아는 출생 시 비타민 E의 저장량이 적을 뿐 아니라 지질의 소화가 잘되지 않아 제대로 흡수하지 못하고, 미숙아의 빠른 성장으로 인해 비타민 저장량이 빨리 고갈된다. 따라서 미숙아는 비타민 E의 결핍을 막기 위해서 특수 조제분유나 비타민 E 보충제를 먹어야 한다. 비타민 E가 유리라디칼로부터 세포막 손상을 방지하여 세포의 돌연변이를 막을 수 있기 때문에 비타민 E의 부족은 암의 유발에 관여되기도 한다. 또한 비타민 E가 동맥경화와 순환계 질환의 원인이 되는 LDL 콜레스테롤의 산화를 방지하는 역할을 하는데, 비타민 E가 결핍되면 순환계 질환이 유발된다. 그 밖에 비타민 E 결핍의 우려가 있는 대상은 흡연자로서, 흡연은 폐 속의 비타민 E를 파괴시키기 때문이다. 저지방 식사를 하는 사람이나 지방흡수가 불량한 사람은 물론, 유전적으로 지단백 합성에 이상이 있는 사람에게도 비타민 E 결핍증이 발생하는데, 이때 나타나는 증후군은 주로 신경계 장애이다.

(2) 과잉증

비타민 E의 과잉 섭취에 따른 유해작용은 식품에 자연 상태로 있는 비타민 E를 섭취할 때는 발생하지 않으며 보충제, 영양강화식품, 치료제 등을 과잉 섭취할 때 생긴다. 비타민 E를 과잉 섭취하면 혈소판 응집 감소, 상처 치유 지연, 무월경증, 피로, 근육쇠약 등이 발생한다. α-토코페롤을 보충제 형태로 1일 500~1,000mg 이상 복용할 경우 출혈이 발생할 수 있다. 특히 비타민 K 부족상태에 있는 사람이나 항응고제를 복용하는 사람은 비타민 E의 과량 섭취 시 비타민 K의 흡수와 기능을 방해해서 혈소판응집 감소로 혈액응고가 정상적으로 이루어지지 않아 출혈이 발생하게 된다. 그 외에도 면역계의 기능, 특히 일부 백혈구 기능의 손상도 일어날 수 있다.

4) 섭취기준과 급원식품

(1) 섭취기준

식품 내에 있는 여러 형태의 비타민 E의 활성도를 α-토코페롤 당량d-α-TE으로 환산하여 mg으로 표시하고 있고, 비타민 E 형태를 모두 인정하여 d-α-TE 단위로 충분섭취량을 정하였다. 국내에서 비타민 E 섭취량에 따른 혈청 토코페롤 수준을 조사하거나 적혈구 용혈 정도를 측정한 데이터가 없어서 평균필요량을 결정할 수 없다. 한국인 식사 중의 비타민 E의 주요 형태는 α-토코페롤과 γ-토코페롤이 주를 이루고, 4종 토코페롤의 단순 합으로 계산할 경우 성인 섭취량이 7~12mg임에 근거하여 충분섭취량을 12mg으로 정하였다. 비타민 E의 평균필요량은 식이 불포화지방산의 양에 따라 다르기 때문에 α-TE(mg)/PUFA(g)의 비를 0.5 정도로 섭취하는 것이 적합하다고 보고 한국인의 PUFA 섭취량 9.1~18g을 기준으로 개인차를 고려한다. 2008~2012년 국민건강영양조사 자료에 의하면 한국인의 1일 비타민 E 섭취량 중앙값은 19~49세 남자 14.1mg α-TE, 여자 9.4mg α-TE이었고, 50~64세 남자 9.2mg α-TE, 여자는 6.7mg α-TE로 나이가 듦에 따라 섭취량이 감소하였다. 한국 성인의 혈청 비타민 E 수준은 0.68~1.20mg/dL로 정상범위로서 각국의 성인의 혈청 수준과 크게 다르지 않았다. 2020년 한국인 영양소 섭취기준 제정 시에 권장섭취량을 정하기에는 한국인에 대한 자료가 부족하여 남녀 모두 12mg α-TE을 충분섭취량AI으로 정하였다. 수유부는 3mg α-TE을 추가하였다. 최근 α-토코페롤에 여러 종류의 입체이성체가 있고 그중에서 간에 있는 운반단백질과 잘 결합하는 이성체만을 α-토코페롤로 인정하여 TE에 포함시켜야 한다는 의견도 있다.

상한섭취량은 성인 모든 연령층에 540mg α-TE/일로 정하였다

(2) 급원식품

비타민 E의 주요 급원으로 영양밀도가 높은 식품은 식물성 기름이며, 대두(노란콩)·곡류 배아·해바라기씨·아몬드·밀배아·아보카도·종자류에 많이 들어 있다. 식품 내 비타민 E 함량은 불포화지방산과 밀접한 관계가 있는데, 특히 리놀레산의 농도와 비타민 E 농도가 관련이 깊다. 종자류의 배아에는 비타민 E가 풍부하나, 곡류의 도정과정 중 종자

로부터 기름을 추출하는 방법과 정제과정에 따라 실제 식품 내의 비타민 E 함량은 다르다. 시판되는 식물성 기름을 생산하는 과정에서 비타민 E의 약 70%가 손실된다. 밀을 밀가루로 만드는 제분과정에서는 밀배아가 떨어져 나가므로 대부분의 비타민 E가 손실되며, 이때 남은 소량의 비타민 E도 표백과정을 거치는 동안 완전히 소실된다. 동물 간을 제외한 동물성 지방에는 비타민 E가 거의 함유되어 있지 않다. 또한 비타민 E는 산소, 금속, 빛에 노출되거나 기름에 과도하게 튀기면 쉽게 파괴되는 등 보관 및 조리방법에 따라 함유량이 달라진다.

표 10-4 식품 중 비타민 E 함량[1)]

식품명	1회 분량(g)		1회 분량당 함량(mg α-TE)	100g당 함량(mg α-TE)
콩기름	1작은술	5	0.5	9.6
참기름	1작은술	5	0.3	5.8
해바라기유	1작은술	5	2.3	16.0
아몬드		10	0.8	8.1
면실유	1작은술	5	1.6	31.2
홍화씨유	1작은술	5	1.4	27.6
아보카도	1개	100	1.3	1.3
망고	1개	100	1.1	1.1
유채씨유	1작은술	5	1.0	10.3
팜유	1작은술	5	0.5	8.9
옥수수기름	1작은술	5	0.7	13.6
올리브유	1작은술	5	0.5	10.4
땅콩		10	0.1	1.0

[1)]국가표준식품성분표 DB 9.1

5. 비타민 K

비타민 K는 덴마크의 과학자가 비타민 K와 혈액응고의 관련성을 발견하고 덴마크어로 응고를 뜻하는 'koagulation'의 첫 자를 따서 명명한 것으로 항출혈성 비타민으로 불린다. 비타민 K는 식물에 들어 있는 비타민 K_1phylloquinone(필로퀴논), 동물에 있는 비타민 K_2menaquinone(메나퀴논), 인공 합성한 비타민 K_3menadione(메나디온)의 세 종류가 있다. 인

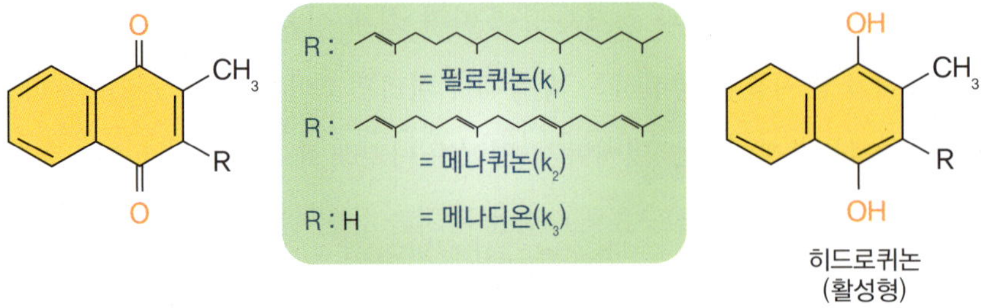

그림 10-10 비타민 K 구조

체 장내 박테리아에서 합성되는 비타민 K는 비타민 K_2이다그림10-10.

1) 흡수와 대사

음식으로 섭취한 비타민 K는 식이지질, 담즙과 췌장액과 함께 미셀을 형성하여 공장에서 필로퀴논으로 흡수된다. 메나퀴논은 하부 소화기관에서 박테리아에 의해 합성되어 공장과 대장에서 수동확산에 의해 흡수된다. 흡수된 필로퀴논은 킬로미크론의 형태로 림프계를 통해 간으로 간다. 간에서 비타민 K는 다른 지단백질에 포함되어 몸의 여러 조직으로 운반된다. 비타민 K는 간에 주로 축적되나 심장, 비장과 뼈에도 소량 저장된다. 비타민 K와 그 산화대사물은 주로 담즙을 통해 40~50%가 배설되나 일부 약 20%는 소변으로 배설된다. 대부분 비타민 K는 담즙을 통해 배출되며 소량은 소변으로 배설된다.

2) 체내 작용

(1) 혈액 응고

비타민 K는 혈액응고에 관여하는 프로트롬빈을 비롯하여 7종의 혈액응고인자의 합성에 관여한다. 이러한 응고인자는 간에서 혈액응고인자의 활성화에 관여한다. 혈액응고인자는 간에서 불활성형 단백질 형태로 합성되며, 활성화되기 위해서 비타민 K가 필요하다. 비타민 K는 카르복실화효소carboxylase의 조효소로 작용하여 프로트롬빈의 전구단백질 속의 글루탐산에 CO_2를 첨가시켜 감마 카르복실 글루탐산으로 전화시켜서 프로트롬빈을 활

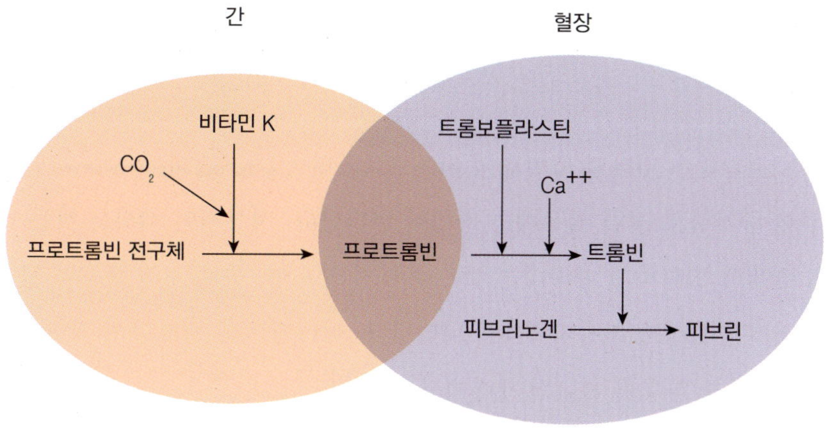

그림 10-11 비타민 K의 혈액 응고 기전

성화한다. 활성화된 프로트롬빈은 프로트롬빈 활성인자의 작용을 돕는 칼슘과 결합할 수 있게 되고, 이 프로트롬빈 활성인자의 작용으로 트롬빈을 생성한다. 이 트롬빈이 혈장 단백질인 피브리노겐을 반고형체인 피브린으로 전환시켜서 혈액이 응고된다그림 10-11.

(2) 뼈의 발달

뼈의 발달에는 두 종류의 비타민 K 의존성 단백질이 관여한다. 뼈세포에서 칼슘과 결합할 수 있는 글루탐산을 3개 포함한 Gla(γ-카르복시글루탐산) 단백질 또는 오스테오칼신osteocalcin과 뼈의 기질에서 합성되는 뼈기질 Gla 단백질이 있다. 이 단백질은 뼈의 결정을 형성하고 뼈의 발달에 관여한다. 또한 비타민 K는 장 점막세포그림 10-4 참고에서 칼슘의 운반을 돕는 칼슘 결합단백질의 형성에 관여하여, 활성형 비타민 D인 1,25-$(OH)_2$-D_3와 함께 뼈의 형성에 관여한다.

오스테오칼신osteocalcin

뼈를 형성할 때 저해 조절자로서 조골세포와 치아세포에서 생성되어 칼슘과 결합할 수 있는 글루탐산을 포함하여 뼈의 결정을 형성하여 뼈 발달에 관여한다.

3) 결핍증과 과잉증

(1) 결핍증

비타민 K 결핍증은 비타민 K 반응성 저프로트롬빈혈증hypoprothrombinemia으로 프로트롬빈 시간이 증가하고 심한 경우에는 출혈이 나타난다. 정상적인 식사를 하는 성인에게 비타민 K 결핍이 명확하게 나타나는 것은 흔하지 않으며, 주로 지질 흡수가 불량하거나 간질환과 장기간 항생제 복용자에게서 나타난다. 비타민 K는 필요량이 적고, 섭취한 대부분의 비타민 K는 하루가 지나면 체내에서 없어진다.

그러나 신생아는 출생 시 장내는 무균상태이므로 박테리아가 정상적으로 성장하여 비타민 K를 합성할 때까지 생후 며칠간은 비타민 K를 공급할 수 없으므로, 이 시기에 신생아 출혈이 발생할 수 있다. 따라서 출생 직후 유아에게 비타민 K를 투여하기도 한다. 또한 모든 지용성 비타민의 흡수에는 어느 정도 지질과 담즙이 필요하므로 지질 흡수가 부족하면 비타민 K 흡수에도 문제가 생겨 혈액응고에 걸리는 시간이 연장된다. 따라서 담관 폐쇄 환자나 담낭을 제거한 경우에도 담즙 분비가 되지 않아 비타민 K가 흡수되지 못한다.

(2) 과잉증

비타민 K의 과잉 섭취에 따른 유해작용에 관한 근거 자료가 미흡하여 상한섭취량을 정하지 않았다. 비타민 K는 지용성 비타민이지만 체내에서 빨리 배설되므로 거의 독성을 나타내지 않는다. 그러나 임상적으로 쓰이는 합성 비타민 K인 수용성인 메나디온은 영아에게서 황달과 출혈성 빈혈 같은 과잉증을 일으킬 수 있다.

4) 섭취기준과 급원식품

(1) 섭취기준

일반적으로 식이를 통하여 하루에 체중 kg당 1μg을 섭취하면 혈액응고 시간을 정상으로 유지하는 데 충분하다. 비타민 K 섭취기준은 우리나라의 경우 2020년 비타민 K의 충분섭취량AI을 성인 남자 75μg/일, 성인 여자 65μg/일으로 정하였다. 비타민 A를 과잉 섭취하면 소장에서 비타민 K에 의존적인 혈액응고인자가 감소해 출혈이 증가한다. 또한 간염이나 간경변증과 같은 간질환, 변비약, 비타민 K의 길항작용을 하는 약물 및 항생제를 장기 투여할 때 결핍증세가 나타날 수 있으므로 주의해야 한다.

비타민 K의 상한섭취량은 모든 연령층에서 과잉 섭취에 대한 독성이 아직 보고되지 않아서 설정하지 않았다.

(2) 급원식품

비타민 K의 영양밀도가 높은 식품은 간·녹색채소·김·콩류이다. 녹색 채소는 필로퀴논의 급원식품으로 고춧잎, 들깻잎, 비름나물, 근대, 파슬리, 브로콜리, 시금치, 케일 등에 비타민 K가 많이 들어 있다. 이 밖에도 아보카도, 키위, 대두, 카놀라유에 비타민 K가 풍부하게 들어 있다. 녹색채소의 생체이용률은 20% 미만이며, 조리 전과 조리 후의 비타민 K 함량은 차이가 크게 난다.

비타민 K는 대부분의 식사에 풍부할 뿐 아니라 장내 세균에 의해서도 합성되고 조리에 의해서도 잘 파괴되지 않으므로 결핍증은 흔하지 않다.

표 10-5 식품 중 비타민 K 함량

식품명	1회 분량(g)		1회 분량당 함량(μg)	100g당 함량(μg)
소간	1접시	60	37	62
돼지간	1접시	60	32	53
귀리	1그릇	90	57	63.3
순무	1접시	70	455	650
시금치	1접시	70	315	450
양배추	1접시	70	8	12
브로콜리	1접시	70	127	182
배추김치	1접시	40	30	75
들깻잎	1접시	70	551	787
무시래기	1접시	70	323	461

CHAPTER

11

수용성 비타민

1. 비타민 C
2. 티아민
3. 리보플라빈
4. 니아신
5. 비타민 B_6
6. 엽산
7. 비타민 B_{12}
8. 판토텐산
9. 비오틴
10. 콜린

수용성 비타민은 비타민 C와 비타민 B 복합체가 있으며, 체내 세포의 대사, 성장 및 유지를 위해서 매우 소량 필요한 유기물질이다. 부족 시 결핍증이 쉽게 발생하나, 결핍된 비타민을 공급하면 결핍증이 정상으로 회복되는 필수 성분이다. 비타민 C는 조효소로 작용하지는 않지만 세포 내에서 산화 · 환원반응에 참여함으로써 여러 대사과정에 관여한다. 비타민 B 복합체는 세포 내 대사과정을 원활히 진행하도록 도와주며, 체내에서 조효소의 형태로 불활성 효소를 활성형 효소로 전환시켜 에너지 대사 및 여러 화학반응에 관여한다.

학 / 습 / 목 / 표

1. 비타민 C의 체내 작용과 영양소 섭취기준 및 급원식품을 설명할 수 있다.
2. 티아민, 리보플라빈 및 니아신의 체내 작용, 결핍증, 영양소 섭취기준과 급원식품을 기술할 수 있다.
3. 비타민 B_6의 조효소 작용과 체내 대사를 기술할 수 있다.
4. 엽산과 비타민 B_{12}의 조효소 작용과 결핍증 및 급원식품을 설명할 수 있다.
5. 판토텐산, 비오틴 및 콜린의 체내 작용을 설명할 수 있다.

1. 비타민 C

비타민 Cascorbic acid는 수용성 비타민으로 모든 생명체에 필요하다. 사람은 비타민 C 생합성의 마지막 단계에서 필요한 굴로노락톤 산화효소gulonolactone oxidase가 유전적인 돌연변이로 인하여 효소 역할을 하지 못하여 체내에서 이를 합성할 수 없다. 모든 식물과 대부분 동물은 포도당으로부터 비타민 C를 합성할 수 있으나, 인간 및 일부 동물은 비타민 C를 만들 수 없으므로 식품을 통해 공급받아야 한다. 비타민 C는 아스코르브산L-ascorbic acid이라고도 불리는데 실제 식품에 들어 있는 환원형 아스코르브산과 산화형 디히드로아스코르브산dehydroascorbric acid을 합해서 부르는 일반명이다그림 11-1. 이 두 아스코르브산 형태는 상호 전환이 가능하고 둘 다 생리적으로 활성이 있는데, 디히드로아스코르브산이 산화되면 디케토굴론산diketogulonic acid으로 비타민 C의 활성이 없으며 비가역 가수분해되어 수산이나 다른 화합물로 대사되어 배출된다.

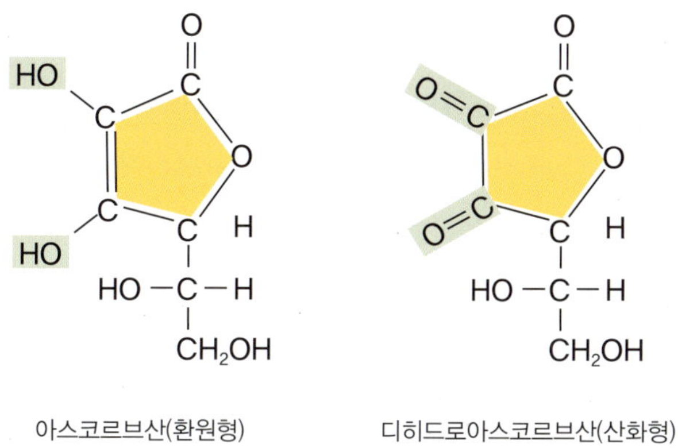

그림 11-1 비타민 C 구조

1) 흡수와 대사

식품에 들어 있는 비타민 C는 대부분 환원형인 아스코르브산이다. 비타민 C는 소장 하부에서 나트륨 의존성 능동수송Na-Vitanin C transporters에 의해 흡수되며, 비타민 C 농도가 높은 경우에서는 수동확산으로 흡수된다. 섭취량이 증가함에 따라 흡수율은 감소하고 신장을 통해 소변으로의 배설량은 증가한다. 비타민 C를 하루 30~180mg 정도 섭취하면 70~90%를 흡수하지만 하루 1g 이상 먹으면 흡수율은 50% 미만으로 감소한다. 이때 흡수되지 않은 다량의 비타민 C는 설사 등 위장관 증상을 초래할 수 있다.

흡수된 비타민 C는 각 조직으로 이동되며 디히드로아스코르브산은 촉진확산facilitated diffusion에 의해 빠르게 세포로 이동되고 아스코르브산으로 환원되어 다시 활용한다. 각 조직은 각기 다른 비타민 C 운반체계를 지니고 있다. 따라서 조직에 따라 비타민 C 농도는 크게 차이가 나며 뇌하수체·부신피질·백혈구·수정체·뇌에는 고용량으로 있으며, 혈장과 침에는 저농도로 존재한다. 아스코르브산의 반감기가 체내 보유량에 따라 8~40일 정도로 달라진다. 체내 보유량이 300mg 이하가 되면 괴혈병이 발생할 수 있으며, 비타민 C 체내 저장량은 300mg부터 최대 보유량이 2g 정도이다.

2) 체내 작용

비타민 C는 신체작용에 관여하는데 주로 전자를 내주는 특성redox potential을 지니고 있으므로 효과적인 항산화제로 작용하며 환원제reducing agent로서의 역할을 한다. 예를 들면 비타민 C는 산화형 Fe^{3+}에 전자를 주어 Fe^{2+}로 환원시킨다. 수소에 있는 전자가 수소 원자 부분이 아닌 다른 분자로 이동하는 역할이 리보플라빈이나 니아신의 조효소 형태와는 다르게 작용한다. 또한 효소와 관련된 작용도 하는데 리보플라빈 조효소가 한 화합물을 변형시키면서 산화·환원반응을 수행하는 데 비해서, 비타민 C는 관련 효소의 금속이온에 작용한다. 이와 같은 방식으로 비타민 C는 수소 또는 전자 운반자로서 탄수화물, 지질 및 단백질의 대사에 관여한다.

(1) 콜라겐 합성

콜라겐collagen은 결체조직connective tissue을 강하게 해주는 섬유상 단백질로서 뼈·혈관의 구조를 형성하는 데 중요한 역할을 하며 상처 치료과정에 필수적이다. 콜라겐 분자는 3개의 폴리펩티드 사슬로 나선형 구조를 이루고 있다. 이와 같은 구조를 유지하기 위해 비타민 C가 필요하다. 아스코르브산은 프롤린수산화효소prolyl hydroxylase와 라이신수산화효소lysyl hydroxylase의 조효소로 프로콜라겐을 구성하는 프롤린과 라이신을 히드록시프롤린hydroxyprolyine과 히드록시라이신hyroxylysine으로 수산화하여 콜라겐으로 활성화한다. 프롤린수산화효소는 철Fe을 지니고 있고 라이신수산화효소는 구리Cu를 함유한 금속 함유 효소로 금속이온의 산화형태를 변화시키는 역할을 한다그림 11-2. 비타민 C는 콜라겐뿐만 아니라 엘라스틴을 포함하는 다른 결체조직 단백질의 생합성에도 관여한다.

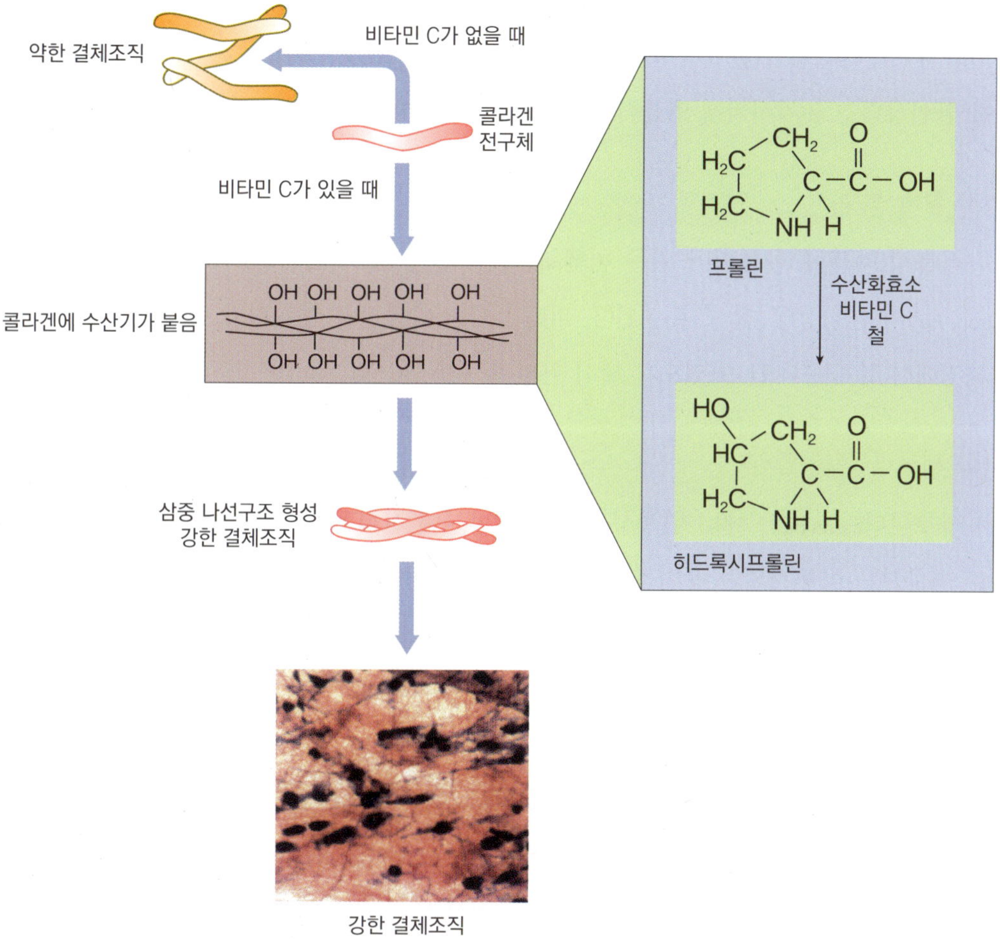

그림 11-2 콜라겐 분자에서 비타민 C의 역할

(2) 항산화제 기능

비타민 C는 전자나 수소 원자를 쉽게 주고받음으로써 환원제 또는 항산화제로 작용하며, 유리라디칼free radical에 전자를 줌으로써 비타민 E와 함께 유리라디칼 제거제로 작용한다. 즉 세포 대사에서 생성되는 유리라디칼을 제거하는 이러한 작용은, 세포 내 대사의 결과로 생기는 유리 반응기와 산소가 작용하는 것을 방지한다. 백혈구나 안구에도 면역반응이나 광분해반응으로 생기는 유리라디칼을 제거한다. 이처럼 비타민 C는 혈장에서 비타민 E의 라디칼을 환원시켜 항산화과정을 돕는다. 또한 비타민 C는 엽산의 조효소THF를 환원상태로 유지시켜서 엽산이 산화되는 것을 방지한다.

(3) 철의 흡수

식물성 식품에 함유되어 있는 비헴non-heme 철은 제2철ferric ion, Fe^{3+}보다 제1철ferrous iron, Fe^{2+}의 환원형일 때 잘 흡수된다. 비타민 C는 비헴철을 환원시켜 소장의 약알칼리성 환경에서 쉽게 용해될 수 있도록 해서 철의 흡수를 돕는다.

(4) 세포 구성물 합성

카르니틴carnitine은 에너지 생성을 위해 지방산이 산화될 때 세포질에서 미토콘드리아로 지방산을 이동시키는 운반물질이다. 비타민 C는 트리메틸리신trimethyllysine이 수산화반응에 의해 카르니틴으로 전환하는 데 필요한 효소의 조효소로 작용하여 지방산 산화를 돕는다. 비타민 C가 부족하면 카르니틴 합성이 부족해지고, 특히 근육조직에서 근육약화 및 만성피로가 나타날 수 있다.

트립토판이 신경전달물질인 세로토닌serotonin으로 전환될 때, 신경전달작용을 하는 노르에피네프린과 에피네프린 합성, 티록신 합성, 코르티코스테로이드corticosteroid와 알도스테론 합성, 콜레스테롤의 담즙산cholic acid 전환 등에 관여한다.

(5) 면역작용

신체에서 면역작용을 하는 백혈구는 체내 비타민 C가 가장 많은 조직 중의 하나이다. 특히 백혈구는 감염이나 염증반응 중 대식세포macrophage와 호중성 백혈구neutrophils가

활성화되어 방출하는 활성산소종reactive oxygen species으로부터 스스로를 보호하기 위하여 많은 양의 비타민 C가 필요하다. 면역작용 수행 중 유리라디칼로부터 생기는 산화적 손상을 막아 면역작용을 향상시킬 수 있다. 이 외에도 항균작용, 자연살해세포natural killer cell 활성, 림프구 증식 등 다양한 면역반응에 영향을 미친다. 하지만 필요량 이상을 보충하여 섭취하더라도 면역작용이 일정 수준 이상 향상되지는 않는다.

(6) 기타 작용

감기나 호흡기계 질환의 증상은 혈중 히스타민의 상승에 대한 반응으로 일어나는데, 비타민 C를 다량 복용하면 혈중 히스타민 농도가 감소하게 되어 항히스타민제 복용효과를 나타내므로 증세를 완화시킬 수 있다.

최근 암의 예방과 치료를 위하여 비타민 C의 다량투여에 대한 관심이 높아졌으나, 유방암·직장암·위암·방광암과 관련하여 비타민 C 섭취가 인체 내에서 DNA의 산화적 손상을 감소시키는 증거는 규명되지 못했다. 하지만 구강암·식도암·위암 같은 일부 소화기계 암에 대해서는 보호 효과가 있다는 보고가 있다. 또한 미국 성인에 대한 역학조사 결과 모든 사망원인과 비타민 C 섭취량 사이에 역 상관관계가 있다는 보고도 있다.

3) 결핍증과 과잉증

(1) 결핍증

비타민 C 결핍으로 혈장 비타민 C 농도가 0.2mg/dL 이하로 낮아지면 괴혈병scurvy이 나타난다. 괴혈병의 첫째 증상은 연골·근육조직의 변형인데, 이는 비타민 C의 결핍으로 정상적인 콜라겐이 합성되지 못해 신체 내 모든 결합조직이 변화되기 때문이다. 비타민 C가 결핍된 식이가 20~40일 정도 지속되면 괴혈병이 나타나는데, 피로감과 손등 또는 다리의 모낭 주변의 점상출혈이 가장 전형적 증세이다그림 11-3. 잇몸과 관절에서도 출혈이 나타난다. 또한 상처회복 지연, 뼈대통증, 골절, 설사 증세를 나타내기도 한다.

비타민 C가 결핍되기 쉬운 경우는 빈곤, 알코올의존증, 흡연, 노령, 남자, 영양결핍 식사. 채소 및 과일 섭취 부족, 과도한 스트레스, 갑상샘기능항진 등을 들 수 있다. 대부분

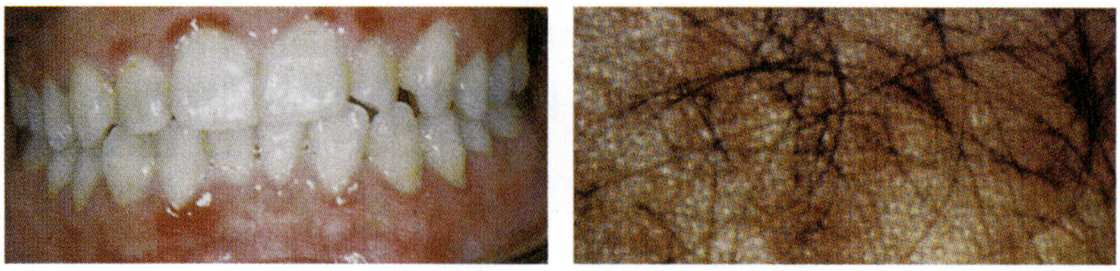

그림 11-3 괴혈병: 잇몸출혈과 점상출혈

알코올의존자나 다른 약물을 장기 복용하는 사람은 영양이 결핍된 식사를 하고, 저소득층과 노년층은 치아상실에 의한 식품 섭취량의 감소로 비타민 C가 결핍되기 쉽다. 또한 특히 담배연기에 노출된 사람은 비흡연자보다 더 낮은 비타민 C 영양상태를 보인다. 과일과 채소를 적게 먹는 남자 노인도 비타민 C가 결핍되기 쉽다.

(2) 과잉증

비타민 C는 수용성으로 독성이 없어 많이 먹을수록 건강에 유익하다. 비타민 C의 과잉섭취(2,000mg/일 이상) 시 나타나는 증세는 메스꺼움·복통·설사를 포함한 위장관 증상이며, 이 외에도 신장결석, 철의 과다흡수, 비타민 B_{12} 수준 저하, 구리 수준 감소, 치아 에나멜 부식 등이 나타날 수 있다. 비타민 C를 과잉 복용하면 요산의 배출을 증가시키는지 여부는 아직 밝혀지지 않았다.

4) 섭취기준과 급원식품

(1) 섭취기준

비타민 C의 인체 필요량을 결정하는 데 중요한 요인은 비타민 C 생체이용률bioavailability이고 그 외에 흡연 여부, 다른 영양소의 상호작용 등이 있다. 특히 흡연자는 비흡연자에 비해 혈액 비타민 C 수준이 유의적으로 낮은데, 그 이유는 흡연으로 인해 비타민 C 소모량이 증가하기 때문이다. 2015~2017년 국민건강영양조사에 의하면 우리나라 성인(19~29세)의 비타민 C 평균섭취량은 남자 101.4mg, 여자 118.9mg이었다.

비타민 C 섭취기준을 설정하기 위하여 백혈구(호중구, 림프구, 단핵구)에서 비타민 C의 항산화기능이 매우 중요하다. 백혈구의 비타민 C 수준이 체내 저장량을 가장 잘 반영하는 민감한 지표이다. 백혈구와 혈장 비타민 C 농도가 남녀 간에 큰 차이없다는 연구 결과에 따라 최소한의 소변 손실과 최대의 호중구 농도 수준을 유지하기 위하여 충분한 양의 비타민 C 평균필요량을 75mg/일로 정하였다. 호중성 백혈구neutrophils(또는 호중구)의 비타민 C 포화를 나타내는 수준은 100mg/일로 남녀 차이가 없으며, 노인이 성인에 비해, 여자가 남자에 비해 비타민 C 필요량이 적다는 증거도 없으므로 2020년 노인이나 성인 여자 모두 성인 남자와 같은 수준으로 비타민 C의 권장섭취량을 100mg/일으로 정하였다. 흡연자는 폐에서의 산화적 스트레스의 증가 때문에 혈중 비타민 C 농도가 현저하게 낮지만 이것이 비타민 C 요구량의 증가와 관련이 있다는 연구는 부족하여 추가 권장량은 정하지 않았다. 비타민 C의 상한섭취량은 건강한 사람에서 위장관장애 증상이 나타나지 않을 정도의 양인 2,000mg/일로 정하였다.

표 11-1 식품 중 비타민 C 함량

식품명	1회 분량(g)		1회 분량당 함량(mg)	100g당 함량(mg)*
무청	1접시	70	52.5	75.0
귤	중 1개	100	29.1	29.1
감자	중 1개	130	5.9	4.5
오렌지	1/2개	100	43.0	43.0
오렌지주스	1/2컵	100	44.1	44.1
시금치	1접시	70	35.3	50.4
참외		200	42.0	21.0
딸기		150	100.7	67.1
풋고추	1접시	70	30.8	44.0
고구마	중 1개	130	18.9	14.5
부추	1접시	70	28.7	41.0
키위		100	86.5	86.5
쑥	1접시	70	23.1	33.0
시리얼(콘플레이크)		30	57.3	190.9
머위	1접시	70	19.6	28.0
갓김치	1접시	40	19.2	48.0
열무김치	1접시	40	11.2	28.0
배추김치	1접시	40	1.3	3.2
김	1장	2	0.8	78.1

*국가표준식품성분표 DB

(2) 급원식품

비타민 C의 급원식품은 신선한 과일과 채소이다. 감귤류, 고구마, 녹색채소가 비타민 C의 대표적인 급원식품이다. 우리가 먹는 식품 중 풋고추, 딸기, 오렌지, 오렌지주스, 포도, 포도주스, 토마토, 토마토주스, 고농축 과일주스, 감자, 양배추, 시금치 등이 주된 급원이다표 11-1.

과일이나 채소류에서 천연방부제로 작용하는 이소아스코브산isoascorbic acid은 비타민 C 활성이 없더라도 체내에서 항산화제로 작용한다. 2017년 국민건강영양조사에 의하면 우리나라 사람의 비타민 C 급원은 딸기가 가장 많고, 그다음으로 배추김치, 감자, 딸기, 시금치, 고추, 과일음료, 무, 파, 오렌지, 수박 등이 주된 식품이다.

비타민 C는 가열, 철, 구리, 산소 등에 매우 불안정하여 가공이나 조리 중 쉽게 파괴되므로 조리가공 시에 특히 주의해야 한다.

2. 티아민

티아민(비타민 B_1)은 질소를 포함하는 6 탄소 원자고리 피리미딘pyrimidine과 황을 포함하는 5 원자고리 티아졸thiazole이 메틸렌으로 연결되어 있는 구조이다그림 11-4. 티아민thiamin이란 황을 의미하는 'thio'와 질소 화합물을 의미하는 'amino'와의 합성어이다.

각기병beriberi은 B.C. 2600년경 중국 문헌에 기록되어 있다. 19세기까지 각기병은 흔한 병이 아니었지만 도정한 쌀을 먹기 시작하면서 대중적인 질병이 되었다. 1885년 일본인 K. 다카키 박사는 해병들이 도정한 쌀을 먹어서 각기병의 발병을 밝혀내고 동물성 식품(고기, 우유), 전곡 등을 섭취하게 해서 각기병을 치료하였다. 몇 년 후에 에이크만C. Eijkman은 백미만 먹인 새에게 배아를 먹여서 각기병을 치료하였다. 1911년 풍크C. Funk는 다발성신경염으로 마비된 비둘기를 쌀겨에서 추출한 결정체를 먹여 치료했는데, 이 결정체를 항각기병 비타민이라고 하였다.

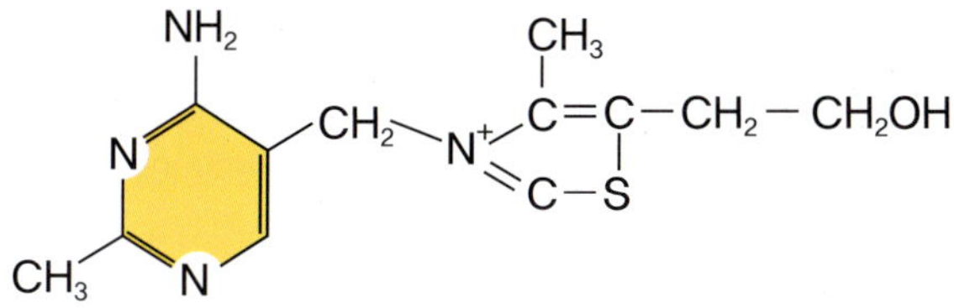

티아민

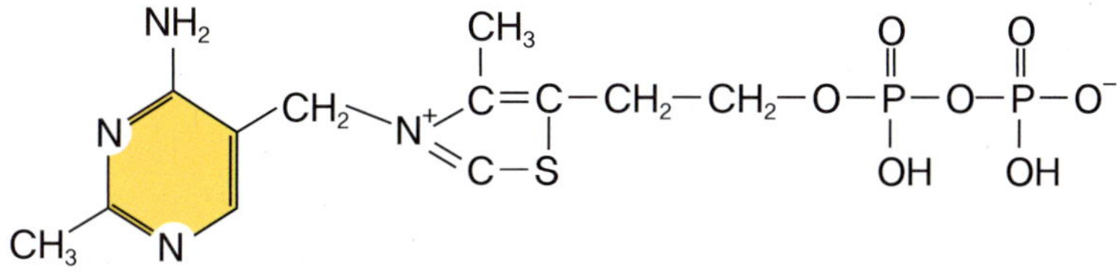

티아민 피로인산

그림 11-4 티아민과 티아민 피로인산 구조

1) 흡수와 대사

티아민은 유리형이나 인산과 결합한 형태로 식물이나 동물의 조직에 존재한다. 식품으로 섭취한 티아민은 주로 소장 상부의 공장에서 능동운반에 의해 흡수되나, 고농도에서는 일부 수동확산에 의해 흡수된다. 흡수된 티아민은 혈액을 통해 간으로 이동하여 인산화되고 조효소 형태인 TPPthiamin pyrophosphate를 형성하고, 체내 총 티아민의 80%는 TPP(티아민 2인산) 형태로 존재하며, 10%가 티아민 3인산thiamin triphosphate이다. 티아민의 흡수율은 다른 영양소나 성분에 따른 영향을 받지 않고 만성 알코올 섭취가 흡수를 저해한다. 체내 저장은 매우 적어 성인의 경우 25~30mg 정도이다. 티아민은 혈액 내에서 티아민으로, 또는 적혈구세포에 의해 조효소 형태로 운반되며 저장이 잘되지 않아 과잉 섭취 시 소변으로 배설된다. 티아민의 생물학적 반감기가 9~18일 정도이므로 지속적으로 매일 섭취해야 한다.

2) 체내 작용

티아민은 인산과 결합하여 조효소 형태인 티아민피로인산thiamin pyrophosphate: TPP으로 되어 탄수화물 대사와 분지아미노산(류신, 이소류신, 발린) 대사에서 이산화탄소CO_2를 제거하는 산화적 탈탄산반응에서 탈탄산효소decarboxylase, dehydroxyglase의 조효소로 관여한다. 포도당의 분해 대사에서 생기는 피루브산이 아세틸 CoA로 전환되는 탈탄산반응에서도 조효소 TPP의 도움이 필요하다. 또한 5탄당 대사경로에서 6탄당으로부터 케토기(−C=O)를 이전시켜 5탄당인 리보오스ribose로 전환시키는 케토기 전이효소transketolase의 조효소로 관여한다.

(1) 에너지 대사의 조효소

티아민은 피루브산탈수소효소 복합체pyruvate dehydroxylase complex의 조효소로 에너지 연소과정인 TCA 회로로 들어가기 전 피루브산으로부터 탄소 1개를 떼어내어 탄소 2개의 아세틸 CoAcoenzyme A로 전환하는 데 관여한다. 이 과정은 포도당의 호기적 대사를 시작하는 중요한 단계이며, TCA 회로에 아세틸 CoA를 전달하는 역할을 한다. 이 단계에 판토텐산(CoA), 니아신NAD, 리보플라빈FMN, FAD, 리포산 등 비타민 B군을 함유하는 여러 종류의 조효소가 관여한다.

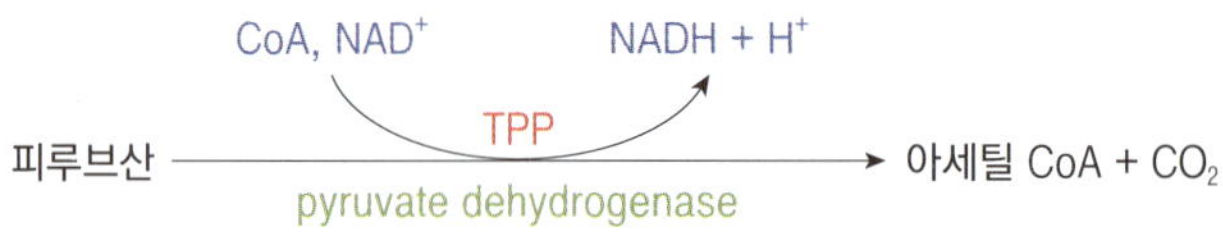

티아민은 TCA 회로의 중간대사산물인 α-케토글루타르산α-ketoglutarate을 숙시닐 CoAsuccinyl CoA로 전환시키는 탈탄산효소α-ketoglutarate decarboxylase의 조효소로 이용된다.

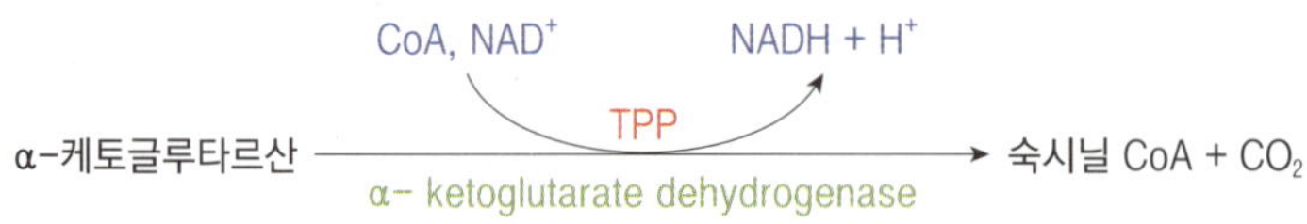

(2) 신경전달 과정

신경전달물질인 아세틸콜린acetylcholine의 합성과정에서 탈탄산효소의 조효소로 작용함으로써 신경계 작용에도 관여한다. 이는 티아민의 결핍 시 나타나는 말초신경계의 이상과 관련된다.

(3) 오탄당인산경로

지방합성이 일어나는 피하조직에서 포도당은 오탄당인산경로를 통해 지방산과 스테로이드호르몬 합성에 필요한 NADPH를 형성한다. 또한 포도당의 일부가 5탄당인산경로를 통해 RNA와 DNA의 구성성분인 5탄당 리보오스를 형성하는 데 TPP를 사용한다.

3) 결핍증과 과잉증

(1) 결핍증

고대로부터 알려진 비타민 결핍증인 각기병beriberi은 쌀을 주식으로 하는 민족에서 발병하였다. 현대에는 빈곤층이나 만성 알코올증후군 노인들에게서 티아민 필요량을 충족시키지 못한 경우나 백미를 지속적으로 섭취하는 경우 결핍증이 발생한다. 티아민 부족증은 초기에는 뚜렷한 증세가 나타나지 않고 진행될 수 있어 무시하기 쉽다. 티아민 결핍이 장기화되면 신경계·심혈관계·소화기계의 기능이상을 초래한다. 티아민 결핍 시 나타나는 임상증상은 식욕감퇴, 체중감소, 우울증, 단기기억상실, 혼란, 짜증, 말초신경증, 근육약화 등이다. 결핍이 심한 경우에는 신경계와 심혈관계 장애를 나타내는 각기병이 발생한다. 각기병의 유형에는 습성 각기와 건성 각기 두 종류가 있다.

습성 각기wet beriberi는 말초신경마비와 함께 부종이 생겨 심장비대, 울혈성 심장기능부전이 나타난다그림 11-5. 심장이 확대되고 심장고동이 고르지 않게 되어 정맥혈압이 높아져 다리에 부종이 나타난다. 건성 각기dry beriberi는 말초신경마비와 함께 근육소모증이 나타난다. 또한 건성 각기는 부종은 나타나지 않지만 다리근육이 위축되고 근조직이 약해지고 통증이 수반되며, 주로 노년기에 나타난다. 이러한 티아민 결핍은 알코올의존증

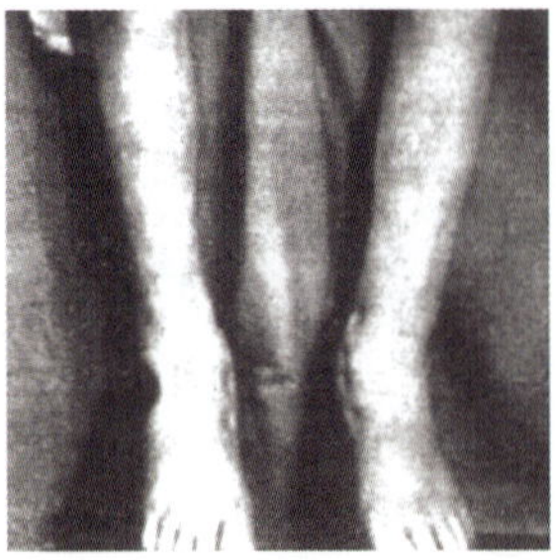

건성 각기

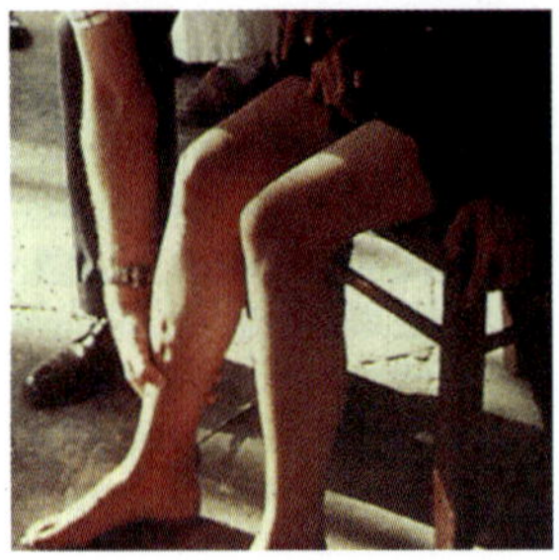

습성 각기

그림 11-5 각기병

이나 베르니케-코르사코프증과도 관련되어 있다.

중추신경계와 관련된 기능들은 티아민 결핍증에서 빠른 시간 내에 증상이 나타난다. 이는 신경세포는 주로 포도당을 에너지원으로 사용하는데, 피루브산이 이산화탄소로 완전 산화될 때 티아민이 필요하기 때문이다.

베르니케-코르사코프증후군 Wernicke-Korsakoff syndrome

미국과 캐나다에서 알려진 결핍증으로 알코올의존자 중 특정 유전적 소인을 가진 사람에게서 나타난 티아민 결핍증이다. 일반적으로 알코올은 티아민 흡수를 감소시키고 티아민 배설을 증가시키는데, 알코올의존자는 대체로 질이 낮은 식사를 하게 되는데, 이런 경우에 알코올은 티아민 영양상태에 나쁜 영향을 미친다. 특징적인 증세로 안구의 빠른 움직임, 손발의 운동실조증, 비틀거리는 걸음걸이, 뇌장애로 인한 정신혼란과 기억상실 등이 발생한다.

(2) 과잉증

티아민을 식품이나 영양보충제로 과량 섭취한 경우(50~200mg/일)의 유해 영향은 두드러지게 나타나지 않는다. 그러나 일부 연구 결과에 의하면 티아민을 과량 섭취하게 되면 알레르기 과민 및 가려움증이 나타날 수 있다는 보고도 있다. 향후 더 많은 연구가 필요하다.

4) 섭취기준과 급원식품

(1) 섭취기준

티아민의 영양상태 판정지표는 적혈구트랜스케톨라아제 활성erythrocyte transketolase activity : ETK, 혈청티아민과 티아민인산염 농도, 티아민 소변배설량 등을 사용한다.

티아민이 TPP 형태로 에너지 대사에 관여하므로 탄수화물 섭취량과 에너지 섭취량이 많을수록 티아민의 필요량은 증가한다. 남녀 신체 크기의 차이, 임신·수유, 탄수화물로부터 섭취하는 에너지 비율 등에 따른 보정이 필요하다.

티아민 섭취기준은 1세 이상 모든 연령층에서 평균필요량, 권장섭취량을 설정하였으며, 영아의 경우는 충분섭취량을 설정하였고 상한섭취량은 설정하지 않았다. 티아민 평균필요량은 적절한 ETK 활성과 티아민 소변 배설량을 적절하게 유지할 수 있는 티아민 섭취량을 정하여 남자 1.0mg/일(0.30mg/1,000kcal), 여자 0.9mg/일로 설정하였다. 권장섭취량은 평균필요량의 120% 수준에서 설정하였다.

열량 1,000kcal 섭취당 0.5mg의 티아민을 권장하며 저열량 식이를 하는 경우에는 티아민 섭취량을 1mg/일 이상으로 권장하고 있다. 한국인의 평균 티아민 섭취량은 대체로 권장량 수준 이상이다. 2020년 영양소 섭취기준에서는 티아민의 권장섭취량은 성인 남자 1.2mg, 성인 여자 1.1mg으로 정하였다. 성인기는 열량 섭취량이 감소하더라도 1일 1.0mg 이상의 티아민을 섭취하도록 하며, 임신기에는 에너지 이용 증가분을 가산한 1일 0.9mg에 0.4mg을 부가하고 권장섭취량은 평균필요량에 개인 변이계수 10%를 가산하여 0.4mg을 부가하여 1.5mg이다. 수유기는 모유의 함량과 수유기간 중 모유생산에 필요한 에너지 이용 증가분을 고려하여 평균필요량은 1.2mg/일, 권장섭취량은 평균필요량에 개인 변이계수 10%를 가산하여 1.5mg/일을 추가 권장한다.

티아민은 장기간 경구로 보충해도 유해 영향이 나타나지 않으므로 상한섭취량은 정하지 않았다.

(2) 급원식품

티아민은 일반적으로 적은 양이라도 다양한 식품에 함유되어 있다. 티아민의 주요 급원식품은 흰빵, 크래커, 시리얼, 핫도그나 런천미트와 같은 돼지고기 제품, 오렌지주스 등이다. 티아민의 영양밀도가 높은 식품은 돼지고기, 해바라기씨, 콩류, 밀배아, 수박 등이다. 전곡과 강화곡류들, 푸른콩, 아스파라거스, 간, 땅콩, 종자류와 버섯 등도 좋은 급원이다. 그 밖에 맥주 효모, 녹색채소, 생선, 과일 그리고 우유 등에도 적당량 들어 있다. 2017년 이후 국민건강영양조사에 의하면 우리나라 사람의 1회 섭취 분량당 티아민 급원은 순대, 시리얼, 햄/베이컨/소시지, 만두, 옥수수, 현미, 닭고기, 시금치, 백미 등의 순서이다. 티아민의 주요 급원식품은 표 11-2와 같다.

표 11-2 식품 중 티아민 함량

식품명	1회 분량(g)		1회 분량당 함량(mg)	100g당 함량(mg)*
돼지고기(등심)	1접시	60	0.40	0.66
돼지고기(삼겹살)	1접시	60	0.35	0.58
햄/베이컨/소시지	1접시	60	0.30	0.49
닭고기	1조각	60	0.12	0.20
현미쌀	1공기	90	0.24	0.26
풋고추	1접시	70	0.14	0.20
해바라기씨		10	0.21	2.10
달걀	1개	60	0.05	0.08
밤	큰 것 3개	100	0.25	0.25
감자	중 1개	130	0.34	0.26
백미	1공기	90	0.07	0.08
귤	중 1개	100	0.17	0.17
식빵	3조각	100	0.13	0.13
시리얼(콘플레이크)		30	0.55	1.85
옥수수	1/2개	50	0.24	0.48
파김치	1접시	40	0.06	0.14
만두		100		0.45
순대		100		0.57

*국가표준식품성분표 DB

3. 리보플라빈

리보플라빈riboflavin(비타민 B_2)은 3개의 육각 고리가 연결된 구조로 중간 고리의 질소에 당알코올인 리비톨ribitol이 부착된 형태이다그림 11-6. 리보플라빈의 플라빈flavin은 라틴어로 '노란색'의 의미이다. 리보플라빈은 두 가지의 조효소 형태인 플라빈모노뉴클레오티드flavin mononucleotide: FMN와 플라빈아데닌디뉴클레오티드flavin adenine dinucleotide: FAD의 구성성분이다. 리보플라빈은 전자를 쉽게 잃거나 얻을 수 있는 화학구조로 산화형이나

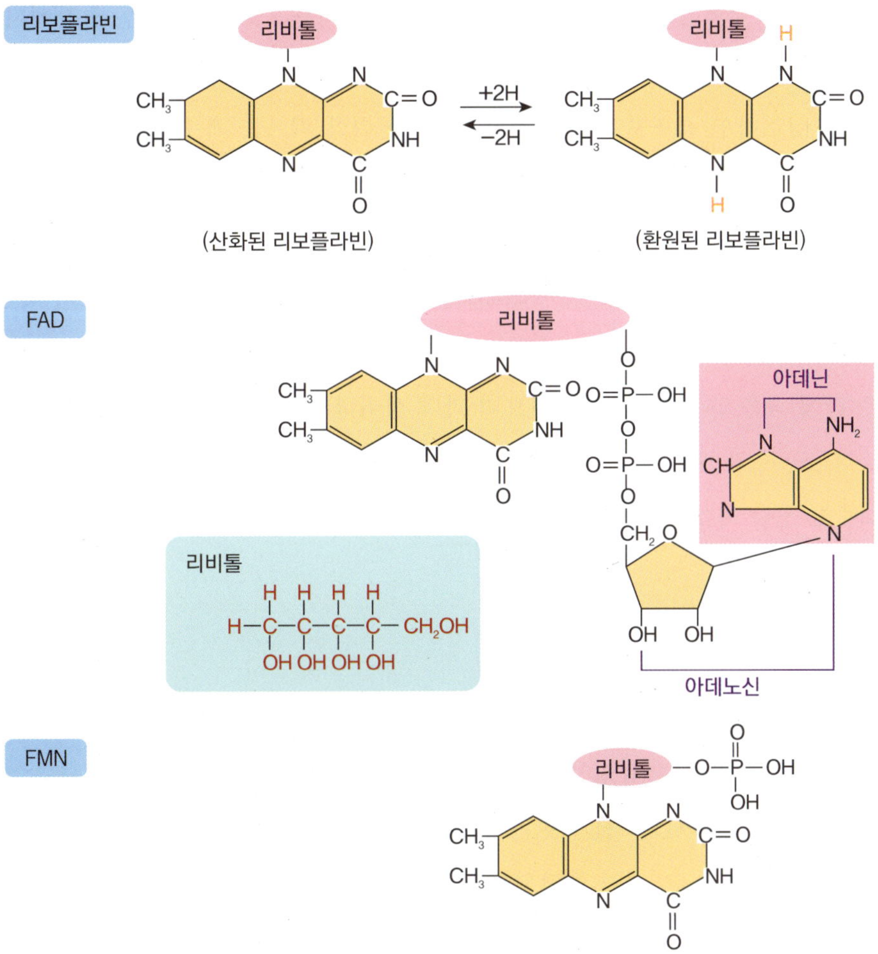

그림 11-6 리보플라빈, 조효소 FAD, FMN 구조

환원형으로 체내에서 일어나는 여러 가지 산화·환원반응의 촉매 역할을 한다. 많은 식품에 조효소 형태로 존재하며, 리보플라빈으로는 특히 우유와 강화곡류 제품에 많다. 리보플라빈은 수용성이지만 물에 잘 녹지 않으며, 열에 안정성은 있으나 자외선에 노출되면 황록색 형광빛을 쉽게 파괴된다.

1) 흡수와 대사

식품 내에 있는 리보플라빈은 주로 FAD 형태로 단백질과 결합하여 존재한다. 위장에서 위산에 의해 단백질과의 결합이 끊어지고 리보플라빈으로 전환된 후 소장에서 능동수송과 촉진확산으로 흡수되는데, 섭취량에 따라 흡수량이 조절된다. 즉 리보플라빈을 많은 양을 섭취하면 흡수율은 낮아지고, 소량 섭취할 때에는 흡수율이 상승한다. 흡수된 혈액 내의 리보플라빈은 운반단백질(알부민, 면역글로불린)에 의해 운반되며 FMN 혹은 FAD로 전환된다. 이러한 전환과정은 주로 소장, 간, 심장, 신장에서 일어난다. 리보플라빈은 조직 내에서 플라보키나아제flavokinase와 FAD 합성효소FAD synthetase의 작용으로 FMN, FAD로 전환되어 존재하고 유리상태의 리보플라빈은 아주 적은 양이 있다. 리보플라빈은 간에 적은 양을 저장할 수 있으며 과다 섭취하면 대부분 리보플라빈 형태나 산화대사물로 소변으로 배출된다. 또한 보충제를 과량 섭취하면 리보플라빈이 소변으로 많이 배설되므로 소변 색깔이 밝은 노란색을 띠게 된다.

2) 체내 작용

리보플라빈의 조효소 형태인 FMN과 FAD는 여러 대사과정에서 산화·환원반응의 조효소로 작용한다. 특히 열량영양소가 산화되어 에너지를 발생하는 TCA 회로와 지방산의 β-산화과정에서 FAD는 전자 또는 수소 수용체로 작용한다. 예를 들어 숙신산succinic acid이 푸마르산fumaric acid으로 전환될 때, FAD가 산화반응의 조효소로 작용하여 $FADH_2$로 되어 미토콘드리아의 전자전달계에 수소를 전달한다.

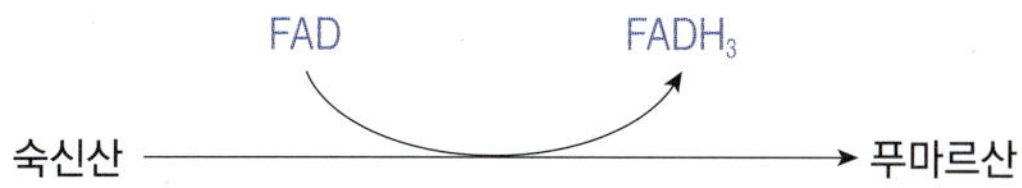

다른 조효소인 FMN도 $FMNH_2$로 상호 전환될 수 있으므로 전자전달과정에 관여한다. 포도당이 세포 내 호기적 산화과정에 의해 분해되거나 지방산이 분해되는 과정에서 리보플라빈은 FAD 함유 조효소로 작용하여 아세틸 CoA로 되어 TCA 회로로 들어가는 화합물을 만든다. 일부 비타민 및 무기질의 대사과정에서도 중요한 역할을 한다. 또한 리보플라빈은 산화된 글루타티온GSSG을 환원형 글루타티온GSH으로 전환시키는 글루타티온환원효소glutathione reductase의 활성을 유지하는 과정에 관여하므로 체내에서 항산화 기능도 갖는다.

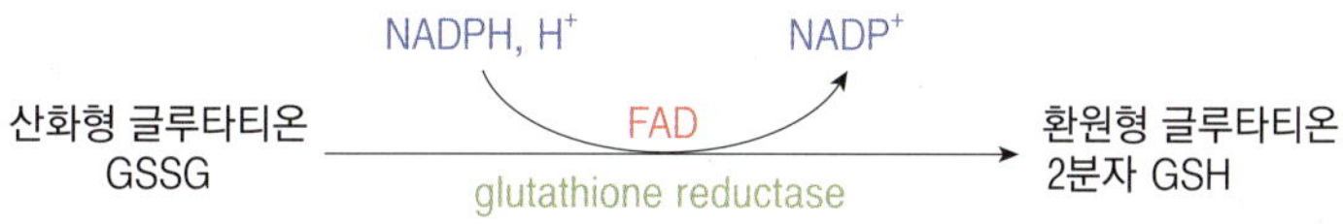

3) 결핍증과 과잉증

(1) 결핍증

리보플라빈 결핍증ariboflavinosis의 증세로는 혀의 염증인 설염glossitis그림 11-7, 입 주변의 조직이 갈라지는 구순구각염cheilosis, 지루성 피부염, 입의 염증인 구강염stomatitis과 중추신경장애 등이 있다. 리보플라빈의 섭취 부족은 암이나 심혈관계 질환, 당뇨병 등을

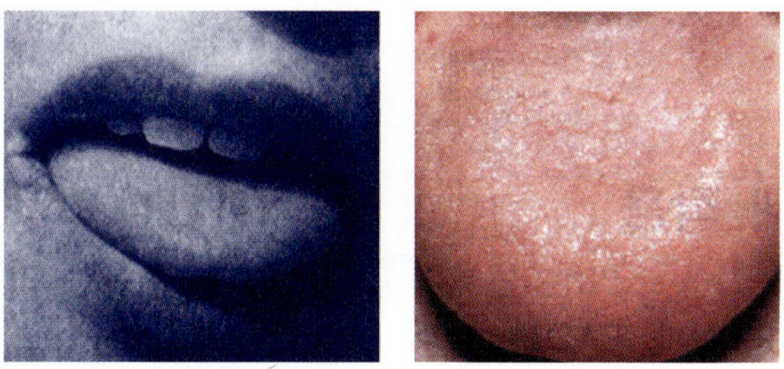

구각염 설염

그림 11-7 리보플라빈 결핍증

악화시키는 것으로 알려졌다. 또한 시력이 약해지고, 눈이 타는 것같이 쓰리고 아프며, 각막의 모세혈관이 팽창하여 충혈되고, 햇빛을 쐬면 눈이 부시는 광선공포증이 생긴다. 리보플라빈의 기능은 다른 비타민 B군, 예를 들어 비타민 B_6, 니아신, 티아민, 엽산 등과 연결되어 다양한 대사반응을 일으키기 때문에 리보플라빈의 부족으로 인한 임상증상은 실제로 다른 비타민 B 복합체의 부족에서도 나타날 수 있다. 티아민, 리보플라빈, 니아신 등이 식품에 함께 들어 있는 경우가 많기 때문이다.

(2) 과잉증

과량 섭취하더라도 리보플라빈은 용해도가 낮고 소장에서 흡수 능력이 제한되며 소변으로 빠르게 배설되기 때문에 특별한 독성은 나타나지 않는다고 알려졌다.

4) 섭취기준과 급원식품

(1) 섭취기준

리보플라빈 영양상태 판정 및 필요량은 적혈구 글루타티온 환원효소erythrocyte glutathione reductase : EGR 활성과 리보플라빈 소변 배설량을 유지하기 위한 섭취량을 고려하여 정한다. 리보플라빈의 필요량은 적혈구 내 글루타티온 환원효소의 활성과 리보플라빈 소변 배설량에 근거하여 측정하며 1.1mg/일 이하 섭취 시 체내 저장량이 유지되지 않음을 고려하여 필요량을 결정한다.

리보플라빈 섭취기준은 1세 이상 모든 연령층에서 평균필요량, 권장섭취량을 설정하였으며 영아의 경우는 충분섭취량을 설정하였고, 상한섭취량은 설정하지 않았다.

2010년 한국인 영양소 섭취기준 설정 이후 한국 성인의 리보플라빈 1일 권장량을 남자 1.5mg/일, 여자 1.2mg/일으로 정하였다. 2013~2017년 5년간 국민건강영양조사 결과 정상 성인(19~29세)의 리보플라빈 섭취량의 중앙값은 남자 1.62mg, 여자 1.31mg이었기 때문에 20~64세 성인의 평균필요량을 남자 1.3mg/일, 여자 1.0mg/일으로 정하였다. 권장섭취량은 평균필요량의 표준편차 자료가 부족하여 변이계수를 10%로 하여 평균

섭취량의 120% 수준의 성인 남자 1.5mg/일, 성인 여자 1.2mg/일으로 설정하였다.

리보플라빈의 필요량은 리보플라빈 흡수이용률, 다른 영양소와 상호작용, 식사 중 다른 성분에 의해 영향받는다. 체격 차이나 에너지 필요량의 차이를 제외하고는 성별에 따른 차이는 없으며, 젊은 사람과 노인 사이의 연령에 따른 차이도 찾아볼 수 없다. 아직까지 리보플라빈의 과잉 섭취로 인한 증상이 나타난 사례가 없기 때문에 상한섭취량 tolerable upper intake level: UL은 티아민에서처럼 설정하지 않았다.

(2) 급원식품

리보플라빈은 동식물성 식품에 널리 분포되어 있으며, 특히 간과 이스트에 많이 함유되어 있고 우유, 달걀, 육류, 곡류, 채소에 비교적 많이 들어 있다. 우유는 리보플라빈 함량이 많은 대표적 식품이며 달걀, 육류 및 녹황색 채소도 좋은 급원식품이다. 2017년 국민건강영양조사에 의하면 우리나라 사람의 리보플라빈 섭취량의 주요 기여 식품으로 소(간), 돼지(간), 시리얼, 라면, 깻잎, 빵, 우유, 고등어, 달걀, 시금치 등의 순이다.

표 11-3 식품 중 리보플라빈 함량

식품명	1회 분량(g)		1회 분량당 함량(mg)	100g당 함량(mg)
소간	1접시	45	1.54	3.43
돼지간	1접시	45	0.99	2.20
탈지분유		50	0.88	1.75
표고버섯	1접시	70	0.46	1.56
시리얼(콘플레이크)		30	0.92	3.07
우유	1컵	200	0.28	0.16
시금치	1접시	70	0.17	0.24
달걀	1개	60	0.32	0.47
치즈	1장	20	0.09	0.45
완두		20	0.09	0.44
김	1장	2	0.03	1.34
라면	1개	120	0.87	0.72
닭고기	1조각	60	0.13	0.21
빵	3조각	100	0.33	0.33
고등어	1토막	70	0.32	0.46
깻잎	1접시	70	0.36	0.51

4. 니아신

니아신niacin은 니코틴산nicotinic acid과 니코틴아미드nicotinamide, niacinamide 및 그 유도체 중 니코틴아미드 생리활성을 나타내는 화합물이다. 니아신 조효소인 NADnicotinamide adenine dinucleotide와 NADPnicotinamide adenine dinucleotide phosphate는 생체 내에서 산화·환원반응에 관여하는데, 최소한 200개 이상의 대사과정에서 니아신 조효소 역할을 한다 그림 11-8. 니아신은 열에 매우 안정하여 조리 중 손실이 거의 없다.

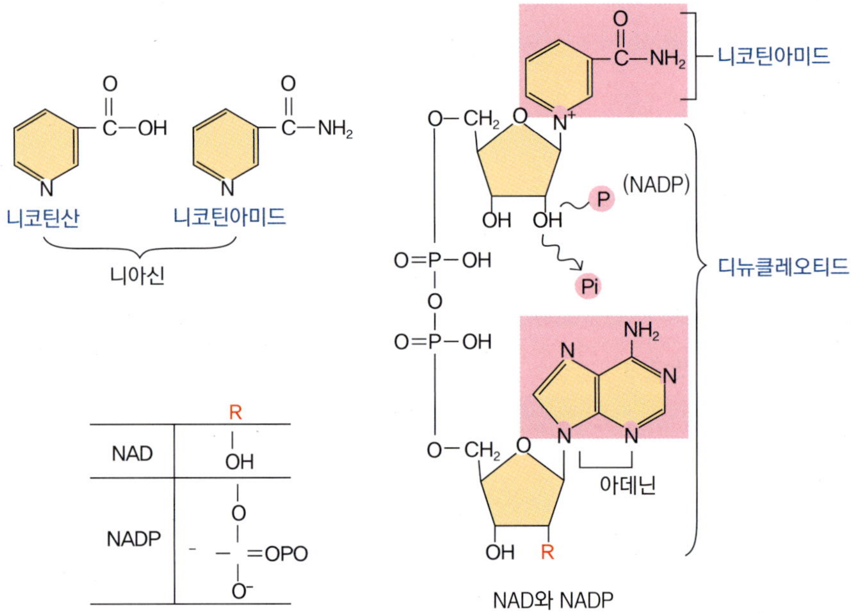

그림 11-8 니아신과 조효소 구조

1) 흡수와 대사

니아신은 식품에 대부분 니코틴산과 니코틴아미드 형태로 들어 있으며, 섭취한 니코틴산과 니코틴아미드는 위에서 빠르게 흡수되기도 하나, 대부분 소장관 내에서 저농도일 때는 Na^+의존성 촉진확산에 의해 흡수되지만, 고농도에서는 수동확산으로 흡수된다. 니아신은 간에서 조효소 형태인 NAD, NADP로 변환되어 각 조직으로 옮겨진다. 그리고 이러한 형태는 간에 저장될 수 있으며 여분의 니아신은 다양한 대사산물의 형태로 배설된다.

혈장에는 니코틴산과 니코틴아미드 두 형태로 존재하지만 혈구와 신장, 뇌, 간 등에는 조효소 형태인 NAD, NADP로 들어 있다. 다른 수용성 비타민과 같이 체내에 거의 저장되지 않으며 과량 섭취하면 소변으로 배설된다. 이때 니아신은 니코틴아미드가 메틸화되어 N^1-메틸니코틴아미드와 N-메틸피리딘으로 전환되어 소변으로 배설된다.

니아신은 간과 신장에서 트립토판으로부터 전환된다. 체내에서 트립토판이 니아신으로 전환하려면 티아민, 리보플라빈, 비타민 B_6 등이 필요하며 전환율은 60:1이다. 이에 전환율은 30% 정도 개인차가 있다. 체내에서 이용하는 니아신의 50% 이상은 트립토판에서 전환된 것이다.

2) 체내 작용

니아신의 조효소 형태인 NAD와 NADP는 산화·환원반응에 작용하는 조효소로 세포 내 여러 대사반응에 관여하는데, 특히 ATP를 생산하는 반응에 작용한다.

NAD는 이화작용, 즉 해당작용이나 TCA 회로에서 전자·수소 수용체로 작용한다. 혐기상태anaerobic에서는 환원된 형태의 NADH가 피루브산에서 젖산으로 변화되는 과정에 조효소로 작용하면서 자신은 NAD^+로 산화된다. 호기상태aerobic에서 NADH는 미토콘드리아 전자전달계에서 전자 수용체에 수소 또는 전자를 전달하는 역할을 한다. 알코올 탈수소효소alcohol dehydrogenase도 NAD^+를 이용하여 알코올을 아세트알데히드로 전환한다. 이러한 반응에서 NADH가 다량 생산되어 체내에 NADH가 증가되면 지방합성을 증가시키고 지방산의 산화와 TCA회로의 속도를 낮춘다.

NADP는 지방산 합성 및 스테로이드 합성과정의 환원반응, 5탄당 인산회로HMP와 아세틸 CoA를 미토콘드리아 밖으로 이동시키는 피루브산/말산 회로pyruvate/malate shuttle에 관여한다. 세포 내 환원과정에서는 주로 NADPH가 관여한다. 또한 NAD는 비산화·산화반응인 ADP-ribose 전이반응에 관여해서 DNA 복제와 복구 및 세포분화에 작용하고, cyclic ADP-ribose 생성반응에 작용함으로써 세포 내에 저장된 칼슘 이동에 관여한다.

해당작용 glycolysis

$$\text{glucose} \xrightarrow{\text{NAD} \;\rightarrow\; \text{NADH, H}^+} \text{2 pyruvate}$$

TCA 회로 The citric acid cycle

$$\text{isocitrate} \xrightarrow{\text{NAD} \;\rightarrow\; \text{NADH, H}^+} \alpha\text{-ketoglutarate}$$

$$\alpha\text{-ketoglutarate} \xrightarrow{\text{NAD} \;\rightarrow\; \text{NADH, H}^+} \text{succinyl CoA}$$

$$\text{malate} \xrightarrow{\text{NAD} \;\rightarrow\; \text{NADH, H}^+} \text{oxaloacetate}$$

pyruvate에서 acetyl CoA

$$\text{pyruvate} \xrightarrow{\text{NAD} \;\rightarrow\; \text{NADH, H}^+} \text{acetyl CoA}$$

3) 결핍증과 과잉증

(1) 결핍증

니아신은 거의 모든 대사과정에서 NAD와 NADP가 널리 관여하므로, 니아신 결핍은 신체에 다양한 손상을 일으킨다. 펠라그라는 햇빛에 노출된 피부 부위에 나타나는 염증으로 임상증상은 3Ds로 표현되는 치매dementia, 설사diarrhea, 피부염dermatitis과 그리고 이 병을 조기에 치료하지 않으면 사망death에 이르게 되므로 4Ds가 된다. 펠라그라의 임상증상은 50~60일 정도 니아신 결핍 식이를 하게 되면 발생한다. 초기 증상은 식욕감퇴와 신체쇠약 및 체중감소이다그림 11-9.

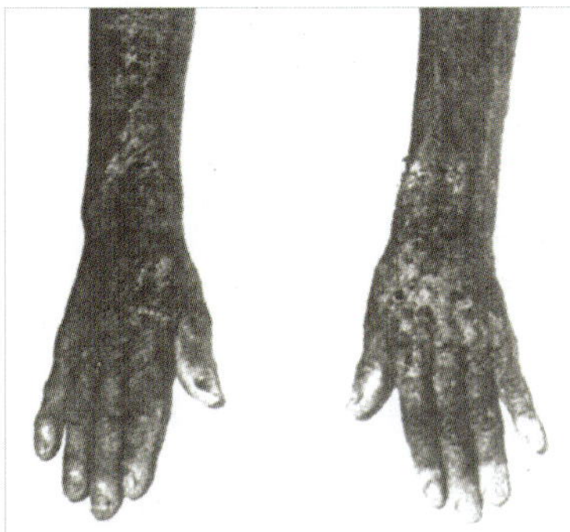

그림 11-9 펠라그라 환자의 피부염 증상

자료 : Mahan LK · Escott-Stumprs, 1996

신체 내에서 니아신이 부족하면 필수아미노산

펠라그라pellagra

스페인 의사 카잘Casal이 1735년 처음 기술한 니아신 결핍증으로 'red sickness'에서부터 얻은 병명이다. 이탈리아어로 'pelle'는 피부라는 뜻이고, 'agra'는 거칠다는 의미이다.

인 트립토판이 니아신으로 전환되어 보충될 수 있으므로, 니아신뿐만 아니라 동물성 단백질이 함께 부족할 때 결핍증이 발생하게 된다.

(2) 과잉증

식품으로 니아신을 과다 섭취한 경우 유해한 영향은 보고되지 않았지만 니아신을 치료제나 보충제 또는 약물로 섭취한 경우 유해 영향이 있는 것으로 알려졌다. 니아신을 과량(30~1,000mg/일) 복용한 경우에는 혈관 확장에 의한 피부홍조flushing 및 가려움증, 메스꺼움, 간기능 이상, 혈청 요산 증가, 혈당 증가 등의 부작용이 나타난다.

4) 섭취기준과 급원식품

(1) 섭취기준

니아신 영양상태의 판정에는 생화학적 방법과 니아신 결핍의 임상적 조사방법을 사용한다. 그중에 신뢰할 수 있는 생화학적 지표는 소변으로 배설되는 대사물인 N^1-메틸니코틴아미드N^1-methyl-nicotinamide의 양 및 N^1-메틸-2-피리돈-5-카르복사미드N^1-methyl-2-pyridone-5-carboxamide의 양이다.

니아신의 필요량은 나이, 성장 시기, 임신, 수유, 질병 유무, 체조직 크기, 운동량 등에 따라 다르다. 식품에 함유된 니아신과 트립토판의 양을 합하여 니아신 당량niacin equivalent: NE으로 측정단위를 사용하여 섭취량을 계산하며, 1NE는 1mg의 니아신을 의미한다. 니아신은 트립토판 함량에 달려 있기 때문에 펠라그라를 방지하기에 충분한 양은 1,000kcal당 4.4mgNE 정도이며, 미국 평균필요량EAR으로부터 추정한 권장섭취량은 1일 섭취열량 1,000kcal당 성인과 어린이 모두 6.6mgNE이다. 2020년 한국 성인의 니아신 평균필요량은 남자 12mgNE/일, 여자 11mgNE/일로 산정하였다. 권장섭취량은 표준편차에 대한 자료 부족으로 변이계수를 15%로 간주하여 평균섭취량의 130%로 성인 남자(19~64세) 16mgNE/일, 성인 여자(19~64세) 14mgNE/일로 산정하였다. 2020년 영양소 섭취기준에서 간독성을 나타내지 않을 정도의 니아신 상한섭취량UL을 니코틴산과 니코틴아미드의 두 가지로 정하였는데 성인 남녀 모두 니코틴산 35mgNE/일, 니코틴아미드 1,000mgNE/일이다.

(2) 급원식품

니아신은 육류와 가금류, 특히 육류의 내장에 풍부히 들어 있고, 니아신의 영양밀도가 높은 식품은 버섯과 밀가루 빵, 참치, 닭고기, 칠면조 고기, 아스파라거스, 땅콩 등이다. 트립토판에서 니아신으로 전환되는 효율은 인종마다 차이가 있으나 대략 트립토판 60mg이 1mg의 니아신으로 전환된다. 따라서 동물성 단백질 식품은 트립토판 함량이 우수하므로 니아신의 좋은 급원이 될 수 있다. 예를 들어 비록 달걀과 우유에는 니아신 함량이 적지만 트립토판 조성은 우수하므로 좋은 급원식품이 될 수 있다. 옥수수를 주식으

표 11-4 식품 중 니아신 함량

식품명	1회 분량(g)		1회 분량당 함량(mg)	100g당 함량(mg)*
참치(다랑어)	1토막	60	6.2	11.2
참치통조림	1토막	60	6.6	11.0
삼치	1토막	60	5.3	8.9
고등어	1토막	60	4.9	8.2
돼지고기(간)		45	3.8	8.44
시리얼(콘플레이크)		40	8.4	21.0
햄/소시지/베이컨	1토막	60	3.1	5.16
꽁치	1토막	60	5.9	9.8
굴비	1토막	30	4.0	13.2
쇠고기(등심)	1토막	60	1.4	2.4
우유	1컵	200	0.6	0.3
소(간)	1토막	60	10.5	17.5
닭고기	1토막	60	6.5	10.8
빵		100	1.6	1.6

*국가표준식품성분표 DB 9.1

로 하는 경우 니아신 결핍증이 많이 나타나게 되는데, 이는 옥수수의 니아신 함량은 쌀이나 채소의 경우와 비슷하지만 옥수수의 니아신은 단백질과 단단하게 결합된 형태로 존재하여 체내 이용률이 매우 떨어지기 때문이다. 2017년 이후 국민건강영양조사에 의하면 우리나라 사람은 주요 니아신 급원식품으로 소(간), 닭고기, 시리얼, 꽁치, 고등어, 돼지(간), 새우, 돼지고기, 햄버거 등의 순으로 많이 섭취하였다.

5. 비타민 B_6

비타민 B_6는 피리독신pyridoxine : PN, 피리독살pyridoxal : PL 및 피리독사민pyridoxamine : PM과 각각의 인산화 형태인 6종의 유도체그림 11-10로 구성된다. 자연계에 유리형이나 결합형으로 들어 있으며, 동물조직에는 인산화 형태PLP, PMP로 있다. 여러 가지 유도체로 흡수된 비타민 B_6의 대부분은 간으로 운반되어 인산화과정을 거쳐 조효소 형태인 피리독살포스페이트pyridoxal phosphate: PLP가 되어 100여 개 이상의 효소가 관련하는 반응에서 작용한다.

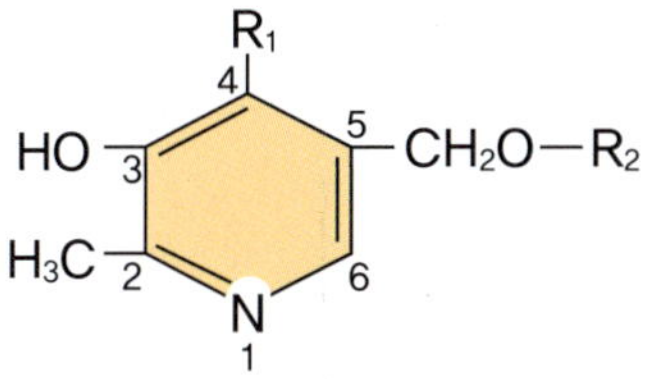

PN : R_1 = CH_2OH
PM : R_1 = CH_2NH_2
PL : R_1 = CHO

PNP : R_2 = PO_3^-
PMP : R_2 = PO_3^-
PLP : R_2 = PO_3^-

그림 11-10 비타민 B_6와 유도체 구조

1) 흡수와 대사

비타민 B_6는 소장 내 효소에 의해 모두 유리형으로 분해되어 소장 상부 공장에서 단순확산으로 쉽게 흡수된다. 일단 흡수된 비타민 B_6는 간으로 운반되어서 다시 인산과 결합하여 조효소인 PLP가 되어 혈장알부민과 결합하여 조직으로 이동하는데, 비타민 B_6의 주요 저장고는 근육이다. 체내 저장량의 80%가 근육에 인산화효소와 결합하여 저장된다. 과량으로 섭취한 비타민 B_6는 신장을 통해서 4-피리독신산4-pyridoxic acid, 4-PA로 이화되어 소변으로 배설된다.

2) 체내 작용

비타민 B_6는 조효소인 PLP로 되어 다음과 같은 여러 반응에서 효소의 조효소로 작용한다.

(1) 아미노산 대사

한 아미노산에서 아미노기-NH_2를 제거하여 케토산을 만들거나, 또는 제거한 아미노기를 다른 케토산에 붙여주어 비필수아미노산을 만드는 작용 등, PLP는 탈아미노효소deaminase, 아미노기전이효소aminotransferase, 탈탄산효소decarboxylase, 라세미화효소racemase와 같은 아미노산의 대사과정에 관여하는 효소의 조효소로 작용한다그림 11-11. 만약 비타민 B_6의 도움을 받을 수 없다면 모든 아미노산은 필수아미노산이 되어야 하며 식사를 통해서만 공급받아야 한다.

또한 함황아미노산의 황기sulfur group를 다른 물질로 이동시키는 데 관여한다. 이는 메

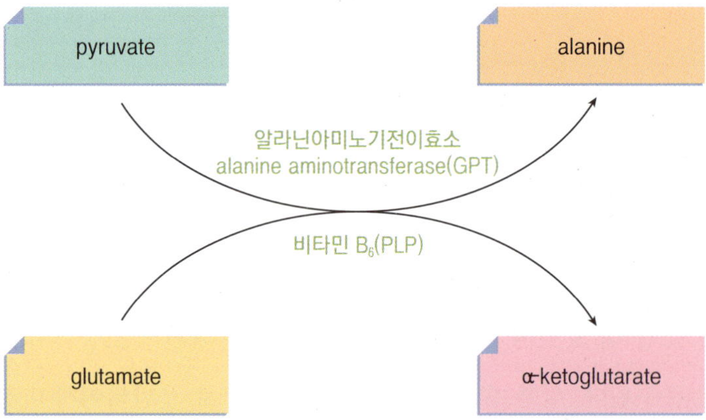

그림 11-11 비타민 B_6를 조효소로 하는 아미노기 전이반응

티오닌 대사과정 중 생기는 호모시스테인homocysteine으로부터 시스테인cysteine 합성과정에 특히 중요하다.

(2) 혈구세포의 합성

적혈구에서 PLP는 헤모글로빈 합성과정 중 헴heme 형성의 첫 단계에서 촉매작용을 한다. 피리독살로서 비타민 B_6는 헤모글로빈에 산소가 결합하는 데 참여해서 PLP가 산소 결합력을 낮춰준다. 따라서 헤모글로빈이 폐에서 산소와 결합해서 신체 표적조직으로 이동하여 산소를 방출한다. 또한 PLP는 면역반응에 필수적인 구성요소로서 백혈구의 한 형태인 림프구 생성에 필수 성분이다.

(3) 탄수화물 대사

비타민 B_6는 아미노산으로부터 포도당을 생성하기 위한 포도당신생합성gluconeogenesis 작용을 하여 탄소골격체를 제공한다. PLP는 글리코겐이 분해되는 과정에서 글리코겐으로부터 포도당을 분리시키는 효소의 일부분으로서 혈당 농도 유지에 관여한다. 즉 PLP는 글리코겐이 글루코오스-1-인산화효소glucose-1-phosphate로 전환하는 데 관여하는 글리코겐 탈인산화효소glycogen phosphorylase의 조효소로 작용한다.

(4) 지질 대사

비타민 B_6는 필수지방산인 리놀레산linoleic acid으로부터 아라키돈산arachidonic acid을 합성하는 데 필요하다. 또한 PLP는 신경계를 덮는 절연체sheath 역할을 하는 미엘린myelin을 형성하는 데 참여한다.

(5) 신경전달물질 합성

비타민 B_6는 신경전달물질neurotransmitter을 합성하는 데 관여한다. 이는 트립토판으로부터 세로토닌을 합성하고, 티로신에서 도파민DOPA과 노르에피네프린(부교감신경), 히스티딘에서 히스타민, 글루탐산에서 γ-아미노부티르산gama-aminobutyric acid, GABA 등의 신경전달물질을 생성하는 데 관여한다.

(6) 비타민 생성

비타민 B_6는 아미노산인 트립토판이 비타민인 니아신으로 전환되는 데 관여한다.

3) 결핍증과 과잉증

(1) 결핍증

비타민 B_6의 소변 배설량이 인체의 비타민 B_6 영양상태를 평가하는 주요 지표가 된다. 비타민 B_6의 잠재적 결핍증은 흔하게 나타난다. 사람에게 나타나는 결핍증은 다른 수용성 비타민의 결핍과 연관되며 리보플라빈 결핍 시 더 악화된다. 비타민 B_6가 결핍되면 지루성 피부염, 빈혈, 경련, 우울증, 정신착란 등이 나타난다. PLP 부족으로 인해 헴 합성이 이루어지지 않아 소구성·저색소성 빈혈이 나타나며, 뇌에 트립토판의 비정상적인 대사물이 축적되거나 신경전달물질이 부족하여 경련이 일어난다. 비타민 B_6는 백혈구 형성에도 필수적이므로 부족 시 면역기능 약화를 초래한다. 일부 노인이나 경구피임약 복용자, 만성 알코올의존자, 고단백 식사를 하는 사람에게서 비타민 B_6가 결핍될 우려가 있다.

(2) 과잉증

식품으로 섭취한 비타민 B_6 과잉증은 보고된 적이 없으나 보디빌더body builder가 보충제로 혹은 생리전증후군premenstrual syndrome 등의 질병 치료를 위해 1일 피리독신을 2~6g씩 2~40개월 이상 지속적으로 섭취하면 신경장애, 걷기이상 및 손발마비 증상이 나타날 수 있다. 그러나 비타민 B_6의 섭취를 멈추면 이러한 증상은 점차 사라진다.

4) 섭취기준과 급원식품

(1) 섭취기준

비타민 B_6 영양상태 판정 지표는 혈장 PLP 수준으로 정상 성인의 경우 30nmol/L 이상으로 정하였다. 비타민 B_6의 섭취기준은 식품 중 함유된 화학적 형태, 건강상태, 생리상태, 성별, 연령, 유전적 요소에 의해 영향을 받는다. 우리나라의 섭취기준은 2020년 영양소 섭취기준 개정에 영양상태가 양호함을 나타내는 혈장 PLP 수준(> 30nmol/L)을 기준으로 하여 비타민 B_6 섭취기준은 1세 이상 모든 연령층에서 평균필요량, 권장섭취량, 상한섭취량을 설정하였으며, 영아의 경우에만 충분섭취량을 설정하였다. 성인의 비타민 B_6 평균섭취량은 남자 1.3mg/일, 여자 1.2mg/일이고, 권장섭취량은 필요량의 표준편차 자료 부족으로 변이계수를 10%로 하여 평균섭취량의 120% 수준에서 남자 1.5mg/일, 여자 1.4mg/일으로 정하였다.

식품을 통해 비타민 B_6를 먹는 경우에는 부작용이 없는 것으로 알려졌으나 보충제를 먹는 경우는 여러 자료를 근거로 피리독신 200mg/일을 최대 무독성량으로 설정하여 불활성계수(보충제 사용을 중단하면 회복되는 것을 고려함)를 2로 나누어 한국인의 상한섭취량을 100mg/일로 정하였다.

(2) 급원식품

비타민 B_6는 동물의 근육조직에 저장되므로 동물성 단백질 식품인 고기, 생선, 가금류가 비타민 B_6의 가장 좋은 급원이다. 식물성 식품의 비타민 B_6가 동물성 식품에 비해 흡수율이 낮지만 시금치, 감자, 밭에서 나는 곡식류도 비타민 B_6의 좋은 급원이다표 11-5.

비타민 B_6는 효모, 배아, 돼지고기, 간, 전곡류, 콩류, 감자, 바나나, 오트밀 등에 많이 들어 있으며 우유, 달걀, 채소나 과일에는 비교적 적게 함유되어 있다. 우리나라 성인의 주요 급원식품은 돼지고기, 쌀, 감자, 양파, 마늘, 고등어, 달걀 등이다.

시리얼이나 단위중량당 함량이 높은 동물 내장(간, 콩팥 등)은 섭취빈도가 낮아서 주요 급원식품이 아니며, 쌀은 단위중량당 함량이 적으나 섭취빈도가 높아 좋은 급원식품이다. 곡류는 도정과정에서 비타민 B_6의 손실이 일어난다. 또한 비타민 B_6는 열과 알칼리에 약하여 가열하거나 가공처리과정에 의해 식품의 비타민 B_6가 10~50% 정도 손실된다. 육류 혼합 식이를 기초로 비타민 B_6의 생체이용률은 대략 75% 정도이다.

2017년 이후 국민건강영양조사에 의하면 백미, 돼지고기(간), 쇠고기(간), 꽁치, 연어, 닭고기(간) 순으로 섭취했다.

표 11-5 식품 중의 비타민 B_6 함량

식품명	1회 분량(g)		1회 분량당 함량(mg)	100g당 함량(mg)*
소간	1접시	45	0.21	0.46
현미(밥)	1공기	90(210)	0.55	0.62
고구마	중 1개	130	0.43	0.33
통밀		90	0.40	0.44
감자	중 1개	130	0.35	0.27
돼지고기(간)	1접시	45	0.26	0.57
바나나	중 1개	100	0.32	0.32
닭고기	1조각	60	0.23	0.39
당근	1접시	70	0.17	0.25
대두		20	0.11	0.54
땅콩	15알	10	0.04	0.35
꽁치	1토막	60	0.26	0.42
연어	1토막	60	0.25	0.41
닭고기(간)	1접시	45	0.34	0.76

*국가표준식품성분표 DB 9.1

6. 엽산

엽산folic acid은 1931년 인도의 윌리스L. Willis가 거대적아구성 빈혈에 걸린 임신부에게 효모 농축물질을 먹여 치료하여Willis factor라는 항빈혈인자로 알려졌다. 1941년 미첼Mitchell이 젖산균의 증식에 유효한 것이 식물의 잎folium에 들어 있다는 뜻에서 엽산이라고 명명하였다. 1945년 실험실에서 엽산으로 동물의 거대적아구성 빈혈증을 치료하였다. 엽산은 폴라신folacin이라고도 하며, 프테리딘pteridine, 파라-아미노벤조산para-aminobenzoic acid, 글루탐산glutamic acid이 한 분자씩 연결되어 있는 구조로 프로테일글루탐산과 비슷한 활성을 지닌 유도체를 일컫는다. 식품에는 엽산에 글루탐산이 1~6개까지 추가로 연결되어 엽산-다중글루탐산복합체polyglutamates의 형태로 들어 있다그림 11-12. 식품에 함유된 엽산은 고열로 처리하면 약 65%가 파괴된다. 신선한 채소를 실온에서 3일간 저장하면 엽산의 활성도가 약 60% 손실된다. 그러나 엽산 보충제나 엽산 강화식품은 비교적 안전한 형태로 들어 있다. 엽산의 활성 형태는 조효소인 테트라히드로엽산

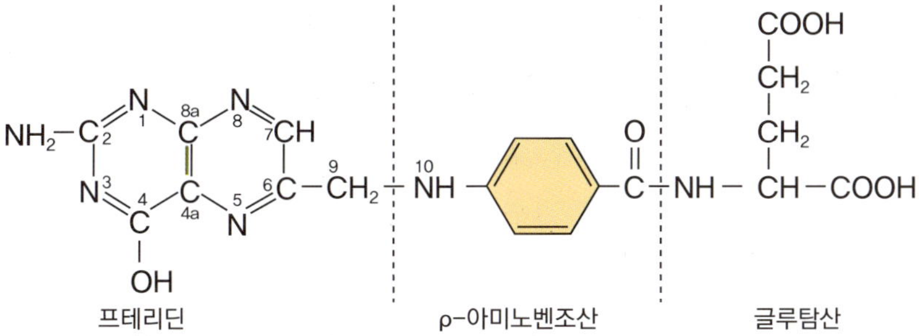

엽산(folic acid)

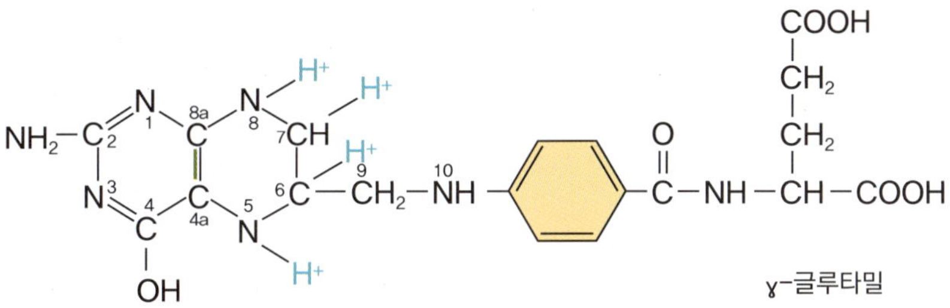

조효소(tetrahydrofolate) THF

그림 11-12 엽산과 조효소 구조

tetrahydrofolic acid: THFA 형태이다.

1) 흡수와 대사

엽산의 흡수는 주로 능동수송에 의하여 이루어지며, 식품에 함유된 엽산은 폴리글루탐산polyglutamate 형태로 존재하며, 혈청에서는 모노글루탐산momoglutamate만 발견된다. 식품에 들어 있는 엽산은 소장의 융모 내에 있는 감마-글루타밀카르복시펩티다제γ-glutamylcarboxypeptidase인 접합효소conjugase에 의해 폴리글루탐산polyglutamate이 모노글루탐산monoglutamate 형태로 가수분해되어 공장과 회장에서 흡수되며, 흡수된 후에는 장점막에서 5-메틸-테트라히드로엽산N^5-methyltetrahydrofolate, THF으로 전환되어 혈액으로 방출된다.

합성형 엽산을 섭취하면 생체이용률이 100%이나, 곡류 등의 식품 형태로 섭취하면 크게 감소하여 흡수율은 약 50%이다. 정상인의 체내 저장량은 5~10mg이며 절반 정도는 간에 저장된다. 저장된 엽산은 대부분 폴리글루탐산으로 존재하며, 엽산이 세포벽을 통과하기 위해서는 모노글루탐산으로 가수분해되어 운반된다. 조직으로 이동한 엽산은 다시 폴리글루탐산 형태로 전환되어 조효소로 쓰이거나 저장된다. 대부분 소변으로 배설되는 엽산은 대사산물의 형태로서 엽산 섭취량에 비해 매우 적은 양을 나타낸다. 엽산은 담즙으로 배출되고 장간순환에 의해 재흡수된다. 알코올은 엽산분해효소의 작용을 저해함으로써 엽산의 흡수를 방해하며 장간순환도 방해하고 배설을 촉진한다. 소장 내 박테리아도 엽산을 합성하지만 합성된 엽산은 거의 모두 배설되는 것으로 나타났다. 그러므로 엽산 섭취량과 미생물로부터 생합성량을 정확하게 구별하기는 어렵다.

2) 체내 작용

엽산은 핵산 및 아미노산의 대사에서 테트라히드로엽산THFA 형태로 단일탄소single carbon unit 전이반응에 조효소 역할을 하는 비타민으로 DNA 합성에 필요하다. 엽산의 가장 중요한 반응은 DNA 합성에 필요한 티미딜레이트thymidylate가 합성되기 위한 반응에서 조효소로 작용한다. 또한 호모시스테인으로부터 메티오닌을 합성하는 반응에서 메티오닌 합성효소가 관여하는데, 이 반응은 유일하게 엽산과 비타민 B_{12}를 동시에 필요로 한다. 이처럼 엽산과 비타민 B_{12}의 기능 및 대사가 생화학적으로 상호 연관되어 있다. 호모시스테인혈증은 심혈관계 질환과 신경관 손상의 원인이 되므로 주의해야 한다. 그 외에도 뇌에서 신경전달물질의 합성에도 엽산 조효소가 작용한다.

엽산의 주요 기능은 다음과 같다.

- 퓨린과 피리미딘의 합성 : DNA와 RNA의 합성
- 호모시스테인에서 메티오닌을 생성
- 헴의 형성 : 헤모글로빈 합성
- 세린과 글리신의 상호 전환

• 페닐알라닌에서 티로신, 히스티딘에서 글루탐산을 생성

• 에탄올아민에서 콜린 합성

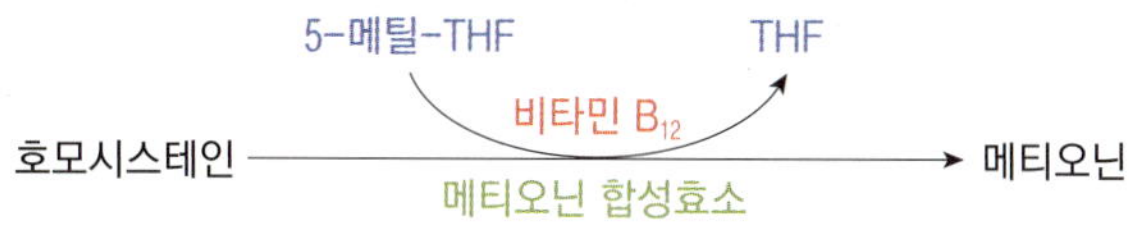

이와 같은 대사과정 중에 엽산 조효소의 활성을 위해서는 비타민 C, 비타민 B_{12}, 비타민 B_6 등이 필요하다.

3) 결핍증과 과잉증

(1) 결핍증

엽산은 새로운 세포를 만들기 위한 필수 영양소로, 특히 세포분열이 많이 일어나는 유아기, 성장기, 임신기, 수유기에 필요량이 더욱 요구되어 부족하기 쉽다. 엽산 섭취량이 부족하면 혈청 엽산 농도가 감소하고 점차 적혈구 엽산 농도도 떨어지며 혈장 호모시스테인 농도는 증가하게 된다. 엽산 결핍은 주로 골수와 세포분열이 빨리 일어나는 세포에 DNA 대사이상을 유발하므로 적혈구, 백혈구, 위, 장관, 자궁 등 주로 대사가 빠른 세포의 형태적인 변화를 일으킨다. 그 결과로 혀가 붓고 붉어지며(설염), 소화불량이 되고(위장관 질환), 설사를 하게 되며, 거대적아구성 빈혈이 발생한다. 엽산의 결핍은 대부분 섭취부족, 알코올의존증에 의한 흡수장애, 임신기의 필요량 증가, 비타민 B_{12}와 관련한 이용 장애, 설사와 같은 과도한 배설로 인해서 나타난다. 엽산이 결핍되었을 때 나타나는 임상증상은 빈혈, 설염, 설사, 성장장애, 정신적 혼란, 신경장애 등이다.

① 거대적아구성 빈혈

엽산의 결핍은 DNA와 RNA의 합성에 필요한 퓨린purine과 피리미딘pyrimidine 형성에 필수적인 조효소에 작용한다. 엽산이 부족하면 빠른 속도로 교체되어야 하는 적혈구 등의 세포들이 DNA를 합성할 수 없기 때문에 성숙한 적혈구로 분열되지 못하여 크기가 비

정상적으로 크면서도 미성숙한 거대적아구megaloblast 상태로 된다. 그러므로 엽산이 부족한 사람은 골수에서 혈액 내로 방출되는 성숙한 정상 적혈구 수가 감소하여 산소운반 능력이 저하되는 거대적아구성 빈혈megaloblastic anemia이 발생하게 된다그림 11-13.

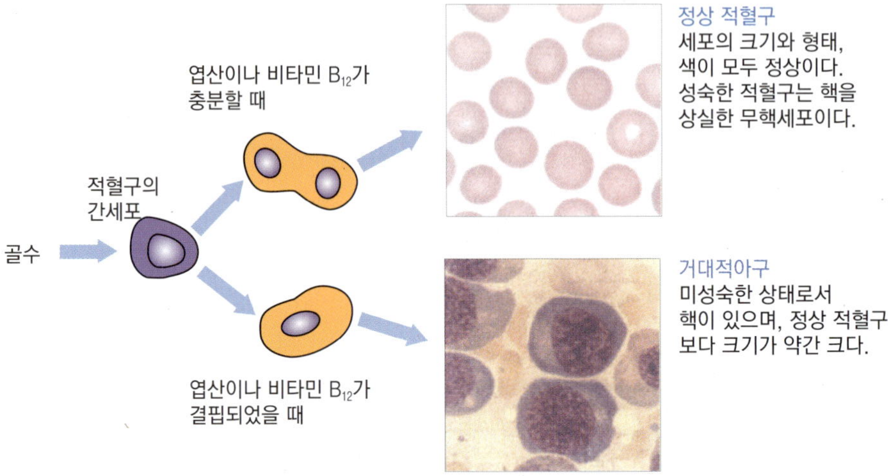

그림 11-13 거대적아구성 빈혈

거대적아구성 빈혈

적혈구는 처음 생겼을 때 크기가 크지만 발달하면서 핵이 빠져나와 크기가 작아지게 된다. 체내에 엽산이 부족하면, 이 때문에 적혈구의 수가 적은 동시에 미숙하여 작아지지 않아 비정상적으로 큰 거대적아구가 많아지며 헤모글로빈 양도 줄어들게 되어 거대적아구성 빈혈이 나타난다.

② 신경관 손상

임신 초기에 엽산이 부족하면 태아의 신경관 발달에 장애가 생겨 신경관이 손상된 기형아를 출산할 확률이 높아진다. 신경계 손상의 가장 심한 상태는 무뇌증이며 출생 후 곧 사망한다. 무뇌증보다 더 빈번하게 나타나는 손상은 이분척추spina bifida로서, 신경판이 관의 형태로 형성되는 발생과정에서 신경판의 양 끝이 가운데서 척추골이 척수를 보호할 수 있는 고리구조를 형성하지 못하는 증세이다그림 11-14. 이때 나타나는 증상으로 마비,

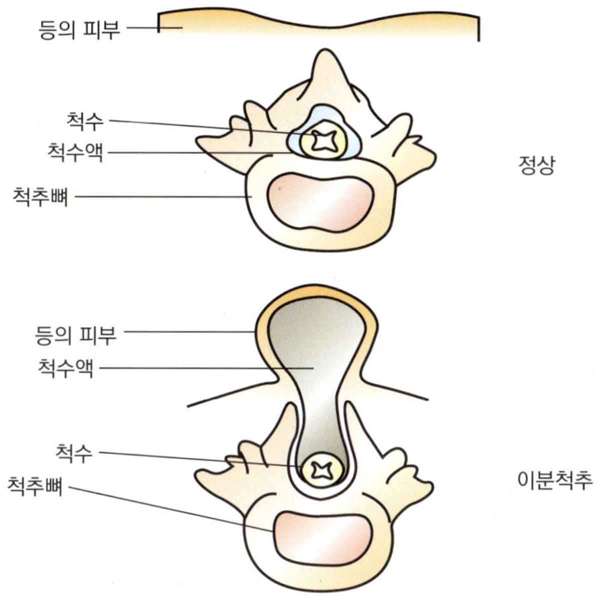

그림 11-14 이분척추

자료 : 질병관리본부, 대한신경외과학회

배변실금, 뇌수종, 학습장애 등이 있다. 이런 결핍증의 약 50%는 임신 전 엽산의 결핍에 의한 것이므로 충분한 엽산 영양상태를 유지하는 것은 특히 임신부뿐 아니라 가임기 여성에게도 중요하다. 임신부는 자신과 태아의 세포분열과 DNA 합성속도 증가를 충당하기 위해 더 많은 엽산을 필요로 하기 때문에 간혹 엽산 결핍증이 발생한다.

2020년 국제산부인과연맹에서 임신 가능성이 있는 가임기 여성은 적어도 임신 4주 전부터 임신 후 12주까지 400μg/일의 엽산 보충제를 복용할 것을 권장하였다. 우리나라에서도 2010년부터 가임기 여성은 400μg/일의 엽산 보충제를 복용하도록 권장하고 있다.

(2) 과잉증

식품으로 엽산을 과량 섭취했을 때의 유해 영향은 보고되지 않았다. 하지만 엽산 결핍과 비타민 B_{12} 결핍으로 인한 빈혈 증세가 같기 때문에 엽산 보충제를 과량 복용하면 비타민 B_{12} 결핍 상태를 간과하게 되어 신경계 손상을 촉진 또는 악화시킬 수 있다. 특히 임산부의 과다한 엽산 보충제 섭취는 주의해야 한다. 일반적인 보충 수준인 엽산 5~10mg/일의 경우 정상 성인에서는 독성이 나타나지 않는다. 일반식품을 먹어서 엽산을 과량 섭취했을 때 인체에 유해한 영향을 미치지 않지만 인공 합성된 엽산제나 강화식품을 과량 섭취할 때는 유해 영향이 나타날 수 있다는 보고가 있다.

4) 섭취기준과 급원식품

(1) 섭취기준

엽산의 영양상태를 판정하는 지표는 적혈구 엽산 농도와 혈청 엽산 농도를 측정하여 각각 조직의 엽산 저장량과 엽산 섭취량을 잘 반영하는 방법으로 함께 사용한다. 적혈구 엽산 농도가 317nmol/L(140ng/mL), 혈청 엽산 농도는 6.8nmol/L(3ng/mL) 미만일 때 결핍으로 판정한다.

엽산 섭취기준은 1세 이상 모든 연령층에서 평균필요량, 권장섭취량, 상한섭취량을 설정하였으며, 영아는 충분섭취량만 설정하였다. 성인의 평균필요량은 충분한 자료를 제공할 만한 좋은 지표가 없어 적혈구 엽산, 혈장 호모시스테인, 혈청 엽산을 함께 연구한 결과를 사용했다. 엽산은 식품 중에 다양한 형태로 존재하여 식이엽산당량dietary folate equivalents : DFE 단위로 사용한다. 19세 이상 성인의 연령집단에서 평균필요량은 320μgDFE/일, 권장섭취량이 400μgDFE/일이다. 임신기에는 엽산 요구량이 증가하여 비임신 여성 필요량에 200μgDFE/일을 추가하여 평균필요량 520μgDFE/일이고, 10%의 변이계수를 고려하여 권장섭취량은 620μgDFE/일이다. 수유부는 모유 분비량을 고려하여 130μgDFE을 가산하여 평균필요량은 450μgDFE/일이고, 권장섭취량은 평균필요량에 10% 변이계수를 적용하여 평균섭취량의 120% 수준으로 설정하여 권장섭취량은 150μgDFE을 부가하여 550μgDFE/일이다. 이는 식품으로 섭취하기는 어려우므로 엽산 보충제를 복용해야 한다. 엽산 필요량에서 성별 차이가 있음을 보여주는 자료가 없고 노인에게서도 감소한다는 증거가 없으므로 성인 남녀와 노인을 동일하게 책정하였다. 또한 알코올은 엽산의 흡수를 방해하고 배설을 증가시켜 엽산의 결핍을 더욱 악화시킬 수 있으

엽산 당량dietary folate equivalent, DFE

엽산 섭취량이나 필요량의 표시단위이다. 식품의 천연 엽산과 합성형 엽산의 흡수율의 차이를 반영하여, 보충제나 강화식품에 들어 있는 합성형의 엽산 흡수율을 100%라고 할 경우, 식품 내의 엽산은 합성형의 50% 이하이다. 엽산 당량은 식품 속의 천연 엽산량과 보충제 속의 엽산량에 1.7을 곱한 값을 더한 양이다.

- 식품 중 엽산 1μg = 1.0μgDFE
- 강화식품 또는 보충제 중의 엽산 1μg = 1.7μgDFE
- 빈속에 섭취한 보충제 중의 엽산 1μg =2.0μgDFE
- 엽산 당량(DFEs) = 식품 중 엽산(μg) + {1.7×보충제 중 엽산(μg)}

며, 흡연자의 경우도 혈액 중 엽산 농도가 비흡연자보다 낮다는 보고가 있어 알코올 과다 섭취자나 흡연자의 경우 엽산의 추가 섭취가 필요하다.

여러 자료에 따르면 하루에 5mg 이상을 섭취하면 신경증세가 생긴다고 하였다. 한국인 상한섭취량 설정과정에서 엽산 5mg/일을 최저 독성량으로 채택하여 불확실계수 5로 나누어 1,000μgDFE/일로 정하였다. 특히 악성 빈혈환자의 경우에는 신경증세를 악화시킬 수 있으므로 최저 독성량 5mg/일에 개인적 차이나 동물 데이터 인용 등에서 오는 불확실계수를 5로 하여 상한섭취량을 1,000μgDFE(엽산 당량)/일로 설정하였다. FDA는 임의로 섭취하는 보충제 형태의 엽산량을 유아는 100μgDFE/일, 아동은 300μgDFE/일, 성인은 400μgDFE/일으로 제한한다.

(2) 급원식품

엽산의 생물학적 이용률은 급원식품에 따라 다르다. 양적으로나 이용률에서 가장 좋은 급원은 간, 강화 시리얼, 곡류, 콩류, 녹색채소이며, 그 다음으로 좋은 급원은 달걀, 건조콩, 오렌지 등이다. 영양밀도가 높은 엽산 급원은 시금치, 양상추, 아스파라거스, 브로콜리, 오렌지주스, 밀배아, 간, 해바라기씨, 컬리플라워, 양배추 등이다표 11-6.

2017년 국민건강영양조사의 식품섭취량을 조사한 결과로 대두, 달걀, 시금치, 백미, 총각김치, 배추김치 순으로 엽산 섭취

에 기여하였다. 또한 한국인이 자주 섭취하는 김치와 밥도 좋은 급원 식품이며 달걀, 김, 시금치, 콩나물 등도 좋은 급원이다. 엽산이 강화된 달걀, 시리얼, 두유도 시판중이다. 과일 중에는 딸기, 참외, 오렌지, 키위가 좋은 급원이다. 식품 중의 엽산 체내 흡수율은 50% 정도이다. 엽산은 열, 산화, 자외선 빛에 의해 매우 쉽게 파괴되며 식품 가공처리나 조리 과정에서 50~90%의 엽산이 파괴된다. 그러므로 신선한 과일과 채소를 매끼 먹는 것이 좋다. 식품 속의 비타민 C는 엽산을 산화되지 않게 보호한다.

표 11-6 식품 중 엽산 함량

식품명	1회 분량(g)		1회 분량당 함량(μgDFE)	100g당 함량(μgDFE)*
소간	1접시	45	97.6	217.0
시금치	1접시	70	190.0	272.0
호박	1접시	70	33.4	47.9
상추	1접시	70	62.1	88.8
배추	1접시	70	32.3	46.1
오렌지	1/2개	100	30.3	30.3
토마토주스	1/2컵	100	24.1	24.1
대두		20	151.0	755.0
해바라기씨		10	23.7	237.4
달걀	1개	60	48.6	81.0
백미	1공기	90	10.8	12.0
총각김치	1접시	40	102.8	257.0
배추김치	1접시	40	6.0	15.0
오이소박이	1접시	40	233.6	584.0

*국가표준식품성분표 DB 9.1

7. 비타민 B_{12}

비타민 B_{12}는 사람에게 필수 영양소로 코발라민cobalamin이라고 한다. 비타민 중에서 가장 복잡한 구조로 뉴클레오티드nucleotide와 코린 링corrin ring을 갖고 있으며 헤모글로빈과 클로로필 구조와 비슷한 코린 링에 코발트Co가 결합한 상태이다그림 11-15.

비타민 B_{12} 화합물은 박테리아, 진균류, 조류에 의해 합성된다. 소·양과 같은 반추동물

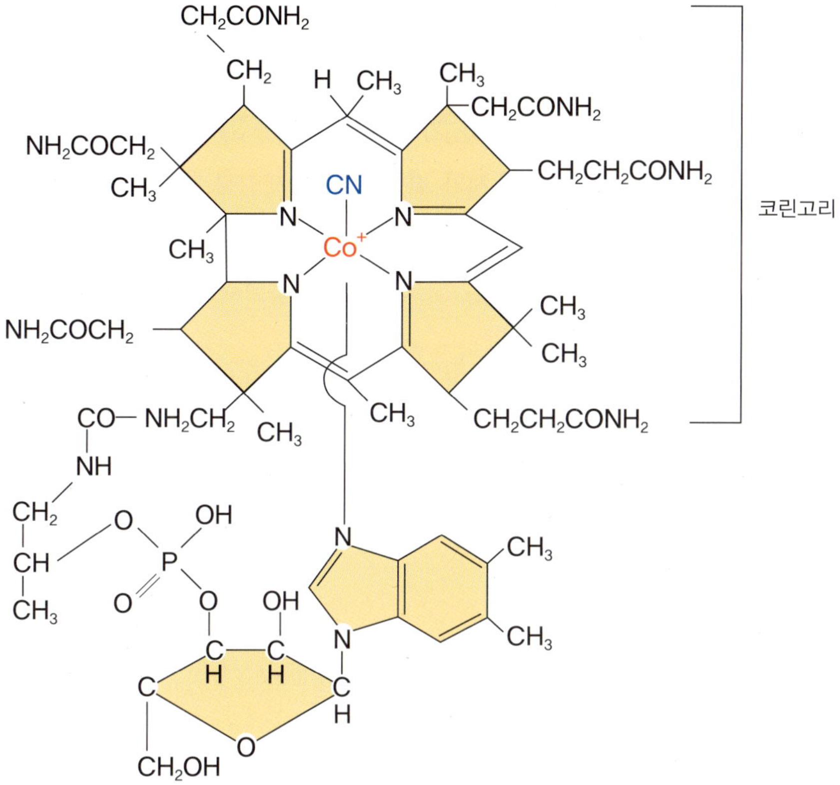

그림 11-15 비타민 B_{12}(시아노코발라민) 구조

은 제1위胃에서 합성되지만, 사람은 동물성 식품을 통해서만 섭취할 수 있다. 식물성 식품에는 비타민 B_{12}가 거의 함유되어 있지 않다.

1) 흡수와 대사

비타민 B_{12}의 흡수는 능동수송과 수동수송으로 이루어지나, 비타민 B_{12}가 소량인 경우에는 내적인자intrinsic factor: IF에 의한 능동수송으로 흡수된다. 식품에 있는 비타민 B_{12}는 단백질과 결합되어 있는데 위에서 펩신과 염산에 의해 가수분해된 후 침샘과 위점막에서 분비되어 음식과 함께 들어온 R 결합단백질R binder과 결합한 후 소장으로 이동한다. 소장 상부에서 췌장액에 의해 R 결합단백질이 떨어지고 비타민 B_{12}는 다시 내적인자와 결합하여 복합체(비타민 B_{12}-내적인자)를 만든다. 이 복합체가 소장으로 가면 소장의 효소에 의해 비타민 B_{12}는 다시 유리되었다가 위벽에서 분비된 단백질(내적인자)과 다시 결합한다. 외적 인자extrinsic factor: EF인 비타민 B_{12}와 내적인자의 복합체가 회장으로 이동하여 칼슘 존재하에 회장 융모막에 있는 수용체와 결합한 후 모세혈관으로 흡수된다. 식품 중의 비타민 B_{12}는 주로 소장의 끝 부분인 회장에서 흡수된다. 흡수된 비타민 B_{12}는 헵토코린heptocorrin과 트랜스코발라민transcobalamin이라는 단백질에 의해 각 조직으로 운반된 후 사용되거나 저장된다그림 11-16. 즉시 사용되지 않은 비타민 B_{12}는 간에서 약 50% 저장된다.

비타민 B_{12}는 체내에서 메틸코발라민methylcobalamin 또는 5′-디옥시아데노실코발라민5′-deoxyadenosylcobalamin으로 전환되어 조효소 역할을 한다.

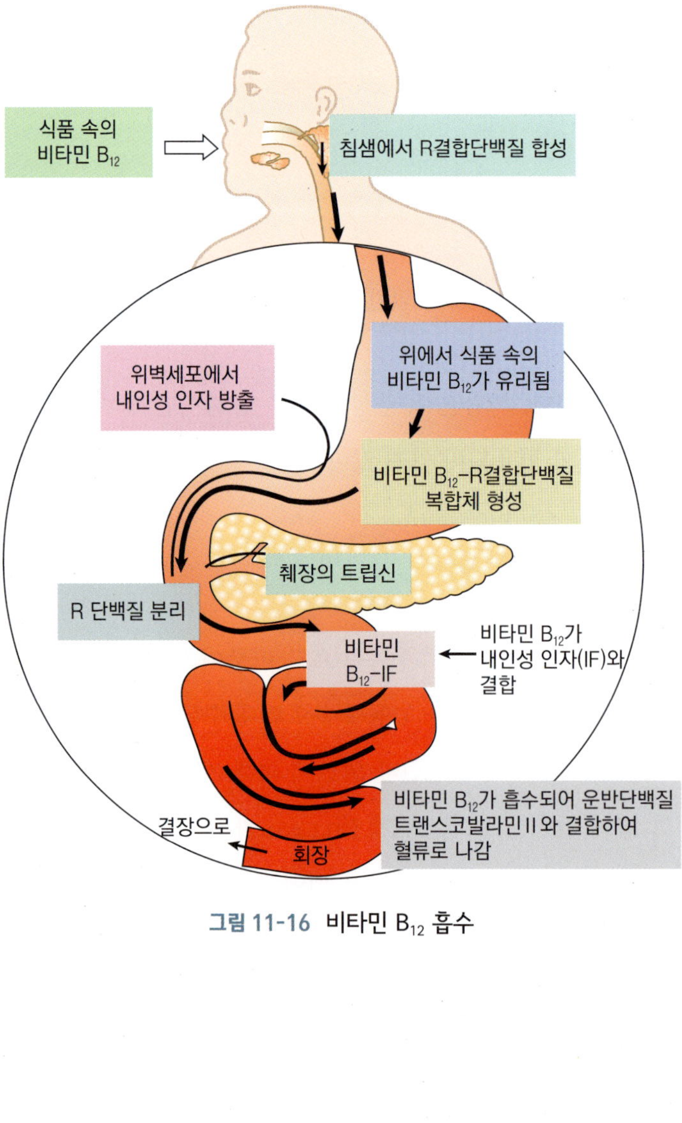

그림 11-16 비타민 B_{12} 흡수

2) 체내 작용

비타민 B_{12}는 체내에서 세포분열과 단일 탄소 전이과정에서 필수적인 역할을 한다. 동물 체내에서 비타민 B_{12}는 조효소 형태로 전환되며 코엔자임 B_{12}(간)와 메틸 B_{12}(혈장)의 2가지이다. 비타민 B_{12}가 조효소로 전환되기 위해서는 리보플라빈, 니아신, 마그네슘 등이 필요하다.

비타민 B_{12}는 메틸말로닐 CoA를 숙시닐 CoA로 전환시키는 메틸 말로닐 CoA 전이효소methylmalonyl CoA mutase의 조효소로 작용하므로, 말로닐 CoA가 TCA 회로로 대사될 수 있도록 도움을 준다. 또한 비타민 B_{12}의 중요한 역할은 메틸테트라히드로폴레이트methyl-tetrahydrofolate: THF로부터 메틸기를 호모시스테인으로 전달하여 메티오닌을 합성하는 효소인 메티오닌 합성효소methionine synthase의 조효소로 작용하는 것이다그림 11-17.

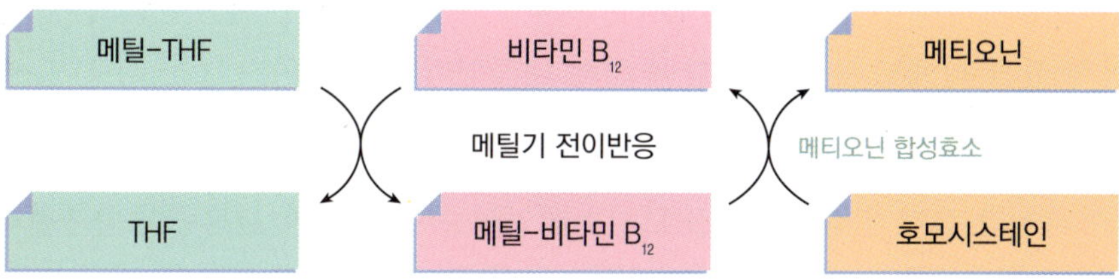

그림 11-17 엽산, 비타민 B_{12}, 비타민 B_6 대사

비타민 B_{12}는 정상 적혈구의 형성과 적절한 신경기능을 위해 필수적이다. 비타민 B_{12}가 부족하면 엽산 조효소THF가 작용하지 못해 DNA 합성에 필요한 핵산을 합성하는 반응이 방해받는다. 따라서 비타민 B_{12} 결핍은 엽산의 이차적 결핍을 초래하며 결국 거대적아구성 빈혈을 일으킨다.

신경계에서 비타민 B_{12}의 역할은 신경섬유의 절연체 역할을 하는 미엘린수초를 유지시켜 주는 것이다. 따라서 비타민 B_{12} 결핍 환자는 미엘린수초가 파괴되어 척수신경을 퇴화시켜 신경계 마비를 일으키고, 심한 경우 사망에 이르게 된다.

비타민 B_{12}의 체내 작용

- 적혈구의 생성 및 악성빈혈증 조절 : 골수에서 혈액 생성
- 신경조직의 유지 : 신경조직의 수초 합성
- 지질 대사 : 메틸말론산methylmalonate이 숙신산succinate으로 전환
- 단백질 대사 : 메티오닌이나 단백질 합성에 관여
- DNA 합성

3) 결핍증과 과잉증

(1) 결핍증

비타민 B_{12}가 부족하면 악성빈혈이 발생하는데, 그 원인은 내적인자와 외적 인자의 부족때문이다. 비타민 B_{12}의 섭취 부족이나 일반적인 흡수불량과 함께 위·소장 특히 회장 절제, 만성 설사 외에도 유전적 결함에 의해 내적인자가 합성되지 않는 경우 악성빈혈이 생길 수 있다. 노인의 경우 위산분비가 저조할 때에는 비타민 B_{12} 흡수가 감소하여 악성빈혈은 아니지만 신경계 장애나 고호모시스테인혈증 등 경미한 결핍증이 발생한다.

악성빈혈의 증상은 엽산결핍성 빈혈증과 구분하기 어렵다. 비타민 B_{12}의 부족은 엽산의 기능장애를 가져옴으로써 DNA 합성을 방해하여 크기가 크고 기능이 미성숙한 적혈구인 거대적아구성 빈혈을 초래한다.

또 다른 결핍 증세로는 신경장애가 일어나서 다리의 마비나 감각이상이 오며, 집중력과 기억력 상실, 치매 등 정신질환도 나타난다. 완전 채식주의자나 이들의 모유로 키운 신생아에게서 빈혈, 두뇌성장 지연, 척수 퇴화, 지능발달 저조 등 비타민 B_{12} 결핍증의 증상이 나타날 수 있다.

비타민 B_{12} 결핍 요인은 내적인자 부족, 흡수불량, 식이 섭취부족 및 위장질환으로 생기는데, 주요인은 흡수불량에서 온다. 흡수불량은 내적인자 결핍이 생기는 위질환, 위절제 수술환자, 또는 유전적 원인에 의해 발생한다. 정상적인 식사를 하는 경우 비타민 B_{12} 섭취부족은 매우 드물게 일어난다.

비타민 B_{12}가 결핍될 때 악성빈혈이 나타나며, 특징은 위액 분비 저하로 거대적혈구가 생기고, 적혈구 수의 저하로 인한 헤모글로빈 양이 감소해 안색창백, 피로, 기력 부진, 체중감소, 설염, 신경장애, 운동능력 감퇴 등이 나타난다. 빈혈과 관련 있는 비타민에는 엽산, 비타민 B_{12}와 비타민 C가 있다.

(2) 과잉증

건강한 사람이 식품이나 영양보충제를 통하여 비타민 B_{12}를 과량 섭취한 경우 이로 인한 유해 영향은 보고된 사례가 없다. 혹 과량의 비타민 B_{12}를 섭취하더라도 독성은 나타나지 않는데, 그 이유는 비타민 B_{12}의 흡수율이 낮기 때문이다.

4) 섭취기준과 급원식품

(1) 섭취기준

비타민 B_{12} 영양상태를 선별할 때 1단계로 혈청 비타민 B_{12} 농도를 측정한다. 혈청 비타민 B_{12} 농도에 근거하여 섭취기준을 정하는 데 있어 우리나라 사람을 대상으로 한 연구자료가 없기 때문에 미국에서 사용한 방법과 기준을 참고하여 설정하였다.

비타민 B_{12} 섭취기준은 1세 이상 모든 연령층에서 평균필요량과 권장섭취량을 설정하였다. 19~50세 성인 남녀의 비타민 B_{12} 평균필요량을 2.0μg/일로 설정하고, 권장섭취량은 변이계수 10%를 적용하여 평균필요량의 120% 수준인 2.4μg/일이다. 임신부는 0.2μg을 부가하여 평균섭취량 2.2μg/일, 권장섭취량 2.6μg/일이고, 수유부는 모유분비량 780mL/일을 고려하여 0.3μg/일을 부가하여 평균섭취량 2.3μg/일, 권장섭취량은 0.4μg/일을 부가하여 2.8μg/일로 정하였다. 일반 식품이나 영양보충제에 들어 있는 비타민 B_{12}는 함량 수준으로는 인체에 유해 영향을 나타내지 않아 상한섭취량은 설정하지 않았다.

(2) 급원식품

비타민 B_{12}는 일부 미생물에 의해서만 합성이 가능하며 먹이사슬을 통하여 동물의 근육, 내장 등에 축적된다. 곡류, 채소 및 과일과 같은 식물성 식품에는 거의 없으며 동물성 단백질 식품에 함유되어 있다. 특히 간과 내장기관에 많으며 살코기, 생선, 달걀, 조개류, 우유 등도 좋은 급원이다. 일반적으로 식품에 들어 있는 비타민 B_{12} 흡수율은 50% 정도이다.

2017년 국민건강영양조사의 식품섭취량 자료를 바탕으로 한국인의 비타민 B_{12}의 주료 급원식품을 산출한 결과, 쇠고기 간, 바지락, 멸치, 돼지고기 간, 김, 쇠고기(살코기) 순으로 기여하였다.

표 11-7 식품 중 비타민 B_{12} 함량

식품명	1회 분량(g)		1회 분량당 함량(μg)	100g당 함량(μg)
소간	1접시	45	31.8	70.6
바지락살	1접시	80	59.2	74.0
닭간	1접시	45	8.4	18.7
고등어	1토막	70	7.7	11.0
우유	1컵	200	0.6	0.3
달걀	1개	60	0.5	0.8
쇠고기	1접시	60	1.2	2.0
김	1장	2	1.3	66.2

8. 판토텐산

1933년 윌리엄Roger William은 간, 효모 등에 함유되어 있는 닭의 항피부염인자와 성장 촉진제를 발견하여 판토텐산pantothenic acid으로 명명하였다. 그리스어 pantothen에서 유래했는데 '모든 것에서부터 온다'라는 뜻이다. 판토텐산pantothenic acid그림 11-18은 CoA의 구성성분이다. 판토텐산은 CoA의 한쪽 끝에는 아데닌adenine을, 반대쪽 끝에는 시스테인의 thiol(티올)을 함유하며, 마지막 티올기가 반응기로서 작용하는 것이다.

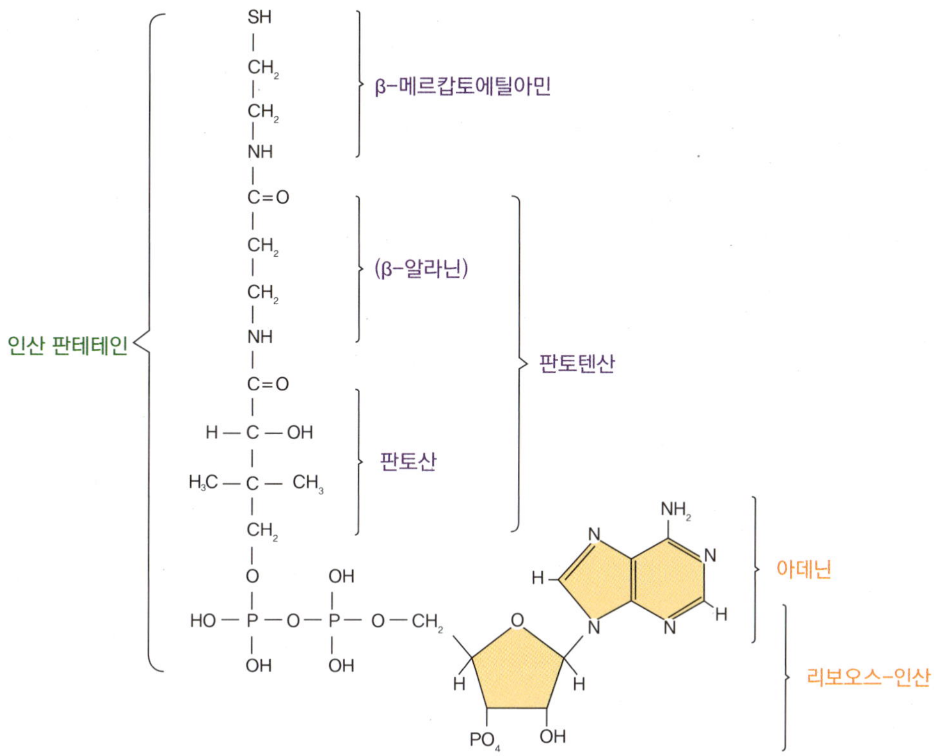

그림 11-18 판토텐산, CoA 구조

1) 흡수와 대사

식품에 있는 약 85% 판토텐산은 대부분 CoA와 포스포판테테인phosphopantheteine 형태로 들어 있으며, 소장에서 판테테인pantheteine으로 가수분해된 후 판토텐산으로 전환되어 소장 점막에서 쉽게 흡수된다. 판토텐산은 고농도에서는 수동확산에 의해, 저농도에서는 나트륨의존성 복합비타민의 능동수송에 의해 흡수된다.

인산화반응에 의해 판토텐산의 조효소인 CoA를 형성하고, 세포에 존재하는 소량의 판토텐산은 단백질과 결합하여 아실기 운반단백질acyl carrier protein: ACP을 형성한다. 판토텐산은 적혈구 속에 CoA 형태로 존재하며 혈장에는 유리 형태인 판토텐산으로 존재한다. 판토텐산은 모든 조직에 존재하며, 특히 간과 신장에 많고 과잉 시에는 소변으로 배설된다.

2) 체내 작용

판토텐산은 CoA와 ACP의 구성성분으로 아실기의 운반에 관여한다. 판토텐산이 구성성분인 CoA는 탄수화물, 단백질, 알코올, 지질 등의 대사에서 생기는 2개의 탄소로 이루어진 아세테이트로부터 아세틸 CoA의 형성에 필수적이고, 이 아세틸 CoA는 TCA 회로로 들어가 에너지를 생성하거나 지방산을 합성한다. 트립토판과 루신은 케톤 생성 아미노산인데, 아세토아세틸 CoA를 거쳐 아세틸 CoA로 분해되어 TCA회로에 들어가서 분해된다.

판토텐산은 또한 ACP의 일부로서 지방산과 결합하여 왕복하면서 지방산 사슬을 연장시키고 지방산의 세포 내 위치와 기능을 결정한다.

3) 결핍증과 과잉증

(1) 결핍증

판토텐산은 많은 식품에 존재하므로 아직까지 인체에서 결핍증이 보고된 바는 없으나, 알코올의존자와 같이 심한 영양결핍 식사를 하거나 판토텐산에 길항작용을 하는 항비타민제antagonist를 복용한 경우에는 나타날 수 있다. 결핍 증세로는 불안정, 피로, 무감각, 불면증, 구토, 복통, 마비, 근육경련, 저혈당 등이 있다. 판토텐산 결핍증은 티아민이나 리보플라빈, 비타민 B_6나 엽산 등 다른 비타민 B군 결핍증에 가려져서 확인하기 어려울 수도 있다.

(2) 과잉증

판토텐산의 과잉 섭취로 인한 부작용도 알려지지 않아서 상한섭취량 또한 정해져 있지 않다.

4) 섭취기준과 급원식품

(1) 섭취기준

판토텐산의 섭취기준을 정하는 데 사용된 일차적 기준은 소변 배설량이다. 영양소 섭취기준은 필요량 설정에 관한 근거 자료가 부족하여 모든 연령층에서 충분섭취량을 설정하였다. 미국에서는 성인의 하루 섭취량이 4~7mg/일이고 18~24세 성인 여자의 섭취량과 배설량 간에 평형을 이루는 수준인 4mg으로부터 성인의 충분섭취량을 5mg으로 정하였다. 2020년 한국인 영양소 섭취기준에서는 섭취량과 배설량 간의 평형연구 결과와 섭취량 조사를 토대로 한국 성인의 판토텐산 충분섭취량AI을 5mg/일으로 정하였다.

판토텐산을 과잉 섭취했을 때의 유해 영향 자료가 충분하지 않고 발생된 결과도 거의 없으며 판토텐산에 대한 용량-반응 평가 자료도 없어 상한섭취량을 정하지 않았다.

(2) 급원식품

판토텐산은 여러 음식에 풍부히 함유되어 있는데 일반적으로 고기, 우유와 채소에 다량 함유되어 있다. 판토텐산의 영양밀도(mg/kcal)가 높은 식품은 양송이버섯, 소간, 땅콩, 달걀, 이스트, 오리고기, 닭고기, 콩나물, 브로콜리 등이다.

9. 비오틴

비오틴biotin그림 11-19은 보통 식품에 유리 형태로 존재하거나 아미노산인 리신과 결합된 비오시틴biocytin의 형태로 존재하는데, 생달걀흰자가 들어 있는 음식을 먹인 동물에게서 결핍 증세가 발생함에 따라 발견되었다. 밝혀진 결핍증의 원인은 음식 속의 비오틴이 달걀흰자에 있는 아비딘avidin이라는 단백질과 결합함으로써 비오틴이 흡수되지 못했기 때문이다. 따라서 달걀흰자를 가열하면 아비딘이 불활성화되므로 이러한 현상이 사라진다.

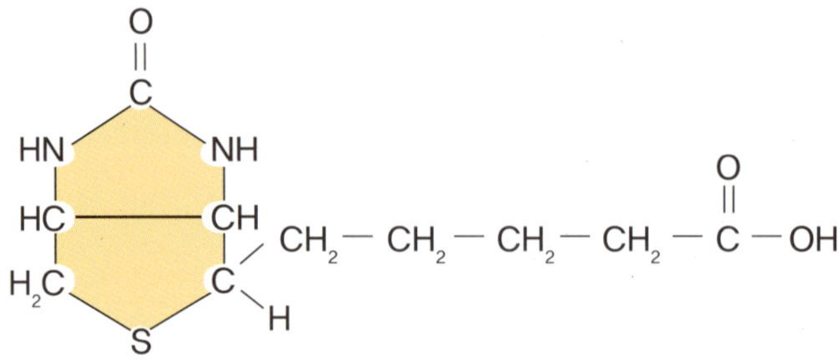

그림 11-19 비오틴 구조

1) 흡수와 대사

비오틴은 식품 내에 유리형이나 단백질과 결합형으로 함유되어 있다. 섭취한 식품 속의 비오틴이나 비오시틴biocytin은 단백질이나 아미노산의 결합으로부터 분해효소인 비오티니다아제biotinidase에 의해 유리된 후 소장세포로 흡수되어 문맥을 통해 혈액으로 들어간다. 그러나 달걀흰자를 다량 먹었을 경우에는 달걀흰자의 아비딘과 결합하여 흡수가 억제된다. 비오틴은 대장 내에 서식하고 있는 균에 의해 일부 생합성되어 공급되기도 한다. 합성량은 장내에서 흡수되고도 남을 만큼 많기 때문에 건강한 사람은 음식에서 섭취한 비오틴의 3~6배의 양이 대변으로 배설된다. 일단 체내에서 사용되었던 비오틴은 소변과 대변으로 배설된다.

2) 체내 작용

비오틴이 관여하는 주요 반응은 포도당, 지방산, 분지아미노산 대사에서 이산화탄소를 기질에 첨가시키는 카르복실화반응으로서 카르복실라아제carboxylase에 필수적인 조효소로서 작용한다. 첫 번째, 지방산 생합성의 첫 단계로 아세틸 CoA에서 말로닐 CoA malonyl CoA로 전환할 때 탄소기(이산화탄소)를 붙여주는 과정에서 카르복실라아제의 조효소로 작용한다. 두 번째, TCA 회로로 들어갈 때 3개의 탄소를 가진 피루브산에서 4개의 탄소를 가진 옥살로아세트산oxaloacetate으로의 전환반응에 작용하며 포도당신생gluconeogenesis의 초기 단계에 관여한다. 세 번째 반응은 필수아미노산인 루신leucine, 트레오닌threonine, 메티오닌methionine 및 이소루신isoleucine을 분해하여 탄소골격이 TCA 회로로 들어가는 반응에서 작용한다. 즉 비오틴은 탄수화물·아미노산·지방산의 대사에 관여한다.

3) 결핍증과 과잉증

(1) 결핍증

비오틴은 자연 식품에 널리 함유되어 있으며, 인체 내에서 매우 효율적인 비오틴 사이클에 의해 재사용될 수 있기 때문에 단순 결핍증은 거의 없다. 선천적으로 비오티니다아제가 결핍된 유아는 비오틴과 리신과의 결합체에서 비오틴을 분리해 내지 못해 심각한 비오틴 결핍증을 초래하는데, 2~3개월 안에 피부발진, 탈모증 등의 결핍증세가 나타나며, 경련이나 신경계 질환, 성장저해가 일어난다. 정상인에게서 비오틴 섭취량이 부족하다는 증거는 없으나 비오틴을 첨가하지 않은 식사를 하는 TPN 환자, 알코올의존자, 그밖에 비오틴 분해를 촉진시키는 항경련제나 진정제를 장기간 복용한 사람은 소장에서 비오티니다아제의 활성 저해로 비오틴 흡수가 방해되어 피부염, 원형탈모증, 중추신경계 이상 등 비오틴결핍증을 나타낸다. 비오틴을 보충하면 증상이 회복한다.

(2) 과잉증

사람이 비오틴을 경구로 섭취할 때 독성이 발생했다는 보고는 거의 없다. 과잉 섭취에 따른 유해작용, 독성종말점, 용량-반응 평가 자료가 없어 상한섭취량을 설정하지 않았다.

4) 섭취기준과 급원식품

(1) 섭취기준

비오틴의 섭취기준은 식품 내에서 비오틴의 생체 이용률이나 소장 내 박테리아에 의한 합성과정이 확인되지 않고, 평균섭취량을 설정하기 위한 충분한 자료가 없어서 2020년 영양소 섭취기준 제정에서는 모유의 비오틴 함량(6μg/L)과 영아의 1일 모유 섭취량

(0.78L)을 근거로 만든 0~5개월 영아의 충분섭취량(5μg/일)을 이용하고 체중을 고려하여 성인 남녀의 충분섭취량AI을 모두 30μg/일으로 정하였다. 모든 연령층에서 충분섭취량으로 제시하였다. 독성이 낮아서 성장기 아동이 과량을 장기간 섭취해도 부작용이 없어 상한섭취량은 설정하지 않았다.

(2) 급원식품

비오틴은 동·식물성 식품에 널리 분포되어 있으며 유리 비오틴형과 식품에 함유된 단백질의 리신 잔기와 결합되어 있는 형태로 존재한다. 특히 달걀노른자, 우유, 이스트, 대두, 견과류 등에 많이 들어 있고, 육류, 해조류, 과일류는 비오틴의 좋은 급원이 아니다. 비오틴은 또한 인체의 장내 박테리아에 의해 합성되므로 섭취량보다 더 많은 양의 비오틴이 배설된다. 그러나 인체 내에서 만들어지는 비오틴은 대부분 대장 내에서 생합성이 되는데, 흡수는 대부분 소장에서 이루어지므로 장내 박테리아에 의해 생성된 비오틴이 실질적으로 얼마나 체내에 이용되는지는 미지수이다.

10. 콜린

콜린choline그림 11-20은 완전 정맥영양 공급을 받은 정상인에게서 체내 필요량을 충족시킬 만큼 콜린이 합성되지 않아 결핍증을 유발시켰다는 연구 결과가 보고된 이후, 최근에 비타민 B군에 추가된 영양소이다.

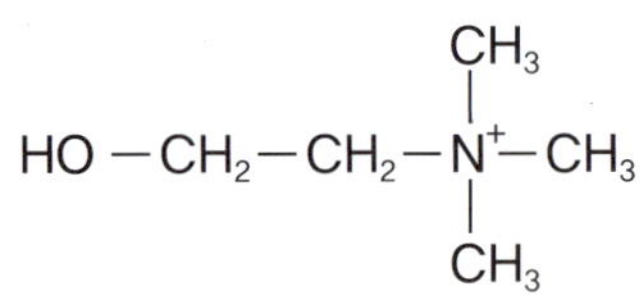

그림 11-20 콜린 구조

1) 흡수와 대사

콜린은 운반단백질에 의해 소장으로부터 흡수되어 문맥 혈관을 거쳐 간으로 빠른 속도로 들어온다. 콜린은 간에서 세린으로부터 합성되며 비타민 B_6와 비타민 B_{12}, 엽산 등을 필요로 한다. 식사를 통한 콜린 부족 시 메티오닌에서 콜린이 합성된다. 체내 모든 조직 세포에 존재하며 일부는 소변으로 배설되나, 과잉 섭취한 콜린은 간과 신장에서 베타인

betaine으로 전환된다.

2) 체내 작용

콜린은 조효소로서의 작용은 없으나 신경전달물질의 하나인 아세틸콜린의 전구체로서 주의력, 학습능력, 기억력, 근육조절작용 등에 관여한다. 콜린은 세포막의 주요 화합물인 레시틴과 스핑고미엘린과 같은 인지질의 전구체이기도 하다. 또한 콜린은 메틸기공여체methyl group donor로 작용하는 베타인betaine의 전구체이기도 한데, 베타인의 메틸기는 호모시스테인으로부터 메티오닌을 합성하는 데 사용된다. 콜린은 비타민 B_{12}와 엽산과 함께 호모시스테인이 메티오닌으로 전환되는 과정에서 상호작용을 한다.

3) 결핍증과 과잉증

(1) 결핍증

콜린은 인체 내에서 생합성되어 결핍증이 쉽게 발생하지는 않으나 콜린이 부족한 식사를 한 완전 정맥영양 환자나 콜린 결핍 식이를 한 정상인에게서 지방간이나 간기능저하(GPT 상승) 같은 결핍 증세가 나타난다. 따라서 건강인도 체내 콜린이 합성되는 양이 충분하지 않을 수도 있어 식사로 공급해야 하는 필수 영양성분으로 추가되었다.

(2) 과잉증

콜린을 과량 섭취할 경우 대사물의 배설로 인해 생기는 생선 비린내 같은 체취, 구토, 발한, 저혈압, 위장질환과 같은 부작용을 가져올 수 있다.

4) 섭취기준과 급원식품

(1) 섭취기준

콜린의 섭취기준은 우리나라에서는 아직 설정되지 않았으나, 콜린의 충분섭취량AI은 미국 성인 남자의 경우 550mg/일이며, 성인 여자는 425mg/일이다. 이 양은 정상적인 간

기능 유지에 필요한 콜린 섭취량에 기초한 양이다. 모든 연령층에서 식사로 섭취해야 할 필요가 있는지에 관해서는 자료가 없어 확실치 않으나, 콜린의 충분섭취량이 정해졌다 하더라도 일부 연령층에서는 체내 합성량으로 필요량을 충족할 수도 있다. 일반인은 식품으로부터 하루에 700~1,000mg 정도 충분한 양의 콜린을 섭취하고 있다.

콜린을 과량 섭취하여 생길 수 있는 부작용을 방지하기 위해 미국에서는 최저 독성량 7.5g에 불확실계수 2를 적용하여 성인의 상한섭취량을 3.5g으로 정하였다.

(2) 급원식품

콜린은 자연식품에 널리 분포하며 특히 세포막에 레시틴의 형태로 존재한다. 콜린은 또한 비필수아미노산인 세린으로부터 합성될 수 있으므로 식이로 인한 결핍은 별로 나타나지 않는다.

그림 11-21은 비타민 B군이 관련된 대사경로이다.

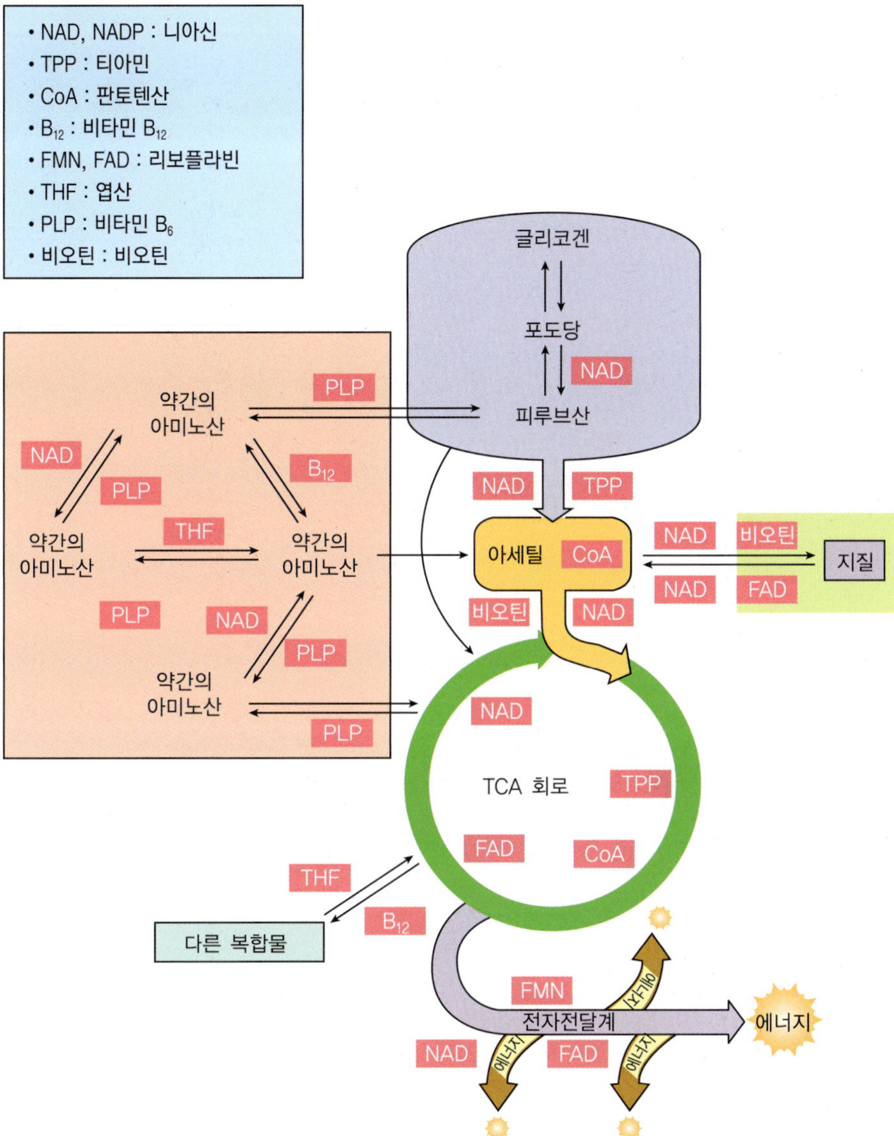

그림 11-21 비타민 B군이 관련된 대사경로

부록 | 2020 한국인 영양소 섭취기준

출처 : 보건복지부 · 한국영양학회, 2020 한국인 영양소 섭취기준, 2020.

에너지와 다량영양소

성별	연령	에너지(kcal/일)				탄수화물(g/일)				식이섬유(g/일)				지방(g/일)			
		필요추정량	권장섭취량	충분섭취량	상한섭취량	평균필요량	권장섭취량	충분섭취량	상한섭취량	평균필요량	권장섭취량	충분섭취량	상한섭취량	평균필요량	권장섭취량	충분섭취량	상한섭취량
영아	0~5(개월)	500						60								25	
	6~11	600						90								25	
유아	1~2(세)	900				100	130					15					
	3~5	1,400				100	130					20					
남자	6~8(세)	1,700				100	130					25					
	9~11	2,000				100	130					25					
	12~14	2,500				100	130					30					
	15~18	2,700				100	130					30					
	19~29	2,600				100	130					30					
	30~49	2,500				100	130					30					
	50~64	2,200				100	130					30					
	65~74	2,000				100	130					25					
	75 이상	1,900				100	130					25					
여자	6~8(세)	1,500				100	130					20					
	9~11	1,800				100	130					25					
	12~14	2,000				100	130					25					
	15~18	2,000				100	130					25					
	19~29	2,000				100	130					20					
	30~49	1,900				100	130					20					
	50~64	1,700				100	130					20					
	65~74	1,600				100	130					20					
	75 이상	1,500				100	130					20					
임신부[1]		+0 +340 +450				+35	+45					+5					
수유부		+340				+60	+80					+5					

성별	연령	리놀레산(g/일)				알파-리놀렌산(g/일)				EPA+DHA(mg/일)				단백질(g/일)			
		평균필요량	권장섭취량	충분섭취량	상한섭취량	평균필요량	권장섭취량	충분섭취량	상한섭취량	평균필요량	권장섭취량	충분섭취량	상한섭취량	평균필요량	권장섭취량	충분섭취량	상한섭취량
영아	0~5(개월)			5.0				0.6				200[2]				10	
	6~11			7.0				0.8				300[2]		12	15		
유아	1~2(세)			4.5				0.6						15	20		
	3~5			7.0				0.9						20	25		
남자	6~8(세)			9.0				1.1				200		30	35		
	9~11			9.5				1.3				220		40	50		
	12~14			12.0				1.5				230		50	60		
	15~18			14.0				1.7				230		55	65		
	19~29			13.0				1.6				210		50	65		
	30~49			11.5				1.4				400		50	65		
	50~64			9.0				1.4				500		50	60		
	65~74			7.0				1.2				310		50	60		
	75 이상			5.0				0.9				280		50	60		
여자	6~8(세)			7.0				0.8				200		30	35		
	9~11			9.0				1.1				150		40	45		
	12~14			9.0				1.2				210		45	55		
	15~18			10.0				1.1				100		45	55		
	19~29			10.0				1.2				150		45	55		
	30~49			8.5				1.2				260		40	50		
	50~64			7.0				1.2				240		40	50		
	65~74			4.5				1.0				150		40	50		
	75 이상			3.0				0.4				140		40	50		
임신부[3]				+0				+0				+0		+12 +25	+15 +30		
수유부				+0				+0				+0		+20	+25		

[1] 1, 2, 3분기별 부가량 [2] DHA [3] 단백질: 임신부 – 2, 3분기별 부가량

성별	연령	메티오닌+시스테인(g/일)				류신(g/일)				이소류신(g/일)				발린(g/일)				라이신(g/일)			
		평균필요량	권장섭취량	충분섭취량	상한섭취량	평균필요량	권장섭취량	충분섭취량	상한섭취량	평균필요량	권장섭취량	충분섭취량	상한섭취량	평균필요량	권장섭취량	충분섭취량	상한섭취량	평균필요량	권장섭취량	충분섭취량	상한섭취량
영아	0~5(개월)			0.4				1.0				0.6				0.6				0.7	
	6~11	0.3	0.4			0.6	0.8			0.3	0.4			0.3	0.5			0.6	0.8		
유아	1~2(세)	0.3	0.4			0.6	0.8			0.3	0.4			0.4	0.5			0.6	0.7		
	3~5	0.3	0.4			0.7	1.0			0.3	0.4			0.4	0.5			0.6	0.8		
남자	6~8(세)	0.5	0.6			1.1	1.3			0.5	0.6			0.6	0.7			1.0	1.2		
	9~11	0.7	0.8			1.5	1.9			0.7	0.8			0.9	1.1			1.4	1.8		
	12~14	1.0	1.2			2.2	2.7			1.0	1.2			1.2	1.6			2.1	2.5		
	15~18	1.2	1.4			2.6	3.2			1.2	1.4			1.5	1.8			2.3	2.9		
	19~29	1.0	1.4			2.4	3.1			1.0	1.4			1.4	1.7			2.5	3.1		
	30~49	1.1	1.4			2.4	3.1			1.1	1.4			1.4	1.7			2.4	3.1		
	50~64	1.1	1.3			2.3	2.8			1.1	1.3			1.3	1.6			2.3	2.9		
	65~74	1.0	1.3			2.2	2.8			1.0	1.3			1.3	1.6			2.2	2.9		
	75 이상	0.9	1.1			2.1	2.7			0.9	1.1			1.1	1.5			2.2	2.7		
여자	6~8(세)	0.5	0.6			1.0	1.3			0.5	0.6			0.6	0.7			0.9	1.3		
	9~11	0.6	0.7			1.5	1.8			0.6	0.7			0.9	1.1			1.3	1.6		
	12~14	0.8	1.0			1.9	2.4			0.8	1.0			1.2	1.4			1.8	2.2		
	15~18	0.8	1.1			2.0	2.4			0.8	1.1			1.2	1.4			1.8	2.2		
	19~29	0.8	1.0			2.0	2.5			0.8	1.1			1.1	1.3			2.1	2.6		
	30~49	0.8	1.0			1.9	2.4			0.8	1.0			1.0	1.4			2.0	2.5		
	50~64	0.8	1.1			1.9	2.3			0.8	1.1			1.1	1.3			1.9	2.4		
	65~74	0.7	0.9			1.8	2.2			0.7	0.9			0.9	1.3			1.8	2.3		
	75 이상	0.7	0.9			1.7	2.1			0.7	0.9			0.9	1.1			1.7	2.1		
임신부		1.1	1.4			2.5	3.1			1.1	1.4			1.4	1.7			2.3	2.9		
수유부		1.1	1.5			2.8	3.5			1.3	1.7			1.6	1.9			2.5	3.1		

성별	연령	페닐알라닌+티로신(g/일)				트레오닌(g/일)				트립토판(g/일)				히스티딘(g/일)				수분(mL/일)					
		평균필요량	권장섭취량	충분섭취량	상한섭취량	평균필요량	권장섭취량	충분섭취량	상한섭취량	평균필요량	권장섭취량	충분섭취량	상한섭취량	평균필요량	권장섭취량	충분섭취량	상한섭취량	음식	물	음료	충분섭취량 액체	충분섭취량 총수분	상한섭취량
영아	0~5(개월)			0.9				0.5				0.2				0.1					700	700	
	6~11	0.5	0.7			0.3	0.4			0.1	0.1			0.2	0.3			300			500	800	
유아	1~2(세)	0.5	0.7			0.3	0.4			0.1	0.1			0.2	0.3			300	362	0	700	1,000	
	3~5	0.6	0.7			0.3	0.4			0.1	0.1			0.2	0.3			400	491	0	1,100	1,500	
남자	6~8(세)	0.9	1.0			0.5	0.6			0.1	0.2			0.3	0.4			900	589	0	800	1,700	
	9~11	1.3	1.6			0.7	0.9			0.2	0.2			0.5	0.6			1,100	686	1.2	900	2,000	
	12~14	1.8	2.3			1.0	1.3			0.3	0.3			0.7	0.9			1,300	911	1.9	1,100	2,400	
	15~18	2.1	2.6			1.2	1.5			0.3	0.4			0.9	1.0			1,400	920	6.4	1,200	2,600	
	19~29	2.8	3.6			1.1	1.5			0.3	0.3			0.8	1.0			1,400	981	262	1,200	2,600	
	30~49	2.9	3.5			1.2	1.5			0.3	0.3			0.7	1.0			1,300	957	289	1,200	2,500	
	50~64	2.7	3.4			1.1	1.4			0.3	0.3			0.7	0.9			1,200	940	75	1,000	2,200	
	65~74	2.5	3.3			1.1	1.3			0.2	0.3			0.7	1.0			1,100	904	20	1,000	2,100	
	75 이상	2.5	3.1			1.0	1.3			0.2	0.3			0.7	0.8			1,000	662	12	1,100	2,100	
여자	6~8(세)	0.8	1.0			0.5	0.6			0.1	0.2			0.3	0.4			800	514	0	800	1,600	
	9~11	1.2	1.5			0.6	0.9			0.2	0.2			0.4	0.5			1,000	643	0	900	1,900	
	12~14	1.6	1.9			0.9	1.2			0.2	0.3			0.6	0.7			1,100	610	0	900	2,000	
	15~18	1.6	2.0			0.9	1.2			0.2	0.3			0.6	0.7			1,100	659	7.3	900	2,000	
	19~29	2.3	2.9			0.9	1.1			0.2	0.3			0.6	0.8			1,100	709	126	1,000	2,100	
	30~49	2.3	2.8			0.9	1.2			0.2	0.3			0.6	0.8			1,000	772	124	1,000	2,000	
	50~64	2.2	2.7			0.8	1.1			0.2	0.3			0.6	0.7			900	784	27	1,000	1,900	
	65~74	2.1	2.6			0.8	1.0			0.2	0.2			0.5	0.7			900	624	9	900	1,800	
	75 이상	2.0	2.4			0.7	0.9			0.2	0.2			0.5	0.7			800	552	5	1,000	1,800	
임신부		3.0	3.8			1.2	1.5			0.3	0.4			0.8	1.0							+200	
수유부		3.7	4.7			1.3	1.7			0.4	0.5			0.8	1.1						+500	+700	

아미노산: 임신부, 수유부 – 부가량 아닌 절대필요량임.

다량 무기질

성별	연령	칼슘(mg/일) 평균필요량	칼슘 권장섭취량	칼슘 충분섭취량	칼슘 상한섭취량	인(mg/일) 평균필요량	인 권장섭취량	인 충분섭취량	인 상한섭취량	나트륨(mg/일) 평균필요량	나트륨 권장섭취량	나트륨 충분섭취량	나트륨 만성질환위험감소섭취량
영아	0~5(개월)			250	1,000			100				110	
	6~11			300	1,500			300				370	
유아	1~2(세)	400	500		2,500	380	450		3,000			810	1,200
	3~5	500	600		2,500	480	550		3,000			1,000	1,600
남자	6~8(세)	600	700		2,500	500	600		3,000			1,200	1,900
	9~11	650	800		3,000	1,000	1,200		3,500			1,500	2,300
	12~14	800	1,000		3,000	1,000	1,200		3,500			1,500	2,300
	15~18	750	900		3,000	1,000	1,200		3,500			1,500	2,300
	19~29	650	800		2,500	580	700		3,500			1,500	2,300
	30~49	650	800		2,500	580	700		3,500			1,500	2,300
	50~64	600	750		2,000	580	700		3,500			1,500	2,300
	65~74	600	700		2,000	580	700		3,500			1,300	2,100
	75 이상	600	700		2,000	580	700		3,000			1,100	1,700
여자	6~8(세)	600	700		2,500	480	550		3,000			1,200	1,900
	9~11	650	800		3,000	1,000	1,200		3,500			1,500	2,300
	12~14	750	900		3,000	1,000	1,200		3,500			1,500	2,300
	15~18	700	800		3,000	1,000	1,200		3,500			1,500	2,300
	19~29	550	700		2,500	580	700		3,500			1,500	2,300
	30~49	550	700		2,500	580	700		3,500			1,500	2,300
	50~64	600	800		2,000	580	700		3,500			1,500	2,300
	65~74	600	800		2,000	580	700		3,500			1,300	2,100
	75 이상	600	800		2,000	580	700		3,000			1,100	1,700
임신부		+0	+0		2,500	+0	+0		3,000			1,500	2,300
수유부		+0	+0		2,500	+0	+0		3,500			1,500	2,300

성별	연령	염소(mg/일) 평균필요량	염소 권장섭취량	염소 충분섭취량	염소 상한섭취량	칼륨(mg/일) 평균필요량	칼륨 권장섭취량	칼륨 충분섭취량	칼륨 상한섭취량	마그네슘(mg/일) 평균필요량	마그네슘 권장섭취량	마그네슘 충분섭취량	마그네슘 상한섭취량[1]
영아	0~5(개월)			170				400				25	
	6~11			560				700				55	
유아	1~2(세)			1,200				1,900		60	70		60
	3~5			1,600				2,400		90	110		90
남자	6~8(세)			1,900				2,900		130	150		130
	9~11			2,300				3,400		190	220		190
	12~14			2,300				3,500		260	320		270
	15~18			2,300				3,500		340	410		350
	19~29			2,300				3,500		300	360		350
	30~49			2,300				3,500		310	370		350
	50~64			2,300				3,500		310	370		350
	65~74			2,100				3,500		310	370		350
	75 이상			1,700				3,500		310	370		350
여자	6~8(세)			1,900				2,900		130	150		130
	9~11			2,300				3,400		180	220		190
	12~14			2,300				3,500		240	290		270
	15~18			2,300				3,500		290	340		350
	19~29			2,300				3,500		230	280		350
	30~49			2,300				3,500		240	280		350
	50~64			2,300				3,500		240	280		350
	65~74			2,100				3,500		240	280		350
	75 이상			1,700				3,500		240	280		350
임신부				2,300				+0		+30	+40		350
수유부				2,300				+400		+0	+0		350

[1] 식품외 급원의 마그네슘에만 해당

미량 무기질

성별	연령	철(mg/일)				아연(mg/일)				구리(μg/일)				불소(mg/일)			
		평균필요량	권장섭취량	충분섭취량	상한섭취량	평균필요량	권장섭취량	충분섭취량	상한섭취량	평균필요량	권장섭취량	충분섭취량	상한섭취량	평균필요량	권장섭취량	충분섭취량	상한섭취량
영아	0~5(개월)			0.3	40			2				240				0.01	0.6
	6~11	4	6		40	2	3					330				0.4	0.8
유아	1~2(세)	4.5	6		40	2	3		6	220	290		1,700			0.6	1.2
	3~5	5	7		40	3	4		9	270	350		2,600			0.9	1.8
남자	6~8(세)	7	9		40	5	5		13	360	470		3,700			1.3	2.6
	9~11	8	11		40	7	8		19	470	600		5,500			1.9	10.0
	12~14	11	14		40	7	8		27	600	800		7,500			2.6	10.0
	15~18	11	14		45	8	10		33	700	900		9,500			3.2	10.0
	19~29	8	10		45	9	10		35	650	850		10,000			3.4	10.0
	30~49	8	10		45	8	10		35	650	850		10,000			3.4	10.0
	50~64	8	10		45	8	10		35	650	850		10,000			3.2	10.0
	65~74	7	9		45	8	9		35	600	800		10,000			3.1	10.0
	75 이상	7	9		45	7	9		35	600	800		10,000			3.0	10.0
여자	6~8(세)	7	9		40	4	5		13	310	400		3,700			1.3	2.5
	9~11	8	10		40	7	8		19	420	550		5,500			1.8	10.0
	12~14	12	16		40	6	8		27	500	650		7,500			2.4	10.0
	15~18	11	14		45	7	9		33	550	700		9,500			2.7	10.0
	19~29	11	14		45	7	8		35	500	650		10,000			2.8	10.0
	30~49	11	14		45	7	8		35	500	650		10,000			2.7	10.0
	50~64	6	8		45	6	8		35	500	650		10,000			2.6	10.0
	65~74	6	8		45	6	7		35	460	600		10,000			2.5	10.0
	75 이상	5	7		45	6	7		35	460	600		10,000			2.3	10.0
임신부		+8	+10		45	+2.0	+2.5		35	+100	+130		10,000			+0	10.0
수유부		+0	+0		45	+4.0	+5.0		35	+370	+480		10,000			+0	10.0

성별	연령	망간(mg/일)				요오드(μg/일)				셀레늄(μg/일)				몰리브덴(μg/일)				크롬(μg/일)			
		평균필요량	권장섭취량	충분섭취량	상한섭취량	평균필요량	권장섭취량	충분섭취량	상한섭취량	평균필요량	권장섭취량	충분섭취량	상한섭취량	평균필요량	권장섭취량	충분섭취량	상한섭취량	평균필요량	권장섭취량	충분섭취량	상한섭취량
영아	0~5(개월)			0.01				130	250			9	40							0.2	
	6~11			0.8				180	250			12	65							4.0	
유아	1~2(세)			1.5	2.0	55	80		300	19	23		70	8	10		100			10	
	3~5			2.0	3.0	65	90		300	22	25		100	10	12		150			10	
남자	6~8(세)			2.5	4.0	75	100		500	30	35		150	15	18		200			15	
	9~11			3.0	6.0	85	110		500	40	45		200	15	18		300			20	
	12~14			4.0	8.0	90	130		1,900	50	60		300	25	30		450			30	
	15~18			4.0	10.0	95	130		2,200	55	65		300	25	30		550			35	
	19~29			4.0	11.0	95	150		2,400	50	60		400	25	30		600			30	
	30~49			4.0	11.0	95	150		2,400	50	60		400	25	30		600			30	
	50~64			4.0	11.0	95	150		2,400	50	60		400	25	30		550			30	
	65~74			4.0	11.0	95	150		2,400	50	60		400	23	28		550			25	
	75 이상			4.0	11.0	95	150		2,400	50	60		400	23	28		550			25	
여자	6~8(세)			2.5	4.0	75	100		500	30	35		150	15	18		200			15	
	9~11			3.0	6.0	80	110		500	40	45		200	15	18		300			20	
	12~14			3.5	8.0	90	130		1,900	50	60		300	20	25		400			20	
	15~18			3.5	10.0	95	130		2,200	55	65		300	20	25		500			20	
	19~29			3.5	11.0	95	150		2,400	50	60		400	20	25		500			20	
	30~49			3.5	11.0	95	150		2,400	50	60		400	20	25		500			20	
	50~64			3.5	11.0	95	150		2,400	50	60		400	20	25		450			20	
	65~74			3.5	11.0	95	150		2,400	50	60		400	18	22		450			20	
	75 이상			3.5	11.0	95	150		2,400	50	60		400	18	22		450			20	
임신부				+0	11.0	+65	+90			+3	+4		400	+0	+0		500			+5	
수유부				+0	11.0	+130	+190			+9	+10		400	+3	+3		500			+20	

지용성 비타민

성별	연령	비타민 A(μg RAE/일)				비타민 D(μg/일)			
		평균 필요량	권장 섭취량	충분 섭취량	상한 섭취량	평균 필요량	권장 섭취량	충분 섭취량	상한 섭취량
영아	0~5(개월)			350	600			5	25
	6~11			450	600			5	25
유아	1~2(세)	190	250		600			5	30
	3~5	230	300		750			5	35
남자	6~8(세)	310	450		1,100			5	40
	9~11	410	600		1,600			5	60
	12~14	530	750		2,300			10	100
	15~18	620	850		2,800			10	100
	19~29	570	800		3,000			10	100
	30~49	560	800		3,000			10	100
	50~64	530	750		3,000			10	100
	65~74	510	700		3,000			15	100
	75 이상	500	700		3,000			15	100
여자	6~8(세)	290	400		1,100			5	40
	9~11	390	550		1,600			5	60
	12~14	480	650		2,300			10	100
	15~18	450	650		2,800			10	100
	19~29	460	650		3,000			10	100
	30~49	450	650		3,000			10	100
	50~64	430	600		3,000			10	100
	65~74	410	600		3,000			15	100
	75 이상	410	600		3,000			15	100
임신부		+50	+70		3,000			+0	100
수유부		+350	+490		3,000			+0	100

성별	연령	비타민 E(mg α-TE/일)				비타민 K(μg/일)			
		평균 필요량	권장 섭취량	충분 섭취량	상한 섭취량	평균 필요량	권장 섭취량	충분 섭취량	상한 섭취량
영아	0~5(개월)			3				4	
	6~11			4				6	
유아	1~2(세)			5	100			25	
	3~5			6	150			30	
남자	6~8(세)			7	200			40	
	9~11			9	300			55	
	12~14			11	400			70	
	15~18			12	500			80	
	19~29			12	540			75	
	30~49			12	540			75	
	50~64			12	540			75	
	65~74			12	540			75	
	75 이상			12	540			75	
여자	6~8(세)			7	200			40	
	9~11			9	300			55	
	12~14			11	400			65	
	15~18			12	500			65	
	19~29			12	540			65	
	30~49			12	540			65	
	50~64			12	540			65	
	65~74			12	540			65	
	75 이상			12	540			65	
임신부				+0	540			+0	
수유부				+3	540			+0	

수용성 비타민

성별	연령	비타민 C(mg/일)				티아민(mg/일)				리보플라빈(mg/일)				니아신(mg NE/일)[1]			
		평균필요량	권장섭취량	충분섭취량	상한섭취량	평균필요량	권장섭취량	충분섭취량	상한섭취량	평균필요량	권장섭취량	충분섭취량	상한섭취량	평균필요량	권장섭취량	충분섭취량	상한섭취량 니코틴산/니코틴아미드
영아	0~5(개월)			40				0.2				0.3				2	
	6~11			55				0.3				0.4				3	
유아	1~2(세)	30	40		340	0.4	0.4			0.4	0.5			4	6		10/180
	3~5	35	45		510	0.4	0.5			0.5	0.6			5	7		10/250
남자	6~8(세)	40	50		750	0.5	0.7			0.7	0.9			7	9		15/350
	9~11	55	70		1,100	0.7	0.9			0.9	1.1			9	11		20/500
	12~14	70	90		1,400	0.9	1.1			1.2	1.5			11	15		25/700
	15~18	80	100		1,600	1.1	1.3			1.4	1.7			13	17		30/800
	19~29	75	100		2,000	1.0	1.2			1.3	1.5			12	16		35/1000
	30~49	75	100		2,000	1.0	1.2			1.3	1.5			12	16		35/1000
	50~64	75	100		2,000	1.0	1.2			1.3	1.5			12	16		35/1000
	65~74	75	100		2,000	0.9	1.1			1.2	1.4			11	14		35/1000
	75 이상	75	100		2,000	0.9	1.1			1.1	1.3			10	13		35/1000
여자	6~8(세)	40	50		750	0.6	0.7			0.6	0.8			7	9		15/350
	9~11	55	70		1,100	0.8	0.9			0.8	1.0			9	12		20/500
	12~14	70	90		1,400	0.9	1.1			1.0	1.2			11	15		25/700
	15~18	80	100		1,600	0.9	1.1			1.0	1.2			11	14		30/800
	19~29	75	100		2,000	0.9	1.1			1.0	1.2			11	14		35/1000
	30~49	75	100		2,000	0.9	1.1			1.0	1.2			11	14		35/1000
	50~64	75	100		2,000	0.9	1.1			1.0	1.2			11	14		35/1000
	65~74	75	100		2,000	0.8	1.0			0.9	1.1			10	13		35/1000
	75 이상	75	100		2,000	0.7	0.8			0.8	1.0			9	12		35/1000
임신부		+10	+10		2,000	+0.4	+0.4			+0.3	+0.4			+3	+4		35/1000
수유부		+35	+40		2,000	+0.3	+0.4			+0.4	+0.5			+2	+3		35/1000

성별	연령	비타민 B_6(mg/일)				엽산(μg DFE/일)[2]				비타민 B_{12}(μg/일)				판토텐산(mg/일)				비오틴(μg/일)			
		평균필요량	권장섭취량	충분섭취량	상한섭취량	평균필요량	권장섭취량	충분섭취량	상한섭취량[3]	평균필요량	권장섭취량	충분섭취량	상한섭취량	평균필요량	권장섭취량	충분섭취량	상한섭취량	평균필요량	권장섭취량	충분섭취량	상한섭취량
영아	0~5(개월)			0.1				65				0.3				1.7				5	
	6~11			0.3				90				0.5				1.9				7	
유아	1~2(세)	0.5	0.6		20	120	150		300	0.8	0.9					2				9	
	3~5	0.6	0.7		30	150	180		400	0.9	1.1					2				12	
남자	6~8(세)	0.7	0.9		45	180	220		500	1.1	1.3					3				15	
	9~11	0.9	1.1		60	250	300		600	1.5	1.7					4				20	
	12~14	1.3	1.5		80	300	360		800	1.9	2.3					5				25	
	15~18	1.3	1.5		95	330	400		900	2.0	2.4					5				30	
	19~29	1.3	1.5		100	320	400		1,000	2.0	2.4					5				30	
	30~49	1.3	1.5		100	320	400		1,000	2.0	2.4					5				30	
	50~64	1.3	1.5		100	320	400		1,000	2.0	2.4					5				30	
	65~74	1.3	1.5		100	320	400		1,000	2.0	2.4					5				30	
	75 이상	1.3	1.5		100	320	400		1,000	2.0	2.4					5				30	
여자	6~8(세)	0.7	0.9		45	180	220		500	1.1	1.3					3				15	
	9~11	0.9	1.1		60	250	300		600	1.5	1.7					4				20	
	12~14	1.2	1.4		80	300	360		800	1.9	2.3					5				25	
	15~18	1.2	1.4		95	330	400		900	2.0	2.4					5				30	
	19~29	1.2	1.4		100	320	400		1,000	2.0	2.4					5				30	
	30~49	1.2	1.4		100	320	400		1,000	2.0	2.4					5				30	
	50~64	1.2	1.4		100	320	400		1,000	2.0	2.4					5				30	
	65~74	1.2	1.4		100	320	400		1,000	2.0	2.4					5				30	
	75 이상	1.2	1.4		100	320	400		1,000	2.0	2.4					5				30	
임신부		+0.7	+0.8		100	+200	+220		1,000	+0.2	+0.2					+1.0				+0	
수유부		+0.7	+0.8		100	+130	+150		1,000	+0.3	+0.4					+2.0				+5	

[1] 1 mg NE(니아신 당량) = 1 mg 니아신 = 60 mg 트립토판

[2] Dietary Folate Equivalents, 가임기 여성의 경우 400 μg/일의 엽산보충제 섭취를 권장함.

[3] 엽산의 상한섭취량은 보충제 또는 강화식품의 형태로 섭취한 μg/일에 해당됨.

참고문헌

강신성 외 역. Vander's 인체생리학, 제10판. 지코사이언스, 2008

강영숙 외 역. 생리학, 제5판. 라이프사이언스, 2005

구재옥, 임현숙, 정영진, 윤진숙, 이애랑, 이종현. 이해하기 쉬운 영양학. 파워북, 2011

구재옥, 임현숙, 정영진. 영양학. 한국방송통신대학교출판부, 2005

구재옥, 조영, 김영아. 현대인의 영양과 건강. 한국방송통신대학교출판부, 2002

농촌진흥청 농촌자원개발연구소. 식품성분표. 제7개정판, 2006

민혜선, 장경자, 권오란, 이선영, 이홍미, 김현아. 인체생리학. 양서원, 2011

박인국 외 역. 생리학, 수정판. 라이프사이언스, 2004

박인국 외 역. 생리학, 10판. 라이프사이언스, 2008

박현서, 임윤숙, 김경아. 이해하기 쉬운 고급영양학. 효일, 2010

보건복지부, 질병관리본부. 2008 국민건강통계, 2010

보건복지부, 질병관리본부. 2008년 국민영양통계, 2010

보건복지부, 질병관리본부. 2008년도 국민건강영양조사보고서, 2010

보건복지부, 질병관리본부. 2010 국민건강통계: 국민건강영양조사(제5기 1차년도), 2011

보건복지부, 질병관리본부. 2015 국민건강영양조사보고서, 2016

보건복지부, 한국영양학회. 2020 한국인 영양소 섭취기준, 2020

보건복지부, 한국영양학회. 2020 한국인 영양소 섭취기준 활용연구, 2021

山下亀次郎, 清野裕, 武田英二. 榮養代謝テキス. 文光堂, 1998

손호영, 알코올성 간질환 환자에서의 지질대사 이상. 한국지질동맥경화학회지 8: S121-125, 1998

신말식. 저항전분의 개발과 응용. 식품산업과 영양 9(2): 1-9, 2004

윤진숙, 김기진, 김정희, 박영숙, 구재옥. 한국 성인의 영양권장량 설정 및 국민식생활프로그램 개발 연구-에너지를 중심으로. 보건복지부 건강증진기금연구사업보고서, 2002

이양자. 고급영양학. 신광출판사, 2006

이연숙, 구재옥, 임현숙, 강영희, 권종숙. 이해하기 쉬운 인체생리학. 파워북, 2011

이주희, 이홍미, 한성림, 김혜경, 박경애, 김영호. 대사를 중심으로 한 생화학. 교문사, 2010

장유경,정영진, 문현경, 윤진숙, 박혜련. 영양판정 및 실습. 신광출판사, 2010

조홍근. 당뇨병과 지질대사이상. 대한내분비학회지 21: 101-105, 2006

최혜미 외. 21세기 영양과 건강이야기, 제2판. 라이프사이언스, 2006

최혜미 외. 21세기 영양학원리. 교문사, 2011.

최혜미 외. 21세기 영양학, 제4판. 교문사, 2011

한국보건산업진흥원. 2010년 국민영양통계: 국민건강영양조사 제5기 1차년도 영양조사부문에 근거, 2012

한시훈, 구리대사의 분자생물학적 발전: 윌슨병의 새로운 이해. 대한간학회지 4: 223-234, 1998

Corbin C.B., Lindsey R., Welk G.I., W.R. Corbin. *Fundamental Concepts of Fitness and Wellness*. Boston: McGraw Hill, 2001

Cousin SJ. Absorption, transport and hepatic metabolism of copper and zinc: Fox SI. *Human Physiology*, 10th ed. McGrow-Hill, New York, 2008

Frances Sizer, Eleanor Whitney. *Nutrition Concepts and Controversies*, 9th ed. THOMSON * WADSWORTH, 2003

Gordon M Wardraw, Margaret Kessel. *Perceptive in Nutrition*, 5th ed. McGraw Hill, 2002

Gropper SS, Smith JL, Groff JL. *Advanced nutrition and human metabolism*. 9th ed, Wadsworth, 2009

Guthrie HA and MF Picciano. *Human Nutrition*. St Louis: Mosby, 1995

Insel P, Turner RE, Ross D. *Discovering Nutrition*, 3rd ed. Johns and Bartlett Publishers, 2010

Judith E. Brown. *Nutrition Now*, 4th ed. THOMSON, 2005

Mahan LK, Escott-Stump S. *Krause's food, nutrition & diet therapy*, 11th ed. Saunders, 2004

Maria C. Linder. *Nutritional Biochemistry and Metabolism*, 2nd ed. 1991

Medeiros DM, Wildman Robert EC. *Advanced human nutrition*, 2nd Ed. Jones & Bartlett Learning, 2012

Murry RK, Bender DA, Botham KM, Kennelly PJ, Rodwell VW, Weil PA. *Harper's Illustrated Biochemistry*, 28th ed. McGraw-Hill Companies, Inc., 2009

Pansu D, Bellaton C, Bronner F. Effect of Ca intake on saturable and nonsaturable components of duodenal Ca transport. *Am J Physiology 240*: G32-37, 1981

Paul Insel, R. ELAINE Turner, Don Ross. *Discovering Nutrition*, 2nd ed. Jones and Bartlett, 2005

Rhoades R, Pflanzer R. *Human physiology*. Saunders College Publishing, 1989

Schiff WJ. *Nutrition for healthy living*. McGraw-Hill, 2009

Speakman JR. D*oubly labeled water-Theory and practice*. Chapman and Hall Japan, 1997

Speakman JR. The history and theory of the doubly labeled water technique. *Am J Clin Nutr 68*(4): 932S-938S, 1998

Special reference to metallothionein and ceruloplasmin. *Physiol Rev. 65*: 238-309, 1985

Wardlaw GM, Hampl JS, DiSilvestro RA. *Perspectives in nutrition*, 6th ed. MaGraw-Hill, 2004

Whitney EN, Rolfes SR. *Understang nutrition*, 9th ed. Wadsworth, 2002

Whitney EN, Cataldo CB, Rolfes SR. *Understanding Normal and Clinical Nutrition*, 6th ed. WADSWORTH, 2002

Williams SR. *Nutrition and diet therapy*, 8th ed. Mosby, 1997

찾아보기

저자 소개

구재옥
서울대학교 대학원 영양학 박사
현재 한국방송통신대학교 생활과학부 명예교수

김복희
서울대학교 대학원 이학박사
현재 조선대학교 식품영양학과 교수

손정민
서울여자대학교 대학원 영양학 박사
현재 원광대학교 식품영양학과 교수

이애랑
단국대학교 대학원 이학박사
전 숭의여자대학교 식품영양과 교수

이윤나
서울대학교 대학원 영양학 박사
현재 신구대학교 식품영양학과 교수

이종현
서울대학교 대학원 영양학 박사
현재 동남보건대학교 식품영양학과 교수

최경숙
서울대학교 대학원 영양학 박사
현재 대진대학교 식품영양학과 교수

이해하기 쉬운
고급영양학

2022년 9월 1일 초판 인쇄
2022년 9월 5일 초판 발행

지은이 | 구재옥 · 김복희 · 손정민 · 이애랑
이윤나 · 이종현 · 최경숙
발행인 | 유제구
발행처 | 파워북
주 소 | 경기도 고양시 일산동구 호수로 358-25
동문타워 2차 529호
전 화 | (02) 730-1412
팩 스 | (031) 908-1410
등 록 | 1997. 1. 31. 제2014-000067호

정 가 26,000원
ISBN 978-89-8160-477-6 (93590)

잘못된 책은 바꿔드립니다.